普通高等学校经济数学系列教材

总主编　李延敏

经济数学 I
微积分

李延敏　张继超　赵中建　主　编
朱　生　刘长亮　刘诗淼　副主编

科学出版社
北　京

内 容 简 介

本书是吉林省精品课“经济数学”项目及吉林省教育科学“十三五”规划项目研究成果之一，也是科学出版社重点规划教材，是高等学校（独立学院）重点规划经济数学系列精品教材的第一部《经济数学Ⅰ微积分》. 内容包括函数、极限与连续、导数与微分、中值定理与导数的应用、不定积分、定积分、无穷级数、多元函数微积分学、微分方程与差分方程简介等九章内容. 每章配有习题和适当的提高选做题，书末给出其参考答案，便于对照自测学习.

本书可作为高等学校（民办、独立学院）经济管理类本科生学习教材，也可作为报考研究生学生的数学复习参考资料.

图书在版编目(CIP)数据

经济数学Ⅰ微积分/李延敏，张继超，赵中建主编. —北京：科学出版社，2015.8

普通高等学校经济数学系列教材

ISBN 978-7-03-045556-7

Ⅰ. ①经… Ⅱ. ①李… ②张… ③赵… Ⅲ. ①经济数学-高等教育-教材 ②微积分-高等学校-教材 Ⅳ. ①F224.0 ②O172

中国版本图书馆 CIP 数据核字(2015)第 207608 号

责任编辑：张中兴 / 责任校对：钟 洋

责任印制：吴兆东 / 封面设计：迷底书装

科学出版社出版

北京东黄城根北街 16 号

邮政编码：100717

http://www.sciencep.com

北京科信印刷有限公司印刷

科学出版社发行 各地新华书店经销

*

2016 年 8 月第 一 版 开本：720×1000 1/16

2025 年 8 月第十四次印刷 印张：20 3/4

字数：418 000

定价：59.00 元

（如有印装质量问题，我社负责调换）

前　言

高等学校(独立学院)重点规划经济数学系列精品教材由《经济数学Ⅰ微积分》《经济数学Ⅱ线性代数》《经济数学Ⅲ概率论与数理统计》三部教材组成.经济数学是高等学校财经管理类专业的核心课程之一,是学习《计量经济学》《西方经济学》《统计学》《管理学》等大多数专业基础课以及专业课之前必修的重要基础课,也是几乎所有财经管理类专业考研的必考科目.

本书是吉林省精品课"经济数学"项目及吉林省教育科学"十三五"规划项目研究成果之一,是普通高等学校经济数学系列教材第一部《经济数学Ⅰ微积分》.

经济数学Ⅰ微积分是高等学校经济与管理专业的必修基础课.为适应高等教育面向21世纪教学内容和课程体系改革的总目标,培养具有创新能力的高素质人才,满足我国高等教育从精英教育转变为大众教育需要培养"实用性、应用型"人才的要求,我们在多年的微积分教学基础上,经过统一规划、集体研究编写了本书.

本书是依据教育部《经济管理类数学课程基本要求》及《全国硕士研究生入学统一考试数学考试大纲》的精神编写的,兼顾学生的考研需要,补充一些新内容,删除一些过时不用的知识,在保持传统体系的基础上略作改变.本书既注重对基本概念、基本理论和基本方法的阐述,又力求融入一些增强思想性、趣味性和适用性的新内容,既考虑到民办独立高校经济类、管理类专业对数学知识的直接或间接需要,又考虑到高等数学对培养学生空间想象能力、抽象思维能力,逻辑推理能力的重要性,本书详细介绍微积分学的基本原理、基本方法、基本技巧.为了适应目前经济类、管理类微积分学教学的实际情况,本书的选材都是最基本的,例题尽量采用具有代表性的典型题目或结合专业背景的实际题目,以期达到举一反三的效果.本书在每章后面都安排了适量的基础题和有着较高难度的选做题,便于不同层次的学生自学、复习和巩固所学内容.其中带*的章节只作介绍,可不讲授.

本书内容包括函数、极限与连续、导数与微分、中值定理与导数的应用、不定积分、定积分、无穷级数、多元函数微积分学、微分方程与差分方程简介、习题与选做题参考答案.

本书第1章、第4章由朱生编写;第2章、第3章由刘长亮编写;第5章由姜丽华编写;第6章由刘诗淼编写;第7章由张继超编写;第8章由彭轩、赵中建编写;第9章由李延敏、赵中建编写.全书的编写思想、结构安排、统稿定稿由李延敏承担.

本书出版得到科学出版社和长春财经学院及华北水力水电大学、吉林财经大学、吉林工商学院的大力支持，策划编辑张中兴为本书出版做了大量工作，在此一并向他们表示衷心感谢.

尽管我们为本书出版作了很大努力，但也难免有疏漏与不足之处，真诚欢迎读者、同行提出批评、指正.

编　者

2015 年 7 月

目　录

第1章　函　　数

函数是微积分的研究对象，是微积分的重要基本概念之一，它是客观世界中各种变量之间相互依赖关系的一种数学表示形式. 本章中，将在中学已有知识的基础上，简要叙述函数的一般定义及其基本性质，给出基本初等函数的概念，并介绍经济学中一些常用的函数.

1.1　实数与集合

微积分研究的主要对象是定义在实数范围内的函数，为此本节先复习一下与实数相关的基本知识和理论，并给出实数集合的表示方法.

1.1.1　实数与实数的绝对值

1. 实数与实数轴上的点

一般地，**实数由有理数和无理数两部分组成.**

有理数包括零、正负整数、正负分数. 有理数可以写成 p/q 的形式(其中 p,q 为整数，且 $q \neq 0$)，也可表示为整数、有限小数或无限循环小数，而无理数只能表示成无限不循环小数.

数轴是规定了**原点**、**正方向**与**单位长度**的直线，通常取水平直线的向右方向为正方向(图 1.1).

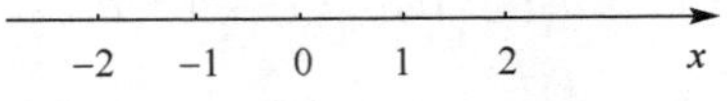

图 1.1

数轴上的每个点可以表示一个确定的实数；反之，每个实数可以看成数轴上一个确定的点. 因此，**实数与数轴上的点是一一对应的.** 为了简便起见，常用同一个字母或数字既表示某个实数又表示以此实数为坐标的数轴上的对应点. 比如，数 a 与点 a，数 $\sqrt{2}$ 与点$\sqrt{2}$，….

数轴上表示有理数的点称为**有理点**，表示无理数的点称为**无理点**. 数轴上任意两个不同的有理点之间一定存在无穷多个有理点，这种特性称为**有理数的稠密性**. 同样地，无理数也具有稠密性.

有理数经过有限次的四则运算(除数不为零),其结果仍为有理数;而无理数经过有限次的四则运算,其运算结果可能为无理数也可能为有理数.

2. 实数的绝对值

定义 1 设 a 为一个实数,称

$$|a|=\begin{cases}a, & a\geqslant 0,\\ -a, & a<0\end{cases}$$

为 a 的绝对值.

注意 (1) $|a|$ 为一个非负实数.

(2)设 a,b 为任意两个实数,则有

$$|a-b|=\begin{cases}a-b, & a\geqslant b,\\ b-a, & a<b.\end{cases}$$

(3)绝对值的几何意义是:$|a|$ 表示点 a 与原点 O 的距离;$|a-b|$ 表示点 a 与点 b 之间的距离.

例 1 求解不等式 $|x+2|\geqslant|x-2|$.

解 通过绝对值的几何意义可知,所求不等式表示 x 与点 -2 的距离大于等于 x 与点 2 的距离. 因此,从数轴上分析(图 1.2),得不等式的解为

$$x\geqslant 0.$$

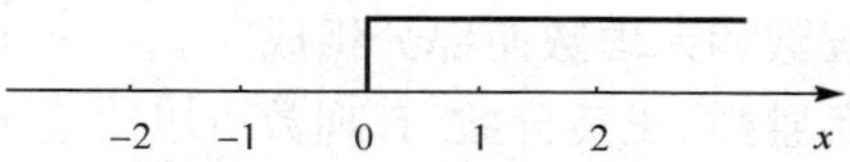

图 1.2

理解绝对值的几何意义,利用作图对解题会有很大帮助. 另外还需要知道绝对值的基本性质.

绝对值的基本性质 (1) $|a|\geqslant 0$, $|a|=|-a|$, $|a|=\sqrt{a^2}$.

(2) $-|a|\leqslant a\leqslant|a|$.

(3) $|a|\leqslant k(k\geqslant 0)\Leftrightarrow -k\leqslant a\leqslant k$.

(4) $|a+b|\leqslant|a|+|b|$.

证明 利用性质(2)可知

$$-|a|\leqslant a\leqslant|a|,\quad -|b|\leqslant b\leqslant|b|,$$

于是

$$-(|a|+|b|)\leqslant a+b\leqslant(|a|+|b|).$$

令 $k=|a|+|b|$,则由性质(3)有

$$|a+b|\leqslant|a|+|b|.$$

一般地,由数学归纳法有

$$|a_1+a_2+\cdots+a_n|\leqslant|a_1|+|a_2|+\cdots+|a_n|.$$

(5) $||a|-|b||\leqslant|a-b|$.

证明　由性质(4)有

$$|a|=|(a-b)+b|\leqslant|a-b|+|b|,$$

即

$$|a|-|b|\leqslant|a-b|.$$

类似地，有

$$|b|-|a|\leqslant|b-a|=|a-b|,$$

因此有

$$||a|-|b||\leqslant|a-b|.$$

(6) $|ab|=|a|\cdot|b|$.

一般地，有

$$|a_1a_2\cdots a_n|=|a_1|\cdot|a_2|\cdots|a_n|.$$

(7) $\left|\dfrac{a}{b}\right|=\dfrac{|a|}{|b|}, b\neq0$.

1.1.2　集合

1. 集合的概念

集合是数学中的一个基本概念，例如，某班级的全体学生构成一个集合，全体实数构成一个集合等. 现在给出集合的一种描述性定义.

定义 2　一般地，称具有某种特定性质的对象总体为**集合**(简称集)，组成这个集合的对象称为该集合的**元素**(简称元).

通常用大写拉丁字母 $A,B,C,\cdots$ 表示集合，用小写拉丁字母 $a,b,c,\cdots$ 表示集合的元素. 元素 a 在集合 A 中，称 a 属于 A，记为 $a\in A$，否则称 a 不属于 A，记作 $a\notin A$. 一个集合，若它只含有限个元素，则称为**有限集**；否则称为**无限集**.

集合的表示方法通常有以下两种：一种是列举法，就是将集合中的元素一一列举出来写在大括号内并用逗号隔开的表示方法，例如，由元素 $a_1,a_2,\cdots,a_n$ 组成的集合 A，可表示成

$$A=\{a_1,a_2,\cdots,a_n\};$$

另一种是描述法，若集合 M 是由具有某种性质 P 的元素 x 的全体组成的，则集合 M 就可以表示成

$$M=\{x\mid x\text{ 具有某种性质 P}\}.$$

元素为数的集合通常称为数集，常用 $\mathbf{N}$ 表示**自然数集**，

$$\mathbf{N}=\{0,1,2,\cdots\};$$

$\mathbf{Z}$ 表示**整数集**；$\mathbf{Z}^+$ 表示**正整数集**；$\mathbf{Q}$ 表示**有理数集**；$\mathbf{Q}^+$ 表示**正有理数集**；$\mathbf{R}$ 表示**实数集**；$\mathbf{R}^+$ 表示**正实数集**.

不含任何元素的集合称为**空集**，用 $\varnothing$ 来表示.

2. 集合的关系与运算

(1)**子集**：对于两个集合 A 与 B，如果集合 A 中的任何一个元素都是集合 B 中的元素，则 A 称为 B 的子集，也称 A 包含于 B，或 B 包含 A，记为 $A \subseteq B$.

例如，$\mathbf{N} \subseteq \mathbf{Z}$.

规定空集是任何集合的子集. 任何一个集合是它本身的子集，即 $A \subseteq A$.

如果 A 是 B 的子集，B 也是 A 的子集，则称 A 与 B **相等**. 如果 A 是 B 的子集，而且 B 中存在元素不属于 A，则 A 称为 B 的**真子集**.

(2)**交集**：$A \cap B = \{x \mid x \in A \text{ 且 } x \in B\}$.

(3)**并集**：$A \cup B = \{x \mid x \in A \text{ 或 } x \in B\}$.

(4)**差集**：$A - B = \{x \mid x \in A, \text{且 } x \notin B\}$.

有时，把研究某一问题时所考虑对象的全体称为**全集**，并用 I 表示，把差集 $I-A$ 称为 A 的**余集**或**补集**，记作 A^c.

例如，在实数集 $\mathbf{R}$ 中，集合 $A = \{x \mid x \leqslant 1\}$，则 A 的补集 $A^c = \{x \mid x > 1\}$.

集合的交、并、余运算满足如下的运算律：

(1)**交换律** $A \cup B = B \cup A, A \cap B = B \cap A$；

(2)**结合律** $(A \cup B) \cup C = A \cup (B \cup C)$，

$(A \cap B) \cap C = A \cap (B \cap C)$；

(3)**分配律** $A \cap (B \cup C) = (A \cap B) \cup (A \cap C)$，

$A \cup (B \cap C) = (A \cup B) \cap (A \cup C)$；

(4)**对偶律** $(A \cup B)^c = A^c \cap B^c, (A \cap B)^c = A^c \cup B^c$.

1.1.3 实数集合的表示方法

通过集合，可以用区间来表示实数，其定义如下.

定义 3 设 $a, b \in \mathbf{R}$，且 $a < b$，定义：

(1)**闭区间** $[a,b] = \{x \mid a \leqslant x \leqslant b\}$；

(2)**开区间** $(a,b) = \{x \mid a < x < b\}$；

(3)**半开区间** $(a,b] = \{x \mid a < x \leqslant b\}, [a,b) = \{x \mid a \leqslant x < b\}$；

(4)**无穷区间**

$$(-\infty, b] = \{x \mid -\infty < x \leqslant b\},$$

$$(-\infty, b) = \{x \mid -\infty < x < b\},$$

$$[a, +\infty) = \{x \mid a \leqslant x < +\infty\},$$

$$(a,+\infty)=\{x \mid a<x<+\infty\},$$
$$\mathbf{R}=(-\infty,+\infty).$$

在今后问题的讨论中,常常需要考虑由某点 x_0 附近的所有点构成的集合. 为此,需要引入邻域的概念.

定义 4 设 δ 为某个正数,称开区间 $(x_0-\delta,x_0+\delta)$ 为点 x_0 的 δ **邻域**,记作 $U(x_0,\delta)$. x_0 为该**邻域的中心**, δ 为该邻域的**半径**, 即

$$\begin{aligned}U(x_0,\delta)&=(x_0-\delta,x_0+\delta)\\&=\{x \mid x_0-\delta<x<x_0+\delta\}\\&=\{x \mid |x-x_0|<\delta\}.\end{aligned}$$

点 x_0 的邻域去掉中心 x_0 后的集合 $(x_0-\delta,x_0+\delta)-\{x_0\}$ 称为点 x_0 的**空心邻域**(**或去心邻域**),记作 $\overset{o}{U}(x_0,\delta)$, 即

$$\begin{aligned}\overset{o}{U}(x_0,\delta)&=(x_0-\delta,x_0+\delta)-\{x_0\}\\&=\{x \mid x_0-\delta<x<x_0 \text{ 或 } x_0<x<x_0+\delta\}\\&=\{x \mid 0<|x-x_0|<\delta\},\end{aligned}$$

其中 $(x_0-\delta,x_0)$ 称为点 x_0 的**左邻域**, $(x_0,x_0+\delta)$ 称为点 x_0 的**右邻域**.

1.2 函数的概念

1.2.1 常量与变量

人们在日常的生产生活中,经常会涉及一些“量”,例如,时间、温度、产量、销量、成本、收入、利润等. 通常将量分为常量与变量两类. 常量是指在某一过程中数值保持不变的量,一般用 $a,b,c,\cdots$; 表示另一类是在某一过程中数值会发生变化的量,称为变量,用 x,y,z 或 P,Q,R 表示.

如果将变量看成是可以在一个非空数集内任意取值的量,则常量可看成是在单元素集合中取值的变量,因而常量可看成是变量的特例.

常量在数轴上表示为一个定点,变量在数轴上则表示为一个动点.

1.2.2 函数概念及其表示方法

在实际问题的研究中,往往会遇到的不是一个变量,而是多个变量,而且这些变量之间一般不是孤立地存在的,也就是说所涉及的几个变量之间常会具有某种相互依赖的变化关系,下面就用几个实例来说明变量间的这种相互依赖的变化关系.

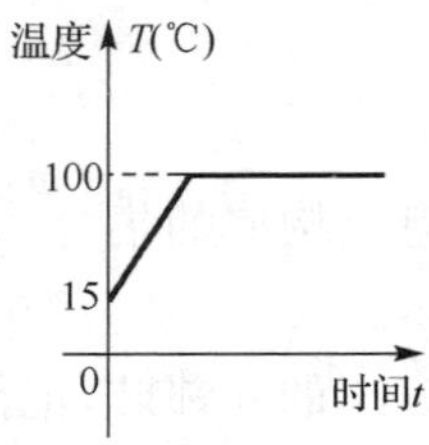

图 1.3

例 2　在一个标准大气压下，水在均匀加热的过程中，其温度 T 随时间 t 的变化情况，如图 1.3 所示.

图 1.3 的水温曲线，显示了温度 T 与时间 t 之间的依赖关系. 对于任意 $t\in[0,+\infty)$，按照图 1.3 中的对应规则，都可以唯一地确定对应的水温 T.

例 3　表 1.1 给出某地区楼盘在一年内的整体销售统计情况，将销售量 y（单位：套）和月份 t 的关系列表表示如下：

表 1.1

月份 t	1	2	3	4	5	6	7	8	9	10	11	12
销售量 y	4	5	7	8	8	10	12	16	18	20	15	7

显然，当 t 在月份集合任取一个值（如 $t=10$）时，均可按表 1.1 所示的对应规则（月份下方的数字为当月的销售量）唯一地确定一个销售量 y 的值（$y=20$）与之对应.

例 4　设某商店购进牛肉 500 千克，按每千克 50 元的价格出售，当售出的数量为 x 千克时，收入 R 可按公式

$$R=50x,\quad x\in[0,500]$$

算出唯一确定的数值.

通过以上的例子可以看出，虽然它们各自研究的对象不同，变量之间的表达形式也不同，但是它们的本质是相同的，即通过一定的“对应法则”（图、表、公式）可研究两个变量之间的依赖关系. 并且这种对应法则的特点是，当任取一个变量在某范围内的一个值时，通过这种对应法则，另一个变量都有唯一的值与之相对应. 那么将变量之间的这种相互依赖关系用一个对应法则表示的形式抽象概括起来就得到下面函数的概念.

1. 函数（显函数）

定义 5　设 D 为一个非空数集，如果按照某种对应法则 f，对于任意一个 $x\in D$，都存在唯一的实数 y 与之相对应，则称对应法则 f 为定义在数集 D 上的**函数**. 记作 $y=f(x)$，称 x 为**自变量**，y 为**因变量**.

D 称为函数 f 的**定义域**，定义域 D 通常记为 $D(f)$，当 $D(f)$ 为区间时，称 $D(f)$ 为**定义区间**.

如果 $x_0\in D(f)$ 时，则称函数 f 在点 x_0 有定义，否则称 f 在点 x_0 无定义. 当函数 f 在 x_0 处有定义时，称因变量 y 的对应取值 y_0 为 x_0 所对应的**函数值**，记为 $f(x_0)$ 或 $y|_{x=x_0}$. 因此，对应于任一自变量 $x\in D(f)$ 的函数值 y 可记为 $y=f(x)$.

全体函数值所构成的集合，称为函数的**值域**，记为 Z 或 $Z(f)$，即

$$Z = Z(f) = \{y \mid y = f(x), x \in D(f)\}.$$

注意　(1)记号 f 和 $f(x)$ 的含义是有区别的：f 表示自变量 x 与因变量 y 之间的对应法则，而 $f(x)$ 表示与自变量 x 对应的函数值. 但为了叙述方便，习惯上常用记号“$f(x), x \in D$”或“$y = f(x), x \in D$”来表示定义在 D 上的函数，也直接称 $f(x)$ 是 x 的函数或 y 是 x 的函数.

(2)除了用 f 表示函数，也可用其他英文字母或希腊字母来表示函数，如 g, F, φ 等，相应的函数可记为 $y = g(x), y = F(x), y = \varphi(x)$ 等.

是否用不同的符号表示函数，函数就不同呢？这种理解是不对的，那么什么样的两个函数才是相同函数或不同函数呢？根据定义可以看出，定义域 D 和对应法则 f 是构成一个函数的两个最基本要素，当定义域与对应法则确定后，函数就被完全确定了，而与自变量、因变量和函数符号用什么字母表示无关.

当两个函数的定义域相同，并且对应法则也相同(即取相同的自变量都有相同的函数值)时，这两个函数就是**相同函数**，否则为**不同函数**.

例如，函数 $y = 3 - x^2$ 与 $u = 3 - y^2$ 的定义域都是 $\mathbf{R}$，且对任一 $a \in \mathbf{R}$，两个函数都有相同的值 $3 - a^2$ 与 a 对应，即有相同的对应法则，故它们是两个相同函数. 又对于函数 $y = x + 2$ 与函数 $y = \dfrac{x^2 - 4}{x - 2}$，$y = x + 2$ 的定义域为：$(-\infty, +\infty)$，$y = \dfrac{x^2 - 4}{x - 2}$ 的定义域为：$(-\infty, 2) \cup (2, +\infty)$，由于定义域不同，所以它们是两个不同函数(即使化简后有相同的对应法则).

通过例 2～例 4 我们可以看出，常用的函数表示方法有三种，分别为：图式法、表格法与解析法(公式法).

图式法是将变量之间的对应关系用一个图形来表示的方法，如例 1.2. 用图式法表示函数的图形称为函数 $y = f(x), x \in D$ 的图形，即坐标平面上的点集

$$\{P(x, y) \mid y = f(x), x \in D\},$$

图式法能直观地看出函数的变化特征.

表格法是将变量之间的对应关系用一个表格来表示的方法，如例 1.3. 表格法(如经济统计表、各种函数表等)便于直观地得到函数值.

解析法是将变量之间的对应关系用一个明确的数学式子(称为解析式)来表示的方法，又称为**公式法**，如例 1.4. 解析法便于分析和运算，是最常用的一种函数表示方法.

这三种函数的表示方法各有优缺点，在研究具体问题时，应注意选择哪种表示方法更简便，有时也将这三种表示方法结合起来使用.

用解析法表示的函数 $y=f(x)$，都是以自变量 x 的某一个解析式明显地表示出因变量 y，以这种形式表示的函数称为**显函数**.

2. 隐函数

事实上，表示变量间对应关系的函数形式有多种，其中的一种函数表示形式，其自变量 x 与因变量 y 之间的对应法则并不像显函数中所表示的那样明显，而是隐含于一个方程

$$F(x,y)=0$$

之中.

一般地，如果变量 x 与 y 满足一个方程 $F(x,y)=0$，在一定条件下，当 x 取某一非空数集 D 内的任一值时，相应地总有满足这方程的唯一 y 值存在，则称方程 $F(x,y)=0$ 在 D 内确定了一个**隐函数**，记为 $y=y(x)$.

例如，方程 $x+y^3-2=0$ 可确定一个隐函数：

$$y=\sqrt[3]{2-x},\quad x\in(-\infty,+\infty).$$

如果将函数 $y=\sqrt[3]{2-x}$ 代入方程 $x+y^3-2=0$ 中，则其变为恒等式.

一般地，如果由某一方程确定的隐函数能表示为 x 的显函数形式，则称该**隐函数可以显化**，如上面方程 $x+y^3-2=0$ 所确定的隐函数就可以显化为 $y=\sqrt[3]{2-x}$，但并不是所有方程在确定隐函数后，该隐函数都可以显化. 例如，由方程 $\mathrm{e}^y+xy-\mathrm{e}=0$ 能确定一个隐函数 $y=y(x)$，但 $y=y(x)$ 却无法用 x 的显函数形式来表达. 这时称方程确定的**隐函数不能显化**.

3. 分段函数

在用解析法表示函数的时候，经常会遇到这样的情况：在自变量的不同变化范围中，对应法则用不同的式子来表示的函数称为**分段函数**. 比较常见的分段函数有

绝对值函数

$$y=|x|=\begin{cases}x, & x\geqslant 0,\\ -x, & x<0,\end{cases}$$

如图 1.4 所示.

符号函数

$$y=\operatorname{sgn}x=\begin{cases}1, & x>0,\\ 0, & x=0,\\ -1, & x<0,\end{cases}$$

如图 1.5 所示.

对于任意实数 x，都有 $x=\operatorname{sgn}x\cdot|x|$.

狄利克雷(Dirichlet)函数

$$y=\begin{cases}1, & x\in \mathbf{Q},\\ 0, & x\notin \mathbf{Q}, x\in \mathbf{R}.\end{cases}$$

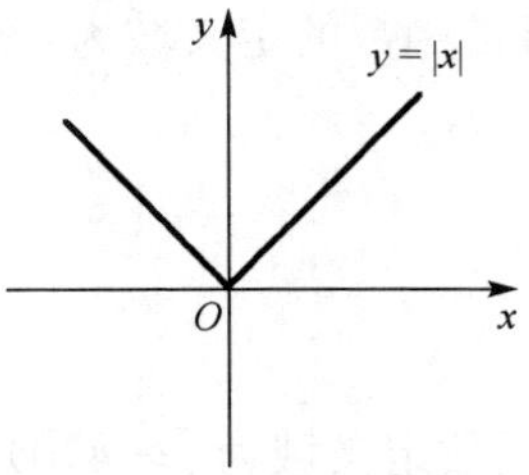

图 1.4

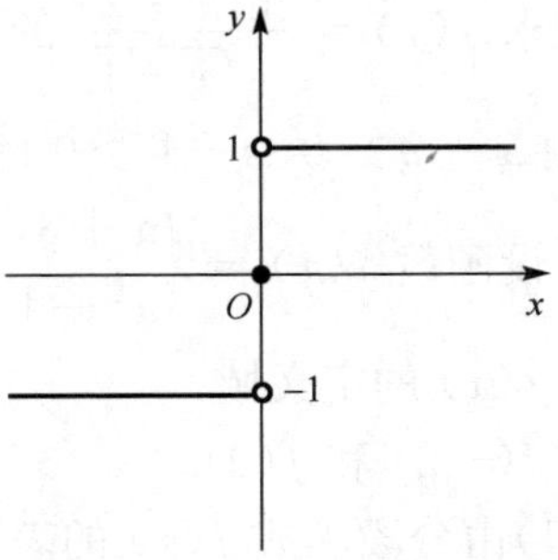

图 1.5

取整函数

$$y=[x]=n,\quad n\leqslant x<n+1,\quad n=0,\pm 1,\pm 2,\cdots,$$

其中 $[x]$ 表示不超过 x 的最大整数,称为 x 的整数部分(图 1.6),如 $[6.5]=6$, $[\pi]=3$, $\left[\dfrac{3}{4}\right]=0$, $[-0.6]=-1$.

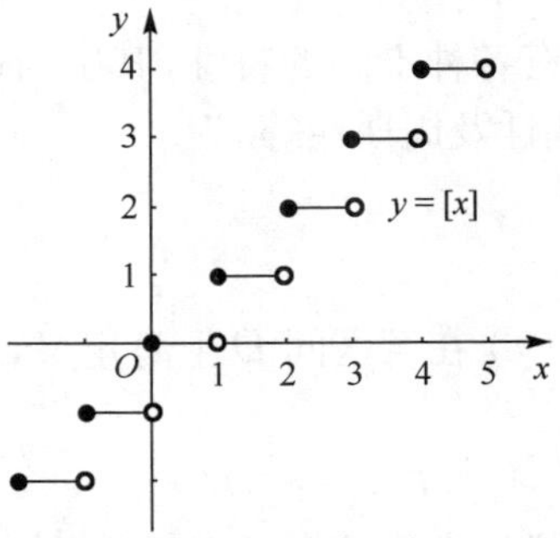

图 1.6

由取整函数定义可以验证,对任意实数 x, 均有 $[x]\leqslant x<[x]+1$.

分段函数在其整个定义域上是一个函数,不是多个函数. 用几个式子来表示一个函数,不仅与函数的定义不矛盾,而且在现实问题, 特别是经济学中, 经常会遇到这种情形.

4. 函数的定义域

一般地,一个函数 $y=f(x)$ 的定义域 $D(f)$ 是指使该函数表达式有意义的自变量所有可能取值的全体. 常见的有偶次方根下非负、分式的分母不能为零,对数的真数为正等. 分段函数的定义域是各分段定义域的并集. 对于由实际问题得到的函数,其定义域应该由问题的具体条件来确定,如圆的面积公式 $S=\pi r^2$ 中,r 表示圆的半径,它必须是非负数,所以该函数的定义域为 $[0,+\infty)$.

例 5 求 $f(x)=\dfrac{\ln(x+2)}{\sqrt{x-1}}$ 的定义域.

解 由 $x+2>0$,$x-1\geqslant 0$ 且 $x-1\neq 0$ 可得函数的定义域为:$(1,+\infty)$.

例 6 设函数 $f(x)=\begin{cases} x+3, & -4\leqslant x<0, \\ x^2+1, & 0\leqslant x<2. \end{cases}$

(1)求 $f(x)$ 的定义域;

(2)求 $f(-2)$ 和 $f(0)$.

解 (1)由分段函数 $f(x)$ 的表达式可知,此函数定义域为 $[-4,0)\cup[0,2)$,即 $[-4,2)$.

(2) $f(-2)=1$,$f(0)=1$.

一般来说求分段函数的函数值时,首先要弄清自变量在哪段区间内取值,然后再用该区间上的解析式来计算相应的函数值.

1.3 函数的基本特性

给定一个函数,它会具有各种不同的特性,其中与函数的几何图像相关的,有函数的单调性、有界性、奇偶性及周期性等.

1.3.1 单调性

定义 6 设函数 $y=f(x)$ 在某区间 D 上有定义,对于任意的 $x_1,x_2\in D$,若 $x_1<x_2$,总有

$$f(x_1)<f(x_2)$$

成立,则称 $f(x)$ 在 D 内**单调增加**或**单调递增**;对于任意的 $x_1,x_2\in D$,若 $x_1<x_2$,总有

$$f(x_1)>f(x_2)$$

成立,则称 $f(x)$ 在 D 内**单调减少**或**单调递减**. 当 $f(x)$ 在 D 内是单调递增(或单调递减)时,称 D 为 $f(x)$ 的单调递增(或单调递减)区间. 单调增加和单调减少函数统称为单调函数.

从几何直观上看,单调增加的函数,它的图形自左至右看是上升的曲线(图 1.7(a));单调减少的函数,它的图形自左至右看是下降的曲线(图 1.7(b)).

例如,二次函数 $y=x^2+1$ 在 $(-\infty,0)$ 内是单调减少函数,在 $(0,+\infty)$ 内是单调增加函数. 但在整个定义域 $(-\infty,+\infty)$ 内不是单调函数.

$y=\tan x$ 在 $\left(-\dfrac{\pi}{2},\dfrac{\pi}{2}\right)$ 内为单调增加函数.

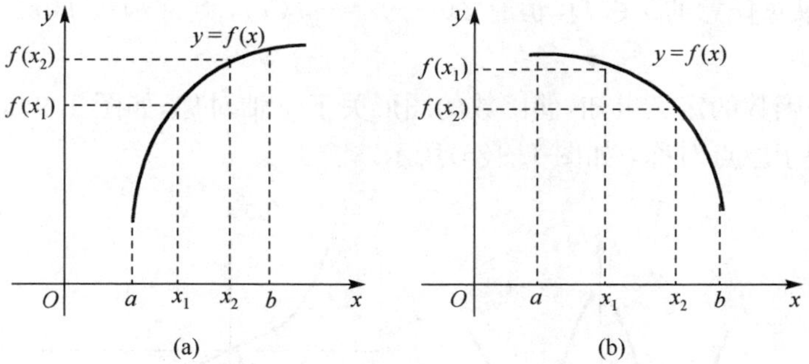

图 1.7

1.3.2 有界性

定义 7 设函数 $y=f(x)$ 在数集 D 内有定义.

(1)如果存在一个常数 $M>0$，使得对任意的 $x\in D$，恒有 $|f(x)|\leqslant M$，则称函数 $f(x)$ 在 D 上为有界函数，简称**有界**，否则称函数 $f(x)$ 在 D 上**无界**；

(2)如果存在常数 M（或 m），使得对任意的 $x\in D$，恒有 $f(x)\leqslant M$（或 $f(x)\geqslant m$），则称函数 $f(x)$ 在 D 上**有上界**（**或有下界**）.

函数有界等价于必有上界和下界. 有界函数的图形完全落在两条水平直线 $x=-M$ 与 $x=M$ 之间(图 1.8).

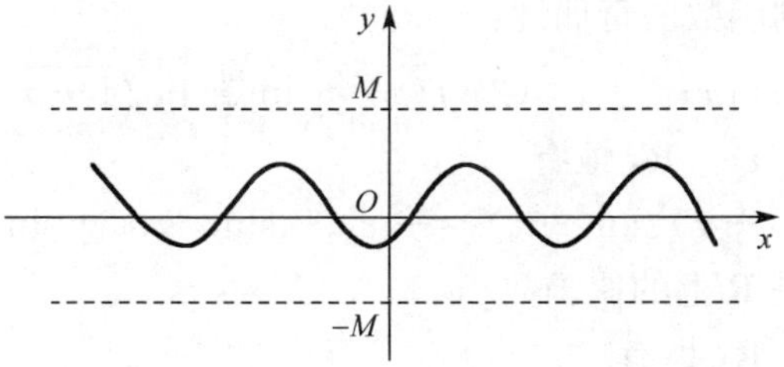

图 1.8

例如，函数 $y=\cos x$ 在 $(-\infty,+\infty)$ 内有界，这是因为在 $(-\infty,+\infty)$ 内恒有 $|\cos x|\leqslant 1$ 成立；而函数 $y=x^2$ 在 $(-\infty,+\infty)$ 内有下界但无上界 $(x^2\geqslant 0)$，因此 $y=x^2$ 在 $(-\infty,+\infty)$ 内是无界函数. 但函数 $y=x^2$ 在 $[-2,2]$ 是有界函数，因为 $|x^2|\leqslant 4$. 此例说明，讨论一个函数 $f(x)$ 是否有界，应指出自变量的相应变化范围.

1.3.3 奇偶性

定义 8 设函数 $f(x)$ 在一个关于原点对称的实数集 D 内有定义.

(1)如果对任意的 $x\in D$，恒有 $f(-x)=f(x)$，则称函数 $f(x)$ 为 D 上的**偶函数**；

(2)如果对任意的 $x \in D$，恒有 $f(-x)=-f(x)$，则称函数 $f(x)$ 为 D 上的**奇函数**.

由奇偶函数的定义可知，偶函数的图形关于 y 轴对称，如图 1.9(a)所示；奇函数的图形关于原点对称，如图 1.9(b)所示.

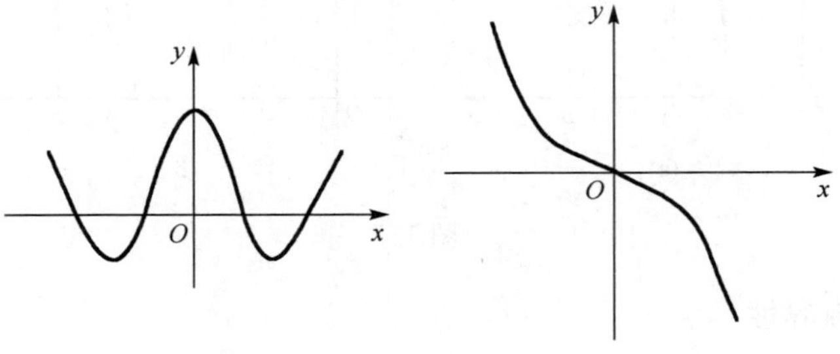

(a) (b)

图 1.9

无论是奇函数还是偶函数，它们的定义域一定是关于原点对称的，如果函数的定义域不是关于原点对称的，则它必定是非奇非偶函数.

例如，函数 $y=x^{2k+1}$（k 为整数）是奇函数，$y=x^{2k}$（k 为整数）是偶函数，$y=\sin x$ 是奇函数，$y=\cos x$ 是偶函数，$y=C$（C 为非零常数）是偶函数，$y=0$ 既是奇函数又是偶函数，$y=x+x^2$ 是非奇非偶函数.

例 7 判断下列函数的奇偶性：

(1) $f(x)=x^3\sin x$；　　(2) $f(x)=\ln(x+\sqrt{1+x^2})$.

解 (1)对任意 $x \in \mathbf{R}$，恒有

$$f(-x)=(-x)^3\sin(-x)=-x^3(-\sin x)=x^3\sin x=f(x),$$

故 $f(x)=x\sin x$ 是 $\mathbf{R}$ 上的偶函数.

(2)对任意 $x \in \mathbf{R}$，恒有

$$\begin{aligned} f(-x) &=\ln(-x+\sqrt{1+(-x)^2}) \\ &=\ln(-x+\sqrt{1+x^2}) \\ &=\ln\frac{1}{x+\sqrt{1+x^2}} \\ &=-\ln(x+\sqrt{1+x^2}) \\ &=-f(x), \end{aligned}$$

所以 $f(x)=\ln(x+\sqrt{1+x^2})$ 是 $\mathbf{R}$ 上的奇函数.

可以证明，如果函数 $f(x)$，$g(x)$ 同为偶函数(或奇函数)，则它们的积、商(分母不为零)为偶函数；如果函数 $f(x)$，$g(x)$ 一个为偶函数和一个为奇函数，则它们的积、商(分母不为零)为奇函数.

1.3.4　周期性

定义 9　设函数 $f(x)$ 在数集 D 上有定义，如果存在常数 $T>0$，使得对任意的 $x\in D$，恒有 $x+T\in D$ 且

$$f(x+T)=f(x)$$

成立，则称 $f(x)$ 为**周期函数**. T 称为其**周期**，通常说周期函数的周期是指满足上式成立的最小正数 T_0，称为 $f(x)$ 的**最小正周期**.

例如，三角函数 $y=\sin x, y=\cos x$ 是 $\mathbf{R}$ 上以 2π 为周期的周期函数；$y=\tan x$，$x\neq k\pi+\frac{\pi}{2}$ 是周期为 π 的周期函数.

若函数 $f(x)$ 是周期为 T 的周期函数，则在长度为 T 的两个相邻区间上，函数图像有相同的形状.

1.4　复合函数与反函数

1.4.1　复合函数

在实际问题中经常会遇到这样的情形：在某过程中，第一个量依赖于第二个量，而第二个量又依赖于第三个量. 因此，实际上第一个量可由第三个量来确定，这种变量间所确定的函数关系，实际上就是复合函数. 一般有如下定义.

定义 10　已知函数

$$y=f(u),\quad u\in D(f),\quad y\in Z(f),$$
$$u=g(x),\quad x\in D(g),\quad u\in Z(g).$$

如果 $D(f)\cap Z(g)\neq\varnothing$，则称函数

$$y=f[g(x)],\quad x\in\{x\mid x\in D(g),g(x)\in D(f)\}$$

为由函数 $y=f(u)$ 和 $u=g(x)$ 复合而成的**复合函数**. 其中 y 为**因变量**，x 为**自变量**，u 称为**中间变量**，$y=f(u)$ 称为**外层函数**，$u=g(x)$ 称为**内层函数**，称集合 $\{x\mid x\in D(g),g(x)\in D(f)\}$ 为复合函数 $y=f[g(x)]$ 的**定义域**.

例如，$y=\mathrm{e}^u$ 与 $u=\cos x$ 构成复合函数 $y=\mathrm{e}^{\cos x}$；$y=\sqrt{u}$ 与 $u=\ln x$ 构成复合函数 $y=\sqrt{\ln x}$.

注意　$y=f[g(x)]$ 的定义域是使得 $u=g(x)$ 有意义，同时使得 $u=g(x)$ 的函数值落在 $y=f(u)$ 的定义域内所对应的 x 取值的全体. 例如，$y=f[g(x)]=\sqrt{4-x^2}$ 是由 $y=f(u)=\sqrt{u}$ 及 $u=g(x)=4-x^2$ 复合而成的，只有 $4-x^2\geqslant 0$，即 $|x|\leqslant 2$ 时，才能使 u 的值落在 $y=\sqrt{u}$ 的定义域内，所以复合函数 $y=\sqrt{4-x^2}$ 的定义域为 $[-2,2]$.

由此可见,不是任何两个函数都可以复合成一个复合函数,例如, $y=\frac{1}{\sqrt{u}}$ 和 $u=-x^2$ 就不能构成一个复合函数,因为 $u=-x^2$ 的函数值都不在 $y=\frac{1}{\sqrt{u}}$ 的定义域内. 显然,定义中要求 $D(f)\cap Z(g)\neq\varnothing$ 是必要的,因为如果 $D(f)\cap Z(g)=\varnothing$, 则复合函数 $y=f[g(x)]$ 的定义域不存在,从而复合函数不存在.

类似地可以考虑三个及三个以上函数的复合.

例如, $y=\sin u, u=\sqrt{v}$ 和 $v=x-1$ 构成复合函数 $y=\sin\sqrt{x-1}$.

利用复合函数的概念,在有些实际问题中,有时可以采用把一个函数代入另一个函数的方法,将同一过程中的几个简单函数,复合成满足某种需要的新函数;有时也可以根据需要把一个复合函数分解成几个简单的函数,如 $y=\ln[\sin(x+1)]$ 可以被分解为 $y=\ln u, u=\sin v, v=x+1$.

一般地,在分解复合函数的结构时,必须遵循两点,一是由表及里(由外及内),逐层分解;二是每一层都不再是复合函数,分清复合结构,对于后面的学习会有很大帮助.

例 8 讨论下列各组函数可否复合成复合函数,若可以,求出复合函数及其定义域.

(1) $y=f(u)=\sqrt{u-2}, u=g(x)=\ln x$;

(2) $y=f(u)=\sqrt{u-4}, u=g(x)=3\sin x$.

解 (1)因为 $D(f)=\{u\mid u\geqslant 2\}, Z(g)=\{u\mid -\infty<u<+\infty\}$, 于是

$$D(f)\cap Z(g)=\{u\mid u\geqslant 2\}\neq\varnothing,$$

所以 $y=f(u)=\sqrt{u-2}$ 与 $u=g(x)=\ln x$ 可以复合成复合函数,其表达式为

$$y=\sqrt{(\ln x)-2},$$

定义域为

$$\{x\mid \ln x\geqslant 2\},\quad 即\{x\mid x\geqslant \mathrm{e}^2\}.$$

(2)因为 $D(f)=\{u\mid u\geqslant 4\}, Z(g)=\{u\mid -3\leqslant u\leqslant 3\}$, 所以

$$D(f)\cap Z(g)=\varnothing,$$

故这两个函数不能复合成复合函数.

例 9 已知 $f(x)=\frac{x}{1+x}$, 求 $f[f(x)]$.

解
$$f[f(x)]=\frac{f(x)}{1+f(x)}=\frac{x}{1+2x}.$$

例 10 设 $f(x)=\begin{cases}x, & |x|\geqslant 1,\\ x^2, & |x|<1,\end{cases}$ $g(x)=\lg x$, 求 $f(g(x)), g(f(x))$.

解　(1) $f(g(x))=\begin{cases}\lg x, & |\lg x|\geqslant 1,\\ (\lg x)^2, & |\lg x|<1\end{cases}$

$$=\begin{cases}\lg x, & x\leqslant\frac{1}{10}\text{或}x\geqslant 10,\\ (\lg x)^2, & \frac{1}{10}<x<10.\end{cases}$$

(2) $g(f(x))=\lg f(x)$，故必须 $f(x)>0$.

当 $|x|\geqslant 1$，即 $x\leqslant -1$ 或 $x\geqslant 1$，有 $f(x)=x$，显然 $x\leqslant -1$，$\lg x$ 无意义，故

$$g(f(x))=\lg f(x)=\lg x\quad(x\geqslant 1).$$

当 $|x|<1$，即 $-1<x<1$ 时，$f(x)=x^2$，显然 $f(0)=0$ 不符合 $f(x)>0$ 这一要求，故 $x=0$ 不在 $g(f(x))$ 的定义域内.

$$g(f(x))=\lg f(x)=\lg x^2\quad(\text{当}-1<x<0\text{或}0<x<1),$$

$$g(f(x))=\begin{cases}\lg x, & x\geqslant 1,\\ \lg x^2, & -1<x<0\text{或}0<x<1.\end{cases}$$

例 11　设 $f(1-\sqrt{x})=x$，求 $f(x)$.

解　令 $u=\varphi(x)=1-\sqrt{x}$，$u\leqslant 1$，则 $x=(1-u)^2$. 于是

$$f(u)=(1-u)^2,\quad u\leqslant 1,$$

即

$$f(x)=(1-x)^2,\quad x\leqslant 1.$$

例 12　分解下列复合函数的复合结构：

(1) $y=\cos^3(\mathrm{e}^x-1)$；

(2) $y=\ln(\sin\sqrt{x-1})$.

解　(1)最外层是 $y=u^3$，第二层是 $u=\cos v$，内层是 $v=\mathrm{e}^x-1$.

(2)最外层是 $y=\ln u$，第二层是 $u=\sin v$，第三层是 $v=\sqrt{w}$，内层是 $w=x-1$.

1.4.2　反函数

定义 11　设函数 $y=f(x)$，其定义域为 $D(f)$，值域为 $Z(f)$. 如果对每一个 $y\in Z(f)$，通过对应关系 $y=f(x)$，都有唯一确定的 $x\in D(f)$ 与之对应，则 x 是定义在 $Z(f)$ 上的以 y 为自变量的函数，记此函数为

$$x=f^{-1}(y),\quad y\in Z(f),$$

并称其为 $y=f(x)$ 的**反函数**. 一般习惯于用 x 表示自变量，y 表示因变量，所以，$y=f(x)$ 的反函数 $x=f^{-1}(y)$ 常写成 $y=f^{-1}(x)$.

由定义可知，$y=f(x)$ 的反函数 $y=f^{-1}(x)$ 的定义域为 $y=f(x)$ 的值域 $Z(f)$，值域为 $y=f(x)$ 的定义域 $D(f)$.

显然，若点 $A(a,b)$ 在曲线 $y=f(x)$ 上，那么点 $B(b,a)$ 必定在曲线 $y=f^{-1}(x)$ 上；反之也一样. 所以函数 $y=f(x)$ 与其反函数 $y=f^{-1}(x)$ 的图形关于直线 $y=x$ 是对称的，如图 1.10 所示.

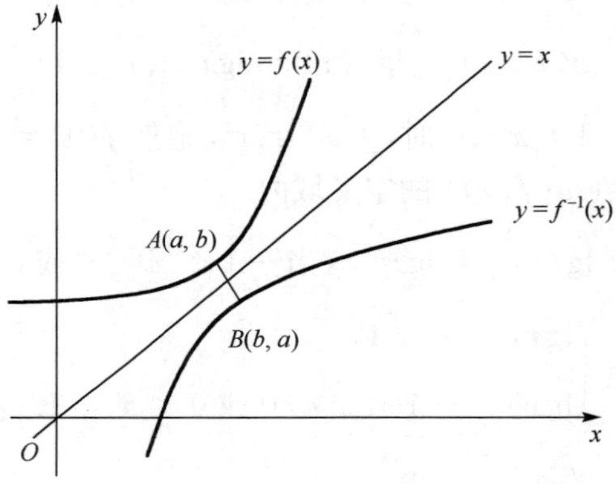

图 1.10

可以证明单调函数 $y=f(x)$ 必定存在反函数，且反函数与 $y=f(x)$ 具有相同的单调性. 如果 $y=f(x)$ 在定义域 $D(f)$ 上单调，求其反函数时，先由方程 $y=f(x)$ 求解 x，即将 x 用 y 来表示(表示方法唯一)，记为 $x=f^{-1}(y)$，互换 x 与 y 的位置，可得到 $y=f(x)$ 的反函数 $y=f^{-1}(x)$.

例如，$y=x^3$ 在 $x\in(-\infty,+\infty)$ 上单调，故存在反函数，由方程 $y=x^3$ 解得 $x=\sqrt[3]{y}$，互换 x 与 y 的位置，可得 $y=x^3$ 的反函数为 $y=\sqrt[3]{x}, x\in(-\infty,+\infty)$.

例 13　求下列函数的反函数：

(1) $y=\dfrac{x-1}{x+1}$；　　(2) $y=\begin{cases}x-1, & x<0,\\ x^2, & x\geqslant 0.\end{cases}$

解　(1)由 $y=\dfrac{x-1}{x+1}$ 可解得 $xy+y=x-1$，解之得

$$x=\frac{y+1}{1-y},$$

故所求反函数为

$$y=\frac{x+1}{1-x},\quad x\neq 1.$$

(2)当 $x<0$ 时，由方程 $y=x-1$ ($y<-1$)，解得 $x=y+1$；当 $x\geqslant 0$ 时，

由方程 $y=x^2$（$y\geqslant 0$）解得 $x=\sqrt{y}$. 互换 x 与 y 的位置,故所求反函数为

$$y=\begin{cases}x+1, & x<-1,\\ \sqrt{x}, & x\geqslant 0.\end{cases}$$

1.5 初等函数

1.5.1 基本初等函数

通常,将常值函数、幂函数、指数函数、对数函数、三角函数与反三角函数,这六类函数统称为**基本初等函数**. 下面分别介绍基本初等函数的表达式、定义域、图形特点与主要性质.

1. 常值函数

$$y=C \quad (C \text{ 为常数}),$$

其定义域为 $(-\infty,+\infty)$,图形是一条与 x 轴平行的水平直线,如图 1.11 所示.

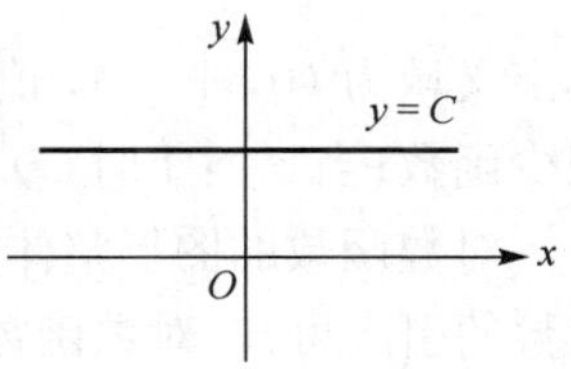

图 1.11

2. 幂函数

$$y=x^\alpha \quad (\alpha \text{ 为常数,且 } \alpha\neq 0).$$

幂函数的定义域会随 α 取值的不同而不同. 例如,$\alpha=2$, $y=x^2$ 的定义域为 $(-\infty,+\infty)$;$\alpha=\dfrac{1}{2}$,$y=\sqrt{x}$ 的定义域为 $[0,+\infty)$. 但不论 α 取何值,$y=x^\alpha$ 在区间 $(0,+\infty)$ 内总有定义,并且图形都经过 $(1,1)$ 点. 若 $\alpha>0$,则 $y=x^\alpha$ 在区间 $(0,+\infty)$ 内单调增加,其图形过 $(0,0)$ 和 $(1,1)$ 两点,如图 1.12(a)所示;若 $\alpha<0$,则 $y=x^\alpha$ 在区间 $(0,+\infty)$ 内单调减少,如图 1.12(b)所示.

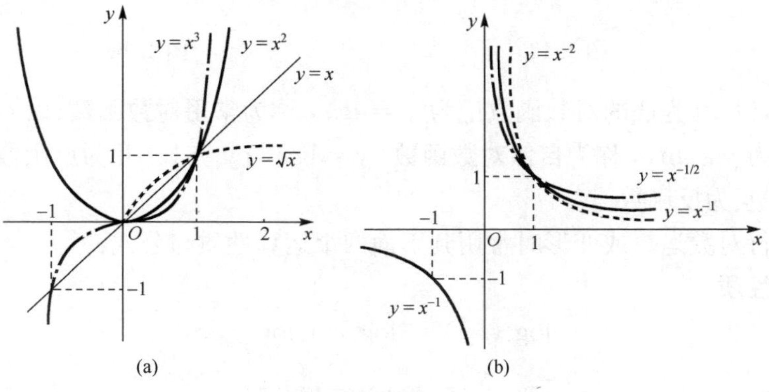

图 1.12

3. 指数函数

$$y = a^x \quad (a > 0, a \neq 1),$$

其定义域为 $(-\infty, +\infty)$，值域为 $(0, +\infty)$. 当 $0 < a < 1$ 时，$y = a^x$ 为单调减少函数；当 $a > 1$ 时，$y = a^x$ 为单调增加函数. 指数函数的图形位于 x 轴上方，且经过定点 $(0,1)$. 由于 $y = \left(\frac{1}{a}\right)^x = a^{-x}$，所以 $y = a^x$ 的图形与 $y = \left(\frac{1}{a}\right)^x$ 的图形是关于 y 轴对称的，如图 1.13 所示.

以常数 e（其中 e = 2.71828… 是一个无理数）为底的函数 $y = e^x$ 是科技中常用的一种指数函数，而且也是本书经常要研究的对象.

4. 对数函数

$$y = \log_a x \quad (a > 0, a \neq 1).$$

其定义域为 $(0, +\infty)$，值域为 $(-\infty, +\infty)$. 当 $0 < a < 1$ 时，$y = \log_a x$ 为单调减少函数；当 $a > 1$ 时，$y = \log_a x$ 为单调增加函数.

对数函数的图形整体位于 y 轴的右边，且经过定点 $(1,0)$，如图 1.14 所示. 有对数的引入可知，对数函数 $y = \log_a x$ 与指数函数 $y = a^x$ 二者互为反函数，即它们的图形关于直线 $y = x$ 对称.

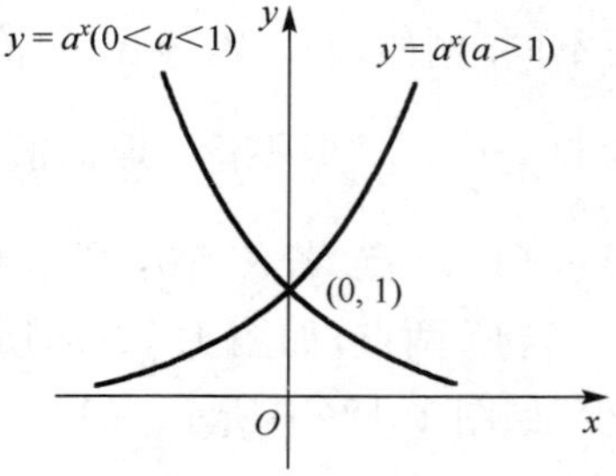

图 1.13

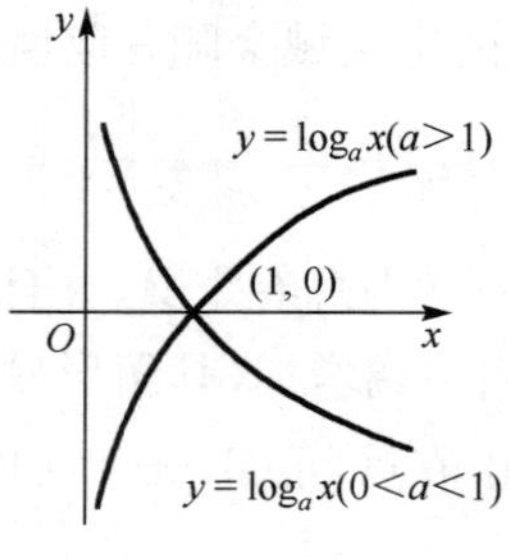

图 1.14

通常，以 10 为底的对数函数记为 $y = \lg x$，称为**常用对数函数**；以 e 为底的对数函数记为 $y = \ln x$，称为**自然对数函数**. $y = \lg x$ 与 $y = 10^x$ 互为反函数；$y = \ln x$ 与 $y = e^x$ 互为反函数.

在进行对数运算或变形时常用到下面两个运算性质与公式：

运算性质

$$\log_a(xy) = \log_a x + \log_a y,$$

$$\log_a \frac{y}{x} = \log_a y - \log_a x;$$

换底公式

$$\log_a x = \frac{\log_c x}{\log_c a} \quad (\text{常换成以 e 为底的});$$

对数恒等式

$$a^x = e^{x\ln a} \quad (\text{经常用到}),$$
$$x = a^{\log_a x}.$$

以上运算及公式均需要保证在对数和指数有意义的前提下进行.

5. 三角函数

$$y = \sin x\,(\text{正弦函数}), \quad y = \cos x\,(\text{余弦函数}),$$
$$y = \tan x\,(\text{正切函数}), \quad y = \cot x\,(\text{余切函数}),$$
$$y = \sec x = \frac{1}{\cos x}\,(\text{正割函数}), \quad y = \csc x = \frac{1}{\sin x}\,(\text{余割函数}).$$

将以上六个函数统称为**三角函数**,其中自变量 x 是以弧度作为单位来表示的.弧度与度数之间的换算公式为

$$360^\circ = 2\pi(\text{弧度}), \quad 1^\circ = \frac{\pi}{180}(\text{弧度}) \quad \text{或} \quad 1(\text{弧度}) = \frac{180^\circ}{\pi}.$$

弧度作为单位,可以省略,例如,$30^\circ = \frac{\pi}{6}$,$45^\circ = \frac{\pi}{4}$,$60^\circ = \frac{\pi}{3}$.

正弦函数 $y = \sin x$ 与余弦函数 $y = \cos x$ 都是以 2π 为周期的周期函数,它们的定义域都为 $(-\infty, +\infty)$,值域都为 $[-1, 1]$. $y = \sin x$ 是奇函数,$y = \cos x$ 是偶函数. 其图形为图 1.15,因为 $y = \cos x = \sin\left(x + \frac{\pi}{2}\right)$,所以,把正弦曲线 $y = \sin x$ 沿 x 轴向左移动 $\frac{\pi}{2}$ 个单位,就得到了余弦曲线 $y = \cos x$.

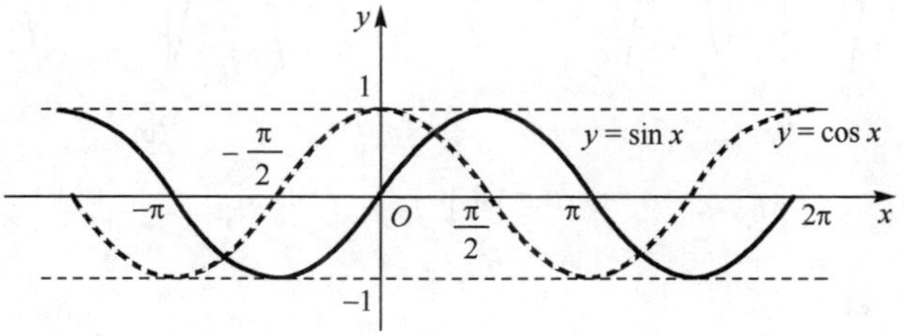

图 1.15

正切函数 $y = \tan x$ 与余切函数 $y = \cot x$ 都是以 π 为周期的周期函数,二者都为奇函数.

$$y=\tan x \text{ 的定义域为} \left\{x \mid x\in \mathbf{R}, x\neq k\pi+\frac{\pi}{2}, k\in \mathbf{Z}\right\},$$

$$y=\cot x \text{ 的定义域为} \{x \mid x\in \mathbf{R}, x\neq k\pi, k\in \mathbf{Z}\},$$

它们的图形如图 1.16 所示.

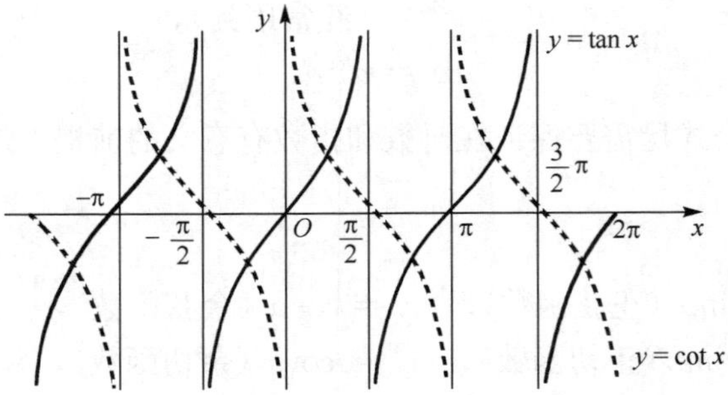

图 1.16

正割函数 $y=\sec x$ 与余割函数 $y=\csc x$ 都是以 2π 为周期的周期函数，正割函数 $y=\sec x$ 的定义域为 $\left\{x \middle| x\in \mathbf{R}, x\neq k\pi+\frac{\pi}{2}, k\in \mathbf{Z}\right\}$，值域为 $(-\infty,-1]\cup[1,+\infty)$，如图 1.17(a)所示；余割函数 $y=\csc x$ 的定义域为 $\{x \mid x\in \mathbf{R}, x\neq k\pi, k\in \mathbf{Z}\}$，值域为 $(-\infty,-1]\cup[1,+\infty)$，如图 1.17(b)所示.

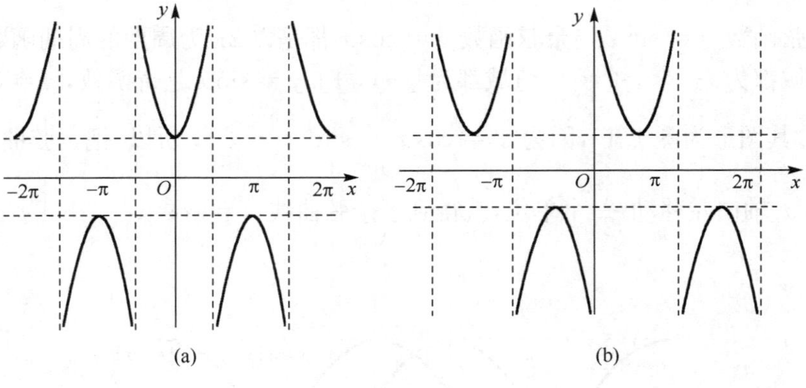

图 1.17

6. 反三角函数

由于三角函数都是周期函数，对值域中的任何一个 y 值，自变量 x 都有无穷多个值与之对应，故在整个定义域上无法定义三角函数的反函数，即其反函数不存在. 但是，如果将三角函数的自变量 x 限制在一个单调区间内取值，则可考虑求三角函数的反函数，此即**反三角函数**.

1)反正弦函数

正弦函数 $y=\sin x$ 在区间 $\left[-\frac{\pi}{2},\frac{\pi}{2}\right]$ 上单调增加,值域为 $[-1,1]$,定义正弦函数在 $\left[-\frac{\pi}{2},\frac{\pi}{2}\right]$ 上的反函数为**反正弦函数**,记为

$$y=\arcsin x,$$

其定义域为 $[-1,1]$,值域为 $\left[-\frac{\pi}{2},\frac{\pi}{2}\right]$,并在定义域上单调增加,其图形为图1.18. 例如, $\arcsin 1=\frac{\pi}{2}$, $\arcsin\frac{1}{2}=\frac{\pi}{6}$.

2)反余弦函数

余弦函数 $y=\cos x$ 在区间 $[0,\pi]$ 上单调减少,值域为 $[-1,1]$,定义余弦函数在 $[0,\pi]$ 上的反函数为**反余弦函数**,记为

$$y=\arccos x,$$

其定义域为 $[-1,1]$,值域为 $[0,\pi]$,并在定义域上单调减少,其图形为图1.19. 例如, $\arccos 1=0$, $\arccos\frac{1}{2}=\frac{\pi}{3}$.

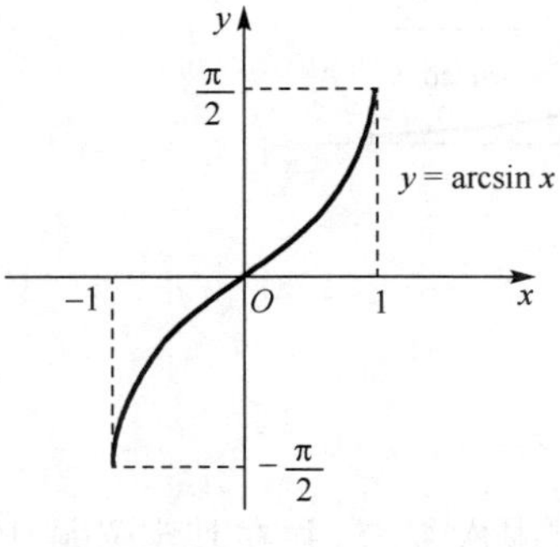

图1.18

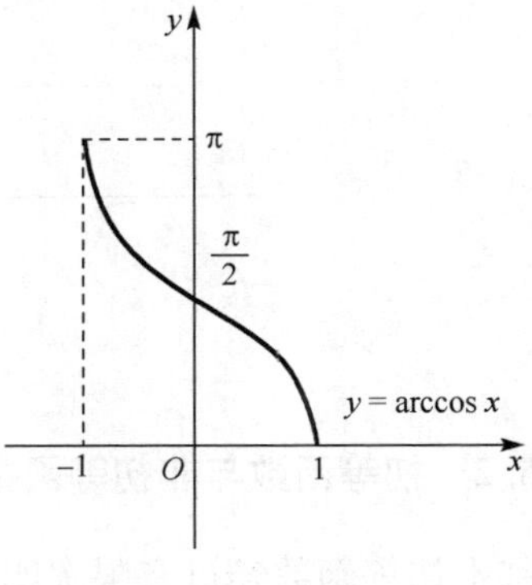

图1.19

3)反正切函数

正切函数 $y=\tan x$ 在区间 $\left(-\frac{\pi}{2},\frac{\pi}{2}\right)$ 上单调增加,值域为 $(-\infty,+\infty)$,定义正切函数在 $\left(-\frac{\pi}{2},\frac{\pi}{2}\right)$ 上的反函数为**反正切函数**,记为

$$y=\arctan x,$$

其定义域为 $(-\infty, +\infty)$，值域为 $\left(-\frac{\pi}{2}, \frac{\pi}{2}\right)$，并在定义域上单调增加，其图形为图 1.20. 例如，$\arctan 1 = \frac{\pi}{4}, \arctan \frac{\sqrt{3}}{3} = \frac{\pi}{6}$.

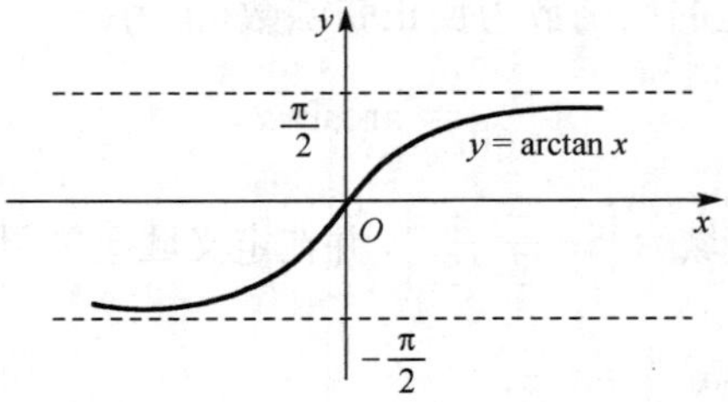

图 1.20

4)反余切函数

余切函数 $y = \cot x$ 在区间 $(0, \pi)$ 上单调减少，值域为 $(-\infty, +\infty)$，定义余切函数在 $(0, \pi)$ 上的反函数为**反余切函数**，记为

$$y = \operatorname{arccot} x,$$

其定义域为 $(-\infty, +\infty)$，值域为 $(0, \pi)$，并在定义域上单调减少，其图形为图 1.21.

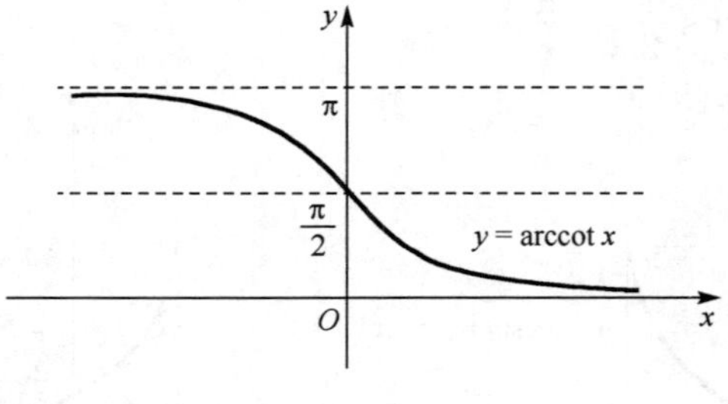

图 1.21

1.5.2 初等函数与非初等函数

由基本初等函数经过有限次四则运算和有限次复合，并在其定义域内由一个解析式表示的函数，称为**初等函数**.

例如，$y = \ln \sqrt{x^2 - 1}, y = e^{-x^2}, y = \sin\left(\frac{1}{x}\right)$ 等都是初等函数.

形如 $f(x)^{g(x)}$ 的函数称为**幂指函数**，其中 $f(x) > 0$，$f(x)$ 与 $g(x)$ 为初等函数. 由 $f(x)^{g(x)} = e^{g(x)\ln f(x)}$ 可知，幂指函数 $f(x)^{g(x)}$ 也是一种初等函数.

例如，$x^x = e^{x\ln x}(x > 0), x^{\sin x} = e^{\sin x \ln x}(x > 0), (1+x)^{\frac{1}{x}} = e^{\frac{1}{x}\ln(1+x)}(x > -1)$ 等都是幂指函数.

初等函数是微积分的主要研究对象，但有时为了实际需要，也会研究一些不是初等函数的函数，把不是初等函数的函数称为**非初等函数**.

例如，$y = x + x^2 + x^3 + \cdots$ 和 $y = \sqrt{x\sqrt{x\sqrt{x\cdots}}}$ 都是非初等函数.

根据定义，分段函数和隐函数一般为非初等函数. 分段函数尽管是非初等函数，但是由于在其定义域的各分段区间上，其函数表达式都是初等函数，故可以用研究初等函数的方法来研究分段函数. 还有我们以后要学习到的幂级数、变限积分等函数都是非初等函数，但对它们的研究也都离不开初等函数.

1.6　简单经济函数及函数关系的建立

1.6.1　简单经济函数

厂家在从事生产和经营活动中，一般来说总是希望尽可能地降低产品的生产成本，增加销售的收入与获得的利润. 通常把成本、收入和利润称为**经济变量**. 下面就来建立经济变量的函数，简称**经济函数**. 这些经济变量一般都和相应产品的产量或者说销售量有关，用 x 表示产品的产量或者销售量，在忽略一些次要因素影响的情况下，那么这些经济变量都可以看成 x 的函数，分别称为**总成本函数**，记为 $C(x)$；**总收入函数**，记为 $R(x)$；**总利润函数**，记为 $L(x)$.

1. 总成本函数

成本是生产一定数量产品所需的全部费用总额，它由固定成本和可变成本两部分组成. **固定成本**(**不变成本**)是指支付固定生产要素的费用；**可变成本**是指支付可变生产要素的费用.

若产量为 x，固定成本为 C_0，可变成本为 $C_1(x)$，则**总成本函数**为

$$C(x) = C_0 + C_1(x).$$

显然，总成本函数 $C(x)$ 是 x 的单调增加函数. 最简单的总成本函数是**线性成本函数**：

$$C(x) = a + bx,$$

其中，a 和 b 为正的常数，a 为固定成本，bx 为可变成本.

称 $\dfrac{C(x)}{x}$ 为**平均成本函数**，即单位产品的成本，记作 $\overline{C}(x)$，即

$$\overline{C}(x) = \frac{C(x)}{x}.$$

2. 总收入函数

总收入是生产者出售一定数量商品所得到的全部收入. 如果产品的单位售价

为 p，销售量为 x，则**总收入函数**为

$$R(x)=p\cdot x,$$

其中，p 可以是给定的常数，也可以是销售量 x 的函数 $p(x)$，那么总收入函数表示为

$$R(x)=p(x)\cdot x.$$

称 $\frac{R(x)}{x}$ 为**平均收入函数**，记作 $\bar{R}(x)$，即 $\bar{R}(x)=\frac{R(x)}{x}$.

3. 总利润函数

总利润是生产中获得的总收入与投入的总成本之差. 利润函数用 $L(x)$ 表示，则**总利润函数**为

$$L(x)=R(x)-C(x).$$

例 14　设某厂生产 x 件产品的总成本函数为 $C(x)=3x+500$（单位为元），

(1)求平均成本函数和当 x 为 100 时的平均成本；

(2)假若每天至少能卖出 100 件产品，为了不亏本，该产品的最低单位售价应定为多少元？

(3)假若该厂计划总利润为总成本的 20%，问每天卖出 x 件产品的单位售价应为多少元？

解　(1)平均成本函数为 $\bar{C}(x)=\frac{C(x)}{x}=3+\frac{500}{x}$，当 $x=100$ 件时，平均成本函数为 $\bar{C}(200)=8$ 元.

(2)为了不亏本，必须每天售出 100 件产品的总收入与总成本相等. 设此时的单位售价为 p，则有

$$100p=3\times100+500=800,$$

由此解得

$$p=8(\text{元}).$$

因此，为了不亏本，单位售价至少应定为 8 元.

(1)和(2)的结果表明，平均成本等于不亏本时的最低单价.

(3)设单位售价为 p，则总利润函数为

$$L(x)=px-C(x).$$

根据假设，总利润为 $0.2C(x)$. 于是得

$$0.2C(x)=px-C(x).$$

由此得

$$px=1.2C(x)=1.2(3x+500),$$

解得

$$p = 3.6 + \frac{600}{x}(\text{元}).$$

例如，每天售出 100 件时，单位售价为 9.6 元.

4. 需求函数

需求是指在一定价格条件下，消费者愿意并且有支付能力购买的商品数量. 消费者对某商品的需求量与该商品的价格、消费者的收入及与该商品有关商品的价格等因素有关，如果不考虑其他次要因素的影响，那么该商品的价格是影响需求量的最主要因素，即该商品的需求量 Q_d 可看成该商品价格 p 的函数，记为

$$Q_d = f_d(p)$$

称为该商品的需求函数.

一般来说，商品的价格上涨会使该商品的需求量减少；反之，商品的价格降低会使该商品的需求量增加，所以需求函数是单调减少的. 在经济学中，最常见的需求函数是

$$Q_d = a - bp$$

称为**线性需求函数**，其中 a,b 均是正的常数. a 是价格为零时的最大需求量，a/b 是需求量为零时的最高销售价格.

除了线性需求函数，人们根据统计数据，常用下面这些简单的初等函数来近似表示需求函数.

幂需求函数

$$Q_d = kp^{-a} \quad (k, a > 0).$$

指数需求函数

$$Q_d = a\mathrm{e}^{-bp} \quad (a, b > 0).$$

5. 供给函数

供给是指在一定条件下，商品生产者愿意生产并且有可能出售的商品数量. 同样影响供给量的最主要因素是该商品的价格，即该商品的供给量 Q_s 可看成该商品价格 p 的函数，记作

$$Q_s = f_s(p)$$

称为该商品的供给函数.

一般来说，商品的价格上涨会使该商品的供给量增加；反之，商品的价格降低会使该商品的供给量减少，所以供给函数是单调增加的. 在经济学中，最常见的供给函数是

$$Q_s = -c + dp$$

称为**线性供给函数**，其中 c,d 均是正的常数，c/d 是供给量为零时的最低销售价格.

除了线性供给函数，人们根据统计数据，常用下面这些简单的初等函数来近似表示供给函数.

幂供给函数

$$Q_s = kp^a \quad (k,a > 0).$$

指数供给函数

$$Q_s = ae^{bp} \quad (a,b > 0).$$

使一种商品的市场需求量与供给量相等的价格，称为**均衡价格**，通常记均衡价格为 p_0 或 p_e，对应的需求量与供给量称为**均衡量**，记为 Q_0 或 Q_e.

当市场价格 p 高于均衡价格 p_0 时，商品供过于求(供给量超过需求量)，价格将下降；反之，市场价格 p 低于均衡价格 p_0 时，商品供不应求(需求量超过供给量)，价格将上涨. 市场价格的调节就是按照这样的供需规律实现的，如图 1.22 所示.

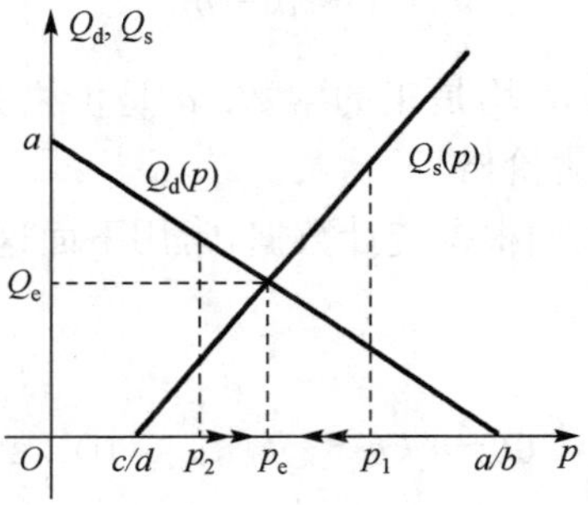

图 1.22

例 15 设某商品的需求函数与供给函数分别为 $D(p) = \dfrac{5600}{p}$，$S(p) = p - 10$.

(1)找出均衡价格，并求此时的供给量与需求量.

(2)何时供给曲线过 p 轴.

解 (1)令 $D(p) = S(p)$ 得

$$\frac{5600}{p} = p - 10,$$

解得 $p_0 = 80$，代入供给函数与需求函数可得 $D(p_0) = S(p_0) = 70$.

(2)供给曲线过 p 轴，即 $p - 10 = 0$，得 $p = 10$.

1.6.2 简单函数关系的建立

在利用数学方法解决解决经济应用问题时，首先要给问题建立数学模型，对数学模型进行分析、综合，找到问题中涉及的变量之间相互依赖的关系用数学公式表达出来，即建立各变量之间的函数关系. 为此需要明确问题中的因变量与自变量，再根据题意建立等式，从而得出函数关系，最后根据实际情况确定函数定义域.

下面给出建立函数关系的几个例子.

例 16 用边长为 48 厘米的正方形铁皮做一个无盖的铁皮盒时，在铁皮的四个角各截去一个面积相等的小正方形(图 1.23)，然后把四边折起，就能焊成铁盒. 试将铁盒的容积表示成小正方形边长的函数，并确定此函数的定义域.

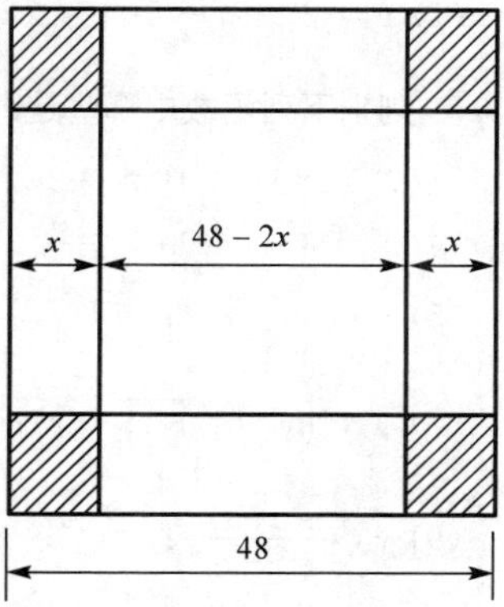

图 1.23

解 设截去的小正方形的边长为 x 厘米，铁盒的容积为 V 立方厘米. 据题意有

$$V = x(48-2x)^2, \quad x \in (0,24).$$

例 17 某工厂生产某产品，年产量为 Q 台，每台售价为 250 万元. 当年产量在 600 台以内时，可以全部售出，经广告宣传后又可再多售出 200 台，每台平均广告费 20 万元. 若再多生产，本年就售不出去. 试建立本年的销售总收入 R 与年产量 Q 之间的函数关系.

解 (1)由题设，当 $0 \leqslant Q \leqslant 600$ 时，$R(Q) = 250Q$.

(2)当 $600 < Q \leqslant 800$ 时，

$$\begin{aligned} R(Q) &= 250 \times 600 + (250-20)(Q-600) \\ &= 230Q + 12000. \end{aligned}$$

(3)当 $Q > 800$ 时，$R(Q) = 250 \times 600 + 230 \times 200 = 196000$.

$$R(Q) = \begin{cases} 250Q, & 0 \leqslant Q \leqslant 600, \\ 230Q + 12000, & 600 < Q \leqslant 800, \\ 196000, & Q > 800. \end{cases}$$

习 题 1

1. 求下列函数的定义域：

(1) $y = \sqrt{4-x^2} + \dfrac{1}{1-x^2}$；

(2) $y = \arcsin(1-x) + \dfrac{1}{2}\lg\dfrac{1+x}{1-x}$；

(3) $y=\dfrac{\lg(x-1)}{x-2}$；

(4) $y=\sqrt{3-x}+\arctan\dfrac{1}{x}$.

2. 已知 $f(x)=x^2+x-1$，求 $f(0),f(1),f(-1),f(-x)$.

3. 已知 $f(x)=\begin{cases}2x-1, & x<1,\\ 1+\ln x, & x\geqslant 1,\end{cases}$ 求 $f(0),f(1),f(2)$.

4. 讨论下列函数的单调性：

(1) $y=2^x+x-5$； (2) $y=e^{|x|}$； (3) $f(x)=\lg\dfrac{2^x+1}{2^x-1}$.

5. 判别下列函数中哪些是奇函数，哪些是偶函数，哪些是非奇非偶的：

(1) $y=\sin x-x\cos x$； (2) $y=x^3-3x-1$；

(3) $y=x^4+2x^2$； (4) $y=x\sin x$；

(5) $y=a^x+a^{-x}$； (6) $y=\lg\dfrac{1-x}{1+x}$；

(7) $y=\ln(\sqrt{1+x^2}+x)$； (8) $y=\dfrac{\sin x}{x}+\cos x$；

(9) $y=\dfrac{e^x+e^{-x}}{e^x-e^{-x}}$； (10) $y=\begin{cases}1-x, & x<0,\\ 1+x, & x\geqslant 0.\end{cases}$

6. 设 $f(x)$ 在 $(-\infty,+\infty)$ 内有定义，证明：$f(x)+f(-x)$ 为偶函数，而 $f(x)-f(-x)$ 为奇函数.

7. 判断下列函数是否为周期函数，如果是周期函数，求其周期：

(1) $y=\sin^2 x$； (2) $y=x\sin x$；

(3) $y=\cos(x+3)$； (4) $y=1+|\sin 2x|$.

8. 讨论下列函数是否有界：

(1) $y=\dfrac{x+1}{x-1}$，x 分别属于 $(-\infty,0),(0,1),(2,+\infty)$；

(2) $y=\ln x$，x 分别属于 $(0,1),(1,10),(10,+\infty)$；

(3) $y=\dfrac{1}{1-x}$；

(4) $y=x\cos\dfrac{1}{x}$.

9. 设 $f(x)=x+\dfrac{1}{x}$，求 $f(x^2),f[f(x)]$.

10. 已知 $f(x^2-1)=\ln\dfrac{x^2}{x^2-2}$，且 $f[\varphi(x)]=\ln x$，求 $\varphi(x)$.

11. 已知 $f(\sin x)=\cos 2x$，求 $f(\cos x+1)$.

12. 在下列各题中，求由给定函数复合而成的复合函数，并确定其定义域：

(1) $y=u^2,u=\sin x$； (2) $y=u^4,u=\ln v,v=\dfrac{x}{2}$；

(3) $y=e^u,u=\sin x$.

13. 指出下列各函数是由哪些简单函数复合而成的？

(1) $y=e^{\frac{1}{x}}$；　　(2) $y=\tan e^{x^2}$；

(3) $y=\ln\sin\sqrt{x}$.

14. 求下列反函数及反函数的定义域：

(1) $y=2^x-1$；　(2) $y=\sqrt{2x-x^2}, x\in[0,1]$；

(3) $y=\dfrac{x+2}{x-2}, x\in(-\infty,2)\cup(2,+\infty)$；

(4) $y=1+\ln(x+2), x\in(-2,+\infty)$.

15. 设函数 $f(x)$ 的定义域为 $[0,1]$，求函数 $f(\sqrt{1-x^2})$ 的定义域.

16. 在半径为 r 的球内嵌入一圆柱，试将圆柱的体积表示为其高的函数，并确定此函数的定义域.

17. 某公司全年需购某商品 2000 台，每台购进价为 5000 元，分若干批进货. 每批进货台数相同，一批商品售完后马上进下一批. 每进货一次需消耗费用 1000 元，商品均匀投放市场(即平均年库存量为批量的一半)，该商品每年每台库存费为进货价格的 4%. 试将公司全年在该商品上的投资总额表示为批量的函数.

18. 某饲料厂日产量最多为 m 吨，已知固定成本为 a 元，每多生产 1 吨饲料，成本增加 k 元. 若每吨化肥的售价为 p 元，试写出利润与产量 x 的函数关系式.

19. 已知需求函数与供给函数为 $Q_d=120-4p, Q_s=-30+6p$，求均衡价格.

20. 家用电器每台售价为 1200 元，每月可销售 1000 台，若每台售价为 1000 元，则每月可增销 500 台，求该电器的线性需求函数，并将销售收入表示成销售量 x 的函数.

选做题 1

1. 函数 $f(x)=\dfrac{|x|\sin(x-2)}{x(x-1)(x-2)^2}$ 在下列哪个区间有界？

(A) $(-1,0)$.　　(B) $(0,1)$.　　(C) $(1,2)$.　　(D) $(2,3)$.

2. 讨论函数 $f(x)=|x\sin x|e^{\cos x}$ 的奇偶性、周期性和有界性.

3. 设函数 $f(x)$ 和 $g(x)$ 在定义域上是单调函数，试证函数 $f[g(x)]$ 在定义域上也是单调函数.

4. 设函数 $f(x)$ 在区间 $[a,b]$ 和 $[b,c]$ 上单调增加，试证 $f(x)$ 在区间 $[a,c]$ 上仍单调增加.

5. 设函数 $f(x)$ 和 $g(x)$ 在 D 上有界，试证函数 $f(x)\pm g(x)$ 和 $f(x)\cdot g(x)$ 在 D 上也有界.

6. 证明函数 $y=x\cos x$ 在 $(0,+\infty)$ 上无界.

7. 设 $f(x)$ 为定义在 $(-l,l)$ 上的奇函数，若 $f(x)$ 在 $(0,l)$ 内单调增加，证明 $f(x)$ 在 $(-l,0)$ 内也单调增加.

8. 设 $[x]$ 表示不超过 x 的最大整数，证明：函数 $f(x)=x-[x]$ 为周期函数.

第 2 章　极限与连续

函数是微积分学研究的主要对象，而极限的方法是研究函数时最基本的，同时也是最重要的方法之一. 微积分学中几乎所有概念都离不开极限. 因此，极限概念是微积分学的重要概念，极限理论是微积分学的理论基础.

本章首先介绍极限的概念、性质及运算法则，在此基础上建立函数连续的概念，讨论连续函数的性质.

2.1　数列的极限

数列的极限是各种类型的极限中比较简单的一种. 为了更加顺利地理解函数的极限，本节首先介绍数列极限的概念.

2.1.1　数列的概念

若函数以正整数为自变量，则称该函数为**整标函数**，记作 $u_n = f(n)$. 当自变量 n 按正整数 1,2,3,…依次增大的顺序取值时，函数值按相应的顺序排成一列：

$$u_1, u_2, \cdots, u_n, \cdots$$

称为**数列**，记作 $\{u_n\}$. 数列中的每一个数称为数列的项，其中 u_n 称为数列的**通项**或**一般项**.

下面给出几个数列的例子：

(1) $\{1\}$：$1,1,1,1,\cdots,1,\cdots$；

(2) $\left\{\dfrac{(-1)^n}{n}\right\}$：$-1,\dfrac{1}{2},-\dfrac{1}{3},\dfrac{1}{4},\cdots,\dfrac{(-1)^n}{n},\cdots$；

(3) $\left\{\dfrac{1}{2^n}\right\}$：$\dfrac{1}{2},\dfrac{1}{4},\dfrac{1}{8},\dfrac{1}{16},\cdots,\dfrac{1}{2^n},\cdots$；

(4) $\left\{\dfrac{n+1}{n}\right\}$：$2,\dfrac{3}{2},\dfrac{4}{3},\dfrac{5}{4},\cdots,\dfrac{n+1}{n},\cdots$；

(5) $\{n\}$：$1,2,3,4,\cdots,n,\cdots$；

(6) $\left\{\dfrac{1+(-1)^n}{2}\right\}$：$0,1,0,1,\cdots,\dfrac{1+(-1)^n}{2},\cdots$.

2.1.2　数列的极限

对于数列，我们关注的问题是：当 n 无限增大(记为 $n\to\infty$)时，其通项 u_n 的变化趋势. 观察上述六个数列,不难发现,随着 n 的不断增大,各数列的变化趋势大致可以分成两类:一类是当 $n \to \infty$ 时, u_n 无限趋近于某一个常数,如(1)和(4)中 u_n 无限趋近于数 1,(2)和(3)中的 u_n 无限趋近于数 0;另一类则是当 $n \to \infty$ 时, u_n 不趋近于某个常数,如(5)和(6). 事实上,当 $n \to \infty$ 时,数列 $\{n\}$ 也无限增大,而数列 $\left\{\frac{1+(-1)^n}{2}\right\}$ 的值 0,1 交错.

这使我们从直观上得到了数列极限的定义.

定义 1（描述性定义）　对于数列 $\{u_n\}$ 及常数 A, 如果当 n 无限增大时, u_n 无限趋近于常数 A, 那么就称 A 为**数列 $\{u_n\}$ 的极限**. 记作

$$\lim_{n \to +\infty} u_n = A \quad \text{或} \quad u_n \to A \quad (n \to \infty).$$

如果数列 $\{u_n\}$ 有极限,则称**数列 $\{u_n\}$ 收敛**,或称**极限 $\lim\limits_{n \to +\infty} u_n$ 存在**;否则,称**数列 $\{u_n\}$ 发散**,或称**极限 $\lim\limits_{n \to +\infty} u_n$ 不存在**.

由定义 1 可知,数列 $\left\{\frac{(-1)^n}{n}\right\}$ 和 $\left\{\frac{1}{2^n}\right\}$ 的极限为 0, $\{1\}$ 和 $\left\{\frac{n+1}{n}\right\}$ 的极限为 1, $\{n\}$ 和 $\left\{\frac{1+(-1)^n}{2}\right\}$ 不存在极限.

定义 1 是关于数列极限的一个定性描述. "无限增大"和"无限趋近"这类语言虽然直观形象,但在数学中无法进行严谨的论证,为此必须把定性描述上升为精确的定量定义.

下面以数列 $\left\{\frac{n+1}{n}\right\}$ 为例,讨论这个问题.

已知 $\lim\limits_{n \to \infty} \frac{n+1}{n} = 1$, 由数列极限的描述性定义可知,即当 n 无限增大时, $\frac{n+1}{n}$ 无限趋近于常数 1. 那么何为"当 n 无限增大时, $\frac{n+1}{n}$ 无限趋近于常数 1"呢? 那就是说,当 n 充分大时, $u_n = \frac{n+1}{n}$ 与 1 的距离

$$\left|\frac{n+1}{n} - 1\right| = \frac{1}{n}$$

能任意小,并保持任意小. 那么这句话又该作何解释呢? 那就是说,对 $\frac{1}{10}$ 能够做到 $\left|\frac{n+1}{n} - 1\right| = \frac{1}{n} < \frac{1}{10}$, 只需 $n > 10$ 即可,即数列 $\left\{\frac{n+1}{n}\right\}$ 的第 10 项 $\frac{11}{10}$ 以后的所有项:

$$\frac{12}{11}, \frac{13}{12}, \frac{14}{13}, \cdots$$

都能满足这个不等式.

对 $\frac{1}{10^2}$，能够做到 $\left|\frac{n+1}{n}-1\right|=\frac{1}{n}<\frac{1}{10^2}$，只需 $n>10^2$ 即可，即数列 $\left\{\frac{n+1}{n}\right\}$ 的第 10^2 项 $\frac{101}{100}$ 以后的所有项：

$$\frac{102}{101},\frac{103}{102},\frac{104}{103},\cdots$$

都能满足这个不等式.

对 $\frac{1}{10^4}$，能够做到 $\left|\frac{n+1}{n}-1\right|=\frac{1}{n}<\frac{1}{10^4}$，只需 $n>10^4$ 即可，即数列 $\left\{\frac{n+1}{n}\right\}$ 的第 10^4 项 $\frac{10001}{10000}$ 以后的所有项：

$$\frac{10002}{10001},\frac{10003}{10002},\frac{10004}{10003},\cdots$$

都能满足这个不等式.

到此为止，我们做了三次验证，设定的最小距离为 $\frac{1}{10^4}$. 尽管它很小，但显然比它还小的正数仍有无穷多个！因此，要想描述"当 n 充分大时，$u_n=\frac{n+1}{n}$ 与 1 的距离 $\left|\frac{n+1}{n}-1\right|=\frac{1}{n}$ 能任意小，并保持任意小"，就必须证明：对任意小的正数 ε，只要 n 充分大，总有不等式

$$\left|\frac{n+1}{n}-1\right|=\frac{1}{n}<\varepsilon$$

成立才行. 事实上，这也是能做到的：只要正整数 $n>\frac{1}{\varepsilon}$ 就行，即数列的第 $N=\left[\frac{1}{\varepsilon}\right]$ 项 $\left(\frac{1}{\varepsilon}\text{ 不一定是正整数，从而取 }\left[\frac{1}{\varepsilon}\right]\right)$ 以后的所有项都满足这个不等式.

综上所述，"数列 $\left\{\frac{n+1}{n}\right\}$ 的极限为 1"的定量定义应该为：对任意小的正数 $\varepsilon>0$，总存在正整数 $N=\left[\frac{1}{\varepsilon}\right]$，对任意正整数 $n>N$，恒有

$$\left|\frac{n+1}{n}-1\right|<\varepsilon.$$

把以上例子中的思想和表述方式用简洁的数学语言表达出来，就得到了数列极限的分析定义.

* **定义 2**（ε-N 分析定义） 设有数列 $\{u_n\}$ 和常数 A，如果对任意给定的 $\varepsilon>0$，存在正整数 N，使得当 $n>N$ 时，恒有

$$|u_n-A|<\varepsilon$$

成立,则称**常数 A 为数列 $\{u_n\}$ 的极限**,记为

$$\lim_{n\to+\infty} u_n = A \quad 或 \quad u_n \to A \quad (n \to +\infty).$$

为了简便,定义 2 可用下列记号:$\forall \varepsilon > 0$, $\exists N \in \mathbf{Z}^+$, 当 $n > N$ 时,恒有 $|u_n - A| < \varepsilon$ 成立,则 $\lim\limits_{n\to+\infty} u_n = A$. 这里的记号“ $\forall$ ”表示任意,“ $\exists$ ”表示存在.

关于数列极限的分析定义的三点说明:

(1)关于 ε: 在数列极限的分析定义中,赋予 ε 两个特性. 一方面,ε 具有绝对的任意性,这样才能有

$$\{u_n\} 无限趋近于 A \Leftrightarrow |u_n - A| < \varepsilon (n > N);$$

另一方面,它又具有相对的固定性. 当 ε 取定不同的数值时,反映了数列 $\{u_n\}$ 无限趋近于 A 的不同阶段. 简言之,ε 刻画了 u_n 与常数 A 的接近程度,ε 越小,u_n 与 A 就越接近.

(2)关于 N: N 用来刻画 n 充分大的程度,它的大小与 ε 有关. 每次取定一个 ε, 便可以找到相应的正整数 N, 且对于每个取定的 ε, 这样的正整数也不是唯一的. 但是只关心它的存在性,未必非要找出满足

$$|u_n - A| < \varepsilon$$

的最小正整数作为 N.

(3)数列极限的分析定义是用来验证某一常数是不是某一数列的极限的,不能直接用来求数列的极限.

* **例 1**　用定义证明 $\lim\limits_{n\to+\infty} \frac{1}{2^n} = 0$.

证明　$\forall \varepsilon > 0$, 要使

$$|u_n - 0| = \left|\frac{1}{2^n} - 0\right| = \frac{1}{2^n} < \varepsilon$$

成立,只需 $n > \log_2 \frac{1}{\varepsilon}$. 取 $N = \left[\log_2 \frac{1}{\varepsilon}\right]$. 于是, $\forall \varepsilon > 0$, $\exists N = \left[\log_2 \frac{1}{\varepsilon}\right]$, 当 $n > N$ 时,恒有 $\left|\frac{1}{2^n} - 0\right| < \varepsilon$, 即

$$\lim_{n\to+\infty} \frac{1}{2^n} = 0.$$

2.1.3　收敛数列的性质

定理 1(唯一性)　收敛数列的极限是唯一的.

* **证明**　用反证法. 假设同时有 $u_n \to a$ 和 $u_n \to b (n \to \infty)$, 且 $a < b$. 取

$$\varepsilon = \frac{b-a}{2}.$$

因 $\lim\limits_{n\to\infty} u_n = a$, 故 $\exists N_1 \in \mathbf{Z}^+$, 当 $n > N_1$ 时,恒有

$$|u_n - a| < \frac{b-a}{2}. \tag{2.1}$$

又因 $\lim\limits_{n\to\infty} u_n = b$，故 $\exists N_2 \in \mathbf{Z}^+$，当 $n > N_2$ 时，恒有

$$|u_n - b| < \frac{b-a}{2}. \tag{2.2}$$

取 $N = \max\{N_1, N_2\}$，则当 $n > N$ 时，式(2.1)及式(2.2)同时成立. 由式(2.1)有 $u_n < \frac{a+b}{2}$，由式(2.2)有 $u_n > \frac{a+b}{2}$，这是不可能的. 于是，原命题得证.

下面先介绍数列单调和有界的定义，然后再证明收敛数列有界性.

定义 3　设有数列 $\{u_n\}$，

(1) 如果 $|u_n| \leqslant M$ ($n \in \mathbf{Z}^+, M > 0$)，则称**数列 $\{u_n\}$ 是有界的**；

(2) 如果 $u_n \leqslant u_{n+1}$ ($n \in \mathbf{Z}^+$)，则称**数列 $\{u_n\}$ 是单调增加的**；如果 $u_n \geqslant u_{n+1}$ ($n \in \mathbf{Z}^+$)，则称**数列 $\{u_n\}$ 是单调减少的**. 单调增加数列与单调减少数列统称为**单调数列**.

定理 2（有界性）　收敛数列必定有界.

证明　设数列 $\{u_n\}$，有

$$\lim_{n\to+\infty} u_n = A.$$

由定义 3，若取 $\varepsilon = 1$，则 $\exists N \in \mathbf{Z}^+$，使当 $n > N$ 时，恒有 $|u_n - A| < 1$，即 $A - 1 < u_n < A + 1$，若记 $M = \max\{|u_1|, \cdots, |u_N|, |A-1|, |A+1|\}$，则对一切正整数 n，皆有

$$|u_n| \leqslant M,$$

故 $\{u_n\}$ 有界.

定理 3（保序性）　若 $\lim\limits_{n\to\infty} x_n = a$，$\lim\limits_{n\to\infty} y_n = b$，且 $a > b$，则存在正整数 N，当 $n > N$ 时，恒有

$$x_n > y_n.$$

* **证明**　取定 $\varepsilon = \frac{a-b}{2}$，由于 $\lim\limits_{n\to\infty} x_n = a$，故 $\exists N_1 \in \mathbf{Z}^+$，使当 $n > N_1$ 时，恒有

$$|x_n - a| < \frac{a-b}{2},$$

从而有

$$x_n > \frac{a+b}{2}.$$

对上述 $\varepsilon = \frac{a-b}{2}$，由于 $\lim\limits_{n\to\infty} y_n = b$，故 $\exists N_2 \in \mathbf{Z}^+$，使当 $n > N_2$ 时，恒有

$$|y_n - b| < \frac{a-b}{2},$$

从而有

$$y_n < \frac{a+b}{2}.$$

取 $N=\max\{N_1,N_2\}$，当 $n>N$ 时，便有

$$y_n < \frac{a+b}{2} < x_n,$$

即

$$x_n > y_n.$$

在定理 3 中，若取 $y_n=b(n=1,2,\cdots)$，即得如下推论.

推论 1 若 $\lim\limits_{n\to\infty}x_n=a$，且 $a>b$（或 $a<b$），则存在正整数 N，当 $n>N$ 时，恒有 $x_n>b$（或 $x_n<b$）.

在推论 1 中，取 $b=0$，则有如下推论.

推论 2 若 $\lim\limits_{n\to\infty}x_n=a$，且 $a>0$（或 $a<0$），则存在正整数 N，当 $n>N$ 时，恒有 $x_n>0$（或 $x_n<0$）.

值得注意的是，推论 2 的逆命题不成立. 也就是说，即使 $x_n>0$（或 $x_n<0$）恒成立，但极限却不一定大于 0（或小于 0）. 例如，数列 $\left\{\frac{1}{n}\right\}$，显然，$\frac{1}{n}>0(n=1,2,\cdots)$，可是 $\lim\limits_{n\to\infty}\frac{1}{n}=0$. 但是下面的结论却是正确的.

推论 3 若 $\lim\limits_{n\to\infty}x_n=a$，且存在正整数 N，当 $n>N$ 时，恒有 $x_n\geqslant 0$（或 $x_n\leqslant 0$），则有 $a\geqslant 0$（或 $a\leqslant 0$）.

请读者利用反证法及推论 2 证明该结论.

2.2 函数的极限

2.1 节讨论了一类特殊函数——数列的极限，本节研究一般的函数极限. 在数列极限中，自变量 n 只能取正整数，因此 n 的变化趋势只有一种，即跳跃式地无限增大；而对于一般函数而言，自变量 x 可以在某个实数集上连续取值，所以它的变化趋势也呈现多样性.

下面分别就自变量 x 的几种不同的变化趋势讨论函数的极限.

2.2.1 当 $x\to\infty$ 时函数 $f(x)$ 的极限

$|x|$ 无限增大称为 x **趋向无穷大**，记作 $x\to\infty$；若 $x>0$，且 x 无限增大，记作 $x\to+\infty$；若 $x<0$，且 $|x|$ 无限增大，则记作 $x\to-\infty$. 显然 $x\to\infty$ 既包括 $x\to+\infty$，也包括 $x\to-\infty$.

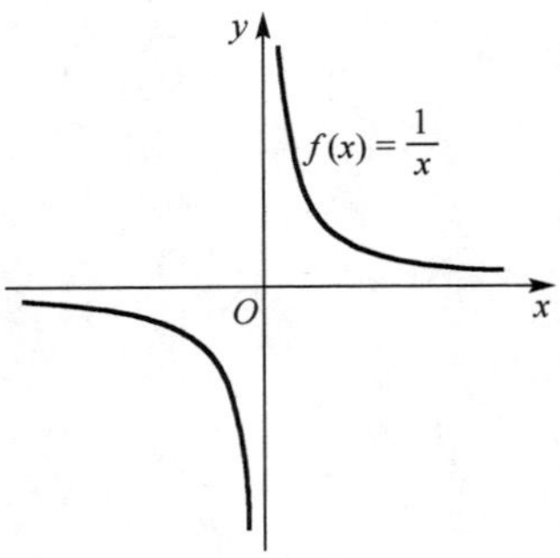

图 2.1

以函数 $f(x)=\dfrac{1}{x}$ 为例,讨论当 $x\to\infty$ 时,函数 $f(x)=\dfrac{1}{x}$ 的变化趋势.

观察函数 $f(x)=\dfrac{1}{x}$ 的图形(图 2.1),不难发现,当 $x\to\infty$ 时,函数 $f(x)=\dfrac{1}{x}$ 无限趋近于常数 0. 从直观上可知,0 就是 $f(x)=\dfrac{1}{x}$ 当 $x\to\infty$ 时的极限. 下面给出当 $x\to\infty$ 时函数的极限的描述性定义.

定义 4(描述性定义)　对于函数 $f(x)$, 当 $x\to\infty$ 时,如果函数 $f(x)$ 无限趋近于某一个常数 A, 则称**当 $x\to\infty$ 时,函数 $f(x)$ 的极限存在**,且称 **A 为 $x\to\infty$ 时,函数 $f(x)$ 的极限**. 记作

$$\lim_{x\to\infty}f(x)=A \quad 或 \quad f(x)\to A \quad (x\to\infty).$$

由定义可知, $\lim\limits_{x\to\infty}\dfrac{1}{x}=0$.

类似地,可以分别给出当 $x\to+\infty$ 和 $x\to-\infty$ 时函数 $f(x)$ 的极限定义,请读者自行写出.

至此,我们遇到了与数列极限同样的问题:怎么样才能把描述性定义上升为定量定义呢? 为了解决这个问题,在借鉴了数列极限的经验之后,对描述性定义作如下解释.

如果当 $|x|$ 充分大时,函数 $f(x)$ 的值与常数 A 的距离 $|f(x)-A|$ 可以任意小,并保持任意小,则称常数 A 为 $x\to\infty$ 时,函数 $f(x)$ 的极限.

于是,有下面当 $x\to\infty$ 时函数 $f(x)$ 极限的精确性定义.

* **定义 5**($\varepsilon-M$分析定义)　设函数 $f(x)$ 在 $\{x \| x|>a\}$ 有定义, A 为常数. 如果对任意给定的 $\varepsilon>0$(不论 ε 多么小),总存在 $M>0$, 使当 $|x|>M$ 时,恒有

$$|f(x)-A|<\varepsilon,$$

则称**常数 A 为 $x\to\infty$ 时函数 $f(x)$ 的极限**,或称 **$x\to\infty$ 时函数 $f(x)$ 的极限为 A**, 记为

$$\lim_{x\to\infty}f(x)=A \quad 或 \quad f(x)\to A \quad (x\to\infty).$$

注意　(1)正如数列极限一样,定义中的 ε 是任意给定的正数,用来刻画 $f(x)$ 与常数 A 的接近程度, ε 越小, $f(x)$ 与常数 A 越接近; M 用来刻画 $|x|$ 充分大的程度,其值的大小与 ε 的取值有关.

(2)上述分析定义可用数学符号简述为

$$\forall \varepsilon > 0, \exists M > 0, \forall x: |x| > M, \text{恒有 } |f(x) - A| < \varepsilon.$$

这个定义的几何意义是:对任意给定的 $\varepsilon > 0$,总存在 $M > 0$,使当 x 进入区域 $(-\infty, -M) \cup (M, +\infty)$ 之内时,曲线 $y = f(x)$ 上的点 $P(x, f(x))$ 必落在水平直线 $y = A - \varepsilon$ 与 $y = A + \varepsilon$ 之间的带形区域之内,如图 2.2 所示.

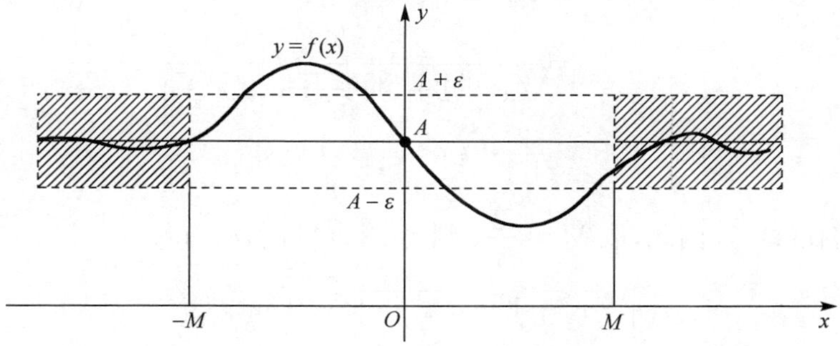

图 2.2

同理可给出当 $x \to -\infty$, $x \to +\infty$ 时函数极限的精确性定义. 此处只写出当 $x \to +\infty$ 时的函数极限分析定义,请读者试着写出当 $x \to -\infty$ 时的函数极限分析定义.

* **定义 6**(ε-M 分析定义)　设函数 $f(x)$ 在 $\{x \mid x > a\}$ 有定义,A 为常数. 如果对任意给定的 $\varepsilon > 0$(不论 ε 多么小),总存在 $M > 0$,使当 $x > M$ 时,恒有

$$|f(x) - A| < \varepsilon,$$

则称**常数 A 为 $x \to +\infty$ 时函数 $f(x)$ 的极限**,或称 **$x \to +\infty$ 时函数 $f(x)$ 的极限为 A**,记为

$$\lim_{x \to +\infty} f(x) = A \quad \text{或} \quad f(x) \to A \quad (x \to +\infty).$$

定义 6 可简述为

$$\forall \varepsilon > 0, \exists M > 0, \forall x > M, \text{恒有 } |f(x) - A| < \varepsilon.$$

显然,$\lim\limits_{x \to \infty} f(x)$ 与 $\lim\limits_{x \to +\infty} f(x)$ 和 $\lim\limits_{x \to -\infty} f(x)$ 之间有如下结论.

定理 4　$\lim\limits_{x \to \infty} f(x)$ 存在且等于 A 的充分必要条件是:$\lim\limits_{x \to -\infty} f(x)$ 与 $\lim\limits_{x \to +\infty} f(x)$ 都存在并且都等于 A,即有

$$\lim_{x \to \infty} f(x) = A \Leftrightarrow \lim_{x \to -\infty} f(x) = \lim_{x \to +\infty} f(x) = A.$$

根据定理 2,若 $\lim\limits_{x \to +\infty} f(x)$ 和 $\lim\limits_{x \to -\infty} f(x)$ 中有一个不存在,则 $\lim\limits_{x \to \infty} f(x)$ 不存在,

即使 $\lim\limits_{x\to+\infty} f(x)$，$\lim\limits_{x\to-\infty} f(x)$ 都存在，但不相等，$\lim\limits_{x\to\infty} f(x)$ 也是不存在的. 例如，因为 $\lim\limits_{x\to+\infty} \arctan x = \frac{\pi}{2}$，$\lim\limits_{x\to-\infty} \arctan x = -\frac{\pi}{2}$，所以 $\lim\limits_{x\to\infty} \arctan x$ 不存在.

* **例 2**　用极限定义证明 $\lim\limits_{x\to\infty}(\sqrt{x^2+1}-\sqrt{x^2-1})=0$.

证明　$\forall \varepsilon > 0$，要使

$$\begin{aligned}\left|\sqrt{x^2+1}-\sqrt{x^2-1}-0\right| &= \sqrt{x^2+1}-\sqrt{x^2-1}\\ &= \frac{2}{\sqrt{x^2+1}+\sqrt{x^2-1}} < \frac{2}{\sqrt{x^2+1}} < \frac{2}{\sqrt{x^2}}\\ &= \frac{2}{|x|} < \varepsilon\end{aligned}$$

成立，只需 $|x| > \frac{2}{\varepsilon}$. 因此，取 $M=\frac{2}{\varepsilon}$，则当 $|x|>M$ 时，必有

$$\left|\sqrt{x^2+1}-\sqrt{x^2-1}-0\right| < \varepsilon.$$

于是有 $\lim\limits_{x\to\infty}(\sqrt{x^2+1}-\sqrt{x^2-1})=0$.

* **例 3**　用定义证明 $\lim\limits_{x\to-\infty} 10^x = 0$.

证明　$\forall \varepsilon > 0$，要使

$$|10^x - 0| = 10^x < \varepsilon$$

成立，只需 $x < \lg\varepsilon$（不妨设 $\varepsilon < 1$）. 因此，取 $M = -\ln\varepsilon$，则当 $x < -M$ 时，必有

$$|10^x - 0| = 10^x < \varepsilon,$$

因此

$$\lim_{x\to-\infty} 10^x = 0.$$

例 4　讨论极限 $\lim\limits_{x\to\infty} x^2$ 是否存在?

解　当 x 的绝对值无限增大时，x^2 也无限增大，不趋近于一个固定常数，因此 $\lim\limits_{x\to\infty} x^2$ 不存在. 但是由于 x^2 此时也有确定的变化趋势，为了便于叙述这种变化趋势，我们借用极限的记法，记为

$$\lim_{x\to\infty} x^2 = \infty.$$

例 5　讨论极限 $\lim\limits_{x\to\infty} \cos x$ 是否存在?

解　当 x 的绝对值无限增大时，$\cos x$ 始终振荡，不趋近于一个固定常数，因此极限 $\lim\limits_{x\to\infty} \cos x$ 不存在.

2.2.2　$x\to x_0$ 时函数 $f(x)$ 的极限

以函数 $f(x)=x+1$ 为例，讨论当 $x\to 1$ 时，函数 $f(x)=x+1$ 的变化趋势.

观察函数 $f(x)=x+1$ 的图形（图 2.3）可知，当 $x\to 1$ 时，即自变量 x 从点 1

的左右两侧沿 x 轴向 1 趋近时，函数 $f(x)=x+1$ 无限趋近于常数 2. 这样，从直观上得出：2 就是 $f(x)=x+1$ 当 $x\to 1$ 时的极限.

但同时我们也注意到另一种有趣的现象. 观察函数 $f(x)=\dfrac{x^2-1}{x-1}(x\neq 1)$ 的图形(图 2.4)发现，当 $x\to 1$ 时，函数 $f(x)=\dfrac{x^2-1}{x-1}$ 也无限趋近于常数 2，即 2 也是 $f(x)=\dfrac{x^2-1}{x-1}(x\neq 1)$ 当 $x\to 1$ 时的极限.

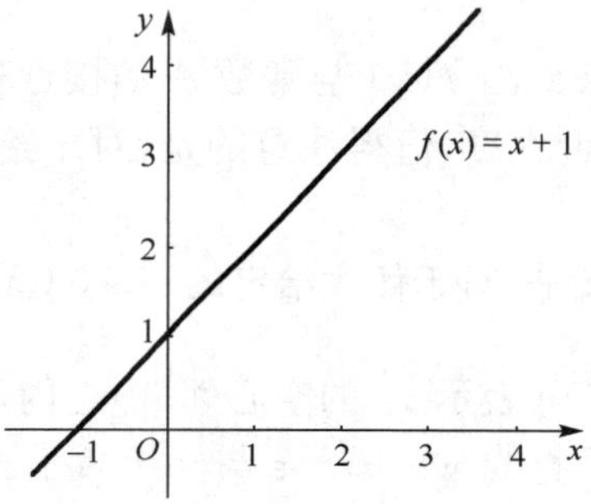

图 2.3

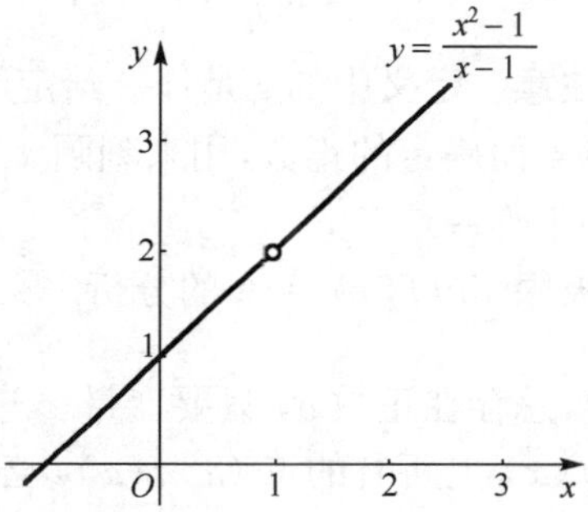

图 2.4

比较这两个例子，我们发现，一般地，在考察当 $x\to x_0$ 时函数 $y=f(x)$ 的极限时，点 $x=x_0$ 是否在函数 $y=f(x)$ 的定义域内对该极限并无影响，为统一起见，对 $x\to x_0$ 时函数 $y=f(x)$ 的极限作如下定义.

定义 7（描述性定义）　设函数 $f(x)$ 在 x_0 的某空心邻域内有定义，当 $x\to x_0$ 时，如果函数 $f(x)$ 无限地趋近于某一个常数 A，则称**当 $x\to x_0$ 时，函数 $f(x)$ 的极限存在**，且称 A **为 $x\to x_0$ 时，函数 $f(x)$ 的极限**. 记作

$$\lim_{x\to x_0}f(x)=A \quad 或 \quad f(x)\to A \quad (x\to x_0).$$

由定义 7 可知，

$$\lim_{x\to 1}(x+1)=2,\quad \lim_{x\to 1}\frac{x^2-1}{x-1}=2.$$

注　函数 $f(x)$ 在点 x_0 处的极限与函数 $f(x)$ 在 x_0 的情况无关. 其中有两层含义：其一，x_0 可以不在 $f(x)$ 的定义域内；其二，即使 x_0 在 $f(x)$ 的定义域内，$f(x)$ 在 x_0 的极限值与 $f(x)$ 在 x_0 的函数值没有任何联系. 例如，函数 $f(x)=\begin{cases}\dfrac{x^2-1}{x-1}, & x\neq 1,\\ 0, & x=1\end{cases}$ 在 $x=1$ 处的极限为 2，但 $f(1)=0$.

总之，函数 $f(x)$ 在点 x_0 处的极限仅与 $f(x)$ 在 x_0 周围的变化情况有关，与函数 $f(x)$ 在 x_0 的情况无关.

我们也可以给出当 $x \to x_0$ 时函数 $f(x)$ 极限的精确性定义.

* **定义 8**（ε-δ 分析定义） 设函数 $f(x)$ 在 x_0 的某空心邻域内有定义，A 为常数，如果对任意给定的 $\varepsilon > 0$（不论 ε 多么小），总存在 $\delta > 0$，使当 $0 < |x - x_0| < \delta$ 时，恒有

$$|f(x) - A| < \varepsilon,$$

则称**常数** A **为** $x \to x_0$ **时函数** $f(x)$ **的极限**，或称 $x \to x_0$ **时函数** $f(x)$ **的极限为** A，记为

$$\lim_{x \to x_0} f(x) = A \quad 或 \quad f(x) \to A \quad (x \to x_0).$$

注意 定义中的 ε 是任意给定的正数，用来刻画 $f(x)$ 与常数 A 的接近程度；δ 是随 ε 而确定的正数，用来刻画 x 与 x_0 的接近程度，值得注意的是，对于给定的 ε，δ 并不唯一.

极限 $\lim\limits_{x \to x_0} f(x) = A$ 的分析定义的几何意义是：对于任意给定的 $\varepsilon > 0$（无论多么小），总存在正数 δ，只要变量 x 进入 $\overset{o}{U}(x_0, \delta)$（表示 x_0 的空心邻域）之内，曲线 $y = f(x)$ 上所有的点 $(x, f(x))$ 必落在两水平直线 $y = A - \varepsilon$ 与 $y = A + \varepsilon$ 之间的带形区域之内，如图 2.5 所示.

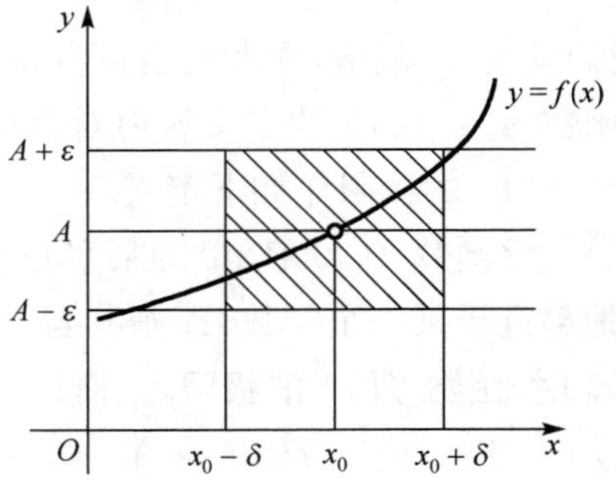

图 2.5

* **例 6** 用定义证明 $\lim\limits_{x \to 2}(3x + 1) = 7$.

证明 $\forall \varepsilon > 0$，要使

$$|3x + 1 - 7| = |3x - 6| = 3|x - 2| < \varepsilon$$

成立，只需 $|x - 2| < \frac{\varepsilon}{3}$. 取 $\delta = \frac{\varepsilon}{3}$，则当 $0 < |x - 2| < \delta$ 时，恒有

$$|3x + 1 - 7| < \varepsilon.$$

因此

$$\lim_{x \to 2}(3x + 1) = 7.$$

当 $x \to x_0$ 时函数 $f(x)$ 的极限概念中，x 是既从 x_0 的左侧也从 x_0 的右侧趋向

于 x_0 的，但有时只能或只需考虑 x 仅从 x_0 的左侧趋于 x_0（$x \to x_0^-$）的情形，或 x 仅从 x_0 的右侧趋向于 x_0（$x \to x_0^+$）的情形. 例如，在函数定义区间的端点或分段函数的分段点处，就需要考虑这种情形. 下面就给出这两种情形下函数 $f(x)$ 极限的描述性定义，并请读者参照定义 8 写出这两种极限的分析定义.

定义 9（描述性定义）　对于函数 $f(x)$，当 $x \to x_0^-$（或 $x \to x_0^+$）时，如果函数 $f(x)$ 无限地趋近于某一个常数 A，则称**常数 A 为 $x \to x_0$ 时，函数 $f(x)$ 的左极限**（或**右极限**）. 记作

$$\lim_{x\to x_0^-} f(x) = A \quad (\text{或} \lim_{x\to x_0^+} f(x) = A),$$

$$f(x) \to A(x \to x_0^-) \quad (\text{或 } f(x) \to A(x \to x_0^+)),$$

或者简记为

$$f(x_0 - 0) = A \quad (\text{或 } f(x_0 + 0) = A),$$

其中 $x \to x_0^-$ 表示 $x < x_0$ 且 x 趋向于 x_0，即 x 从 x_0 的左侧趋向于 x_0；$x \to x_0^+$ 表示 $x > x_0$ 且 x 趋向于 x_0，即 x 从 x_0 的右侧趋向于 x_0.

左极限和右极限统称为**单侧极限**.

函数的极限和左、右极限有如下定理.

定理 5　$\lim\limits_{x\to x_0} f(x)$ 存在且等于 A 的充分必要条件是 $\lim\limits_{x\to x_0^-} f(x)$ 和 $\lim\limits_{x\to x_0^+} f(x)$ 都存在且都等于 A，即有

$$\lim_{x\to x_0} f(x) = A \Leftrightarrow \lim_{x\to x_0^-} f(x) = \lim_{x\to x_0^+} f(x) = A.$$

例 7　已知 $f(x) = \begin{cases} x, & x < 0, \\ \sin x, & x \geqslant 0, \end{cases}$ 讨论 $f(x)$ 在 $x = 0$ 处的极限是否存在？若存在，求其极限值.

解

$$\lim_{x\to 0^-} f(x) = \lim_{x\to 0^-} x = 0,$$

$$\lim_{x\to 0^+} f(x) = \lim_{x\to 0^+} \sin x = 0,$$

因为

$$\lim_{x\to 0^-} f(x) = \lim_{x\to 0^+} f(x) = 0,$$

所以

$$\lim_{x\to 0} f(x) = 0.$$

例 8　已知 $f(x) = \begin{cases} 3x + 1, & x < 2, \\ \dfrac{2(x^2 - 4)}{x - 2}, & x > 2, \end{cases}$ 讨论 $f(x)$ 在 $x = 2$ 处的极限是否存在？若存在，求其极限值.

解

$$\lim_{x\to 2^-} f(x) = \lim_{x\to 2^-}(3x+1) = 7,$$

$$\lim_{x\to 2^+} f(x) = \lim_{x\to 2^+} \frac{2(x^2-4)}{x-2} = 8,$$

因为

$$\lim_{x\to 2^-} f(x) \neq \lim_{x\to 2^+} f(x),$$

所以

$$\lim_{x\to 2} f(x) \text{ 不存在.}$$

2.2.3 函数极限的性质

函数极限有着与数列极限类似的性质及推论,下面仅就 $x\to x_0$ 这种情形给出结论,关于自变量在其他几种变化过程的结论,请读者自己给出.

性质 1(唯一性) 若极限 $\lim\limits_{x\to x_0} f(x)$ 存在,则极限值唯一.

性质 2(局部有界性) 若极限 $\lim\limits_{x\to x_0} f(x)$ 存在,则函数 $f(x)$ 在 x_0 的某个空心邻域内有界.

性质 3(局部保序性) 若 $\lim\limits_{x\to x_0} f(x) = A, \lim\limits_{x\to x_0} g(x) = B$, 且 $A > B$, 则存在正数 δ, 当 $0 < |x - x_0| < \delta$ 时,有 $f(x) > g(x)$.

以上性质的证明与数列极限响应性质的证明类似,只就 $x\to x_0$ 这种情形证明上述性质 3.

证明 令 $\varepsilon = \frac{A-B}{2}$, 已知 $\lim\limits_{x\to x_0} f(x) = A$ 与 $\lim\limits_{x\to x_0} g(x) = B$.

根据定义,对 $\varepsilon = \frac{A-B}{2}$, 分别

$\exists \delta_1 > 0, \forall x: 0 < |x - x_0| < \delta_1$,有 $|f(x) - A| < \frac{A-B}{2}$,从而 $f(x) > \frac{A+B}{2}$;

$\exists \delta_2 > 0, \forall x: 0 < |x - x_0| < \delta_2$,有 $|g(x) - B| < \frac{A-B}{2}$,从而 $g(x) < \frac{A+B}{2}$,

取 $\delta = \min\{\delta_1, \delta_2\}$, 则 $\forall x: 0 < |x - x_0| < \delta$, 有

$$g(x) < \frac{A+B}{2} < f(x).$$

性质 3 有与数列极限相应性质类似的几个推论,这里只给出其中一个. 其他几个请读者自己给出.

推论 4 若 $\lim\limits_{x\to x_0} f(x) = A$, 且 $A > 0$(或 $A < 0$),则函数 $f(x)$ 在 x_0 的某个空心邻域内恒有 $f(x) > 0$(或 $f(x) < 0$).

2.3　无穷大量与无穷小量

2.3.1　无穷大量

函数极限不存在的情形多种多样，其中有一种情形比较重要，那就是说，在自变量的变化过程中，函数的绝对值在无限增大. 例如，当 $x \to \frac{\pi}{2}$ 时，函数 $f(x) = \tan x$ 的绝对值在无限增大；当 $x \to +\infty$ 时，函数 $f(x) = e^x$ 值恒为正，且无限增大；当 $x \to 0^+$ 时，函数 $f(x) = \ln x$ 值恒为负，且其绝对值无限增大. 在自变量的某一变化过程中，若函数 $f(x)$ 的绝对值无限地增大，则称 $f(x)$ 为在这一变化趋势下的无穷大量，记为 $\lim f(x) = \infty$.

根据极限的定义，当 $x \to x_0$ 时，无穷大量的严格的数学定义为如下定义.

定义 10　对任意给定的 $M > 0$（不论 M 多么大），总存在 $\delta > 0$，使当 $0 < |x - x_0| < \delta$ 时，恒有 $|f(x)| > M$，则称当 $x \to x_0$ 时 $f(x)$ 是无穷大量.

用数学符号简记为

$$\forall M > 0, \exists \delta > 0, \forall x: 0 < |x - x_0| < \delta, \text{有} |f(x)| > M.$$

（其他情形的无穷大量的定义，请读者参照以上定义自行写出.）

若 $f(x)$ 恒为正且 $f(x)$ 无限地增大，则称 $f(x)$ 为**正无穷大**，记为 $\lim f(x) = +\infty$；若 $f(x)$ 恒为负且 $f(x)$ 的绝对值无限增大，则称 $f(x)$ 为**负无穷大**，记为 $\lim f(x) = -\infty$. 这两种无穷大的分析定义又应该怎样表述呢?

对于无穷大量的定义，应该注意五个问题：

(1)无穷大量是变量，不是绝对值很大很大的常量.

(2)当 $f(x)$ 是某一变化过程中的无穷大量时，其极限不存在. 为了方便表示，才记作 $\lim f(x) = \infty$.

(3)无穷大量是相对于自变量的某一变化过程而言的，不能脱离变化过程来谈无穷大量. 例如，当 $x \to \frac{\pi}{2}$ 时，$y = \tan x$ 是无穷大量，而当 $x \to \frac{\pi}{4}$ 时，$y = \frac{1}{x}$ 就不是无穷大量.

(4)无穷大量是无界变量，反之未必，如函数 $f(x) = x\sin x$.

(5)关于无穷大量的定义，对数列也适用，如 $\lim\limits_{n \to +\infty} n^2 = +\infty$.

无穷大量具有如下性质.

性质 1　一个无穷大量与一个有界变量之和仍是无穷大量.

性质 2　两个无穷大量的乘积仍是无穷大量.

性质 3　两个正(负)无穷大量之和仍为正(负)无穷大量.

2.3.2　无穷小量

定义 11　极限为零的(变)量称为**无穷小量**.

例如,当 $x \to 0$ 时, $\arctan x$ 是无穷小量;

当 $x \to \infty$ 时, $\dfrac{1}{1+x^2}$ 是无穷小量;

当 $x \to +\infty$ 时, e^{-x} 是无穷小量.

注意　(1)一般地,无穷小量是一个变量,而不是很小很小的常量;

(2)常数 0 是无穷小量,因为 $\lim 0 = 0$, 反之不然;

(3)无穷小量是相对于自变量的某一变化过程而言的,不能脱离变化过程讨论无穷小量,如当 $x \to -\infty$ 时, $y = e^x$ 是无穷小量,而当 $x \to 0$ 时, $y = e^x$ 就不是无穷小量;

(4)此定义中适合所有类型的函数极限,也包括数列极限,如当 $n \to +\infty$, $\dfrac{1}{n}$ 是无穷小量.

下面给出当 $x \to x_0$ 时,无穷小量的精确性定义.

定义 12　对任意给定的 $\varepsilon > 0$ (不论 ε 多么小),总存在 $\delta > 0$, 使当 $0 < |x - x_0| < \delta$ 时,恒有 $|f(x)| < \varepsilon$, 则称 **$f(x)$ 当 $x \to x_0$ 时是无穷小量**.

用数学符号简记为

$$\forall \varepsilon > 0, \exists \delta > 0, \forall x: 0 < |x - x_0| < \delta, \text{有 } |f(x)| < \varepsilon.$$

其他情形的无穷小量定义可用类似语言来描述.

无穷小量具有如下性质.

性质 1　有限个无穷小量的和或差仍为无穷小量.

性质 2　有限个无穷小量的积仍为无穷小量.

性质 3　无穷小量与有界变量的乘积仍为无穷小量.

性质 4　无穷小量除以极限不为零的变量,其商仍为无穷小量.

例 9　求极限 $\lim\limits_{x \to 0} x^2 \arctan \dfrac{1}{x}$.

解　当 $x \to 0$ 时, x^2 为无穷小量, $\left|\arctan \dfrac{1}{x}\right| \leqslant \dfrac{\pi}{2}$, $\arctan \dfrac{1}{x}$ 是有界变量,于是由性质 3 可知

$$\lim_{x \to 0} x^2 \arctan \frac{1}{x} = 0.$$

有极限的变量与无穷小量之间有着密切的联系.

定理 6　$\lim f(x) = A$ 的充要条件是:函数 $f(x)$ 可以表示成常数 A 与无穷小量 α 之和,即

$$\lim f(x)=A \Leftrightarrow f(x)=A+\alpha,\quad \text{其中} \lim \alpha=0.$$

定理 6 说明，“$f(x)$ 以 A 为极限”与“$f(x)$ 与 A 之差是无穷小量”是两个等价的说法. 直观上这是显然的，下面针对 $x\to x_0$ 时的情形对定理给出严格的证明，x 的其他变化形式类似可证.

证明　必要性($\Rightarrow$)　设 $\lim\limits_{x\to x_0} f(x)=A$，即 $\forall \varepsilon>0, \exists \delta>0, \forall x: 0<|x-x_0|<\delta$，有

$$|f(x)-A|=|[f(x)-A]-0|<\varepsilon,$$

于是，由函数极限的定义可知

$$\lim_{x\to x_0}[f(x)-A]=0,$$

因此，$x\to x_0$ 时，$f(x)-A$ 为无穷小量.

充分性($\Leftarrow$)　设 $f(x)=A+\alpha(x)$，且 $\lim\limits_{x\to x_0}\alpha(x)=0$，即 $\forall \varepsilon>0, \exists \delta>0$，$\forall x: 0<|x-x_0|<\delta$，有

$$|\alpha(x)|=|f(x)-A|<\varepsilon.$$

于是，根据极限定义有

$$\lim_{x\to x_0} f(x)=A.$$

2.3.3　无穷大量与无穷小量的关系

不难证明，在自变量的同一变化过程中，无穷大量的倒数是无穷小量；无穷小量(除数 0 外)的倒数是无穷大量，即有

若 $\lim f(x)=\infty$，则 $\lim \dfrac{1}{f(x)}=0$；

若 $\lim f(x)=0$，且 $f(x)\neq 0$，则 $\lim \dfrac{1}{f(x)}=\infty$.

例如，当 $x\to 0$ 时，$\sqrt{x}$ 是无穷小量，$x^{-\frac{1}{2}}$ 是无穷大量；当 $x\to-\infty$ 时，e^x 是无穷小量，e^{-x} 是无穷大量.

2.3.4　无穷小量的阶比较

1. 无穷小量阶的比较

观察下列极限

$$\lim_{x\to 0}\frac{2x}{x}=2,\quad \lim_{x\to 0}\frac{x-x^2}{x}=1,\quad \lim_{x\to 0}\frac{x^3}{x}=0,\quad \lim_{x\to 0}\frac{\sqrt{x}}{x}=\infty.$$

我们发现一个有趣的现象：尽管当 $x\to 0$ 时，$2x, x-x^2, x^3, \sqrt{x}$ 都是无穷小

量，但是它们各自与 x 的比值的极限却不尽相同.是什么造成这样的结果呢？原因是它们趋向于零的速度是不同的.

请通过表 2.1 比较上述几个变量趋向于 0 的速度.

表 2.1

x	0.01	0.0001	0.000001	…
$2x$	0.02	0.0002	0.000002	…
$x-x^2$	0.0099	0.00009999	0.000000999999	…
x^3	0.000001	0.000000000001	0.000000000000000001	…
$\sqrt{x}$	0.1	0.01	0.001	…

从表 2.1 中可以看出：当 $x\to 0^+$ 时，x 与 $2x$ 趋近于零的速度差不多，$x-x^2$ 与 x 几乎一样，x^3 是最快的，$\sqrt{x}$的速度是最慢的.

这提示我们：可以由两个无穷小量比值的极限来比较它们趋向于零的快慢程度.由此给出如下的定义.

定义 13 设 α 与 β 是同一变化过程中的两个无穷小量，

(1)如果 $\lim\dfrac{\alpha}{\beta}=0$，则称 α 是比 β **高阶**的无穷小量，记作 $\alpha=o(\beta)$；

(2)如果 $\lim\dfrac{\alpha}{\beta}=A\neq 0$，则称 α 是与 β **同阶**的无穷小量；

特别地，若 $\lim\dfrac{\alpha}{\beta}=1$，则称 α 是与 β **等价**的无穷小量，记为 $\alpha\sim\beta$；

(3)如果 $\lim\dfrac{\alpha}{\beta^k}=A\neq 0, k>0$，则称 α 是关于 β 的 k 阶无穷小量.

例如，$\lim\limits_{x\to 0}\dfrac{2x}{x}=2$，所以 $x\to 0$ 时，$2x$ 是与 x 同阶的无穷小量.由此可见，所谓“同阶”，就是 $2x$ 与 x 趋近于 0 的速度“差不多”.

$\lim\limits_{x\to 0}\dfrac{x-x^2}{x}=1$，所以当 $x\to 0$ 时，$x-x^2$ 与 x 是等价无穷小.由此可见，所谓“等价”，就是 $x-x^2$ 与 x 趋向于 0 的速度“基本相同”.

$\lim\limits_{x\to 0}\dfrac{x^3}{x}=0$，所以当 $x\to 0$ 时，x^3 是比 x 高阶的无穷小量；由此可见，所谓“高阶”，就是 x^3 趋向于 0 的速度比 x 趋向于 0 的速度更快.

值得注意的是，并不是任意两个无穷小量都可以进行比较，例如，当 $x\to\infty$ 时，$\dfrac{1}{x}$ 与 $\dfrac{1}{x}\sin x$ 都是无穷小量，但是 $\dfrac{1}{x}\sin x\Big/\dfrac{1}{x}=\sin x$ 当 $x\to\infty$ 时极限不存在，且也不为无穷大，所以 $\dfrac{1}{x}$ 与 $\dfrac{1}{x}\sin x$ 不能进行比较.

2. 等价无穷小的性质

关于等价无穷小量，有比较常用的几条性质.

定理 7　如果在同一极限过程中，α,β,γ 均为无穷小量，那么

(1) $\alpha\sim\alpha$，即任何一个无穷小量，总是和它本身等价；

(2)若 $\alpha\sim\beta$，$\beta\sim\gamma$，则 $\alpha\sim\gamma$，即等价关系具有传递性；

(3)若 $\alpha\sim\beta$，则 $\alpha\cdot\gamma\sim\beta\cdot\gamma$，即两个无穷小量乘以同一无穷小量后，仍为等价无穷小量；

(4)若 $\alpha\sim\alpha_1$，$\beta\sim\beta_1$，则 $\alpha\cdot\beta\sim\alpha_1\cdot\beta_1$，即两个无穷小量之积，等价于各自的等价无穷小量之积.

类似地，无穷大量也可以进行阶的比较.

2.4　函数极限的性质与运算法则

为了解决函数极限的计算问题，在本节中，将介绍函数极限的运算法则.

2.4.1　函数极限的四则运算法则

事实上，各种类型的函数极限和数列极限都具备相似的四则运算法则. 所以我们并没有在极限中写出自变量的变化趋势，而仅仅用类似 $\lim f(x)$ 的符号表示极限.

定理 8　如果 $\lim f(x)$ 与 $\lim g(x)$ 都存在，则 $\lim[f(x)\pm g(x)]$，$\lim[f(x)g(x)]$，$\lim\dfrac{f(x)}{g(x)}(g(x)\neq 0)$ 也都存在，且有

(1) $\lim[f(x)\pm g(x)]=\lim f(x)\pm\lim g(x)$；

(2) $\lim[f(x)g(x)]=\lim f(x)\cdot\lim g(x)$；

(3) $\lim\dfrac{f(x)}{g(x)}=\dfrac{\lim f(x)}{\lim g(x)}$，其中 $\lim g(x)\neq 0$.

证明　只给出(2)的证明. 设 $\lim f(x)=A$，$\lim g(x)=B$，则由定理 6，有

$$f(x)=A+\alpha(x),\quad g(x)=B+\beta(x),$$

其中 $\alpha(x)$ 与 $\beta(x)$ 是同一变化过程中的无穷小量. 于是有

$$f(x)g(x)=AB+[A\beta(x)+B\alpha(x)+\alpha(x)\beta(x)].$$

由无穷小量的性质可知，$A\beta(x)+B\alpha(x)+\alpha(x)\beta(x)$ 是无穷小量. 因此，由定理 4 可得

$$\lim[f(x)g(x)]=AB=\lim f(x)\lim g(x).$$

上述极限的和、差、积的运算法则，均可以推广到有限个函数的情形.

除此以外,若令(2)中 $g(x)=c$（常数),则有如下推论.

推论 5　设极限 $\lim f(x)$ 存在, c 为常数,则有

$$\lim[cf(x)]=c\lim f(x),$$

即求极限时,常数因子可以提到极限符号的外面.

由定理 8 中(1)及推论 5,有如下推论.

推论 6　设极限 $\lim f_1(x),\cdots,\lim f_n(x)$ 都存在, $c_1,\cdots,c_n$ 为常数,则有

$$\lim[c_1f_1(x)+\cdots+c_nf_n(x)]=c_1\lim f_1(x)+\cdots+c_n\lim f_n(x),$$

即有限个存在极限的函数的线性组合的极限等于函数极限的线性组合.

推论 7　设极限 $\lim f(x)$ 存在, n 为正整数,则有

$$\lim[f(x)]^n=[\lim f(x)]^n,$$

即极限存在的函数正整数次幂的极限等于函数极限的正整数次幂.

例如, $\lim\limits_{x\to x_0}(x^n)=(\lim\limits_{x\to x_0}x)^n=x_0^n$, 其中 n 为正整数.

根据定理 8 中(3)及推论 7,有如下推论.

推论 8　设极限 $\lim f(x)$ 存在,且 $\lim f(x)\neq 0$, n 为正整数,则有

$$\lim[f(x)]^{-n}=[\lim f(x)]^{-n},$$

即极限存在的函数负整数次幂的极限等于函数极限的负整数次幂.

例如, $\lim\limits_{x\to x_0}(x^{-n})=(\lim\limits_{x\to x_0}x)^{-n}=x_0^{-n}$, 其中 n 为正整数.

另外,通过观察可知 $\lim\limits_{x\to x_0}\sqrt{x}=\sqrt{x_0}\,(x_0\geqslant 0)$, 这说明推论 7 中的 n 不仅可以推广到负整数,同时也可以推广到分数以至于任何实数.

例 10　求极限 $\lim\limits_{x\to -1}(3x^2+4x-8)$.

解　$$\begin{aligned}\lim_{x\to -1}(3x^2+4x-8)&=3\lim_{x\to -1}x^2+4\lim_{x\to -1}x-\lim_{x\to -1}8\\&=3(-1)^2+4\times(-1)-8=-9.\end{aligned}$$

例 11　设有 n 次多项式函数:

$$P_n(x)=a_0+a_1x+\cdots+a_{n-1}x^{n-1}+a_nx^n,$$

其中 $a_0,a_1,\cdots,a_{n-1},a_n$ 为常数,且 $a_n\neq 0$. 求 $\lim\limits_{x\to x_0}P_n(x)$.

解　由推论 6 和推论 7,得

$$\begin{aligned}\lim_{x\to x_0}P_n(x)&=a_0+a_1\lim_{x\to x_0}x+\cdots+a_{n-1}\lim_{x\to x_0}x^{n-1}+a_n\lim_{x\to x_0}x^n\\&=a_0+a_1x_0+\cdots+a_{n-1}x_0^{n-1}+a_nx_0^n\\&=P_n(x_0).\end{aligned}$$

由例 11 可见，当 $x \to x_0$ 时多项式函数 $P_n(x)$ 的极限，即为 $P_n(x)$ 在 x_0 的函数值 $P_n(x_0)$.

例 12　求 $\lim\limits_{x\to\infty}\dfrac{5x^4+2x^3+3x}{3x^4+2x-1}$.

分析　当 $x\to\infty$ 时，分子分母都是无穷大量，所以不能直接用商的极限的运算法则，这种两个无穷大量的比值的极限我们通常记为"$\dfrac{\infty}{\infty}$". 应对这种极限，我们往往采用分子分母同除最高次幂的方法，在原式中构造若干无穷小量，使问题得以简化.

解　$$\lim_{x\to\infty}\frac{5x^4+2x^3+3x}{3x^4+2x-1}=\lim_{x\to\infty}\frac{5+\dfrac{2}{x}+\dfrac{3}{x^3}}{3+\dfrac{2}{x^3}-\left(\dfrac{1}{x}\right)^4}=\frac{5}{3}.$$

例 13　求 $\lim\limits_{x\to\infty}\dfrac{x^2-3x-1}{x^4+2x^3+1}$.

解　这依然是一个 $\dfrac{\infty}{\infty}$ 型求极限的问题，应用例 12 的方法可得

$$\lim_{x\to\infty}\frac{x^2-3x-1}{x^4+2x^3+1}=\lim_{x\to\infty}\frac{\dfrac{1}{x^2}-\dfrac{3}{x^3}-\left(\dfrac{1}{x}\right)^4}{1+\dfrac{2}{x}+\left(\dfrac{1}{x}\right)^4}=0.$$

例 14　求 $\lim\limits_{x\to\infty}\dfrac{3x^4-2x^2+1}{2x^3+3}$.

解　$$\lim_{x\to\infty}\frac{2x^3+3}{3x^4-2x^2+1}=\lim_{x\to\infty}\frac{\dfrac{2}{x}+3\left(\dfrac{1}{x}\right)^4}{3-\dfrac{2}{x^2}+\left(\dfrac{1}{x}\right)^4}=0,$$

根据无穷小量和无穷大量之间的关系有

$$\lim_{x\to\infty}\frac{3x^4-2x^2+1}{2x^3+3}=\infty.$$

例 12～例 14 的求解方法是，可推广到一般情形，并且推广后所得结果也可以在解题时直接使用. 设 $P_n(x)$ 和 $Q_m(x)$ 是两个多项式函数

$$P_n(x)=a_0x^n+a_1x^{n-1}+\cdots+a_{n-1}x+a_n,$$
$$Q_m(x)=b_0x^m+b_1x^{m-1}+\cdots+b_{m-1}x+b_m,$$

则有如下结论：

$$\lim_{x\to\infty}\frac{P_n(x)}{Q_m(x)}=\begin{cases}a_0/b_0, & n=m,\\ 0, & n<m,\\ \infty, & n>m.\end{cases}$$

注意,以上结论对数列也适用.

例 15　求 $\lim\limits_{n\to\infty}\dfrac{n^2-n+2}{2n^2+1}$.

解　$\lim\limits_{n\to\infty}\dfrac{n^2-n+2}{2n^2+1}=\lim\limits_{n\to\infty}\dfrac{1-\dfrac{1}{n}+\dfrac{2}{n^2}}{2+\dfrac{1}{n^2}}=\dfrac{1}{2}$.

例 16　求 $\lim\limits_{x\to1}\dfrac{x^2+x-2}{x^2-1}$.

解　当 $x\to1$ 时, $x^2-1\to0, x^2+x-2\to0$. 因此不能用商的极限的运算法则. 这种两个无穷小比值的极限记为"$\dfrac{0}{0}$". 可以利用约去分子、分母中无穷小因式的方法来求解

$$\lim_{x\to1}\frac{x^2+x-2}{x^2-1}=\lim_{x\to1}\frac{(x-1)(x+2)}{(x-1)(x+1)}=\lim_{x\to1}\frac{x+2}{x+1}=\frac{3}{2}.$$

例 17　求 $\lim\limits_{x\to3}\dfrac{\sqrt{x^2+7}-4}{\sqrt{x^2-5}-2}$.

解　注意到此例中含有无理式,对于这种情况,"有理化"的方法通常奏效.

$$\begin{aligned}\lim_{x\to3}\frac{\sqrt{x^2+7}-4}{\sqrt{x^2-5}-2}&=\lim_{x\to3}\frac{(\sqrt{x^2+7}-4)(\sqrt{x^2+7}+4)(\sqrt{x^2-5}+2)}{(\sqrt{x^2-5}-2)(\sqrt{x^2-5}+2)(\sqrt{x^2+7}+4)}\\&=\lim_{x\to3}\frac{(x^2-9)(\sqrt{x^2-5}+2)}{(x^2-9)(\sqrt{x^2+7}+4)}\\&=\lim_{x\to3}\frac{\sqrt{x^2-5}+2}{\sqrt{x^2+7}+4}=\frac{1}{2}.\end{aligned}$$

例 18　求 $\lim\limits_{n\to+\infty}\left(\dfrac{1}{n^2}+\dfrac{2}{n^2}+\cdots+\dfrac{n}{n^2}\right)$.

解　式中的每一项都是无穷小量,由于项数随 n 增大而不断增加,故不是有限项,不能应用无穷小量的性质.

$$\lim_{n\to+\infty}\left(\frac{1}{n^2}+\frac{2}{n^2}+\cdots+\frac{n}{n^2}\right)=\lim_{n\to+\infty}\frac{1}{n^2}(1+2+\cdots+n)=\lim_{n\to+\infty}\frac{n(n+1)}{2n^2}=\frac{1}{2}.$$

上式说明无穷多个无穷小量之和未必是无穷小量.

例 19　若 $\lim\limits_{x\to1}\dfrac{\sqrt{x+a}+b}{x^2-1}=1$, 求 a,b 的值.

分析　分子分母同乘 $\sqrt{x+a}-b$, 有

$$\lim_{x\to1}\frac{\sqrt{x+a}+b}{x^2-1}=\lim_{x\to1}\frac{x-(b^2-a)}{(x-1)(x+1)(\sqrt{x+a}-b)}=1.$$

这个极限成立的必要条件是：①分母有 $x-1$，分子也必有 $x-1$；②消去 $x-1$ 后，极限为 1，必有分母 $(x+1)(\sqrt{x+a}-b)$ 的极限是 1.

解　由于

$$\lim_{x\to 1}\frac{\sqrt{x+a}+b}{x^2-1}=\lim_{x\to 1}\frac{x-(b^2-a)}{(x-1)(x+1)(\sqrt{x+a}-b)}=1, \tag{2.3}$$

可知

$$b^2-a=1, \tag{2.4}$$

将式(2.4)代回式(2.3)，有

$$\begin{aligned}\lim_{x\to 1}\frac{\sqrt{x+a}+b}{x^2-1}&=\lim_{x\to 1}\frac{x-(b^2-a)}{(x-1)(x+1)(\sqrt{x+a}-b)}\\&=\lim_{x\to 1}\frac{x-1}{(x-1)(x+1)(\sqrt{x+a}-b)}\\&=\lim_{x\to 1}\frac{1}{(x+1)(\sqrt{x+a}-b)}=1,\end{aligned} \tag{2.5}$$

由式(2.5)知

$$\lim_{x\to 1}[(x+1)(\sqrt{x+a}-b)]=1,$$

即

$$2(\sqrt{1+a}-b)=1, \tag{2.6}$$

式(2.4)和式(2.6)联立，得 $a=-\dfrac{15}{16}, b=-\dfrac{1}{4}$.

2.4.2　函数极限的复合运算法则

下面给出极限的复合运算法则，该法则也是变量替换法的理论依据，因此也称变量替换法则.

定理 9　设 $y=f(u)$ 与 $u=\varphi(x)$ 构成复合函数 $y=f[\varphi(x)]$，若 $\lim\limits_{u\to u_0}f(u)=A$，$\lim\limits_{x\to x_0}\varphi(x)=u_0$，且在点 x_0 的某个空心邻域内 $\varphi(x)\neq u_0$，则有复合函数 $y=f[\varphi(x)]$ 当 $x\to x_0$ 时极限也存在，且

$$\lim_{x\to x_0}f[\varphi(x)]=\lim_{u\to u_0}f(u)=A. \tag{2.7}$$

注意　(1)式(2.7)表明，想要求 $\lim\limits_{x\to x_0}f[\varphi(x)]$，可令 $u=\varphi(x)$，若 $\lim\limits_{x\to x_0}\varphi(x)=u_0$，则极限 $\lim\limits_{x\to x_0}f[\varphi(x)]$ 就转化为求 $\lim\limits_{u\to u_0}f(u)$，而后者如果较易计算，就达到了简化计算的目的.

(2)对其他类型的极限，也有类似结论.

例如，若 $\lim\limits_{u\to\infty}f(u)=A$，$\lim\limits_{x\to x_0}\varphi(x)=\infty$，则 $\lim\limits_{x\to x_0}f[\varphi(x)]=\lim\limits_{u\to\infty}f(u)=A$；

或者,若 $\lim\limits_{u\to\infty}f(u)=\infty,\lim\limits_{x\to x_0}\varphi(x)=\infty$, 则 $\lim\limits_{x\to x_0}f[\varphi(x)]=\lim\limits_{u\to\infty}f(u)=\infty$.

例 20 求极限 $\lim\limits_{x\to 1}\dfrac{\sqrt[3]{x}-1}{\sqrt{x}-1}$.

解 作变量替换,设 $\sqrt[6]{x}=u$, 则有

$$\sqrt[3]{x}=u^2,\quad \sqrt{x}=u^3,\quad \text{且}\lim_{u\to 1}u=\lim_{x\to 1}\sqrt[6]{x}=1.$$

由定理 9 可知

$$\lim_{x\to 1}\frac{\sqrt[3]{x}-1}{\sqrt{x}-1}=\lim_{u\to 1}\frac{u^2-1}{u^3-1}=\lim_{u\to 1}\frac{(u-1)(u+1)}{(u-1)(u^2+u+1)}=\frac{2}{3}.$$

例 21 求 $\lim\limits_{x\to 0}\dfrac{\sqrt[n]{1+x}-1}{\dfrac{x}{n}}$, n 为正整数.

解 首先,设 $n\geqslant 2$, 作变换 $u=\sqrt[n]{1+x}$, 则有 $x=u^n-1$, 且当 $x\to 0$ 时, $u\to 1$. 由于

$$x=u^n-1=(u-1)(u^{n-1}+u^{n-2}+\cdots+u+1),$$

故由式(2.1)可得

$$\lim_{x\to 0}\frac{\sqrt[n]{1+x}-1}{\dfrac{x}{n}}=\lim_{u\to 1}\frac{n(u-1)}{(u-1)(u^{n-1}+u^{n-2}+\cdots+u+1)}$$

$$=\lim_{u\to 1}\frac{n}{(u^{n-1}+u^{n-2}+\cdots+u+1)}=1.$$

当 $n=1$ 时,原式 $=\lim\limits_{x\to 0}\dfrac{(1+x)-1}{x}=1$.

因此

$$\lim_{x\to 0}\frac{\sqrt[n]{1+x}-1}{\dfrac{x}{n}}=1,\quad n\text{ 为正整数}.$$

2.4.3 极限存在性定理

定理 10(夹挤定理) 假设在 x_0 的某空心邻域 $(x_0-\delta_0,x_0)\cup(x_0,x_0+\delta_0)$ 内,恒有

$$g(x)\leqslant f(x)\leqslant h(x),$$

其中 $\delta_0>0$, 且有

$$\lim_{x\to x_0}g(x)=\lim_{x\to x_0}h(x)=A,$$

则极限 $\lim\limits_{x\to x_0} f(x)$ 存在，且有

$$\lim_{x\to x_0} f(x) = A.$$

注意　对于其他函数极限的情形和数列，也有类似结果.

数列极限的**夹挤定理**.

如果存在正整数 n_0，使当 $n \geqslant n_0$ 时，恒有

$$x_n \leqslant y_n \leqslant z_n,$$

且 $\lim\limits_{n\to+\infty} x_n = \lim\limits_{n\to+\infty} z_n = A$，则 $\lim\limits_{n\to+\infty} y_n$ 存在，且有 $\lim\limits_{n\to+\infty} y_n = A$.

例 22　利用夹挤定理求极限

$$\lim_{n\to+\infty}\left(\frac{1}{\sqrt{n^2+1}}+\frac{1}{\sqrt{n^2+2}}+\cdots+\frac{1}{\sqrt{n^2+n}}\right).$$

解　由于

$$\frac{n}{\sqrt{n^2+n}} \leqslant \frac{1}{\sqrt{n^2+1}}+\frac{1}{\sqrt{n^2+2}}+\cdots+\frac{1}{\sqrt{n^2+n}} \leqslant \frac{n}{\sqrt{n^2+1}},$$

且有

$$\lim_{n\to+\infty}\frac{n}{\sqrt{n^2+n}} = \lim_{n\to+\infty}\frac{n}{\sqrt{n^2+1}} = 1.$$

于是，由夹挤定理得

$$\lim_{n\to+\infty}\left(\frac{1}{\sqrt{n^2+1}}+\frac{1}{\sqrt{n^2+2}}+\cdots+\frac{1}{\sqrt{n^2+n}}\right) = 1.$$

例 23　证明 $\lim\limits_{n\to\infty}\dfrac{10^n}{n!} = 0$.

证明　显然，当 $n > 10$ 时，有

$$0 < \frac{10^n}{n!} = \frac{\overbrace{10\cdot 10\cdots 10\cdot 10\cdots 10\cdot 10}^{n\text{个}}}{n(n-1)\cdots 10\cdot 9\cdots 2\cdot 1} \leqslant \left(\frac{10}{11}\right)^{n-10}\frac{10^{10}}{10!}.$$

令 $x_n = 0, y_n = \left(\dfrac{10}{11}\right)^{n-10}\dfrac{10^{10}}{10!}$，显然有

$$\lim_{n\to\infty} x_n = 0,\quad \lim_{n\to\infty} y_n = 0.$$

根据定理 10，有

$$\lim_{n\to\infty}\frac{10^n}{n!} = 0,$$

对于数列，还有如下结论.

定理 11（单调有界准则） 单调有界数列必有极限.

例 24 设 $a_1=\sqrt{2}, a_{n+1}=\sqrt{2a_n}, n=1,2,\cdots$，证明数列 $\{a_n\}$ 收敛，并求此极限值.

证明 首先，用归纳法来证明：数列 $\{a_n\}$ 有上界，且上界是 2.

事实上，当 $n=1$ 时，$a_1=\sqrt{2}<2$. 假设 $a_n<2$，则

$$a_{n+1}=\sqrt{2a_n}<\sqrt{2\cdot 2}=2,$$

即数列 $\{a_n\}$ 有上界，且上界是 2.

其次，证明数列 $\{a_n\}$ 单调增加.

事实上，由前面 $\{a_n\}$ 有界性的论证可知，$\forall n\in \mathbf{Z}^+$，有 $\sqrt{a_n}<\sqrt{2}$. 于是，有

$$a_{n+1}-a_n=\sqrt{2a_n}-a_n=\sqrt{a_n}(\sqrt{2}-\sqrt{a_n})>0.$$

所以 $\{a_n\}$ 单调增加有上界（当然也有界）. 因此，由定理 11 可知，$\{a_n\}$ 必收敛.

设 $\lim\limits_{n\to\infty}a_n=a$，则由 $a_{n+1}^2=2a_n$，有

$$\lim_{n\to\infty}a_{n+1}^2=2\lim_{n\to\infty}a_n, \quad 即\ a^2=2a,$$

解得 $a=2$. 于是 $\lim\limits_{n\to\infty}a_n=2$.

2.5 两个重要极限

2.5.1 第一重要极限

$$\lim_{x\to 0}\frac{\sin x}{x}=1.$$

如图 2.6 所示，$\overset{\frown}{AB}$ 是以点 O 为中心，半径为 1 的圆弧. 过 A 作圆弧的切线与 OB 的延长线交于点 C，连接 AB.

设 $\angle DOB=x$（弧度），且 $x\in\left(0,\frac{\pi}{2}\right)$. 显然，

$$\triangle AOB 的面积<扇形 AOB 的面积<\triangle AOC 的面积,$$

而

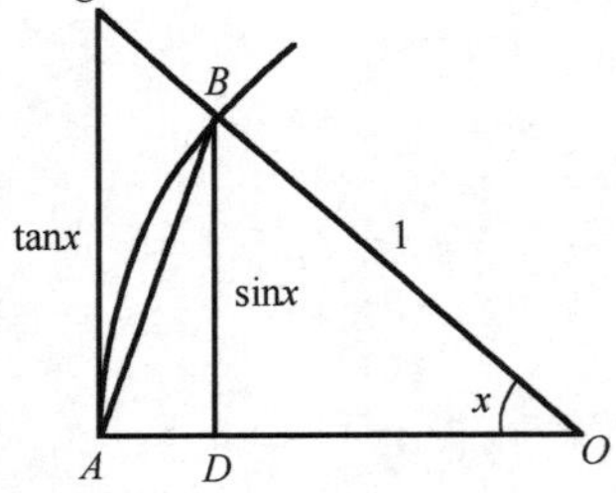

图 2.6

$$\triangle AOB 面积=\frac{1}{2}\sin x,$$

$$扇形 AOB 的面积=\frac{x}{2},$$

$$\triangle AOC 的面积=\frac{1}{2}\tan x,$$

于是

$$\frac{1}{2}\sin x<\frac{1}{2}x<\frac{1}{2}\tan x, \quad 0<x<\frac{\pi}{2},$$

即有

$$\sin x < x < \tan x,\quad 0 < x < \frac{\pi}{2}.$$

由上式可得

$$\cos x < \frac{\sin x}{x} < 1,\quad 0 < x < \frac{\pi}{2}. \tag{2.8}$$

由 $\sin x < x$，有 $\sin\frac{x}{2} < \frac{x}{2}$，于是

$$1 - \cos x = 2\left(\sin\frac{x}{2}\right)^2 < 2\left(\frac{x}{2}\right)^2 = \frac{1}{2}x^2,$$

即有

$$\cos x > 1 - \frac{1}{2}x^2.$$

于是，由式(2.8)得

$$1 - \frac{1}{2}x^2 < \cos x < \frac{\sin x}{x} < 1,\quad 0 < x < \frac{\pi}{2}.$$

由于

$$\lim_{x\to 0^+}\left(1 - \frac{1}{2}x^2\right) = 1,\quad \lim_{x\to 0^+} 1 = 1.$$

于是，由夹挤定理得

$$\lim_{x\to 0^+}\frac{\sin x}{x} = 1,\quad \lim_{x\to 0^+}\cos x = 1.$$

又由于 $\frac{\sin x}{x}$ 和 $\cos x$ 均为偶函数，且当 $x \to 0^-$ 时，$-x \to 0^+$，故有

$$\lim_{x\to 0^-}\frac{\sin x}{x} = \lim_{x\to 0^-}\frac{\sin(-x)}{-x} = \lim_{(-x)\to 0^+}\frac{\sin(-x)}{-x} = 1,$$

$$\lim_{x\to 0^-}\cos x = \lim_{(-x)\to 0^+}\cos(-x) = 1.$$

因左右极限均存在且相等，故有

$$\lim_{x\to 0}\frac{\sin x}{x} = 1,\quad \lim_{x\to 0}\cos x = 1.$$

在上面的讨论中，同时得到了下列结论：

(1) $|\sin x| < |x|, x \neq 0$；

(2) $\lim\limits_{x\to 0}\sin x = 0$；

(3) $\lim\limits_{x\to 0}\cos x = 1$.

$\lim\limits_{x\to 0}\frac{\sin x}{x} = 1$ 是一个很重要的极限. 由此极限可知

$$当 x \to 0 时，\quad \sin x \sim x,$$

从而有

$$\text{当 } x \to 0 \text{ 时}, \quad \sin ax \sim ax \quad (a \neq 0).$$

事实上,若令 $u = ax$, 显然 $x \to 0 \Leftrightarrow u \to 0$. 于是,有

$$\lim_{x\to 0}\frac{\sin ax}{ax} = \lim_{u\to 0}\frac{\sin u}{u} = 1.$$

又由于 $\lim\limits_{x\to 0}\cos x = 1$, 故有

$$\lim_{x\to 0}\frac{\tan x}{x} = \lim_{x\to 0}\left(\frac{\sin x}{x}\cdot\frac{1}{\cos x}\right) = 1,$$

即

$$\text{当 } x \to 0 \text{ 时}, \quad \tan x \sim x,$$

从而有

$$\text{当 } x \to 0 \text{ 时}, \quad \tan ax \sim ax \quad (a \neq 0).$$

例 25 求极限 $\lim\limits_{x\to 0}\dfrac{\arcsin x}{x}$.

解 令 $t = \arcsin x, x = \sin t, x \to 0$ 时, $t \to 0$. 于是,

$$\lim_{x\to 0}\frac{\arcsin x}{x} = \lim_{t\to 0}\frac{t}{\sin t} = 1,$$

即当 $x \to 0$ 时, $\arcsin x \sim x$. 同理可证,当 $x \to 0$ 时, $\arctan x \sim x$.

上述等价形式还可以进行推广,在自变量的某个变化过程中,若 $\varphi(x) \to 0$, 则 $\sin\varphi(x) \sim \varphi(x)$. 利用变量替换法可以证出此结论成立. 同理可知,在自变量的某个变化过程中,若 $\varphi(x) \to 0$, 则

$$\tan\varphi(x) \sim \varphi(x), \quad \arcsin\varphi(x) \sim \varphi(x), \quad \arctan\varphi(x) \sim \varphi(x).$$

例 26 求下列极限:

(1) $\lim\limits_{x\to 0}\dfrac{\tan 3x}{\sin 2x}$; (2) $\lim\limits_{x\to 0}\dfrac{\arcsin 3x}{\arctan 4x}$.

解 (1) $\lim\limits_{x\to 0}\dfrac{\tan 3x}{\sin 2x} = \lim\limits_{x\to 0}\left(\dfrac{\tan 3x}{3x}\cdot\dfrac{2x}{\sin 2x}\cdot\dfrac{3x}{2x}\right) = \lim\limits_{x\to 0}\dfrac{3x}{2x} = \dfrac{3}{2}$.

(2) $\lim\limits_{x\to 0}\dfrac{\arcsin 3x}{\arcsin 4x} = \lim\limits_{x\to 0}\left(\dfrac{\arcsin 3x}{3x}\cdot\dfrac{4x}{\arctan 4x}\cdot\dfrac{3x}{4x}\right) = \lim\limits_{x\to 0}\dfrac{3x}{4x} = \dfrac{3}{4}$.

上面两个例子说明,求两个无穷小量之比的极限时,可以用它们的等价无穷小之比来代替. 将这一事实叙述如下.

定理 12(无穷小量等价代换定理) 设 $\alpha, \alpha', \beta, \beta'$ 是关于自变量的同一变化趋势下的无穷小量,且 $\alpha \sim \alpha', \beta \sim \beta'$, 极限 $\lim\dfrac{\alpha'}{\beta'}$ 存在,则 $\lim\dfrac{\alpha}{\beta}$ 存在,且有

$$\lim\frac{\alpha}{\beta} = \lim\frac{\alpha'}{\beta'}.$$

证明 $\lim\dfrac{\alpha}{\beta} = \lim\left(\dfrac{\alpha}{\alpha'}\cdot\dfrac{\beta'}{\beta}\cdot\dfrac{\alpha'}{\beta'}\right) = \lim\dfrac{\alpha}{\alpha'}\cdot\lim\dfrac{\beta'}{\beta}\cdot\lim\dfrac{\alpha'}{\beta'} = \lim\dfrac{\alpha'}{\beta'}$.

例 27　求极限 $\lim\limits_{x\to 0}\dfrac{1-\cos x}{\sin x\cdot\tan x}$.

解　由于 $x\to 0$ 时，$1-\cos x=2\sin^2\dfrac{x}{2}\sim\dfrac{x^2}{2}$，所以有

$$\lim_{x\to 0}\frac{1-\cos x}{\sin x\cdot\tan x}=\lim_{x\to 0}\frac{\frac{x^2}{2}}{x\cdot x}=\frac{1}{2}.$$

例 28　求下列极限：

(1) $\lim\limits_{x\to 0}\dfrac{x-2\sin x}{x+\sin x}$；

(2) $\lim\limits_{x\to 0}\dfrac{\sin x-\frac{1}{2}\sin 2x}{\tan x^3}$.

解　(1) $\lim\limits_{x\to 0}\dfrac{x-2\sin x}{x+\sin x}=\lim\limits_{x\to 0}\dfrac{1-2\frac{\sin x}{x}}{1+\frac{\sin x}{x}}=\dfrac{1-2}{1+1}=-\dfrac{1}{2}$.

(2) $\lim\limits_{x\to 0}\dfrac{\sin x-\frac{1}{2}\sin 2x}{\tan x^3}=\lim\limits_{x\to 0}\dfrac{\sin x(1-\cos x)}{x^3}=\lim\limits_{x\to 0}\dfrac{x\cdot\frac{1}{2}x^2}{x^3}=\dfrac{1}{2}$.

注意，必须指出的是，在用等价代换原理求乘除运算的极限时，可以大胆使用，而在求和差运算的极限时，则需务必慎用. 因为此时经代换后，往往会使无穷小量之比(阶数)发生变化，而导致计算错误.

2.5.2　第二重要极限

$$\lim_{x\to\infty}\left(1+\frac{1}{x}\right)^x=\mathrm{e}.$$

在证明此极限之前，先证明如下不等式：

$$[(n+1)a-nb]b^n<a^{n+1},\quad 0<a<b, n\in\mathbf{N}. \tag{2.9}$$

事实上，由 $0<a<b$，有

$$\begin{aligned}b^{n+1}-a^{n+1}&=(b-a)(b^n+ab^{n-1}+\cdots+a^{n-1}b+a^n)\\&<(n+1)(b-a)b^n.\end{aligned}$$

移项即可得不等式(2.9).

下面分三步证明极限 $\lim\limits_{x\to\infty}\left(1+\dfrac{1}{x}\right)^x=\mathrm{e}$.

第一步：设 $x=n$ 为正整数，令 $u_n=\left(1+\dfrac{1}{n}\right)^n$.

在不等式(2.9)中，令

$$a=1+\frac{1}{n+1},\quad b=1+\frac{1}{n},$$

则有

$$(n+1)a-nb=(n+1)\left(1+\frac{1}{n+1}\right)-n\left(1+\frac{1}{n}\right)=1.$$

于是,由不等式(2.9)有

$$\begin{aligned}u_{n+1}&=\left(1+\frac{1}{n+1}\right)^{n+1}=a^{n+1}\\&>[(n+1)a-nb]b^n=\left(1+\frac{1}{n}\right)^n=u_n\quad(n\in\mathbf{N}).\end{aligned}$$

这说明 $\{u_n\}$ 为单调增加数列.

再在不等式(2.9)中令

$$a=1,\quad b=1+\frac{1}{2n},$$

则有

$$(n+1)a-nb=(n+1)-n\left(1+\frac{1}{2n}\right)=\frac{1}{2}.$$

于是由不等式(2.9)有

$$1>\frac{1}{2}\left(1+\frac{1}{2n}\right)^n,$$

由此可得

$$\left(1+\frac{1}{2n}\right)^{2n}<4.$$

于是,由 $\{u_n\}$ 的单调性有

$$0<u_n=\left(1+\frac{1}{n}\right)^n<\left(1+\frac{1}{2n}\right)^{2n}=u_{2n}<4\quad(n\in\mathbf{N}).$$

这说明 $\{u_n\}$ 为有界数列.

综上所述,根据定理 11 可知,$\{u_n\}$ 收敛,以 e 记 $\{u_n\}$ 的极限,即

$$\mathrm{e}=\lim_{n\to+\infty}\left(1+\frac{1}{n}\right)^n,\tag{2.10}$$

可以证明,e 为一无理数,其近似值为

$$\mathrm{e}\approx 2.71828.$$

第二步:证 $x\to+\infty$ 的情形.

令 $n=[x]$ 为不超过 x 的最大整数,则当 $x\geqslant 1$ 时,有

$$\left(1+\frac{1}{n+1}\right)^n\leqslant\left(1+\frac{1}{x}\right)^x\leqslant\left(1+\frac{1}{n}\right)^{n+1},$$

由式(2.10)有

$$\lim_{n\to+\infty}\left(1+\frac{1}{n+1}\right)^{n}=\lim_{n\to+\infty}\frac{\left[1+(n+1)^{-1}\right]^{n+1}}{1+(n+1)^{-1}}=\mathrm{e},$$

$$\lim_{n\to+\infty}\left(1+\frac{1}{n}\right)^{n+1}=\lim_{n\to+\infty}\left(1+\frac{1}{n}\right)^{n}\left(1+\frac{1}{n}\right)=\mathrm{e}.$$

当 $x\to+\infty$ 时，显然有 $n=[x]\to+\infty$. 于是，由夹挤定理有

$$\lim_{x\to+\infty}\left(1+\frac{1}{x}\right)^{x}=\mathrm{e}. \tag{2.11}$$

第三步：证 $x\to-\infty$ 的情形.

令 $y=-(x+1)$，则当 $x\to-\infty$ 时，$y\to+\infty$. 于是有

$$\lim_{x\to-\infty}\left(1+\frac{1}{x}\right)^{x}=\lim_{y\to+\infty}\left(1-\frac{1}{y+1}\right)^{-(y+1)}=\lim_{y\to+\infty}\left(1+\frac{1}{y}\right)^{y+1}=\mathrm{e}. \tag{2.12}$$

于是，由式(2.11)和式(2.12)，得

$$\lim_{x\to\infty}\left(1+\frac{1}{x}\right)^{x}=\mathrm{e}.$$

注意　若令 $u=\frac{1}{x}$，则 $x\to\infty$ 时，$u\to0$，于是

$$\lim_{u\to0}(1+u)^{\frac{1}{u}}=\lim_{x\to\infty}\left(1+\frac{1}{x}\right)^{x}=\mathrm{e},$$

即第二个重要极限的另一种形式为

$$\lim_{x\to0}(1+x)^{\frac{1}{x}}=\mathrm{e}.$$

对比上述两个公式，不难得出下列结论.

一般地，在求解过程中，如果一个极限表现为“$(1+0)^{\infty}$”型，且指数部分和底数中的无穷小量互为倒数，则此极限值为 e，不论在此过程中自变量呈现怎样的变化趋势.

第二个重要极限公式对于解决幂指函数的极限具有重要作用.

例 29　求 $\lim\limits_{x\to\infty}\left(1+\frac{2}{x}\right)^{\frac{x}{2}}$.

解　令 $t=\frac{2}{x}$，则 $x=\frac{2}{t}$，且当 $x\to\infty$ 时，$t\to0$. 于是

$$\lim_{x\to\infty}\left(1+\frac{2}{x}\right)^{\frac{x}{2}}=\lim_{t\to0}(1+t)^{\frac{1}{t}}=\mathrm{e}.$$

例 30　求 $\lim\limits_{x\to0}(1+3x^2)^{\frac{1}{x^2}}$.

解　$\lim\limits_{x\to0}(1+3x^2)^{\frac{1}{x^2}}=\lim\limits_{x\to0}(1+3x^2)^{\frac{1}{3x^2}\times3}=\lim\limits_{x\to0}\left[(1+3x^2)^{\frac{1}{3x^2}}\right]^3=\mathrm{e}^3.$

例 31　求 $\lim\limits_{x\to\frac{\pi}{2}}(1+\cos x)^{1+2\sec x}$.

解　$\lim\limits_{x\to\frac{\pi}{2}}(1+\cos x)^{1+2\sec x}=\lim\limits_{x\to\frac{\pi}{2}}\left[(1+\cos x)\cdot(1+\cos x)^{\frac{1}{\cos x}\times2}\right]=\mathrm{e}^2.$

例 32 求 $\lim\limits_{x\to\infty}\left(\dfrac{2x-3}{2x+1}\right)^{x+1}$.

解 方法一

$$\lim_{x\to\infty}\left(\frac{2x-3}{2x+1}\right)^{x+1}=\lim_{x\to\infty}\left(1-\frac{4}{2x+1}\right)^{x+1}=\lim_{x\to\infty}\left(1-\frac{4}{2x+1}\right)^{-\frac{2x+1}{4}\cdot(-2)+\frac{1}{2}}=e^{-2}.$$

方法二

$$\lim_{x\to\infty}\left(\frac{2x-3}{2x+1}\right)^{x+1}=\lim_{x\to\infty}\left(\frac{1-\dfrac{3}{2x}}{1+\dfrac{1}{2x}}\right)^{x+1}=\lim_{x\to\infty}\frac{\left(1-\dfrac{3}{2x}\right)^{x+1}}{\left(1+\dfrac{1}{2x}\right)^{x+1}}=\frac{\lim\limits_{x\to\infty}\left(1-\dfrac{3}{2x}\right)^{x+1}}{\lim\limits_{x\to\infty}\left(1+\dfrac{1}{2x}\right)^{x+1}}$$

$$=\frac{\lim\limits_{x\to\infty}\left(1-\dfrac{3}{2x}\right)^{-\frac{2x}{3}\cdot\left(-\frac{3}{2}\right)+1}}{\lim\limits_{x\to\infty}\left(1+\dfrac{1}{2x}\right)^{2x\cdot\frac{1}{2}+1}}=\frac{e^{-\frac{3}{2}}}{e^{\frac{1}{2}}}=e^{-2}.$$

例 33（连续复利问题） 设有一笔本金 A_0 存入银行，年利率为 r，则一年年末结算时，其本利和为

$$A_1=A_0+rA_0=A_0(1+r).$$

如果一年分两次计息，每期利率为 $\dfrac{r}{2}$，且前一期的本利和为后一期的本金，则一年年末的本利和为

$$A_2=A_0\left(1+\frac{r}{2}\right)+A_0\left(1+\frac{r}{2}\right)\frac{r}{2}=A_0\left(1+\frac{r}{2}\right)^2.$$

如果一年分 n 期计息，每期利率为 $\dfrac{r}{n}$，且前一期的本利和为后一期的本金，则一年年末的本利和为

$$A_n=A_0\left(1+\frac{r}{n}\right)^n.$$

于是，到 t 年年末共计复利 nt 次，其本利和为

$$A_n(t)=A_0\left(1+\frac{r}{n}\right)^{nt},\tag{2.13}$$

令 $n\to\infty$，则表示利息随时计入本金，因此，t 年年末的本利和为

$$A(t)=\lim_{n\to+\infty}A_n(t)=\lim_{n\to+\infty}A_0\left(1+\frac{r}{n}\right)^{nt}$$

$$=A_0\lim_{n\to+\infty}\left[\left(1+\frac{r}{n}\right)^{\frac{n}{r}}\right]^{rt}=A_0e^{rt}.\tag{2.14}$$

式(2.13)称为 t 年年末本利和的离散复利公式，而式(2.14)称为 t 年年末本利和的连续复利公式. 本金 A_0 称为现在值或现值，t 年年末本利和 $A_n(t)$ 或 $A(t)$ 称为未来值. 已知现在值 A_0，求未来值 $A_n(t)$ 或 $A(t)$，称为复利问题.

已知未来值 $A_n(t)$ 或 $A(t)$，求现在值 A_0，称为贴现问题，这时称利率 r 为贴现率. 由上述讨论可知，若以一年为 1 期贴现，贴现公式为

$$A_0 = A(t)(1+r)^{-t};$$

若一年均分为 n 期贴现，贴现公式为

$$A_0 = A(t)\left(1+\frac{r}{n}\right)^{-nt};$$

若以连续计息贴现，贴现公式为

$$A_0 = A(t)\mathrm{e}^{-rt}.$$

连续复利模型，在人口增长、林木增长、细菌繁殖、放射性元素的衰变等许多实际问题中，都有十分广泛的应用，因此，连续复利模型具有十分重要的意义.

2.6 函数的连续性

在现实世界中，有许多事物的变化都呈现出连续性，如气温的变化、水库水位的变化、压力的变化等. 这种连续性体现在：时间 t 发生很微小的变化时，气温、水位、压力等也只发生很微小的变化. 从数学的角度来描述这种现象就是：对于函数 $y=f(x)$，当自变量 x 的变化微小时，对应的函数值的变化也很微小. 这便是函数连续性的直观解释. 几何上，具有连续性的函数，其图像必是一条连续不断的曲线. 在微积分学中，有很多问题都是在函数具有连续性的前提下进行讨论的. 因此，函数连续性的重要性可见一斑.

2.6.1 连续函数

为了阐述函数的连续性，先引入改变量的概念.

定义 14 设变量 u 从初值 u_0 改变到终值 u_1，则称终值与初值之差 u_1-u_0 为**变量 u 的改变量**(又称**增量**)，记为 $\Delta u = u_1 - u_0$.

例如，函数 $y=f(x)$，当自变量 x 从初值 x_0 变到终值 x_1 时，其改变量为 $\Delta x = x_1 - x_0$，称 **Δx 为自变量的改变量**；相应地，函数 $f(x)$ 从初值 $f(x_0)$ 变到终值 $f(x_1)$，其改变量为 $\Delta y = f(x_1)-f(x_0)$，称 Δy 为**函数的改变量**.

注意 变量的改变量可以是正数，可以是负数，也可以是零.

根据前面的直观描述，用变量的改变量来阐述所谓的“微小变化”，就可以得到如下的定义.

定义 15 设函数 $y=f(x)$ 在某个 $U(x_0)$ 内有定义，如果自变量 x 在 x_0 处的改变量 Δx 趋于零时，函数相应的改变量 $\Delta y = f(x_0+\Delta x)-f(x_0)$ 也趋于零，即

$$\lim_{\Delta x\to 0}\Delta y = \lim_{\Delta x\to 0}[f(x_0+\Delta x)-f(x_0)] = 0, \tag{2.15}$$

则称函数 $y=f(x)$ **在点 x_0 处连续**，并称 x_0 是**函数 $y=f(x)$ 的连续点**.

若令 $x=\Delta x+x_0$，则由式(2.15)可得定义 15 的一个等价定义.

定义 16　设函数 $y=f(x)$ 在某个 $U(x_0)$ 内有定义，若函数 $y=f(x)$ 当 $x\to x_0$ 时的极限存在并且等于它在点 x_0 处的函数值 $f(x_0)$，即

$$\lim_{x\to x_0}f(x)=f(x_0)=f(\lim_{x\to x_0}x),$$

则称**函数 $y=f(x)$ 在点 x_0 处连续**，并称 x_0 **是函数 $y=f(x)$ 的连续点**.

函数 $y=f(x)$ 在点 x_0 处连续，表现在图形上是指，当 $x\to x_0$ 时，曲线 $y=f(x)$ 的动点 $M(x,f(x))$ 无限趋近于该曲线上的定点 $M_0(x_0,f(x_0))$，如图 2.7 所示.

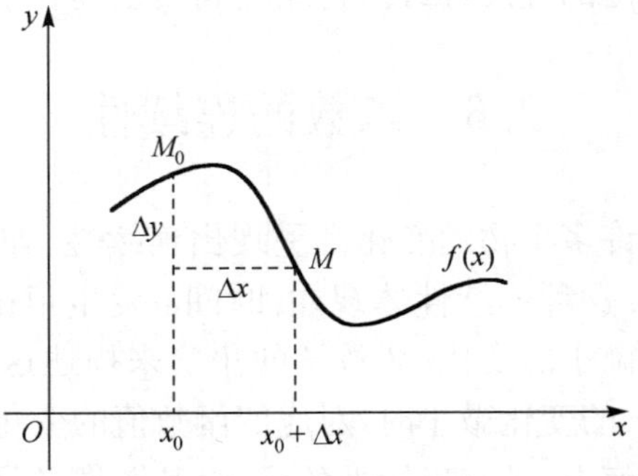

图 2.7

利用单侧极限还可以定义单侧连续的概念.

定义 17　若函数 $y=f(x)$ 在点 x_0 的某左邻域内有定义，且 $\lim_{x\to x_0^-}f(x)=f(x_0)$，则称 $f(x)$ **在点 x_0 左连续**；若 $f(x)$ 在点 x_0 的某右邻域内有定义，且 $\lim_{x\to x_0^+}f(x)=f(x_0)$，则称 $f(x)$ **在点 x_0 右连续**.

显然，函数 $y=f(x)$ 在点 x_0 处连续的充分必要条件是函数 $y=f(x)$ 在点 x_0 处既左连续又右连续.

定义 18　若函数 $y=f(x)$ 在开区间 (a,b) 内每一点都连续，则称 $f(x)$ 在开区间 (a,b) 内连续；若 $f(x)$ 在开区间 (a,b) 内连续，且在左端点 a 处右连续，在右端点 b 处左连续，则称 $f(x)$ **在闭区间 $[a,b]$ 上连续**.

在区间 (a,b) 内(或 $[a,b]$ 上)连续的函数，其图形是一条连续不断的曲线.

例 34　证明函数 $y=\sin x$ 在 $(-\infty,+\infty)$ 内连续.

证明　设 x_0 为 $(-\infty,+\infty)$ 内的任意一点，Δx 为 x 在 x_0 处的改变量，则函数 $y=\sin x$ 的相应改变量为

$$\Delta y=\sin(x_0+\Delta x)-\sin x_0=2\sin\frac{\Delta x}{2}\cdot\cos\left(x_0+\frac{\Delta x}{2}\right).$$

由 $\cos\left(x_0+\dfrac{\Delta x}{2}\right)\leqslant 1$ 可知，$\cos\left(x_0+\dfrac{\Delta x}{2}\right)$ 为有界变量，而当 $\Delta x\to 0$ 时，$\sin\dfrac{\Delta x}{2}$ 又为无穷小量.

因此，当 $\Delta x\to 0$ 时，Δy 也是无穷小量，即

$$\lim_{\Delta x\to 0}\Delta y=\lim_{\Delta x\to 0}2\sin\frac{\Delta x}{2}\cdot\cos\left(x_0+\frac{\Delta x}{2}\right)=0.$$

于是，函数 $y=\sin x$ 在点 x_0 处连续. 由 x_0 的任意性可知，函数 $y=\sin x$ 在 $(-\infty,+\infty)$ 内连续. 同理可证，函数 $y=\cos x$ 在 $(-\infty,+\infty)$ 内也连续.

例 35　试讨论函数

$$f(x)=\begin{cases}x^2, & x\leqslant 1,\\ x+1, & x>1\end{cases}$$

在 $x=1$ 处的连续性.

解　在 $x=1$ 处有

$$f(1)=1^2=1,$$

$$\lim_{x\to 1^-}f(x)=\lim_{x\to 1^-}x^2=1=f(1),$$

$$\lim_{x\to 1^+}f(x)=\lim_{x\to 1^+}(x+1)=2\neq f(1),$$

由此可知，函数 $f(x)$ 在 $x=1$ 不连续. 如图 2.8 所示.

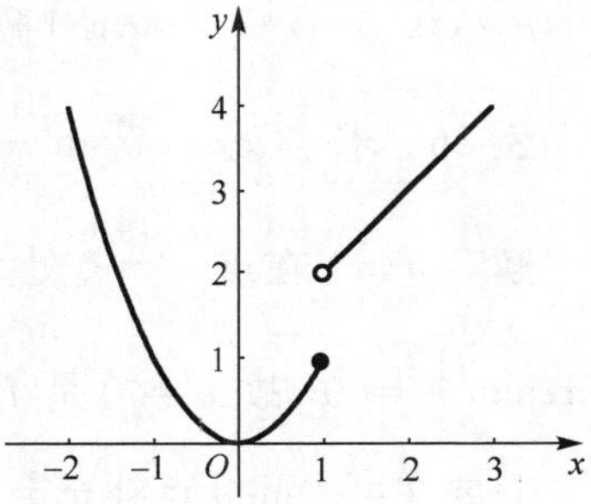

图 2.8

2.6.2　间断点及其分类

由函数连续性的定义可知，函数 $f(x)$ 在点 x_0 处连续必须满足三个条件：① $f(x)$ 在点 x_0 处有定义；② $\lim\limits_{x\to x_0}f(x)$ 存在；③ $\lim\limits_{x\to x_0}f(x)=f(x_0)$. 如果三个条件中至少有一个不满足，则 $f(x)$ 在点 x_0 处不连续.

一般地，如果函数 $f(x)$ 在某点 x_0 处不满足上述三个条件中的任何一个，就称 x_0 为 $f(x)$ 的**间断点**.

根据成因的不同，函数的间断点可进行如下分类.

定义 19　(1)若点 x_0 是 $f(x)$ 的间断点，且左、右极限 $\lim\limits_{x\to x_0^-}f(x)$，$\lim\limits_{x\to x_0^+}f(x)$ 皆存在，则称**点 x_0 为 $f(x)$ 的第一类间断点**.

当点 x_0 为 $f(x)$ 的第一类间断点且 $\lim\limits_{x\to x_0^-}f(x)=\lim\limits_{x\to x_0^+}f(x)$（即此时 $f(x)$ 在 x_0 点没有定义或者有定义但 $\lim\limits_{x\to x_0}f(x)\neq f(x_0)$），则称**点 x_0 为 $f(x)$ 的可去间断点**；

若点 x_0 为 $f(x)$ 的第一类间断点且 $\lim\limits_{x\to x_0^-}f(x)\neq\lim\limits_{x\to x_0^+}f(x)$，则称**点 x_0 为 $f(x)$ 的跳跃间断点**.

(2)若点 x_0 是 $f(x)$ 的间断点，且左、右极限 $\lim\limits_{x\to x_0^-}f(x)$，$\lim\limits_{x\to x_0^+}f(x)$ 至少有一个不存在，则称**点 x_0 为 $f(x)$ 的第二类间断点**.

当点 x_0 为 $f(x)$ 的第二类间断点时，若 $f(x)$ 在点 x_0 处的左、右极限中至少有一个是 ∞，则称**点 x_0 为 $f(x)$ 的无穷间断点**；若 $f(x)$ 在点 x_0 的任意邻域内振荡，且 $\lim\limits_{x\to x_0}f(x)$ 不存在，则称**点 x_0 为 $f(x)$ 的振荡间断点**.

间断点的分类如下

$$\text{间断点}\begin{cases}\underset{(f(x_0-0)\text{和}f(x_0+0)\text{均存在})}{\text{第一类间断点}}\begin{cases}\text{跳跃间断点}:f(x_0-0)\neq f(x_0+0),\\ \text{可去间断点}:f(x_0-0)=f(x_0+0),\end{cases}\\ \underset{(f(x_0-0)\text{和}f(x_0+0)\text{至少一个不存在})}{\text{第二类间断点}}\begin{cases}\text{无穷间断点}:f(x_0-0)\text{ 和 }f(x_0+0)\text{ 至少一个是 }\infty,\\ \text{振荡间断点}:f(x)\text{ 在 }U(x_0)\text{ 振荡发散}.\end{cases}\end{cases}$$

例 36　求 $f(x)=x\sin\dfrac{1}{x}$ 的间断点，并确定其类型.

解　$f(x)$ 在点 $x=0$ 处无定义，故 $x=0$ 是 $f(x)=x\sin\dfrac{1}{x}$ 的间断点. 又 $\lim\limits_{x\to 0}x\sin\dfrac{1}{x}=0$，故 $x=0$ 是 $f(x)=x\sin\dfrac{1}{x}$ 的可去间断点.

只要在可去间断点补充定义 $f(x_0)$ 或重新定义 $f(x_0)$，令 $\lim\limits_{x\to x_0}f(x)=f(x_0)$，则函数 $f(x)$ 将在 x_0 处消去间断，化为连续，故称为**可去间断点**.

如本例中在 $x=0$ 处补充定义 $f(0)=0$，则可消去间断.

例 37　判断 $f(x)=\begin{cases}x^3-1, & x\leqslant 0,\\ \mathrm{e}^x, & x>0\end{cases}$ 在 $x=0$ 处的连续性.

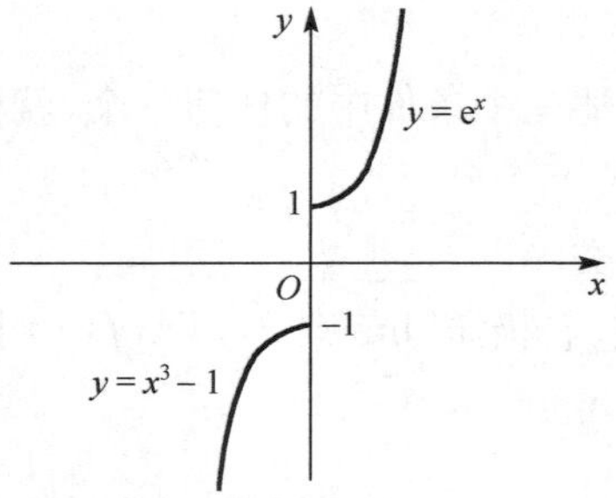

图 2.9

解

$$f(0)=-1,$$
$$\lim_{x\to 0^-}f(x)=\lim_{x\to 0^-}(x^3-1)=-1,$$
$$\lim_{x\to 0^+}f(x)=\lim_{x\to 0^+}\mathrm{e}^x=1,$$

$\lim\limits_{x\to 0}f(x)$不存在，故 $x=0$ 是间断点.

又因 $\lim\limits_{x\to 0^-}f(x)$ 和 $\lim\limits_{x\to 0^+}f(x)$ 都存在且不等，故 $x=0$ 是跳跃间断点. 如图 2.9 所示.

例 38　求函数 $f(x)=e^{-\frac{1}{x}}$ 的间断点,并确定其类型.

解　因为当 $x=0$ 时,函数 $f(x)$ 无意义,所以 $x=0$ 是 $f(x)$ 的间断点.

由于

$$\lim_{x\to 0^-} e^{-\frac{1}{x}}=+\infty,$$

故 $x=0$ 是无穷间断点.

例 39　求函数 $f(x)=\sin\dfrac{1}{x}$ 的间断点并确定其类型.

解　$f(x)=\sin\dfrac{1}{x}$ 在 $x=0$ 处无定义,故 $x=0$ 是间断点.

又因 $x\to 0$ 时, $f(x)=\sin\dfrac{1}{x}$ 是振荡的,不存在极限. 故 $x=0$ 是振荡间断点. 如图 2.10 所示.

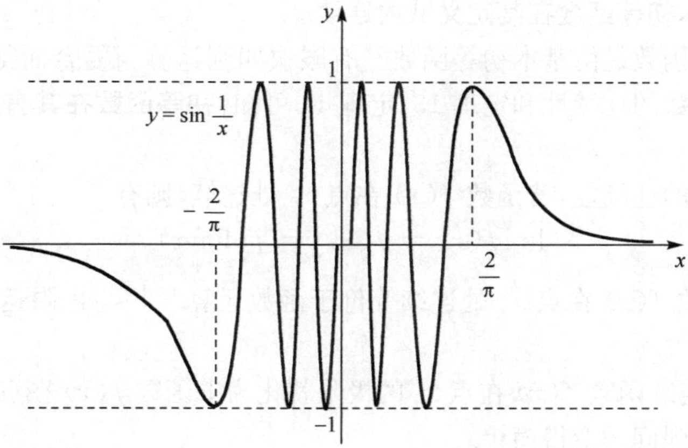

图 2.10

2.6.3　连续函数的性质

1. 连续函数的四则运算

根据极限的四则运算法则,立即得到连续函数的四则运算法则.

定理 13（连续函数的四则运算法则）　设 $f(x)$ 与 $g(x)$ 在点 x_0（或区间 D 上)连续,则

(1) $f(x)\pm g(x)$ 在点 x_0（或区间 D 上)连续;

(2) $f(x)g(x)$ 在点 x_0（或区间 D 上)连续;

(3)当 $g(x_0)\neq 0$（或 $g(x)\neq 0, x\in D$)时, $f(x)/g(x)$ 在点 x_0（或区间 D 上)连续.

由复合函数极限的性质可以得到复合函数的连续性:

定理 14（复合函数的连续性） 设函数 $y=f(u)$ 在点 u_0 连续，$u=\varphi(x)$ 在点 x_0 连续，且 $\varphi(x_0)=u_0$，则复合函数 $y=f[\varphi(x)]$ 在点 x_0 连续，即有

$$\lim_{x\to x_0} f[\varphi(x)]=f[\varphi(x_0)]=f[\lim_{x\to x_0}\varphi(x)].$$

定理同时表明，函数 $f(x)$ 在点 x_0 连续时，函数符号“ f ”和极限符号“ lim ”可以交换.

定理 15（反函数的连续性） 设函数 $y=f(x)$ 在区间 $[a,b]$ 上单调、连续，且 $f(a)=\alpha, f(b)=\beta$，则其反函数 $y=f^{-1}(x)$ 在区间 $[\alpha,\beta]$ 或 $[\beta,\alpha]$ 上单调、连续.

由定义直接可以证明常函数 $y=C$（C 为常数）处处连续；由复合函数和反函数连续定理可直接证明指数函数 a^x（ $a>0$ 且 $a\neq 1$）的连续性、对数函数的连续性、幂函数的连续性；由三角函数的连续性和反函数的连续性可知反三角函数的连续性.

总之，**基本初等函数在其定义域内连续.**

由于初等函数是由基本初等函数经有限次四则运算与复合而得到的函数，故由基本初等函数的连续性和定理 13、定理 14 可知：**初等函数在其有定义的区间内连续.**

根据函数的连续性，若函数 $f(x)$ 在点 x_0 处连续，则有

$$\lim_{x\to x_0} f(x)=f(x_0)=f(\lim_{x\to x_0}x).$$

上式表明：函数 $f(x)$ 在点 x_0 处连续等价于函数运算“ f ”与极限运算“ lim ”可以交换次序.

于是，求连续函数 $f(x)$ 在点 x_0 的极限就化为求函数 $f(x)$ 在点 x_0 的函数值. 这使得很多极限问题变得简单.

例 40 求下列极限：

(1) $\lim\limits_{x\to 0}\dfrac{\ln(1+x)}{x}$；

(2) $\lim\limits_{x\to 0}\dfrac{a^x-1}{x}(a>0, a\neq 1)$；

(3) $\lim\limits_{x\to 0}\dfrac{(1+x)^\alpha-1}{x}$（ α 为常数）.

解 (1)由对数连续性有

$$\lim_{x\to 0}\frac{\ln(1+x)}{x}=\lim_{x\to 0}\ln(1+x)^{\frac{1}{x}}=\ln\lim_{x\to 0}(1+x)^{\frac{1}{x}}=\ln e=1.$$

(2)令 $u=a^x-1, x=\log_a(u+1)=\dfrac{\ln(u+1)}{\ln a}, x\to 0$ 时，$u\to 0$. 由(1)有

$$\lim_{x\to 0}\frac{a^x-1}{x}=\lim_{u\to 0}\frac{u\ln a}{\ln(u+1)}=\ln a.$$

(3)由(1)和(2)可知

$$\lim_{x\to 0}\frac{(1+x)^{\alpha}-1}{x}=\lim_{x\to 0}\frac{e^{\alpha\ln(1+x)}-1}{x}=\lim_{x\to 0}\left[\frac{\alpha\ln(1+x)}{x}\cdot\frac{e^{\alpha\ln(1+x)}-1}{\alpha\ln(1+x)}\right]$$
$$=\alpha\cdot\ln e=\alpha.$$

由此例,得到:当 $x\to 0$ 时, $\ln(1+x)\sim x$; $a^{x}-1\sim x\ln a(a>0$ 且 $a\neq 1)$,特别地, $e^{x}-1\sim x$; $(1+x)^{\alpha}-1\sim\alpha x$;

同样地,上述结论将 x 换成 $\varphi(x)$ ($\varphi(x)\to 0$)依然成立.

至此,得到了下面这些比较常用的等价无穷小量.

$x\to 0$ 时,

$$\sin x\sim x;\quad \tan x\sim x;\quad \arcsin x\sim x;$$
$$\arctan x\sim x;\quad 1-\cos x\sim\frac{1}{2}x^{2};\quad \ln(1+x)\sim x;$$
$$a^{x}-1\sim x\ln a;\quad e^{x}-1\sim x;\quad (1+x)^{\alpha}-1\sim\alpha x.$$

对幂指函数的极限,有如下结论.

定理 16 设 $\lim f(x)=A(A>0)$, $\lim g(x)=B$, 则有

$$\lim f(x)^{g(x)}=[\lim f(x)]^{\lim g(x)}=A^{B}.$$

证明 因 $f(x)^{g(x)}=e^{g(x)\ln f(x)}$, 由指数函数的连续性,故有

$$\lim f(x)^{g(x)}=\lim e^{g(x)\ln f(x)}=e^{\lim[g(x)\ln f(x)]}$$
$$=e^{\lim g(x)\cdot\lim\ln f(x)}=e^{\lim g(x)\cdot\ln\lim f(x)}$$
$$=[\lim f(x)]^{\lim g(x)}=A^{B}.$$

例 41 求 $\lim\limits_{x\to 0}(1+2x)^{x+\frac{1}{x}}$.

解 $\lim\limits_{x\to 0}(1+2x)^{x+\frac{1}{x}}=\lim\limits_{x\to 0}(1+2x)^{\frac{1}{2x}(2x^{2}+2)}=\lim\limits_{x\to 0}\left[(1+2x)^{\frac{1}{2x}}\right]^{2x^{2}+2}$

$$=\left[\lim_{x\to 0}(1+2x)^{\frac{1}{2x}}\right]^{\lim\limits_{x\to 0}(2x^{2}+2)}=e^{2}.$$

分段函数是非初等函数,但是在各分段区间内,函数的表达式都是初等函数,因此可以利用初等函数的连续性,分段说明各分段区间内函数的连续性,然后按连续性定义,讨论函数在各分段点处的连续性,最后得出函数的连续区间.

例 42 讨论函数 $f(x)=\begin{cases}x^{2}-1, & x\leqslant 0,\\ \dfrac{1}{x-1}, & 0<x<2, x\neq 1,\\ x+1, & x\geqslant 2\end{cases}$ 的连续性.

解 由初等函数的连续性可知, $f(x)$ 在区间 $(-\infty,0)$, $(0,1)$, $(1,2)$, $(2,+\infty)$ 内连续.

对于点 $x=0$,

$$\lim_{x\to 0^-} f(x) = \lim_{x\to 0^-}(x^2-1) = -1 = f(0),$$

$$\lim_{x\to 0^+} f(x) = \lim_{x\to 0^+} \frac{1}{x-1} = -1 = f(0),$$

所以 $f(x)$ 在点 $x=0$ 处既左连续又右连续，从而在 $x=0$ 连续；

对于点 $x=1$，$\lim\limits_{x\to 1} f(x) = \lim\limits_{x\to 1} \dfrac{1}{x-1} = \infty$，所以 $f(x)$ 在点 $x=1$ 处间断；

对于点 $x=2$，

$$\lim_{x\to 2^-} f(x) = \lim_{x\to 2^-} \frac{1}{x-1} = 1 \neq f(2),$$

$$\lim_{x\to 2^+} f(x) = \lim_{x\to 2^+}(x+1) = 3 = f(2),$$

所以 $f(x)$ 在点 $x=2$ 处间断.

综上所述，$(-\infty,1)$，$(1,2)$，$(2,+\infty)$ 是函数 $f(x)$ 的连续区间，$x=1$ 和 $x=2$ 是间断点.

例 43 确定常数 a 与 b 的关系，使函数 $f(x)=\begin{cases} a+bx^2, & x\leqslant 0, \\ \dfrac{\sin bx}{x}, & x>0 \end{cases}$ 在 $(-\infty,+\infty)$ 连续.

解 在 $(-\infty,0)$ 内，$f(x)=a+bx^2$ 连续；在 $(0,+\infty)$ 内，$f(x)=\dfrac{\sin bx}{x}$ 连续. 要使函数 $f(x)$ 连续，只需 $f(x)$ 在分段点 $x=0$ 处连续.

$$f(0)=a,$$

$$\lim_{x\to 0^-} f(x) = \lim_{x\to 0^-}(a+bx^2) = a = f(0),$$

$$\lim_{x\to 0^+} f(x) = \lim_{x\to 0^+} \frac{\sin bx}{x} = \lim_{x\to 0^+} \frac{bx}{x} = b.$$

若 $f(x)$ 在分段点 $x=0$ 处连续，则有

$$\lim_{x\to 0^-} f(x) = \lim_{x\to 0^+} f(x) = f(0),$$

即

$$a=b.$$

2.6.4 闭区间上连续函数的性质

闭区间上的连续函数有几个理想的性质，它们的几何意义都十分明显，故此处不作证明.

定义 20 设函数 $f(x)$ 在区间 D 上有定义. 若存在 $x_0\in D$，使对 D 内的一切 x，恒有

$$f(x)\leqslant f(x_0) \quad 或 \quad f(x)\geqslant f(x_0),$$

则称 $f(x_0)$ 是 $f(x)$ 在 D 上的**最大值**或**最小值**，x_0 称为**最大值点**或**最小值点**. 最大值与最小值统称为**最值**.

定理 17（最值定理）　设函数 $f(x)$ 在闭区间 $[a,b]$ 上连续，则 $f(x)$ 在 $[a,b]$ 上一定有最大值 M 与最小值 m，即至少存在 $x_1,x_2\in[a,b]$，使得对一切 $x\in[a,b]$，均有

$$m=f(x_1)\leqslant f(x)\leqslant f(x_2)=M.$$

如图 2.11 所示.

注意　定理的条件如果不满足，则最大值与最小值就不一定存在了. 例如，$y=x^2$ 在开区间 $(0,1)$ 内就不存在最小值和最大值；$y=\frac{1}{x}$ 在 $[-1,1]$ 上不连续，也不存在最小值和最大值.

推论 9　闭区间上的连续函数必有界.

定理 18（介值定理）　设函数 $f(x)$ 在闭区间 $[a,b]$ 上连续，m 与 M 分别为 $f(x)$ 在 $[a,b]$ 上的最小值与最大值，则对任意介于 m 与 M 之间的实数 C，至少存在一点 $\xi\in(a,b)$，使得

$$f(\xi)=C.$$

定理 18 的几何意义是：在 $[a,b]$ 上的连续曲线 $y=f(x)$ 与水平直线 $y=C$（C 介于 m 与 M 之间）至少相交于一点. 如图 2.12 所示.

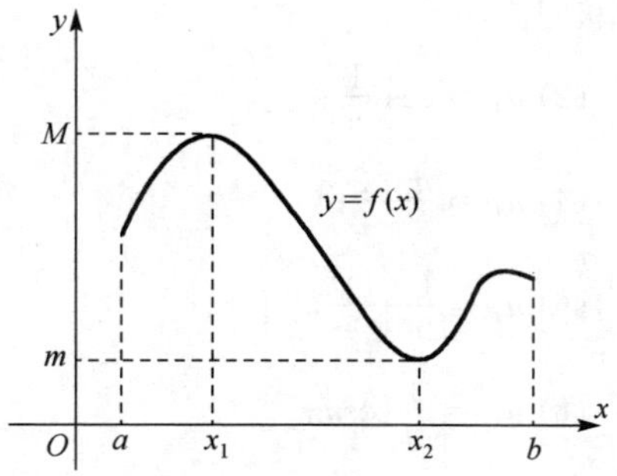

图 2.11

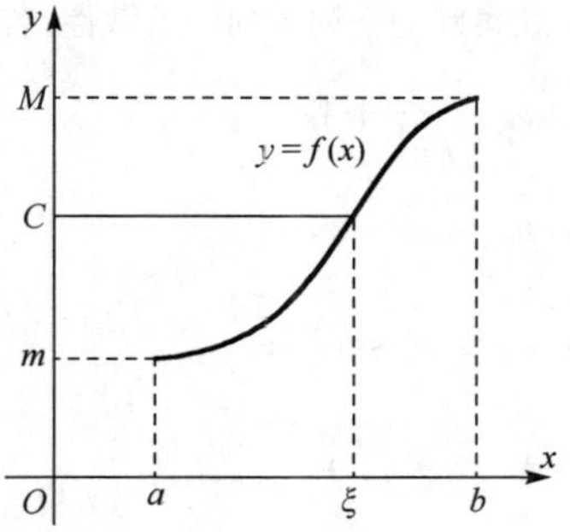

图 2.12

定理 19（零点定理）　设函数 $f(x)$ 在闭区间 $[a,b]$ 上连续，且 $f(a)f(b)<0$，则至少存在一点 $\xi\in(a,b)$，使得

$$f(\xi)=0.$$

该定理的结论说明了方程 $f(x)=0$ 在 (a,b) 内至少有一个实根.

零点定理常用于证明方程实根的存在性. 从几何图形上看，此时曲线 $y=f(x)$ 与 x 轴至少有一个交点. 如图 2.13 所示.

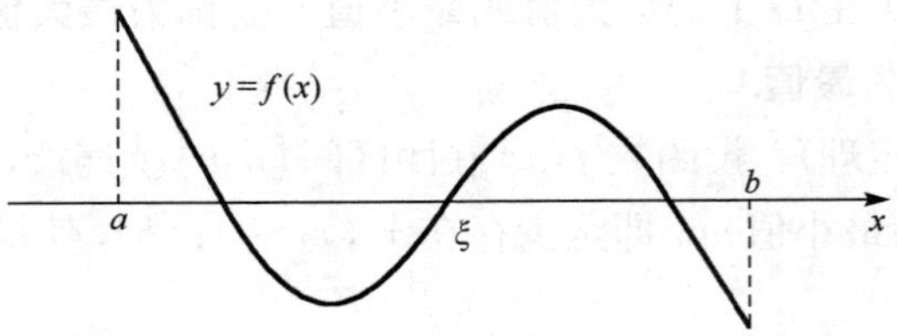

图 2.13

例 44 证明方程 $x^2\cos x-\sin x=0$ 在开区间 $\left(\pi,\frac{3\pi}{2}\right)$ 内至少有一个实根.

证明 令 $f(x)=x^2\cos x-\sin x$，则函数 $f(x)$ 在闭区间 $\left[\pi,\frac{3\pi}{2}\right]$ 上连续，又

$$f(\pi)=-\pi^2<0,\quad f\left(\frac{3\pi}{2}\right)=1>0.$$

根据零点定理，在开区间 $\left(\pi,\frac{3\pi}{2}\right)$ 内至少有一点 ξ，使得 $f(\xi)=0$，即方程 $x^2\cos x-\sin x=0$ 在 $\left(\pi,\frac{3\pi}{2}\right)$ 内至少有一个实根 ξ.

习 题 2

1. 观察判别下列数列的敛散性；若收敛，求其极限值：

(1) $u_n=\frac{1}{2^n}+1$；　　(2) $u_n=\cos\frac{1}{n}$；

(3) $u_n=n^2-n$；　　(4) $u_n=\frac{n-2}{n+2}$；

(5) $u_n=\frac{1}{n}\sin\frac{x}{n}$；　　(6) $u_n=\frac{(-1)^n}{n+1}$；

(7) $u_n=3^{(-1)^n}$；　　(8) $u_n=\frac{1}{n}\cos n\pi$.

* 2. 利用数列极限的分析定义证明下列极限：

(1) $\lim\limits_{n\to+\infty}\frac{1}{\sqrt{n+2}}=0$；　　(2) $\lim\limits_{n\to+\infty}\frac{1}{3n}=0$；

(3) $\lim\limits_{n\to+\infty}\frac{2n+1}{3n}=\frac{2}{3}$；　　(4) $\lim\limits_{n\to+\infty}\frac{2^n-1}{2^n}=1$.

3. 求下列数列的极限：

(1) $\lim\limits_{n\to+\infty}\frac{n+1}{3n-2}$；　　(2) $\lim\limits_{n\to+\infty}\frac{3n-1}{\sqrt{n^2+4}}$；

(3) $\lim\limits_{n\to+\infty}\frac{\sqrt{2n+1}-\sqrt{2n}}{\sqrt{3n+1}-\sqrt{3n}}$；　　(4) $\lim\limits_{n\to+\infty}\frac{1+2+\cdots+n}{n^2}$；

(5) $\lim\limits_{n\to+\infty}\left(1-\dfrac{1}{2^2}\right)\left(1-\dfrac{1}{3^2}\right)\cdots\left(1-\dfrac{1}{n^2}\right)$；　(6) $\lim\limits_{n\to+\infty}\dfrac{1+\dfrac{1}{2}+\cdots+\dfrac{1}{2^n}}{1+\dfrac{1}{3}+\cdots+\dfrac{1}{3^n}}$；

(7) $\lim\limits_{n\to+\infty}(\cos\sqrt{n}-\cos\sqrt{n-1})$；　(8) $\lim\limits_{n\to+\infty}(1+2^n+3^n+4^n)^{\frac{1}{n}}$；

(9) $\lim\limits_{n\to+\infty}\left(\dfrac{1}{1\cdot 2}+\dfrac{1}{2\cdot 3}+\cdots+\dfrac{1}{n\cdot(n+1)}\right)$；　(10) $\lim\limits_{n\to+\infty}\dfrac{6^n+(-1)^n}{6^{n+1}+(-1)^{n+1}}$.

*4. 判断下列结论是否正确，为什么？

(1)若 n 越大，$|u_n-A|$ 越小，则 $\lim\limits_{n\to+\infty}u_n=A$；

(2)若 n 越大，$|u_n-A|$ 越接近于零，则 $\lim\limits_{n\to+\infty}u_n=A$；

(3)若对 $\forall\varepsilon>0$，有无穷多个 u_n 满足 $|u_n-A|<\varepsilon$，则 $\lim\limits_{n\to+\infty}u_n=A$；

(4)若对 $\forall\varepsilon>0$，$\{u_n\}$ 中仅有有限个 u_n 不满足 $|u_n-A|<\varepsilon$，则 $\lim\limits_{n\to+\infty}u_n=A$；

(5)若 $\{u_n\}$ 收敛，则 $\lim\limits_{n\to+\infty}u_{n+1}=\lim\limits_{n\to+\infty}u_{n-1}$；

(6)有界数列 $\{u_n\}$ 必收敛；

(7)无界数列 $\{u_n\}$ 必发散；

(8)发散数列 $\{u_n\}$ 必无界.

*5. 利用函数极限的分析定义证明下列极限：

(1) $\lim\limits_{x\to2}(3x+1)=7$；　(2) $\lim\limits_{x\to\infty}\dfrac{1}{x}\sin\dfrac{1}{x}=0$；

(3) $\lim\limits_{x\to-\infty}3^x=0$；　(4) $\lim\limits_{x\to1^+}\sqrt{x-1}=0$.

6. 下列函数什么过程中是无穷小量，什么过程中是无穷大量？

(1) $y=\ln(1-x)$；　(2) $y=x\sin\dfrac{1}{x}$；

(3) $y=\dfrac{1}{\sqrt{x-3}}$；　(4) $y=\tan\dfrac{x}{2}$；

(5) $y=\mathrm{e}^{\frac{1}{1-x}}$；　(6) $y=\dfrac{x^2-2}{x-1}$.

7. 求下列函数的极限：

(1) $\lim\limits_{x\to-1}\dfrac{x^2-3x-4}{x+1}$；　(2) $\lim\limits_{x\to\infty}\dfrac{2x-3}{\sqrt{x^2+x+3}}$；

(3) $\lim\limits_{x\to\infty}\dfrac{(x-1)^2(1-4x)^{10}}{(2x+1)^{12}}$；　(4) $\lim\limits_{x\to-\infty}(x^2+x\sqrt{x^2+2})$；

(5) $\lim\limits_{x\to\infty}(x+\sqrt[3]{1-x^3})$；　(6) $\lim\limits_{x\to\infty}\dfrac{\sin x}{x}$；

(7) $\lim\limits_{x\to+\infty}(\sqrt{a^x+1}-\sqrt{a^x})$ ($a>0$ 且 $a\neq1$).

8. 求下列各题中的常数 a 和 b：

(1) $\lim\limits_{x\to\infty}\left(\dfrac{x^2+1}{x+1}-ax-b\right)=0$；　(2) $\lim\limits_{x\to1}\dfrac{\sqrt{x+a}+b}{x^2-1}=1$；

(3) $\lim\limits_{x\to+\infty}(\sqrt{x^2-x+1}-ax-b)=0$.

9. 求下列函数极限：

(1) $\lim\limits_{x\to 0}\dfrac{\sin 3x}{\arcsin 3x}$；

(2) $\lim\limits_{x\to 0}\dfrac{\tan 3x}{\sin 2x}$；

(3) $\lim\limits_{x\to\infty} x\sin\dfrac{1}{x}$；

(4) $\lim\limits_{x\to 0}\dfrac{\sin\arctan x^2}{\tan\arcsin x^3}$；

(5) $\lim\limits_{x\to 0}\dfrac{x^2\tan^2 x}{1-\cos x^2}$；

(6) $\lim\limits_{x\to 0}x\cot 2x$；

(7) $\lim\limits_{x\to 0}\dfrac{\sqrt{1+\tan x}-\sqrt{1+\sin x}}{x^3}$；

(8) $\lim\limits_{x\to 0}\dfrac{\tan 2x-\sin x}{\sin x-3x}$；

(9) $\lim\limits_{x\to 0}\dfrac{\tan 3x-\sin x}{x}$；

(10) $\lim\limits_{x\to a}\dfrac{\sin x-\sin a}{x-a}$.

10. 求下列函数极限：

(1) $\lim\limits_{x\to 0}(1-3x)^{\frac{1}{x}}$；

(2) $\lim\limits_{x\to\frac{\pi}{2}}(1+\cos x)^{2\sec x}$；

(3) $\lim\limits_{x\to\infty}\left(\dfrac{x^2}{x^2-1}\right)^x$；

(4) $\lim\limits_{x\to 0^+}\sqrt[3x]{1+2x}$；

(5) $\lim\limits_{x\to\infty}\left(\dfrac{x-1}{x+1}\right)^x$；

(6) $\lim\limits_{x\to 1}x^{\frac{1}{1-x}}$.

11. 求下列函数极限：

(1) $\lim\limits_{x\to 0}\dfrac{\tan x\cdot\arcsin x}{e^{3x^2}-1}$；

(2) $\lim\limits_{x\to 0}\dfrac{1-e^{\sin 3x}}{2x}$；

(3) $\lim\limits_{x\to 0^+}(1+2\tan x)^{\csc x}$；

(4) $\lim\limits_{x\to\frac{\pi}{6}}\dfrac{1-2\sin x}{\sin\left(x-\dfrac{\pi}{6}\right)}$；

(5) $\lim\limits_{x\to 0}(x+e^x)^{\frac{1}{x}}$；

(6) $\lim\limits_{x\to 0}\dfrac{\ln\sqrt{1+3x}}{2x}$；

(7) $\lim\limits_{x\to-\infty}\dfrac{\ln(1+4^x)}{\ln(1+3^x)}$；

(8) $\lim\limits_{x\to 0}\dfrac{\sqrt{1-x^3}-1}{x^2\ln(1-x)}$.

12. 证明：$\lim\limits_{n\to+\infty}\left[\dfrac{1}{n^2}+\dfrac{1}{n^2+1}+\cdots+\dfrac{1}{n^2+n}\right]=0$.

13. 求下列函数的间断点，并判断类型：

(1) $f(x)=\dfrac{x}{(1+x)^2}$；

(2) $f(x)=\dfrac{x}{\sin x}$；

(3) $f(x)=\begin{cases}x-1, & x\leqslant 1,\\ x^2, & x>1;\end{cases}$

(4) $f(x)=\begin{cases}x^2-1, & x\leqslant 0,\\ \dfrac{1}{x-1}, & 0<x<1,\\ x+1, & x\geqslant 1.\end{cases}$

14. 讨论下列函数的连续性：

(1) $f(x)=\begin{cases}\dfrac{\sin 3x}{x}, & x<0,\\ 2x+3, & x\geqslant 0;\end{cases}$

(2) $f(x)=\dfrac{\ln(1-x^2)}{x(1-2x)}$;

(3) $f(x)=\begin{cases} e^{\frac{1}{x}}, & x<0, \\ 0, & x=0, \\ \dfrac{\ln(1+x^2)}{x}, & x>0. \end{cases}$

15. 确定常数 a,b 使下面的函数连续：

$$f(x)=\begin{cases} \dfrac{\ln(1-3x)}{ax}, & x<0, \\ 2, & x=0, \\ \dfrac{\sin bx}{x}, & x>0. \end{cases}$$

16. 试证方程 $x^5-2x^2+x+1=0$ 在区间 $(-1,1)$ 内至少有一个实根.

17. 试证方程 $4x=2^x$ 在区间 $\left(0,\dfrac{1}{2}\right)$ 内至少有一个实根.

选做题 2

1. 证明：若 $a_1=\sqrt{2}, a_{n+1}=\sqrt{2a_n}, n=1,2,\cdots$，则数列 $\{a_n\}$ 收敛，并求其极限.

2. 求极限 $\lim\limits_{n\to\infty}\left(\dfrac{1}{2}+\dfrac{3}{2^2}+\cdots+\dfrac{2n-1}{2^n}\right)$.

3. 证明：$\lim\limits_{x\to+\infty}(\sqrt{x^2+x}-x)=\dfrac{1}{2}$.

4. 讨论函数 $f(x)=\lim\limits_{n\to+\infty}\dfrac{1+x}{1+x^{2n}}$ 的连续性，若有间断点，判别其类型.

5. 设 $f(x)=\lim\limits_{n\to+\infty}\dfrac{\ln(e^n+x^n)}{n+1}\ (x>0)$，讨论 $f(x)$ 的连续性.

6. 设函数 $f(x)=\begin{cases} 2\cos\dfrac{\pi x}{2}, & |x|\leqslant 1, \\ |x-1|, & |x|>1. \end{cases}$ 求函数 $f(x)$ 的连续区间和间断点，并对间断点分类.

7. 设函数 $f(x)$ 在 $(-\infty,+\infty)$ 上连续，且 $\lim\limits_{x\to+\infty}\dfrac{f(x)}{x}=\lim\limits_{x\to-\infty}\dfrac{f(x)}{x}=0$，证明：至少存在一个 $\xi\in(-\infty,+\infty)$，使得 $f(\xi)+\xi=0$.

8. 证明：曲线 $y=\sin x$ 与直线 $y=\dfrac{x}{3}+h$ 至少有一个交点.

第 3 章　导数与微分

微积分学主要由微分学和积分学两部分组成. 微分学又包括一元函数微分学和多元函数微分学两个部分. 本章将要讨论的导数与微分是一元函数微分学的两个最基本的概念. 其中,导数刻画函数的因变量随自变量变化快慢程度,即变化率;微分反映在自变量有微小变化时,因变量的改变量大体是多少.

本章中,主要讨论导数与微分的概念以及它们的计算方法.

3.1　导数概念

与数学中其他概念一样,导数的概念也来源于解决实际问题的需要. 为了说明导数的概念,先来讨论两个引例:速度问题与切线问题. 这两个问题都与导数概念形成有密切关系.

3.1.1　引例

引例 1　变速直线运动的速度.

设一个质点做变速直线运动,它所通过的路程 s 是时间 t 的函数. 如果路程函数为 $s = s(t)$, 求该质点在时刻 t_0 时的速度 $v(t_0)$.

若质点做匀速直线运动,速度为路程与时间之比,即

$$\text{匀速时的速度 } v = \frac{\text{路程 } s}{\text{时间 } t},$$

此速度即为该质点在任何时刻的瞬时速度.

对于上述变速直线运动,设从时刻 t_0 到时刻 $t_0 + \Delta t(\Delta t > 0)$, 质点所经过的路程为

$$\Delta s = s(t_0 + \Delta t) - s(t_0),$$

而变速直线运动在时间区间 $[t_0, t_0 + \Delta t]$ 内的平均速度为

$$\bar{v} = \frac{\Delta s}{\Delta t} = \frac{s(t_0 + \Delta t) - s(t_0)}{\Delta t}.$$

此时平均速度并不等于瞬时速度.

但是,当时间间隔 Δt 很小时,质点的运动来不及有太大的变化,可以认为质点在时间区间 $[t_0, t_0 + \Delta t]$ 内近似地做匀速运动. 因此,可以用 $\bar{v}$ 作为 $v(t_0)$ 的近似

值，而 Δt 越小，近似程度越好. 因此，质点在时刻 t_0 的瞬时速度可定义为平均速度 $\bar{v}=\frac{\Delta s}{\Delta t}=\frac{s(t_0+\Delta t)-s(t_0)}{\Delta t}$ 在 $\Delta t\to 0$ 时的极限值，即

$$v(t_0)=\lim_{\Delta t\to 0}\frac{\Delta s}{\Delta t}=\lim_{\Delta t\to 0}\frac{s(t_0+\Delta t)-s(t_0)}{\Delta t} \tag{3.1}$$

为质点在时刻 t_0 的瞬时速度.

由此可见，质点在时刻 t_0 的瞬时速度 $v(t_0)$ 是路程函数 $s=s(t)$ 的改变量 Δs 与时间 t 的改变量 Δt 的比值 $\frac{\Delta s}{\Delta t}$ 在 $\Delta t\to 0$ 时的极限值.

引例 2　平面曲线的切线斜率.

设平面曲线的方程为 $y=f(x)$，求该曲线在点 $M_0(x_0,y_0)$ 处的切线斜率，其中 $y_0=f(x_0)$.

什么是切线呢？如图 3.1 所示，设点 $M(x_0+\Delta x,y_0+\Delta y)(\Delta x\neq 0)$ 为曲线上另一点. 连接点 M_0 和点 M 的直线 M_0M 称为曲线的割线. 当点 M 沿曲线趋近点 M_0 时，割线 M_0M 的极限位置 M_0T 就是曲线在点 M_0 处的切线.

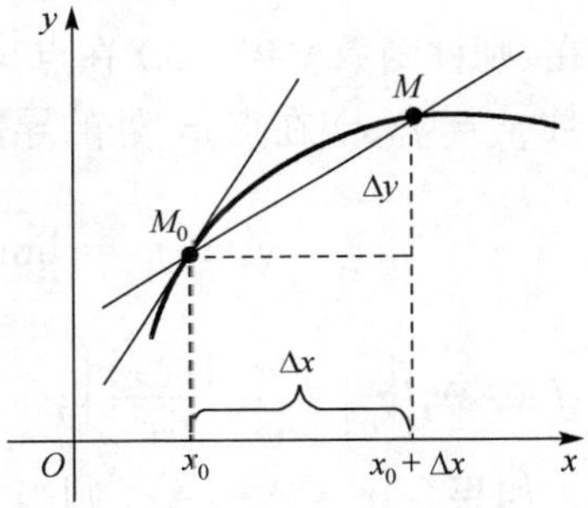

图 3.1

设割线 M_0M 的倾角为 ϕ，其斜率为

$$\tan\phi=\frac{MN}{M_0N},$$

其中 $MN=\Delta y, M_0N=\Delta x$，可得

$$\tan\phi=\frac{\Delta y}{\Delta x}=\frac{f(x_0+\Delta x)-f(x_0)}{\Delta x}.$$

点 M 沿曲线趋近点 M_0，即 $\Delta x\to 0$，而当 $\Delta x\to 0$ 时，割线 M_0M 的倾角 ϕ 趋近切线 M_0T 的倾角 α，于是曲线 $y=f(x)$ 在点 M_0 处的切线斜率为

$$\tan\alpha=\lim_{\Delta x\to 0}\tan\phi=\lim_{\Delta x\to 0}\frac{\Delta y}{\Delta x}=\lim_{\Delta x\to 0}\frac{f(x_0+\Delta x)-f(x_0)}{\Delta x}. \tag{3.2}$$

由此可见，曲线 $y=f(x)$ 在点 $M_0(x_0,y_0)$ 处的切线斜率为函数 $f(x)$ 的改变量 Δy 与自变量 x 的改变量 Δx 的比值 $\frac{\Delta y}{\Delta x}$ 在 $\Delta x\to 0$ 时的极限.

上述两个例子具有完全不同的实际意义，然而变速直线运动的速度和平面曲线的切线斜率最终都归结为如下形式的极限

$$\lim_{\Delta x\to 0}\frac{f(x_0+\Delta x)-f(x_0)}{\Delta x},$$

即函数的改变量 Δy 与自变量的改变量 Δx 的比值 $\dfrac{\Delta y}{\Delta x}$ 的极限(当 $\Delta x \to 0$ 时),抽象出它们在数量关系方面的共性,就可以得到导数的概念.

3.1.2 导数的定义

定义 1 设函数 $y = f(x)$ 在点 x_0 的某邻域内有定义,当自变量 x 在点 x_0 处取得改变量 Δx ($\Delta x \neq 0$)时,函数相应取得增量

$$\Delta y = f(x_0 + \Delta x) - f(x_0).$$

如果 Δy 与 Δx 之比当 $\Delta x \to 0$ 时极限存在,即

$$\lim_{\Delta x \to 0} \frac{f(x_0 + \Delta x) - f(x_0)}{\Delta x}$$

存在,则称函数 $y = f(x)$ 在点 x_0 处可导, x_0 为 $y = f(x)$ 的可导点,并称此极限为函数 $y = f(x)$ 在点 x_0 处的导数,记为

$$y'|_{x=x_0} = \lim_{\Delta x \to 0} \frac{\Delta y}{\Delta x} = \lim_{\Delta x \to 0} \frac{f(x_0 + \Delta x) - f(x_0)}{\Delta x} \tag{3.3}$$

或 $f'(x_0)$, $\left.\dfrac{\mathrm{d}y}{\mathrm{d}x}\right|_{x=x_0}$, $\left.\dfrac{\mathrm{d}f(x)}{\mathrm{d}x}\right|_{x=x_0}$.

如果令 $x = x_0 + \Delta x$, 则当 $\Delta x \to 0$ 时, $x \to x_0$, 于是,导数 $f'(x_0)$ 的定义又可以表示为

$$f'(x_0) = \lim_{x \to x_0} \frac{f(x) - f(x_0)}{x \to x_0}. \tag{3.4}$$

若上述极限不存在,则称 $f(x)$ 在 x_0 点处**不可导**或**不存在导数**, x_0 为 $f(x)$ 的**不可导点**. 特别当极限(3.4)为无穷大时,此时导数不存在,或称 $f(x)$ 在点 x_0 处的导数为无穷大.

如果函数 $y = f(x)$ 在开区间 (a,b) 内每一点处都可导,则称 $y = f(x)$ 在 (a,b) 内可导. 此时,对于任意的 $x \in (a,b)$, 都存在唯一确定的导数 $f'(x)$. 因此, $f'(x)$ 是 x 的函数,称为 $f(x)$ 的**导函数**,简称为**导数**. 导函数 $f'(x)$ 也可记为

$$y' \text{ 或 } \frac{\mathrm{d}y}{\mathrm{d}x} \text{ 或 } \frac{\mathrm{d}f(x)}{\mathrm{d}x}.$$

例 1 求函数 $f(x) = C$ 的导数.

解 由于 $f(x) = C$ 是常数函数,所以 $\Delta y = 0$, 故有

$$f'(x) = \lim_{\Delta x \to 0} \frac{\Delta y}{\Delta x} = 0.$$

例 2　求函数 $f(x)=x^2$ 的导数以及 $f'(1)$.

解　$f'(x)=\lim\limits_{\Delta x\to 0}\dfrac{\Delta y}{\Delta x}=\lim\limits_{\Delta x\to 0}\dfrac{(x+\Delta x)^2-x^2}{\Delta x}=\lim\limits_{\Delta x\to 0}(2x+\Delta x)=2x$，所以 $f'(1)=2$.

例 3　求函数 $y=x^n$ (其中 n 为正整数)的导数.

解
$$y'=\lim_{\Delta x\to 0}\frac{f(x+\Delta x)-f(x)}{\Delta x}=\lim_{\Delta x\to 0}\frac{(x+\Delta x)^n-x^n}{\Delta x}$$
$$=\lim_{\Delta x\to 0}\frac{\left[nx^{n-1}+\dfrac{n(n-1)}{2}x^{n-2}\Delta x+\cdots+(\Delta x)^{n-1}\right]\Delta x}{\Delta x}=nx^{n-1}.$$

若将上式中的 n 换成任意实数 α，其结果仍然成立，将在后面进行证明. 即有幂函数导数公式
$$(x^\alpha)'=\alpha x^{\alpha-1}, \tag{3.5}$$
例如
$$\left(\frac{1}{x}\right)'=(x^{-1})'=-\frac{1}{x^2},$$
$$(\sqrt{x})'=(x^{\frac{1}{2}})'=\frac{1}{2\sqrt{x}},$$
$$C'=(x^0)'=0,$$
$$(x)'=1.$$

例 4　求函数 $y=\sin x$ 的导数.

解
$$\Delta y=\sin(x+\Delta x)-\sin x=2\cos\left(x+\frac{\Delta x}{2}\right)\sin\frac{\Delta x}{2},$$
$$y'=\lim_{\Delta x\to 0}\frac{\Delta y}{\Delta x}=\lim_{\Delta x\to 0}\cos\left(x+\frac{\Delta x}{2}\right)\frac{\sin\dfrac{\Delta x}{2}}{\dfrac{\Delta x}{2}}=\cos x,$$
因而有正弦函数导数公式
$$(\sin x)'=\cos x. \tag{3.6}$$
同理可得余弦函数导数公式
$$(\cos x)'=-\sin x. \tag{3.7}$$

例 5　求函数 $y=\ln x$ 的导数.

解
$$\Delta y=\ln(x+\Delta x)-\ln x=\ln\left(\frac{x+\Delta x}{x}\right)=\ln\left(1+\frac{\Delta x}{x}\right),$$
$$y'=\lim_{\Delta x\to 0}\frac{\Delta y}{\Delta x}=\lim_{\Delta x\to 0}\frac{\ln\left(1+\dfrac{\Delta x}{x}\right)}{\Delta x}=\frac{1}{x}.$$
于是可得对数导数公式

$$(\ln x)' = \frac{1}{x}. \tag{3.8}$$

例 6　设函数 $f(x) = \begin{cases} x, & x < 0, \\ \sin x, & x \geqslant 0, \end{cases}$ 求 $f'(0)$.

解　当 $\Delta x < 0$ 时，

$$\lim_{\Delta x \to 0^-} \frac{\Delta y}{\Delta x} = \lim_{\Delta x \to 0^-} \frac{f(0+\Delta x) - f(0)}{\Delta x} = \lim_{\Delta x \to 0^-} \frac{\Delta x - 0}{\Delta x} = 1;$$

当 $\Delta x > 0$ 时，

$$\lim_{\Delta x \to 0^+} \frac{f(0+\Delta x) - f(0)}{\Delta x} = \lim_{\Delta x \to 0^+} \frac{\sin(\Delta x) - 0}{\Delta x} = 1,$$

故

$$f'(0) = \lim_{\Delta x \to 0} \frac{\Delta y}{\Delta x} = 1.$$

例 6 说明，讨论分段函数分界点 x_0 处的导数时，应该先分别计算左极限 $\lim\limits_{\Delta x \to 0^-} \dfrac{\Delta y}{\Delta x}$ 和右极限 $\lim\limits_{\Delta x \to 0^-} \dfrac{\Delta y}{\Delta x}$，如果这两个极限都存在，则分别称为 $f(x)$ **在** x_0 **处的左导数**和**右导数**，分别记为 $f'_-(x_0)$ 和 $f'_+(x_0)$，即

$$f'_-(x_0) = \lim_{x \to x_0^-} \frac{f(x) - f(x_0)}{x - x_0}, \tag{3.9}$$

$$f'_+(x_0) = \lim_{x \to x_0^+} \frac{f(x) - f(x_0)}{x - x_0}. \tag{3.10}$$

根据函数极限与其左、右极限的关系可知.

函数 $y = f(x)$ 在点 x_0 处可导 $\Leftrightarrow f'_+(x_0)$ 与 $f'_-(x_0)$ 都存在且相等，即

$$f'(x_0) = A \Leftrightarrow f'_-(x_0) = f'_+(x_0) = A.$$

若 $f(x)$ 在 (a,b) 内可导，且 $f'_+(a)$ 及 $f'_-(b)$ 都存在，就称 $f(x)$ **在闭区间** $[a,b]$ **上可导**.

3.1.3　导数的几何意义

由前面的引例 2 可知，如果函数 $y = f(x)$ 在点 x_0 处可导，则其导数 $f'(x_0)$ 为曲线 $y = f(x)$ 在点 $(x_0, f(x_0))$ 处的切线斜率. 特别地，若 $f'(x_0) = 0$，则曲线 $y = f(x)$ 在点 $(x_0, f(x_0))$ 的切线平行于 Ox 轴；若 $f'(x_0) = \infty$，则曲线 $y = f(x)$ 在点 $(x_0, f(x_0))$ 的切线垂直于 Ox 轴.

于是，曲线 $y = f(x)$ 在点 $(x_0, f(x_0))$ 处的切线方程为

$$y - y_0 = f'(x_0)(x - x_0). \tag{3.11}$$

当 $f'(x_0) = 0$ 时，切线方程为

$$y - y_0 = 0.$$

当 $f'(x_0)=\infty$ 时,切线方程为

$$x-x_0=0.$$

而曲线 $y=f(x)$ 在点 $(x_0,f(x_0))$ 处的法线方程为

$$y-y_0=-\frac{1}{f'(x_0)}(x-x_0)\quad (f'(x_0)\neq 0). \tag{3.12}$$

例 7　求抛物线 $y=\ln x$ 在点 $(1,0)$ 处的切线方程和法线方程.

解　$y'=\dfrac{1}{x}$, $y'|_{x=1}=1$, 即曲线 $y=\ln x$ 在点 $(1,0)$ 处的切线斜率为 1.

切线方程为 $y-0=1\times(x-1)$, 即 $y-x+1=0$.

法线方程为 $y-0=-(x-1)$, 即 $y+x-1=0$.

3.1.4　函数的可导性与连续性的关系

定理 1　函数 $y=f(x)$ 在 x_0 处可导,则在 x_0 处连续.

证明　因 $f'(x_0)=\lim\limits_{\Delta x\to 0}\dfrac{\Delta y}{\Delta x}$ 存在,故有

$$\lim_{\Delta x\to 0}\Delta y=\lim_{\Delta x\to 0}\left(\frac{\Delta y}{\Delta x}\Delta x\right)=\lim_{\Delta x\to 0}\frac{\Delta y}{\Delta x}\lim_{\Delta x\to 0}\Delta x=f'(x_0)\cdot 0=0.$$

因此, $f(x)$ 在点 x_0 连续.

但函数 $f(x)$ 在点 x_0 连续, $f(x)$ 在点 x_0 不一定可导.

例 8　讨论下列函数在点 $x=0$ 的可导性,

(1) $y=|x|=\begin{cases}x, & x\geqslant 0,\\ -x, & x<0;\end{cases}$　　(2) $f(x)=\sqrt[3]{x}$.

解　(1)在点 $x=0$ 处,函数的改变量为

$$\Delta y=|\Delta x|=\begin{cases}\Delta x, & \Delta x\geqslant 0,\\ -\Delta x, & \Delta x<0.\end{cases}$$

显然有

$$\lim_{\Delta x\to 0}\Delta y=0,$$

则 $y=|x|$ 在 $x=0$ 点处连续.

由于 $\Delta x\neq 0$ 时,有

$$\frac{\Delta y}{\Delta x}=\frac{|\Delta x|}{\Delta x}=\begin{cases}1, & \Delta x\geqslant 0,\\ -1, & \Delta x<0,\end{cases}$$

所以有

$$f'_+(x_0)=\lim_{\Delta x\to 0^+}\frac{\Delta y}{\Delta x}=1,\quad f'_-(x_0)=\lim_{\Delta x\to 0^-}\frac{\Delta y}{\Delta x}=-1,$$

即有 $f'_+(0)\neq f'_-(0)$, 故 $y=|x|$ 在 $x=0$ 点处不可导.

(2)根据基本初等函数的连续性可知，$f(x)=\sqrt[3]{x}$ 在 $(-\infty,+\infty)$ 上连续. 但在点 $x=0$ 处，有

$$\lim_{x\to 0}\frac{f(x)-f(0)}{x-0}=\lim_{x\to 0}\frac{\sqrt[3]{x}}{x}=\lim_{x\to 0}x^{-\frac{2}{3}}=\infty,$$

因此 $f(x)=\sqrt[3]{x}$ 在 $x=0$ 处不可导.

从几何直观上来看，曲线 $y=|x|$ 在 $x=0$ 点处连续，但在 $x=0$ 出现了"**尖点**"，切线不存在，从而切线斜率(导数)不存在；而 $f(x)=\sqrt[3]{x}$ 在 $x=0$ 处存在切线，但切线垂直于 x 轴(即 y 轴)，从而切线斜率不存在(为 ∞). 如图 3.2 所示.

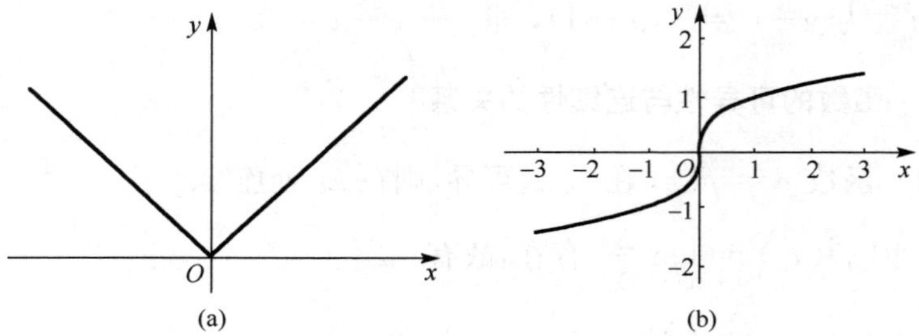

图 3.2

3.2　求导法则及基本公式

求导运算是微积分学中最基础的运算之一. 如果总是按照定义去求导数，计算量很大，费时费力. 因此，有必要将求导运算公式化，这需要求导法则的支持.

3.2.1　导数的四则运算法则

定理 2　设函数 $u(x)$ 和 $v(x)$ 在点 x 处可导，则 $u(x)\pm v(x)$，$u(x)\cdot v(x)$ 和 $\dfrac{u(x)}{v(x)}$ 也在该点可导(对于商的情形，要求 $v(x)\neq 0$)且有

(1) $[u(x)\pm v(x)]'=u'(x)\pm v'(x)$；　(3.13)

(2) $u(x)\cdot v(x)=u'(x)v(x)+u(x)v'(x)$；　(3.14)

(3) $\left[\dfrac{u(x)}{v(x)}\right]'=\dfrac{u'(x)v(x)-u(x)v'(x)}{v^2(x)}$.　(3.15)

证明　设自变量在 x 处取得改变量 Δx，则函数 u,v 相应地取得改变量

$$\Delta u=u(x+\Delta x)-u(x),\quad \Delta v=v(x+\Delta x)-v(x),$$

从而有

(1) $\Delta(u\pm v)=[u(x+\Delta x)\pm v(x+\Delta x)]-[u(x)\pm v(x)]$

$$
\begin{aligned}
&= [u(x+\Delta x)-u(x)]+[v(x+\Delta x)-v(x)] \\
&= \Delta u+\Delta v,
\end{aligned}
$$

所以有

$$
\begin{aligned}
\lim_{\Delta x\to 0}\frac{\Delta(u\pm v)}{\Delta x} &= \lim_{\Delta x\to 0}\left(\frac{\Delta u}{\Delta x}\pm\frac{\Delta v}{\Delta x}\right)=\lim_{\Delta x\to 0}\frac{\Delta u}{\Delta x}\pm\lim_{\Delta x\to 0}\frac{\Delta v}{\Delta x} \\
&= u'(x)+v'(x).
\end{aligned}
$$

(2)
$$
\begin{aligned}
\Delta(uv) &= u(x+\Delta x)v(x+\Delta x)-u(x)v(x) \\
&= [u(x)+\Delta u][v(x)+\Delta v]-u(x)v(x) \\
&= u(x)\Delta v+v(x)\Delta u+\Delta u\Delta v,
\end{aligned}
$$

由于 $u(x)$ 和 $v(x)$ 都在点 x 可导，所以它们都在点 x 处连续，故有

$$
\begin{aligned}
\lim_{\Delta x\to 0}\frac{\Delta(uv)}{\Delta x} &= \lim_{\Delta x\to 0}\left[u(x)\frac{\Delta v}{\Delta x}+v(x)\frac{\Delta u}{\Delta x}+\Delta u\frac{\Delta v}{\Delta x}\right] \\
&= u'(x)v(x)+u(x)v'(x)+0\cdot v'(x),
\end{aligned}
$$

即

$$
u(x)\cdot v(x)=u'(x)v(x)+u(x)v'(x).
$$

(3)
$$
\Delta\left(\frac{u}{v}\right)=\frac{u(x+\Delta x)}{v(x+\Delta x)}-\frac{u(x)}{v(x)}=\frac{u(x)+\Delta u}{v(x)+\Delta v}-\frac{u(x)}{v(x)}=\frac{v(x)\Delta u-u(x)\Delta v}{v(x)[v(x)+\Delta v]},
$$

由于 $v(x)$ 都在点 x 可导，因此在点 x 处连续，所以有

$$
\begin{aligned}
\lim_{\Delta x\to 0}\frac{\Delta\left(\dfrac{u}{v}\right)}{\Delta x} &= \lim_{\Delta x\to 0}\frac{\left[v(x)\dfrac{\Delta u}{\Delta x}-u(x)\dfrac{\Delta v}{\Delta x}\right]}{v(x)[v(x)+\Delta v]} \\
&= \frac{u'(x)v(x)-u(x)v'(x)}{v^2(x)}.
\end{aligned}
$$

将定理 2 中的三个公式作适当的变形，便可得到一些很有用的推论，总结如下.

若令式(3.14)中的 $v(x)=a$，a 为常数，则有如下推论.

推论 1　若函数 $u(x)$ 在点 x 处可导，a 为常数，则有

$$
[a\cdot u(x)]'=a\cdot u'(x). \tag{3.16}
$$

由式(3.13)和式(3.16)可知

推论 2　设函数 $u(x)$ 和 $v(x)$ 在点 x 处可导，a，b 为常数，则

$$
[au(x)+bv(x)]'=au'(x)+bv'(x), \tag{3.17}
$$

即 $u(x)$ 和 $v(x)$ 线性组合的导数等于它们导数的线性组合.

推论 2 可以推广到有限个函数线性组合的情形.

设函数 $u_1(x)$，$u_2(x)$，$\cdots$，$u_n(x)$ 都在点 x 处可导，则有

$$[a_1u_1(x)+a_2u_2(x)+\cdots+a_nu_n(x)]'=a_1u'_1(x)+a_2u'_2(x)+\cdots+a'_nu_n(x),$$
其中 $a_1,a_2,\cdots,a_n$ 为常数.

式(3.14)也可推广为有限多个函数的情形.

推论 3 设函数 $f_1(x),f_2(x),\cdots,f_n(x)$ 在点 x 处均可导,则它们的乘积在点 x 也可导,且

$$[f_1(x)f_2(x)\cdots f_n(x)]'$$
$$=f'_1(x)f_2(x)\cdots f_n(x)+f_1(x)f'_2(x)\cdots f_n(x)+\cdots+f_1(x)f_2(x)\cdots f'_n(x).$$

另外,若令式(3.15)中的 $u(x)=1$,则可得如下推论.

推论 4 如果函数 $v(x)$ 可导,且 $v(x)\neq 0$,则有

$$\left[\frac{1}{v(x)}\right]'=-\frac{v'(x)}{v^2(x)}. \tag{3.18}$$

例 9 求函数 $f(x)=\frac{1}{2}x^4+3\cos x-2\ln x$,求 $f'(x)$.

解 $f'(x)=\left(\frac{1}{2}x^4+3\cos x-2\ln x\right)'=\frac{1}{2}(x^4)'+3(\cos x)'-2(\ln x)'$

$$=2x^3-3\sin x-\frac{2}{x}.$$

例 10 求函数 $y=\log_a x\,(a>0,a\neq 1)$ 的导数.

解 $y'=(\log_a x)'=\left(\frac{1}{\ln a}\ln x\right)'=\frac{1}{\ln a}(\ln x)'=\frac{1}{x\ln a}$,

即对数函数的求导公式

$$(\log_a x)'=\frac{1}{x\ln a}\quad(a>0,a\neq 1). \tag{3.19}$$

例 11 求函数 $y=\sin 2x$ 的导数.

解 $y'=(\sin 2x)'=2[(\sin x)'\cos x+\sin x(\cos x)']=2(\cos^2 x-\sin^2 x)$
$=2\cos 2x$.

例 12 求函数 $y=\tan x$ 的导数.

解 $y'=(\tan x)'=\left(\frac{\sin x}{\cos x}\right)'$

$$=\frac{(\sin x)'\cos x-(\cos x)'\sin x}{\cos^2 x}=\frac{\cos^2 x+\sin^2 x}{\cos^2 x}=\frac{1}{\cos^2 x}=\sec^2 x,$$

即正切函数的导数公式为

$$(\tan x)'=\frac{1}{\cos^2 x}=\sec^2 x. \tag{3.20}$$

同理可得余切函数的导数公式

$$(\cot x)'=-\frac{1}{\sin^2 x}=-\csc^2 x. \tag{3.21}$$

例 13　求函数 $y=\sec x$ 的导数.

解　$y'=(\sec x)'=\left(\frac{1}{\cos x}\right)'=\frac{\sin x}{\cos^2 x}=\sec x\tan x$,

即正割函数的导数公式为

$$(\sec x)'=\sec x\tan x. \tag{3.22}$$

同理可得余割函数的导数公式为

$$(\csc x)'=-\csc x\cot x. \tag{3.23}$$

3.2.2　反函数的导数

定理 3　设函数 $x=\phi(y)$ 在某区间单调且连续,又在该区间内某点 y_0 处有导数 $\phi'(y_0)\neq 0$,则其反函数 $y=f(x)$ 在 y_0 的对应点 $x_0(x_0=\phi(y_0))$ 处有导数,且

$$f'(x_0)=\frac{1}{\phi'(y_0)}. \tag{3.24}$$

证　由于函数 $\phi(y)$ 在某个区间内单调且连续,所以其反函数 $f(x)$ 在相应区间内单调且连续. 如果反函数 $y=f(x)$ 在 x_0 处取得改变量 $\Delta x\neq 0$,则由 $f(x)$ 的单调性可知

$$\Delta y\neq 0,$$

由 $f(x)$ 的连续性可知,$\Delta x\to 0$ 时,$\Delta y\to 0$. 于是

$$f'(x_0)=\lim_{\Delta x\to 0}\frac{\Delta y}{\Delta x}=\frac{1}{\lim\limits_{\Delta y\to 0}\frac{\Delta x}{\Delta y}}=\frac{1}{\phi'(y_0)}.$$

例 14　求函数 $y=a^x(a>0,a\neq 1)$ 的导数.

解　$y=a^x$ 的反函数为 $x=\log_a y$,$x=\log_a y$ 在其定义域 $(0,+\infty)$ 内的导数为

$$(\log_a y)'=\frac{1}{y\ln a}.$$

因此,根据定理 3

$$y'=(a^x)'=\frac{1}{(\log_a y)'}=y\ln a=a^x\ln a,$$

即指数函数的导数公式为

$$(a^x)'=a^x\ln a(a>0,a\neq 1). \tag{3.25}$$

特别地,当 $a=\mathrm{e}$ 时,有

$$(\mathrm{e}^x)'=\mathrm{e}^x. \tag{3.26}$$

例 15 求函数 $y=\arcsin x$ 的导数.

解 $y=\arcsin x$ 的反函数为 $x=\sin y$, $x=\sin y$ 在区间 $\left(-\frac{\pi}{2},\frac{\pi}{2}\right)$ 单调增加且可导,其导数为

$$(\sin y)'=\cos y>0,\quad y\in\left(-\frac{\pi}{2},\frac{\pi}{2}\right),$$

则有 $y=\arcsin x$ 在区间 $(-1,1)$ 内可导,且

$$y'=(\arcsin x)'=\frac{1}{(\sin y)'}=\frac{1}{\cos y}$$
$$=\frac{1}{\sqrt{1-\sin^2 y}}=\frac{1}{\sqrt{1-x^2}},$$

即反正弦函数的导数公式为

$$(\arcsin x)'=\frac{1}{\sqrt{1-x^2}},\quad |x|<1. \tag{3.27}$$

同理可得反余弦函数的导数公式为

$$(\arccos x)'=-\frac{1}{\sqrt{1-x^2}},\quad |x|<1. \tag{3.28}$$

反正切函数的导数公式为

$$(\arctan x)'=\frac{1}{1+x^2},\quad x\in(-\infty,+\infty). \tag{3.29}$$

反余切函数的导数公式为

$$(\operatorname{arccot} x)'=-\frac{1}{1+x^2},\quad x\in(-\infty,+\infty). \tag{3.30}$$

3.2.3 复合函数的导数

定理 4 设函数 $u=\phi(x)$ 在点 x_0 处可导,而函数 $y=f(u)$ 在点 $u_0=\phi(x_0)$ 可导,则复合函数 $y=f[\phi(x)]$ 在点 x_0 处可导,且其导数为

$$\left.\frac{\mathrm{d}y}{\mathrm{d}x}\right|_{x=x_0}=\left.\frac{\mathrm{d}y}{\mathrm{d}u}\right|_{u=u_0}\cdot\left.\frac{\mathrm{d}u}{\mathrm{d}x}\right|_{x=x_0},\quad 或记\left.\frac{\mathrm{d}y}{\mathrm{d}x}\right|_{x=x_0}=f'(u_0)\phi'(x_0).$$

证 由于 $y=f(u)$ 在点 u_0 可导,故 $\lim\limits_{\Delta u\to 0}\frac{\Delta y}{\Delta u}=f'(u_0)$ 存在,所以

$$\frac{\Delta y}{\Delta u}=f'(u_0)+\alpha,\quad 其中\lim_{\Delta u\to 0}\alpha=0.$$

因 $\Delta u\neq 0$, 故

$$\Delta y=f'(u_0)\cdot\Delta u+\alpha\cdot\Delta u.$$

补充定义当 $\Delta u=0$ 时, $\alpha=0$, 则因为当 $\Delta u=0$ 时, $\Delta y=f(u_0+\Delta u)-f(u_0)=0$, 并 $\Delta y=f'(u_0)\Delta u+\alpha\Delta u$ 也成立.

因 $\Delta x \neq 0$，除式两边有

$$\frac{\Delta y}{\Delta x} = f'(u_0) \cdot \frac{\Delta u}{\Delta x} + \alpha \frac{\Delta u}{\Delta x}.$$

已知 $\Delta x \to 0$ 时，$\Delta u \to 0$（因 $u = \phi(x)$ 可导，故连续）

$$\lim_{\Delta x \to 0} \frac{\Delta y}{\Delta x} = f'(u_0) \lim_{\Delta x \to 0} \frac{\Delta u}{\Delta x} + \lim_{\Delta x \to 0} \alpha \cdot \lim_{\Delta x \to 0} \frac{\Delta u}{\Delta x} = f'(u_0)\phi'(x_0),$$

即

$$\left.\frac{\mathrm{d}y}{\mathrm{d}x}\right|_{x=x_0} = f'(u_0)\phi'(x_0). \tag{3.31}$$

由 x_0 的任意性，若复合函数 $y = f[\phi(x)]$ 在区间 I 内可导，则有

$$\frac{\mathrm{d}y}{\mathrm{d}x} = \frac{\mathrm{d}y}{\mathrm{d}u} \cdot \frac{\mathrm{d}u}{\mathrm{d}x} \quad 或 \quad \frac{\mathrm{d}y}{\mathrm{d}x} = f'(u)\phi'(x). \tag{3.32}$$

式(3.32)称为求复合函数的**链式规则**. 它表明，复合函数对自变量的导数等于函数对中间变量的导数乘以中间变量对自变量的导数.

例 16　求函数 $y = x^\alpha (x > 0, \alpha$ 为实数).

解　$y = x^\alpha = \mathrm{e}^{\alpha \ln x}$，设 $y = \mathrm{e}^u, u = \alpha \ln x$，由上面的定理可知

$$y' = (x^\alpha)' = (\mathrm{e}^u)'_u \cdot (\alpha \ln x)'_x$$

$$= \mathrm{e}^u \cdot \alpha \frac{1}{x} = x^\alpha \cdot \frac{\alpha}{x} = \alpha x^{\alpha - 1},$$

即幂函数的导数公式为

$$(x^\alpha)' = \alpha x^{\alpha-1}. \tag{3.33}$$

例 17　求函数 $y = \ln\cos x$ 的导数.

解　设 $u = \cos x$，则 $y = \ln u$，根据链式规则有

$$y' = [\ln\cos x]' = (\ln u)'_u (\cos x)'_x = \frac{1}{u} \cdot (-\sin x) = -\tan x.$$

在对一些复杂的多重复合函数求导的过程中，链式规则仍然适用，这时应先确定好函数的复合层次，从最外层开始，逐层依次求导，即得下面的结论.

设 $y = f(u), u = \varphi(v), v = \psi(x)$，则 $y = f\{\varphi[\psi(x)]\}$ 的导数为

$$\frac{\mathrm{d}y}{\mathrm{d}x} = \frac{\mathrm{d}y}{\mathrm{d}u} \cdot \frac{\mathrm{d}u}{\mathrm{d}v} \cdot \frac{\mathrm{d}v}{\mathrm{d}x}.$$

例 18　求函数 $y = \mathrm{e}^{\arctan\sqrt{x}}$ 的导数.

解　设 $v = \sqrt{x}, u = \arctan v$，则 $y = \mathrm{e}^u$，根据链式规则

$$y' = [\mathrm{e}^{\arctan\sqrt{x}}]' = (\mathrm{e}^u)' \cdot (\arctan v)' \cdot (\sqrt{x})' = \mathrm{e}^u \cdot \frac{1}{1+v^2} \cdot \frac{1}{2\sqrt{x}}$$

$$= \frac{1}{2\sqrt{x}(1+x)} \mathrm{e}^{\arctan\sqrt{x}}.$$

在熟练掌握链式规则后，可以不写出中间变量，这样可以简化运算过程.

例 19　求函数 $y=\log_a|x|$ 的导数.

解　当 $x>0$ 时,有

$$(\log_a|x|)'=(\log_a x)'=\frac{1}{x\ln a};$$

当 $x<0$ 时,有

$$(\log_a|x|)'=[\log_a(-x)]'=\frac{1}{(-x)\ln a}\times(-1)=\frac{1}{x\ln a},$$

因此

$$(\log_a|x|)'=\frac{1}{x\ln a}. \tag{3.34}$$

例 20　求函数 $y=\dfrac{\arctan\sqrt{x}}{1+x}$ 的导数.

解
$$\begin{aligned}y'&=\frac{(\arctan\sqrt{x})'(1+x)-\arctan\sqrt{x}\,(1+x)'}{(1+x)^2}\\&=\frac{\frac{1}{1+x}(\sqrt{x})'(1+x)-\arctan\sqrt{x}}{(1+x)^2}\\&=\frac{1}{(1+x)^2}\left(\frac{1}{2\sqrt{x}}-\arctan\sqrt{x}\right).\end{aligned}$$

例 21　求函数 $y=\ln(x+\sqrt{1+x^2})$ 的导数.

解
$$\begin{aligned}y'&=\frac{1}{x+\sqrt{1+x^2}}(x+\sqrt{1+x^2})'\\&=\frac{1}{x+\sqrt{1+x^2}}\left[1+\frac{1}{2\sqrt{1+x^2}}(1+x^2)'\right]\\&=\frac{1}{x+\sqrt{1+x^2}}\left(1+\frac{x}{\sqrt{1+x^2}}\right)\\&=\frac{1}{x+\sqrt{1+x^2}}\cdot\frac{x+\sqrt{1+x^2}}{\sqrt{1+x^2}}=\frac{1}{\sqrt{1+x^2}}.\end{aligned}$$

例 22　设 $f(x)$ 可导,求函数 $y=f(e^{x^2})\cdot e^{f(x^2)}$ 的导数.

解
$$\begin{aligned}\frac{dy}{dx}&=[f(e^{x^2})]'e^{f(x^2)}+f(e^{x^2})[e^{f(x^2)}]'\\&=f'(e^{x^2})(e^{x^2})(x^2)'e^{f(x^2)}+f(e^{x^2})e^{f(x^2)}f'(x^2)(x^2)'\\&=f'(e^{x^2})\cdot e^{x^2}\cdot 2x\cdot e^{f(x^2)}+f(e^{x^2})\cdot e^{f(x^2)}\cdot f'(x^2)\cdot 2x\\&=2xe^{f(x^2)}[f'(e^{x^2})\cdot e^{x^2}+f(e^{x^2})\cdot f'(x^2)].\end{aligned}$$

例 23　求函数 $y=f^n[\phi^n(\cos x^n)]$ 的导数 $\dfrac{dy}{dx}$.

解　$\dfrac{dy}{dx}=nf^{n-1}[\phi^n(\cos x^n)]\{f[\phi^n(\cos x^n)]\}'$

$=nf^{n-1}[\phi^n(\cos x^n)]f'[\phi^n(\cos x^n)][\phi^n(\cos x^n)]'$

$=n^2f^{n-1}[\phi^n(\cos x^n)]f'[\phi^n(\cos x^n)]\phi^{n-1}(\cos x^n)[\phi(\cos x^n)]'$

$=-n^3f^{n-1}[\phi^n(\cos x^n)]f'[\phi^n(\cos x^n)]$

$\cdot\phi^{n-1}(\cos x^n)\phi'(\cos x^n)\sin x^n\cdot x^{n-1}$.

3.2.4　基本导数公式

前面学过一些导数公式，现在将基本初等函数的导数公式汇集如下.

(1) $C'=0$;　(2) $(x^\alpha)'=\alpha x^{\alpha-1}$;

(3) $(a^x)'=a^x\ln a$, $(e^x)'=e^x$;

(4) $(\log_a|x|)'=\dfrac{1}{x\ln a}$, $(\ln x)'=\dfrac{1}{x}$;

(5) $(\sin x)'=\cos x$;　(6) $(\cos x)'=-\sin x$;

(7) $(\tan x)'=\sec^2 x$;　(8) $(\cot x)'=-\csc^2 x$;

(9) $(\sec x)'=\sec x\cdot\tan x$;　(10) $(\csc x)'=-\csc x\cdot\cot x$;

(11) $(\arcsin x)'=\dfrac{1}{\sqrt{1-x^2}}$;　(12) $(\arccos x)'=-\dfrac{1}{\sqrt{1-x^2}}$;

(13) $(\arctan x)'=\dfrac{1}{1+x^2}$;　(14) $(\text{arccot}\,x)'=-\dfrac{1}{1+x^2}$.

3.3　隐函数的导数及对数求导法

3.3.1　隐函数的导数

函数的表示方法有很多种，前面遇到的函数多是以“ $y=f(x)$ ”这种方法表示的，如 $y=\sqrt{1-x^2}$，像这样的函数称为**显函数**. 但有时，变量间的函数关系是由一个方程确定的. 例如，在方程 $y-2x+1=0$ 中，变量 x 的任意一个取值通过该方程，都有唯一一个变量 y 的取值与之对应，即变量 y 与变量 x 之间存在函数关系，且此函数关系是由方程 $y-2x+1=0$ 确定的. 事实上，这个函数关系即为 $y=2x-1$.

一般地，设有二元方程 $F(x,y)=0$. 若对 x 在某一个区间内的任意值，由方程 $F(x,y)=0$，都有唯一的 y 值与之对应，那么就称**方程 $F(x,y)=0$ 在该区间内确定了一个隐函数**.

注意　一方面，不是所有方程都能确定隐函数，如方程 $x^2+y^2+1=0$ 就不能确定任何隐函数；另一方面，如果可以确定隐函数，一个方程能确定的隐函数的个数也不一定只有一个，如方程 $x^2+y^2-1=0$ 便可以确定两个隐函数 $y=\pm\sqrt{1-x^2}$.

将一个隐函数用代数的方法从方程中解出来，并表示成显函数，称为**隐函数的显化**.

有些隐函数可以显化，例如，从方程 $y-2x+1=0$ 中解得的 $y=2x-1$，便是显化后的隐函数.

有些隐函数是很难显化甚至是不能显化的，例如，方程 $y-x-\sin y=0$ 所确定的隐函数就不能显化.

因此，不能也没必要把所有隐函数都显化之后再求导. 下面通过例题说明在不显化的情况下求隐函数的导数的方法.

例 24　求由方程 $y-x-\sin y=0$ 所确定的隐函数 $y=f(x)$ 的导数 $\frac{\mathrm{d}y}{\mathrm{d}x}$.

解　将方程中的 y 看成 x 的函数 $y=f(x)$，利用复合函数的链式规则，把方程两端对 x 求导，得

$$y'-1-y'\cos y=0,$$

解出 y' 得

$$y'=\frac{1}{1-\cos y}.$$

例 25　求曲线 $xy-\mathrm{e}^x+\mathrm{e}^y=0$ 在点 $(0,0)$ 处的切线方程.

解　将方程中的 y 看成 x 的函数 $y=y(x)$，利用复合函数的链式规则，把方程两端对 x 求导，得

$$y+xy'-\mathrm{e}^x+\mathrm{e}^y y'=0,$$

由此可得

$$y'=\frac{\mathrm{e}^x-y}{\mathrm{e}^y+x},$$

因此有 $y'|_{(0,0)}=\frac{\mathrm{e}^0-0}{\mathrm{e}^0+0}=1$，从而，曲线过点 $(0,0)$ 的切线方程为

$$y=x.$$

3.3.2　对数求导法

对某些函数来说，利用对数求导法求导数比用通常的方法简便些. 这种方法是先在 $y=f(x)$ 的两边取对数，然后再求出 y 的导数. 应用对数求导法的函数主要有幂指数函数和由多个因式乘、除、乘方、开方积得到的函数，下面通过例题进行说明.

例 26　求 $y=(1+x^2)^{\sin x}$ 的导数.

解　对 $y=(1+x^2)^{\sin x}$ 两边取对数，得

$$\ln y=\sin x\cdot\ln(1+x^2),$$

将两边同时对 x 求导得

$$\frac{1}{y}y'=\cos x\cdot\ln(1+x^2)+\sin x\cdot\frac{1}{1+x^2}\cdot 2x,$$

于是

$$\begin{aligned}y'&=\left[\cos x\cdot\ln(1+x^2)+\sin x\cdot\frac{1}{1+x^2}\cdot 2x\right]y\\&=(1+x^2)^{\sin x}\left[\cos x\cdot\ln(1+x^2)+\sin x\cdot\frac{2x}{1+x^2}\right].\end{aligned}$$

例 27　求 $y=\sqrt[3]{\dfrac{x^2\,(b-x)^5}{(x-a)^7}}$ 的导数.

解　等号两端取绝对值，有

$$|\,y\,|=\sqrt[3]{\left|\frac{x^2\,(b-x)^5}{(x-a)^7}\right|}.$$

先在两边取对数，得

$$\ln|\,y\,|=\frac{1}{3}[2\ln|\,x\,|+5\ln|\,b-x\,|-7\ln|\,x-a\,|],$$

等式两边分别对 x 求导得

$$\frac{1}{y}y'=\frac{1}{3}\left(2\cdot\frac{1}{x}+5\cdot\frac{-1}{b-x}-7\cdot\frac{1}{x-a}\right),$$

从而得

$$y'=\frac{1}{3}\left(\frac{2}{x}+\frac{5}{x-b}-\frac{7}{x-a}\right)y,$$

即

$$y'=\frac{1}{3}\left(\frac{2}{x}+\frac{5}{x-b}-\frac{7}{x-a}\right)\sqrt[3]{\frac{x^2\,(b-x)^5}{(x-a)^7}}.$$

3.4　高阶导数

在变速直线运动中，路程 $s=s(t)$ 关于时间 t 的导数 $v=s'=\dfrac{\mathrm{d}s}{\mathrm{d}t}$ 是物体的瞬时速度，而加速度 $a=\dfrac{\mathrm{d}v}{\mathrm{d}t}=\dfrac{\mathrm{d}}{\mathrm{d}t}\left(\dfrac{\mathrm{d}s}{\mathrm{d}t}\right)$ 或 $a=(s')'=s''$. 可以看出加速度 a 是路程 s 关于时间 t 的导数的导数，将其称为二阶导数.

一般地，函数 $y=f(x)$ 的导数 $y'=f'(x)$ 仍然是 x 的函数. 将 $y'=f'(x)$ 的

导数称为函数 $y=f(x)$ 的**二阶导数**,记作 y'' 或 $f''(x)$ 或 $\frac{d^2y}{dx^2}$ 或 $\frac{d^2f(x)}{dx^2}$, 即

$$y''=(y')' \quad 或 \quad f''(x)=[f'(x)]',$$

$$或 \quad \frac{d^2y}{dx^2}=\frac{d}{dx}\left(\frac{dy}{dx}\right) \quad 或 \quad \frac{d^2f(x)}{dx^2}=\frac{d}{dx}\left[\frac{df(x)}{dx}\right].$$

相应地,把函数 $y=f(x)$ 的导数 $y'=f'(x)$ 称为函数 $y=f(x)$ 的一阶导数.

类似地,把二阶导数的导数称为三阶导数, 三阶导数的导数称为四阶导数,…, 一般地, $(n-1)$ 阶导数的导数称为 n **阶导数**,分别记为

$$y''', y^{(4)}, \cdots, y^{(n)},$$

或

$$f'''(x), f^{(4)}(x), \cdots, f^{(n)}(x)$$

或

$$\frac{d^3y}{dx^3}, \frac{d^4y}{dx^4}, \cdots, \frac{d^ny}{dx^n}$$

或

$$\frac{d^3f(x)}{dx^3}, \frac{d^4f(x)}{dx^4}, \cdots, \frac{d^nf(x)}{dx^n}.$$

函数 $y=f(x)$ 具有 n 阶导数,也常说成函数 $y=f(x)$ 为 n **阶可导**.

n 阶导数在 x_0 处的值记为

$$y^{(n)}\big|_{x=x_0} \quad 或 \quad f^{(n)}(x_0) \quad 或 \quad \left.\frac{d^ny}{dx^n}\right|_{x=x_0} \quad 或 \quad \frac{d^nf(x_0)}{dx^n}.$$

二阶和二阶以上的导数统称为**高阶导数**.

由此可见,求高阶导数就是多次接连地求导数. 所以,还可以用前面的求导方法来计算高阶导数.

例 28　设函数 $y=4x^2+x-3$, 求 y'''.

解　$y'=8x+1, y''=8, y'''=0$.

例 29　求函数 $y=a^x(a>0, a\neq 1)$ 的各阶导数.

解　$y'=a^x\ln a, y''=a^x\ln^2 a, \cdots, y^{(n)}=a^x\ln^n a\ (n=1,2,3,\cdots)$, 当 $a=e$ 时, 有 $y^{(n)}=e^x\ (n=1,2,3,\cdots)$.

例 30　求 $y=\cos x$ 的各阶导数.

解　$y'=-\sin x=\cos\left(x+\frac{\pi}{2}\right)$,

$$y''=-\sin\left(x+\frac{\pi}{2}\right)=\cos\left(x+2\cdot\frac{\pi}{2}\right),$$

$$y'''=-\sin\left(x+2\cdot\frac{\pi}{2}\right)=\cos\left(x+3\cdot\frac{\pi}{2}\right),$$

……

$$y^{(n)}=-\sin\left[x+(n-1)\frac{\pi}{2}\right]=\cos\left(x+n\cdot\frac{\pi}{2}\right)(n=1,2,3,\cdots).$$

例 31　求 $y=\ln(1+x)$ 的各阶导数.

解　$y'=\dfrac{1}{1+x},\quad y''=-\dfrac{1}{(1+x)^2},\quad y'''=\dfrac{2!}{(1+x)^3},$

一般地,有

$$y^{(n)}=(-1)^{n-1}\frac{(n-1)!}{(1+x)^n}(n=1,2,3,\cdots).$$

例 32　求由方程 $y=1+xe^y$ 所确定的隐函数 $y=y(x)$ 的二阶导数 y''.

解　把方程 $y=1+xe^y$ 的两端同时对 x 求导,得

$$y'=e^y+xe^yy',$$

于是得

$$y'=\frac{e^y}{1-xe^y}.$$

把 $y'=e^y+xe^yy'$ 的两端同时对 x 求导,得

$$y''=e^yy'+e^yy'+xe^y(y')^2+xe^yy''=2e^yy'+xe^y(y')^2+xe^yy''.$$

于是有

$$y''=\frac{2e^yy'+xe^y(y')^2}{1-xe^y},$$

即有

$$y''=\frac{2e^y\dfrac{e^y}{1-xe^y}+xe^y\left(\dfrac{e^y}{1-xe^y}\right)^2}{1-xe^y}=\frac{2e^{2y}-xe^{3y}}{(1-xe^y)^3}.$$

3.5　微　　分

3.5.1　微分的概念

引例　正方形的面积 S 是边长 x 的函数

$$S=x^2.$$

如图 3.3 所示,当边长由 x_0 变为 $x_0+\Delta x$ 时,其面积的改变量为

$$\Delta S=(x_0+\Delta x)^2-x_0{}^2=2x_0\Delta x+(\Delta x)^2.$$

可以看出 ΔS 由两部分组成,一部分为 $2x_0\Delta x$(即图中阴影面积),这一部分是 Δx 的线性函数,而当 $|\Delta x|$ 很微小时,是 ΔS 的主要部分,称为 ΔS 的线性主部. 另外一部分是 $(\Delta x)^2$(即图中右上方小正方形的面积),而当 $|\Delta x|$ 很微小时,它是较 ΔS 高阶的无穷小量. 因此,当 $|\Delta x|$ 很微小时,面积的改变量 ΔS 可由它的线性主部 $2x_0\Delta x$ 近似代替,即 $\Delta S\approx 2x_0\Delta x$.

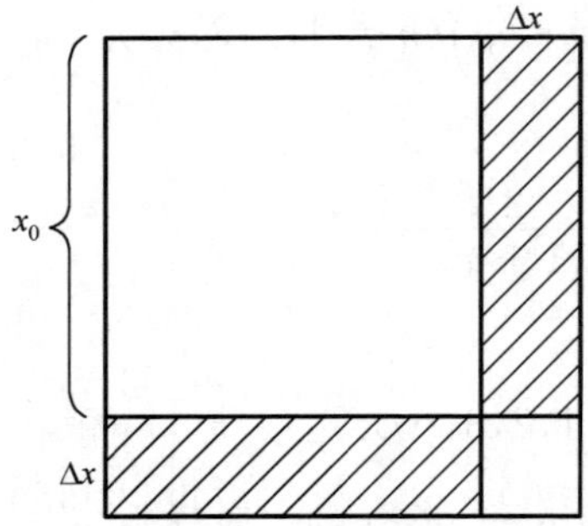

图 3.3

对于一般的函数 $y=f(x)$，如果存在上述近似公式,则无论在理论上还是在实际应用中,都有十分重要的意义.

定义 2 函数 $y=f(x)$ 对于自变量在点 x 的改变量 Δx，函数的改变量

$$\Delta y=f(x+\Delta x)-f(x),$$

可以表示为

$$\Delta y=A\Delta x+\alpha\Delta x,$$

其中 A 与 Δx 无关，α 是 $\Delta x\to 0$ 时的无穷小量，则称函数 $y=f(x)$ 在点 x 可微,并称 Δx 的线性主部 $A\Delta x$ 为函数 $y=f(x)$ 在点 x 处的**微分**,记为 $\mathrm{d}y$ 或 $\mathrm{d}f(x)$，即

$$\mathrm{d}y=A\Delta x \quad 或 \quad \mathrm{d}f(x)=A\Delta x. \tag{3.35}$$

由定义可知,当函数 $y=f(x)$ 在点 x 可微,则 $\Delta y\approx\mathrm{d}y$. 如果 $A\neq 0$，则有

$$\frac{\Delta y}{\mathrm{d}y}=1+\frac{\alpha}{A}\to 1 \quad (\Delta x\to 0),$$

即当 $\Delta x\to 0$ 时，Δy 与 $\mathrm{d}y$ 是等价无穷小量.

如果 Δy 不能表示成 $\Delta y=A\Delta x+\alpha\Delta x$ 的形式,则称当函数 $y=f(x)$ 在点 x 不可微或微分不存在.

若设函数 $y=x$，则 $\Delta y=\Delta x+0\cdot\Delta x$，即 $\mathrm{d}y=\Delta x$，亦即 $\mathrm{d}x=\Delta x$.

于是,函数的微分可写成

$$\mathrm{d}y=\mathrm{d}f(x)=A\mathrm{d}x.$$

微分的定义给我们留下了一个疑问:当 $f(x)$ 在 x 可微时,常数 A 是什么呢?下面的定理不仅解决了这个问题,同时还介绍了可微的条件.

定理 5 (1)若函数 $y=f(x)$ 在点 x 可导,则函数 $y=f(x)$ 在点 x 可微,且

$$\mathrm{d}f(x)=f'(x)\mathrm{d}x. \tag{3.36}$$

(2)若函数 $y=f(x)$ 在点 x 可微($\mathrm{d}f(x)=A\mathrm{d}x$),则函数 $y=f(x)$ 在点 x 可导,且

$$f'(x)=A.$$

证明 (1)若函数 $y=f(x)$ 在点 x 可导,则有

$$f'(x)=\lim_{\Delta x\to 0}\frac{\Delta y}{\Delta x},$$

于是有

$$\frac{\Delta y}{\Delta x}=f'(x)+\alpha,$$

其中 $\alpha\to 0$ (当 $\Delta x\to 0$ 时). 因此，Δy 可表示为

$$\Delta y = f'(x)\Delta x + \alpha\Delta x.$$

因为 $f'(x)$ 与 Δx 无关，所以 $f'(x)\Delta x$ 是 Δx 的线性函数，而 $\alpha\Delta x$ 是 Δx 的高阶无穷小量（当 $\Delta x \to 0$ 时）. 因此，$y = f(x)$ 在点 x 可微，且

$$dy = df(x) = f'(x)\Delta x = f'(x)dx.$$

(2)因为函数 $y = f(x)$ 在点 x 可微，所以有

$$\Delta y = A\Delta x + \alpha\Delta x,$$

其中 A 与 Δx 无关，α 是 $\Delta x \to 0$ 时的无穷小量，于是有

$$\lim_{\Delta x \to 0} \frac{\Delta y}{\Delta x} = \lim_{\Delta x \to 0}(A + \alpha) = A.$$

所以，函数 $y = f(x)$ 在点 x 可导，且

$$f'(x) = A.$$

由定理5可知，函数 $y = f(x)$ 在点 x 可微的充分必要条件是函数 $y = f(x)$ 在点 x 可导. 此时有 $dy = f'(x)dx$，而导数 $f'(x)$ 可表示成函数微分 dy 和自变量微分 dx 的商，即 $f'(x) = \frac{dy}{dx}$. 因此，函数也称**微商**.

例 33　求函数 $y = x^3$ 当 $x = 2$ 和 $\Delta x = 0.01$ 时的微分.

解　$dy = 3x^2\Delta x$，因此

$$dy\big|_{x=2,\Delta x=0.01} = 3\times 2^2 \times 0.01 = 0.12.$$

3.5.2　微分公式及微分运算法则

由微分表达式 $dy = f'(x)dx$ 可知，求微分 dy，只需求出导数 $f'(x)$，再乘以 dx 即可. 因此，利用导数公式与运算法则，可直接导出微分的基本公式与运算法则.

1. 微分基本公式

(1) $dC = 0$；　(2) $dx^\alpha = \alpha x^{\alpha-1}dx$；

(3) $da^x = a^x \ln a dx$，　$de^x = e^x dx$；

(4) $d\log_a x = \frac{1}{x\ln a}dx$，　$d\ln x = \frac{1}{x}dx$；

(5) $d\sin x = \cos x dx$；　(6) $d\cos x = -\sin x dx$；

(7) $d\tan x = \sec^2 x dx$；　(8) $d\cot x = -\csc^2 x dx$；

(9) $d\sec x = \sec x\tan x dx$；　(10) $d\csc x = -\csc x\cot x dx$；

(11) $d\arcsin x = \frac{1}{\sqrt{1-x^2}}dx$；　(12) $d\arccos x = -\frac{1}{\sqrt{1-x^2}}dx$；

(13) $d\arctan x = \frac{1}{1+x^2}dx$；　(14) $d\text{arccot} x = -\frac{1}{1+x^2}dx$.

2. 微分运算法则

(1) $\mathrm{d}(u \pm v) = \mathrm{d}u \pm \mathrm{d}v$;　　(2) $\mathrm{d}(uv) = u\mathrm{d}v + v\mathrm{d}u$;

(3) $\mathrm{d}\left(\dfrac{u}{v}\right) = \dfrac{v\mathrm{d}u - u\mathrm{d}v}{v^2} (v \neq 0)$.

证明　由于 $(uv)' = u'v + v'u$，故

$$\mathrm{d}(uv) = (u'v + uv')\mathrm{d}x = u'\mathrm{d}x \cdot v + u \cdot v'\mathrm{d}x = v\mathrm{d}u + u\mathrm{d}v.$$

法则(2)得证. 类似可证(1)和(3).

3.5.3　微分形式不变性

设函数 $y = f(u)$ 与 $u = \phi(x)$ 分别关于 u 和 x 可导. 由链式规则可知

$$\{f[\phi(x)]\}' = f'[\phi(x)]\phi'(x) = f'(u)u',$$

因此

$$\mathrm{d}y = \{f[\phi(x)]\}'\mathrm{d}x = f'[\phi(x)]\phi'(x)\mathrm{d}x = f'(u)u'\mathrm{d}x = f'(u)\mathrm{d}u,$$

即有

$$\mathrm{d}y = f'(u)\mathrm{d}u.$$

由此可知，对于函数 $y = f(u)$，不论 u 是自变量还是另一变量 x 的函数 $u = \phi(x)$，$f(u)$ 的微分形式 $\mathrm{d}y = f'(u)\mathrm{d}u$ 总保持不变. 称微分的这一性质为**微分形式不变性**.

例 34　设 $y = \arctan x^2$，求 $\mathrm{d}y$.

解　令 $x^2 = u$，则 $y = \arctan u$，根据微分形式不变性有

$$\mathrm{d}y = \mathrm{d}\arctan u = \frac{1}{1+u^2}\mathrm{d}u = \frac{1}{1+x^4}\mathrm{d}x^2 = \frac{2x}{1+x^4}\mathrm{d}x.$$

例 35　设 $y = \ln x \cdot \arctan x^2$，求 $\mathrm{d}y$.

解

$$\begin{aligned}\mathrm{d}y &= \ln x \mathrm{d}\arctan x^2 + \arctan x^2 \mathrm{d}\ln x \\ &= \ln x \cdot \frac{2x}{1+x^4}\mathrm{d}x + \frac{\arctan x^2}{x}\mathrm{d}x = \left(\frac{2x \cdot \ln x}{1+x^4} + \frac{\arctan x^2}{x}\right)\mathrm{d}x.\end{aligned}$$

3.5.4　微分的几何意义

设可微函数 $y = f(x)$ 的图形如图 3.4 所示. 曲线 $y = f(x)$ 在点 $M(x_0, y_0)$ 的切线 MT 的斜率为 $f'(x_0)$. 当自变量在 x_0 处取得了改变量 Δx 时，得到曲线上的另一点 $P(x_0 + \Delta x, y_0 + \Delta y)$. 由图可知，$\Delta x$ 由线段 MN 表示，纵坐标改变量 Δy 由线段 NP 表示，而切线 MT 上点的相应纵坐标改变量为 TN，则由

$$TN = f'(x_0) \cdot MN = f'(x_0) \cdot \Delta x = \mathrm{d}y\,|_{x=x_0}.$$

这说明，TN 表示函数 $y = f(x)$ 在点 x_0 的微分. 当 $|\Delta x|$ 很小时，$\Delta y \approx \mathrm{d}y$，

表现在图 3.4 中，就是 PN 可用 TN 近似代替，在点 M 附近的曲线弧段 $\overparen{MP}$ 可用切线段 MT 近似代替.

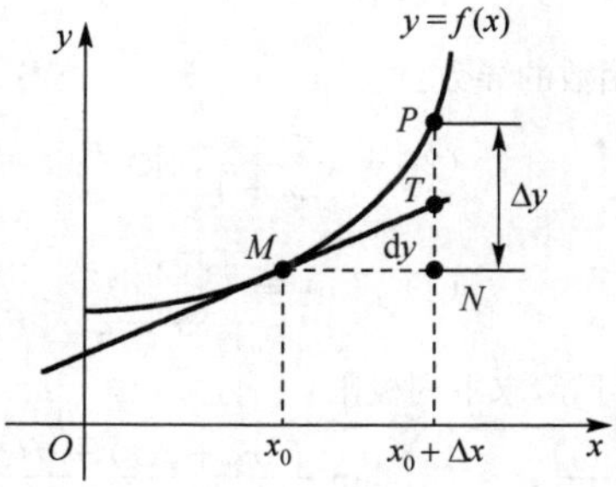

图 3.4

* 3.5.5　微分在近似运算中的应用

设函数 $y=f(x)$ 在点 x_0 可微，则当 $|\Delta x|$ 很小时，可用 $\mathrm{d}y$ 近似代替 Δy，从而得到如下两个运算公式：

(1) $\Delta y=f(x_0+\Delta x)-f(x_0)\approx f'(x_0)\Delta x.$　　(3.37)

近似公式 (3.37) 可用来计算 Δy 的近似值.

(2) $f(x_0+\Delta x)\approx f(x_0)+f'(x_0)\Delta x.$　　(3.38)

近似公式 (3.38) 则用来计算 $f(x_0+\Delta x)$ 的近似值.

例 36　当 $|x|$ 充分小时，证明近似公式：

$$(1+x)^a\approx 1+ax.$$

证明　令 $f(x)=(1+x)^a$，则 $f'(x)=a(1+x)^{a-1}$，于是有

$$f(0)=1,\quad f'(0)=a.$$

从而由近似公式 (2) 可知，当 $|x|$ 充分小时，有

$$(1+x)^a\approx 1+ax,$$

类似地可证，当 $|x|$ 充分小时，有近似公式：

$$\sin x\approx x;\quad \tan x\approx x;\quad \mathrm{e}^x\approx 1+x;\quad \ln(1+x)\approx x.$$

例 37　求 $\sqrt[5]{30}$ 的近似值.

解　设 $f(x)=\sqrt[5]{x}$，则

$$f'(x)=\frac{1}{5}x^{-\frac{4}{5}},\quad f(1)=1.$$

而

$$\sqrt[5]{30}=\sqrt[5]{32-2}=2\sqrt[5]{1-\frac{1}{16}}=2f\left(1-\frac{1}{16}\right)$$

$$\approx 2\left[f(1)+f'(1)\times\left(-\frac{1}{16}\right)\right]=1.975.$$

习　题　3

1. 利用导数定义求下列函数的导数：

(1) $y=\sqrt{x}$, 求 y'；　(2) $y=\dfrac{1}{x+1}$, 求 y'；

(3) $y=\cos x$, 求 y'；　(4) $f(x)=\begin{cases}x^3, & x>1,\\ 3x-2, & x\leqslant 1,\end{cases}$ 求 $f'(1)$.

2. 设函数 $f(x)$ 在 x_0 处可导，求下列极限：

(1) $\lim\limits_{\Delta x\to 0}\dfrac{f(x_0-\Delta x)-f(x_0)}{\Delta x}$；　(2) $\lim\limits_{\Delta x\to 0}\dfrac{f(x_0+\Delta x)-f(x_0-\Delta x)}{\Delta x}$；

(3) $\lim\limits_{\Delta x\to 0}\dfrac{f(x_0+2\Delta x)-f(x_0)}{\Delta x}$；　(4) $\lim\limits_{\Delta x\to 0}\dfrac{f(x_0+a\Delta x)-f(x_0+b\Delta x)}{\Delta x}$.

3. 求曲线 $y=x^2+2x-1$ 在点 $(1,2)$ 处的切线方程和法线方程.

4. 讨论下列函数在 $x=0$ 处的连续性和可导性；若可导，求出 $f'(0)$：

(1) $f(x)=\dfrac{1}{x^2}$；　(2) $f(x)=\begin{cases}x\sin\dfrac{1}{x}, & x\neq 0,\\ 0, & x=0;\end{cases}$

(3) $f(x)=\begin{cases}x^2, & x\leqslant 0,\\ \cos x, & x>0;\end{cases}$　(4) $f(x)=\begin{cases}x^2+3x, & x>0,\\ 3x, & x\leqslant 0.\end{cases}$

5. 设函数 $f(x)=\begin{cases}e^x, & x\leqslant 1,\\ ax^2+b, & x>1,\end{cases}$ 若使函数 $f(x)$ 在 $x=1$ 处可导，a,b 应取何值？

6. 若函数 $y=f(x)$ 是可导函数，试证：

(1) $y=f(x)$ 为奇函数，则 $f'(x)$ 为偶函数；

(2) $y=f(x)$ 为偶函数，则 $f'(x)$ 为奇函数，且 $f'(0)=0$.

7. 求下列函数的导数：

(1) $y=2\sqrt{x}-\dfrac{1}{x}+\sqrt[3]{4}$；　(2) $y=6x^{\frac{7}{2}}+4x^{\frac{5}{2}}+2x$；

(3) $y=x\tan x$；　(4) $y=x\sin x+\cos x$；

(5) $y=\dfrac{1-\ln x}{1+\ln x}$；　(6) $y=\dfrac{x}{10^x}$；

(7) $y=x^2\ln x\sin x$；　(8) $y=\dfrac{\operatorname{arccot}x}{e^x}$；

(9) $y=\dfrac{1}{\sqrt{\pi}}(1-2x^3)+\sin\dfrac{\pi}{3}$.

8. 求下列函数的导数：

(1) $y=(2x^2-1)^3$；　(2) $y=3\sin(3x+2)$；

(3) $y=\arccos\sqrt{x}$；　(4) $y=\sin^2(2x-1)$；

(5) $y=e^{\sin x}$；　(6) $y=\dfrac{1}{\sqrt{1-x^2}}$；

(7) $y=\ln\ln x$；　　(8) $y=\ln(x^2-\sin x)$；

(9) $y=\arctan(x^2+1)$；　　(10) $y=\ln\dfrac{e^x}{e^x+1}$；

(11) $y=\dfrac{\sin^2 x}{\sin x^2}$；　　(12) $y=\left(\arcsin\dfrac{x}{2}\right)^2$；

(13) $y=e^{\arctan\sqrt{x}}$；　　(14) $y=\ln[\cos(\arctan\sin x)]$.

9. 利用对数求导法求下列函数的导数：

(1) $y=\left(1-\dfrac{1}{x}\right)^x$；　　(2) $y=\sqrt[x]{x}$；

(3) $y=\dfrac{x^2}{1-x}\cdot\sqrt[3]{\dfrac{3-x}{(3+x)^2}}$.

10. 设函数 $f(x)$ 可导，求解下列各题：

(1) $y=f(x^2)$，求 $\dfrac{dy}{dx}$；

(2) $y=f^2(x)$，求 $\dfrac{dy}{dx}$；

(3) $y=f(e^x)-f(\sin x)$，求 $\left.\dfrac{dy}{dx}\right|_{x=0}$.

11. 求由下列方程确定的隐函数 $y=y(x)$ 的导数：

(1) $x^3+y^3-3axy=0$；　　(2) $x=\cos xy$；

(3) $e^{xy}+y\ln x=\cos 2x$；　　(4) $\arctan\dfrac{y}{x}=\ln\sqrt{x^2+y^2}$.

12. 求下列函数的二阶导数：

(1) $y=e^{2x-1}$；　　(2) $y=x\cdot e^{x^2}$；

(3) $y=\dfrac{1}{1+x^2}$；　　(4) $y=\ln(x+\sqrt{1+x^2})$.

13. 求下列函数的 n 阶导数：

(1) $y=\dfrac{1-x}{1+x}$；　　(2) $y=xe^x$；

(3) $y=\sin^2 x$；　　(4) $y=\ln(1+x)$.

14. 求下列函数的微分：

(1) $y=\dfrac{x}{1+x^2}$；　　(2) $y=e^{\arctan x}$；

(3) $y=\sqrt{1-x^2}$；　　(4) $y=\ln(x^2-1)$.

15. 求由下列方程确定的隐函数 $y=y(x)$ 的微分：

(1) $y=x+\dfrac{1}{2}\sin y$；　　(2) $e^y-xy=0$；

(3) $y^2=x+\arccos y$；　　(4) $x^4=y^2+\ln y$.

* 16. 利用微分近似运算求下列各数的近似值：

(1) $\tan 31°$；　　(2) $\cos 151°$；

(3) $\sqrt[3]{1.02}$.

选 做 题 3

1. 设函数 $f(x)$ 在 $x=0$ 处可导,且 $f(0)=0$,试求 $\lim\limits_{x\to 0}\dfrac{x^2 f(x)-2f(x^3)}{x^3}$.

2. 讨论函数 $f(x)=\begin{cases}\dfrac{2}{3}x^3, & x\leqslant 1,\\ x^2, & x>1\end{cases}$ 在 $x=1$ 处的可导性.

3. 求曲线 $e^{2x+y}-\cos(xy)=e-1$ 在点 $(0,1)$ 处的法线方程.

4. 若曲线 $y=x^2+ax+b$ 和 $2y=xy^3-1$ 在点 $(1,-1)$ 处相切,则常数 a,b 是多少.

5. 求函数 $f(x)=|\arctan x|$ 的 $f'_-(0)$ 及 $f'_+(0)$.

6. 已知函数 $y=f(x)$ 在点 $(1,0)$ 处的切线在 y 轴上的截距为 -1,求极限

$$\lim_{n\to\infty}\left[1+f\left(1+\frac{1}{n}\right)\right]^n.$$

7. 计算以方程 $y^3-3y+2ax=0$ 确定的隐函数 $y=y(x)$ 的导数.

8. 求函数 $y=(x^2+2x+2)e^{-x}$ 的 n 阶导数.

第4章 中值定理与导数的应用

第3章介绍了导数与微分的概念与计算方法. 在本章,我们将把导数作为工具来研究函数的某些性态,并利用这些知识解决一些实际问题. 为此,先要介绍微分学的几个中值定理,它们是导数应用的理论基础.

4.1 微分中值定理

首先介绍罗尔(Rolle)定理,然后由它推出拉格朗日中值定理和柯西中值定理.

4.1.1 罗尔定理

定理 1(罗尔定理) 如果函数 $y = f(x)$ 满足:

(1)在闭区间 $[a,b]$ 上连续;

(2)在开区间 (a,b) 内可导;

(3)在区间端点函数值相等,即 $f(a) = f(b)$,则至少存在一点 $\xi \in (a,b)$,使得

$$f'(\xi) = 0. \tag{4.1}$$

证明 因为函数 $y = f(x)$ 在闭区间 $[a,b]$ 上连续,所以由闭区间连续函数的性质可知,函数 $f(x)$ 在闭区间 $[a,b]$ 上存在最大值 M 和最小值 m. 若 $M = m$,则说明函数 $f(x)$ 为常量函数,即 $f(x) = C$,于是有 $f'(x) \equiv 0$,故定理成立.

若 $M > m$,因为 $f(a) = f(b)$,所以最大值 M 和最小值 m 至少有一个要取在开区间 (a,b) 内. 不妨设最小值 m 在点 $\xi \in (a,b)$ 处取得,即有 $f(\xi) = m \leqslant f(x)$, $x \in [a,b]$.

若 $\xi + \Delta x \in [a,b]$,设 $\Delta y = f(\xi + \Delta x) - f(\xi)$,则总有 $\Delta y \geqslant 0$. 于是有

$$\frac{\Delta y}{\Delta x} = \frac{f(\xi + \Delta x) - f(\xi)}{\Delta x} \geqslant 0, \quad \Delta x > 0,$$

$$\frac{\Delta y}{\Delta x} = \frac{f(\xi + \Delta x) - f(\xi)}{\Delta x} \leqslant 0, \quad \Delta x < 0.$$

根据函数 $f(x)$ 在开区间 (a,b) 内可导及极限的局部保号性,有

$$f'(\xi) = f'_-(\xi) = \lim_{\Delta x \to 0^-} \frac{\Delta y}{\Delta x} \leqslant 0,$$

$$f'(\xi) = f'_+(\xi) = \lim_{\Delta x \to 0^+} \frac{\Delta y}{\Delta x} \geqslant 0,$$

所以 $f'(\xi) = 0$.

罗尔定理的几何意义：如图 4.1 所示，若连续曲线 $y = f(x)$ 在 A,B 两点处高度相同(即 $f(a) = f(b)$)，并且曲线上除端点外处处都有不垂直于 x 轴的切线，则曲线上至少有一条切线是水平的(平行于 x 轴)，切点为 $(\xi, f(\xi))$.

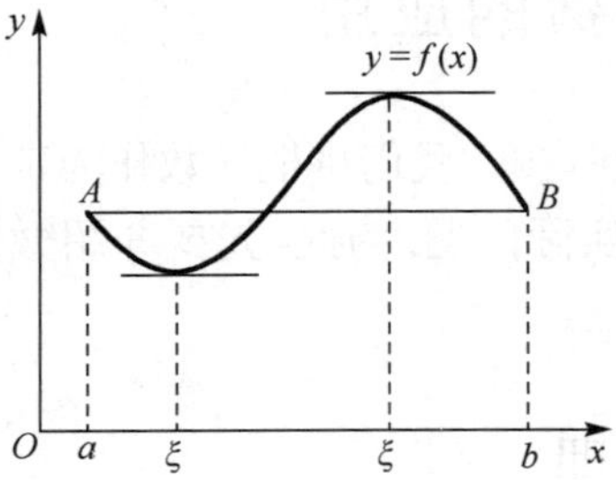

图 4.1

注意 (1)罗尔定理的结论为至少存在一点 $\xi \in (a,b)$，使 $f'(\xi) = 0$. 至于 $\xi \in (a,b)$ 的具体位置并未说明，但这并不会影响定理的应用.

(2)应用罗尔定理时，三个条件是缺一不可的.

(3)罗尔定理中的三个条件是其结论成立的充分条件，而不是必要的. 也就是说即使不满足定理中的三个条件，结论也有可能成立.

例 1 验证函数 $f(x) = x^2 + 2x - 3$ 在区间 $[-3,1]$ 上满足罗尔定理.

解 函数 $f(x) = x^2 + 2x - 3$ 在闭区间 $[-3,1]$ 上连续，函数 $f(x) = x^2 + 2x - 3$ 在开区间 $(-3,1)$ 内可导，并且 $f(-3) = f(1)$，因此有一点 $\xi \in (-3,1)$，使得 $f'(\xi) = 0$，此时 $\xi = -1$.

例 2 证明方程 $x^3 + x + 2 = 0$ 有且仅有一个实根.

证明 设函数 $f(x) = x^3 + x + 2$，则 $f(x)$ 在 $x \in (-\infty, \infty)$ 上连续.

由于 $f(-2) = -8, f(0) = 2$，所以由连续函数的零点定理有，至少存在一点 $x_1 \in (-2,0)$，使得 $f(x_1) = 0$，即方程 $x^3 + x + 2 = 0$ 有实根. 下证明唯一性，

假设方程 $x^3 + x + 2 = 0$ 除 x_1 外还有一根 $x_2 \neq 0$. 不妨假设 $x_1 < x_2$($x_1 > x_2$ 方法相同)，则 $f(x_1) = f(x_2)$. $f(x)$ 在闭区间 $[x_1, x_2]$ 上连续，在开区间 (x_1, x_2) 内可导. 因此，由罗尔定理有

$$f'(\xi) = 0, \quad \xi \in (x_1, x_2),$$

而 $f'(x) = 3x^2 + 1 \geqslant 1$，矛盾，故得证.

4.1.2 拉格朗日(Lagrange)中值定理

定理 2(拉格朗日中值定理) 如果函数 $y = f(x)$ 满足

(1)在闭区间 $[a,b]$ 上连续；

(2)在开区间 (a,b) 内可导，

则至少存在一点 $\xi \in (a,b)$，使得

$$f'(\xi) = \frac{f(b) - f(a)}{b - a} \tag{4.2}$$

或

$$f(b) - f(a) = f'(\xi)(b - a).$$

拉格朗日中值定理的几何意义：如图 4.2 所示，$\dfrac{f(b) - f(a)}{b - a}$ 为弦 AB 的斜

率，$f'(\xi)$ 为曲线上点 $(\xi, f(\xi))$ 处切线的斜率，二者相等. 所以拉格朗日值定理的几何意义是：如果连续曲线 $y = f(x)$ 除端点 A, B 外处处都有不垂直于 x 轴的切线，那么曲线上至少有一条切线（切点为 $(\xi, f(\xi))$）平行于弦 AB 所在直线.

拉格朗日中值定理中的函数 $f(x)$ 若满足 $f(a) = f(b)$，则有 $f'(\xi) = 0$，可知罗尔定理是拉格朗日中值定理的特殊情形. 因此我们可以考虑能否用罗尔定理来证明拉格朗日中值定理，但拉格朗日中值定理中的函数 $f(x)$ 并一定满足 $f(a) = f(b)$，因此我们需要寻找一个与函数 $f(x)$ 有密切关系的函数 $F(x)$（称 $F(x)$ 为辅助函数），使其满足条件 $F(a) = F(b)$，进而对 $F(x)$ 应用罗尔定理，由此所得到的结论再转化到 $f(x)$ 上，最终证明拉格朗日中值定理的结论. 为此我们从拉格朗日中值定理的几何意义出发来寻找辅助函数，如图 4.2 所示，若过函数 $y = f(x), x \in [a, b]$ 的曲线上任意一点 $(x, f(x))$ 作垂直于 x 轴的直线，交曲线 $y = f(x)$ 于 P，交弦 AB 于 Q，则有向线段 PQ 的值与 x 有关，并且进一步观察当 x 取在 A 或 B 点上时，P 与 Q 重合，也即当 $x = a, x = b$ 时 PQ 的值相等（都为零）. 同时有向线段 PQ 的值可由曲线的函数值（纵坐标）$f(x)$ 与直线 AB 方程的函数值（直线上对应点的纵坐标）作差来表示，为此可以引入辅助函数 $F(x)$ 来表示有向线段 PQ 的值. 由直线 AB 的斜率为 $\dfrac{f(b) - f(a)}{b - a}$，并且经过点 $(a, f(a))$，所以直线 AB 的方程可以表示为

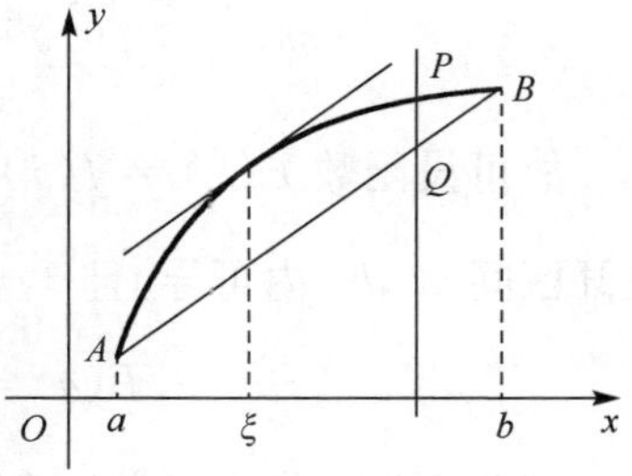

图 4.2

$$y = f(a) + \frac{f(b) - f(a)}{b - a}(x - a),$$

所以有向线段 PQ 的值的函数

$$F(x) = f(x) - f(a) - \frac{f(b) - f(a)}{b - a}(x - a).$$

拉格朗日中值定理的证明　构造辅助函数

$$F(x) = f(x) - f(a) - \frac{f(b) - f(a)}{b - a}(x - a).$$

$F(x)$ 在闭区间 $[a, b]$ 上连续，在开区间 (a, b) 内可导，并且

$$F(a) = 0 = F(b).$$

因此，由罗尔定理，至少存在一点 $\xi \in (a, b)$，使得

$$F'(\xi) = f'(\xi) - \frac{f(b) - f(a)}{b - a} = 0,$$

即有

$$f'(\xi) = \frac{f(b) - f(a)}{b - a}, \quad \xi \in (a, b).$$

定理得证.

另外还可以采用如下的两种构造辅助函数的方法来证明拉格朗日中值定理.

法一 式(4.2)可改写成如下等价形式

$$\left[f(x)-\frac{f(b)-f(a)}{b-a}x\right]'\bigg|_{x=\xi}=0.$$

故可设函数 $F(x)=f(x)-\dfrac{f(b)-f(a)}{b-a}x$，则 $F(x)$ 在闭区间 $[a,b]$ 上连续，在开区间 (a,b) 内可导，且

$$F(a)=\frac{bf(a)-af(b)}{b-a}=F(b).$$

因此 $F(x)$ 在 $[a,b]$ 上满足罗尔定理的全部条件，应用罗尔定理结论得证.

法二 欲证

$$f'(\xi)=\frac{f(b)-f(a)}{b-a},$$

即证明

$$f'(\xi)(b-a)-[f(b)-f(a)]=0,$$

也就是要证明

$$[f(x)(b-a)-(f(b)-f(a))x]'|_{x=\xi}=0.$$

因此只需构造辅助函数

$$F(x)=f(x)(b-a)-[f(b)-f(a)]x.$$

在 $[a,b]$ 上满足罗尔定理的条件即可. 事实上，显然 $F(x)$ 满足罗尔定理的前两个条件，并且

$$F(a)=bf(a)-af(b)=F(b).$$

从而第三个条件也成立.

在拉格朗日中值定理的证明过程中，用到了构造辅助函数法. 这种方法的主要思想是根据待证明结论构造辅助函数，大家对这种方法应引起足够的重视，它在今后会有广泛应用.

注意 称拉格朗日中值定理为**微分中值定理**，式 (4.2) 为**拉格朗日中值公式**，它常改成如下等价形式：

(1) $f(b)=f(a)+(b-a)f'(\xi),\xi\in(a,b).$ (4.3)

(2) $f(b)=f(a)+(b-a)f'[a+\theta(b-a)],\theta\in(0,1).$ (4.4)

(3) $f(x+\Delta x)=f(x)+f'(x+\theta\Delta x)\Delta x,\theta\in(0,1).$ (4.5)

作为拉格朗日中值定理的一个应用，来导出以后讲积分学时很有用的两个推论.

推论 1 如果函数 $f(x)$ 在区间 (a,b) 内可导，则 $f(x)\equiv C,x\in(a,b)$ 的充要条件为

$$f'(x) \equiv 0, \quad x \in (a,b), \tag{4.6}$$

其中 C 为常数.

证明　必要性: $f(x) \equiv C, x \in (a,b)$，常数的导数为零，所以 $f'(x) \equiv 0, x \in (a,b)$.

充分性:任取 $x_1, x_2 \in (a,b)$，不妨设 $x_1 < x_2$，则 $f(x)$ 在区间 $[x_1, x_2]$ 上满足拉格朗日中值定理的条件，因此存在一点 $\xi \in (x_1, x_2)$，使得

$$f'(\xi) = \frac{f(x_2) - f(x_1)}{x_2 - x_1}.$$

由于 $f'(x) \equiv 0, x \in (a,b)$，所以有

$$f(x_1) = f(x_2).$$

由 x_1, x_2 的任意性可知，$f(x)$ 在 (a,b) 内为常数，即

$$f(x) \equiv C, \quad x \in (a,b).$$

推论 2　若函数 $f(x), g(x)$ 在开区间 (a,b) 内可导，并且有 $f'(x) = g'(x), x \in (a,b)$，则有

$$f(x) = g(x) + C, \quad x \in (a,b), \tag{4.7}$$

其中 C 为常数.

证明　设 $F(x) = f(x) - g(x)$，则有

$$F'(x) = f'(x) - g'(x) = 0, \quad x \in (a,b).$$

于是由推论 1 可知 $F(x) = f(x) - g(x) = C, x \in (a,b)$，其中 C 为常数，即 $f(x) = g(x) + C, x \in (a,b)$，推论得证.

例 3　证明当 $x > 0$ 时，

$$\frac{x}{1+x} < \ln(1+x) < x.$$

证明　引入辅助函数 $f(t) = \ln(1+t)$，显然 $f(t)$ 在区间 $[0,x]$(其中 $x > 0$) 上满足拉格朗日中值定理的条件. 其中 $f(0) = 0, f'(t) = \dfrac{1}{1-t}$. 所以，至少存在一点 $\xi \in (0,x)$，使得

$$f'(\xi) = \frac{1}{1+\xi} = \frac{f(x) - f(0)}{x - 0} = \frac{\ln(1+x)}{x},$$

即

$$\ln(1+x) = \frac{x}{1+\xi}, \quad \xi \in (0,x),$$

并且有 $\dfrac{x}{1+x} < \dfrac{x}{1+\xi} < x, \xi \in (0,x)$，所以

$$\frac{x}{1+x} < \ln(1+x) < x, \quad x > 0.$$

例 4　试证明：$\arctan x + \operatorname{arccot} x = \frac{\pi}{2}, -\infty < x < +\infty$.

证明　因 $(\arctan x + \operatorname{arccot} x)' = \frac{1}{1+x^2} - \frac{1}{1+x^2} = 0, -\infty < x < +\infty$，故利用推论 1 有

$$\arctan x + \operatorname{arccot} x = C, \quad -\infty < x < +\infty.$$

令 $x = 0$，得 $0 + \frac{\pi}{2} = C$，从而 $C = \frac{\pi}{2}$，所以

$$\arctan x + \operatorname{arccot} x = \frac{\pi}{2}, \quad -\infty < x < +\infty.$$

4.1.3　柯西(Cauchy)中值定理

定理 3(柯西中值定理)　如果函数 $f(x)$ 与 $g(x)$ 满足

(1)在闭区间 $[a,b]$ 上连续；

(2)在开区间 (a,b) 内可导；

(3)对任一 $x \in (a,b), g'(x) \neq 0$，

那么至少存在一点 $\xi \in (a,b)$，使得

$$\frac{f'(\xi)}{g'(\xi)} = \frac{f(b)-f(a)}{g(b)-g(a)}. \tag{4.8}$$

证明　首先说明 $g(b)-g(a) \neq 0$，反证法，若 $g(b)-g(a) = 0$，即 $g(a) = g(b)$，对 $g(x)$ 在 $[a,b]$ 上应用罗尔定理，有至少存在一点 $\xi \in (a,b)$，使得 $g'(\xi) = 0$，这与已知条件(3)矛盾.

下面证明式(4.8).

由拉格朗日中值定理的证明思想，可以构造辅助函数

$$F(x) = f(x) - f(a) - \frac{f(b)-f(a)}{g(b)-g(a)}(g(x)-g(a)),$$

$F(x)$ 在闭区间 $[a,b]$ 上连续，在开区间 (a,b) 内可导，且

$$F(a) = 0 = F(b),$$

所以 $F(x)$ 在闭区间 $[a,b]$ 上满足罗尔定理条件，即有

$$F'(\xi) = f'(\xi) - \frac{f(b)-f(a)}{g(b)-g(a)}g'(\xi) = 0, \quad \xi \in (a,b),$$

得

$$\frac{f'(\xi)}{g'(\xi)} = \frac{f(b)-f(a)}{g(b)-g(a)}, \quad \xi \in (a,b).$$

定理得证.

在柯西中值定理的函数 $g(x) = x$ 时，柯西中值定理就转化为拉格朗日中值定理，即拉格朗日中值定理为柯西中值定理的特例.

根据待证结论,利用构造辅助函数的方法,下面再举几个例子.

例 5　设函数 $f(x)$ 在 $[a,b]$ 上连续,在 (a,b) 内可导,若 $0<a<b$. 证明:至少存在一点 $\xi\in(a,b)$,使得

$$f(\xi)-\xi f'(\xi)=\frac{bf(a)-af(b)}{b-a}.$$

证明　将待证等式变形为

$$\frac{\dfrac{\xi f'(\xi)-f(\xi)}{\xi^2}}{-\dfrac{1}{\xi^2}}=\frac{\dfrac{f(b)}{b}-\dfrac{f(a)}{a}}{\dfrac{1}{b}-\dfrac{1}{a}},$$

由此可知,应设 $F(x)=\dfrac{f(x)}{x}$,$G(x)=\dfrac{1}{x}$.

$F(x)$,$G(x)$ 在 $[a,b]$ 上满足柯西中值定理的条件. 于是,至少存在一点 $\xi\in(a,b)$,使得

$$\frac{F'(\xi)}{G'(\xi)}=\frac{F(b)-F(a)}{G(b)-G(a)}=\frac{bf(a)-af(b)}{b-a}.$$

因为

$$F'(x)=\frac{xf'(x)-f(x)}{x^2},\quad G'(x)=-\frac{1}{x^2},$$

所以

$$f(\xi)-\xi f'(\xi)=\frac{F'(\xi)}{G'(\xi)}=\frac{bf(a)-af(b)}{b-a}.$$

例 6　设函数 $y=f(x)$ 在闭区间 $[0,1]$ 上连续,在开区间 $(0,1)$ 内可导,并且有 $f(1)=0$. 证明:至少存在一点 $\xi\in(0,1)$,使得

$$f'(\xi)=-\frac{1}{\xi}f(\xi).$$

证明　待证结果等价于

$$f(\xi)+\xi f'(\xi)=0\Leftrightarrow[xf(x)]'|_{x=\xi}=0.$$

设辅助函数为 $F(x)=xf(x)$,$F(x)$ 在 $[0,1]$ 上连续,在 $(0,1)$ 内可导,注意到 $f(1)=0$,所以 $F(0)=0=F(1)$,于是由罗尔定理,至少存在一点 $\xi\in(0,1)$,使得

$$F'(\xi)=f(\xi)+\xi f'(\xi)=0.$$

因此,得

$$f'(\xi)=-\frac{1}{\xi}f(\xi),\quad \xi\in(0,1).$$

例 7　设函数 $f(x)$,$g(x)$ 在闭区间 $[a,b]$ 上连续,在开区间 (a,b) 内可导,且 $f(a)=f(b)=0$,$x\in[a,b]$,$g(x)\neq 0$. 证明:至少存在一点 $\xi\in(a,b)$,使得

$$f'(\xi)g(\xi)=g'(\xi)f(\xi).$$

证明 设函数 $F(x)=\dfrac{f(x)}{g(x)}$，由已知可得 $F(x)$ 在 $[a,b]$ 上连续，在 (a,b) 内可导，且 $F(a)=0=F(b)$，于是由罗尔定理，至少存在一点 $\xi\in(a,b)$，使得

$$F'(\xi)=\frac{f'(\xi)g(\xi)-g'(\xi)f(\xi)}{g^2(\xi)}=0,$$

即

$$f'(\xi)g(\xi)-g'(\xi)f(\xi)=0,$$

所以

$$f'(\xi)g(\xi)=g'(\xi)f(\xi),\quad \xi\in(a,b).$$

4.2 洛必达(L'Hospital)法则

如果在自变量的同一变化趋势下，两个函数的极限为 $\lim f(x)=\lim g(x)=0$ 或 ∞，则极限 $\lim\dfrac{f(x)}{g(x)}$ 可能存在也可能不存在，也就是说在自变量的同一变化趋势下，两个无穷小量或无穷大量商的极限可能存在也可能不存在. 通常称这种形式的极限为未定式极限，简称未定式，记为 $\dfrac{0}{0}$ 或 $\dfrac{\infty}{\infty}$. 对于这种类型的极限，本节将介绍一个重要的方法——洛必达法则.

4.2.1 $\dfrac{0}{0}$ 型未定式

定理 4 设函数 $f(x),g(x)$ 满足：

(1) $\lim\limits_{x\to a}f(x)=\lim\limits_{x\to a}g(x)=0$；

(2)在点 a 的某空心邻域 $f'(x)$ 与 $g'(x)$ 都存在，且 $g'(x)\neq 0$；

(3) $\lim\limits_{x\to a}\dfrac{f'(x)}{g'(x)}=A$（$A$ 有限常数）或 ∞，

则

$$\lim_{x\to a}\frac{f(x)}{g(x)}=\lim_{x\to a}\frac{f'(x)}{g'(x)}=A\text{ 或 }\infty. \tag{4.9}$$

这就是说，当 $\lim\limits_{x\to a}\dfrac{f'(x)}{g'(x)}$ 存在时，$\lim\limits_{x\to a}\dfrac{f(x)}{g(x)}$ 也存在且等于 $\lim\limits_{x\to a}\dfrac{f'(x)}{g'(x)}$；当 $\lim\limits_{x\to a}\dfrac{f'(x)}{g'(x)}$ 为无穷大时，$\lim\limits_{x\to a}\dfrac{f(x)}{g(x)}$ 也是无穷大. 这种在一定条件下通过分子分母分别求导再求极限来确定未定式的值的方法称为**洛必达(L'Hospital)**法则.

对于 $x\to\infty,x\to a^-,x\to a^+,x\to-\infty,x\to+\infty$ 的洛必达法则，只需将条件

(2)作相应修改，$\frac{0}{0}$ 型未定式仍有上述结论. 下面仅对 $x \to a$ 时进行证明.

证明　由于 $\lim\limits_{x\to a}\frac{f(x)}{g(x)}$ 存在与否，与 $f(a)$ 及 $g(a)$ 无关，所以可以假定 $f(a) = g(a) = 0$.

因此，$f(x)$ 和 $g(x)$ 在点 a 的某个邻域内连续. 设 x 是这个邻域内的一点，那么在以 x 及 a 为端点的区间上，柯西定理的条件满足，因此有

$$\frac{f(x)}{g(x)} = \frac{f(x) - f(a)}{g(x) - g(a)} = \frac{f'(\xi)}{g'(\xi)}\quad(\xi \text{在} x \text{与} a \text{之间}).$$

令 $x \to a$，并对上式两端求极限，当 $x \to a$ 时，$\xi \to a$. 根据定理的条件(3)有

$$\lim_{x\to a}\frac{f(x)}{g(x)} = \lim_{x\to a}\frac{f(x) - f(a)}{g(x) - g(a)} = \lim_{x\to a}\frac{f'(\xi)}{g'(\xi)} = \lim_{\xi\to a}\frac{f'(\xi)}{g'(\xi)}$$
$$= \lim_{x\to a}\frac{f'(x)}{g'(x)} = A \text{ 或 } \infty.$$

定理得证.

例 8　求 $\lim\limits_{x\to 0}\frac{\sin 3x}{\sin 2x}$.

解　$\lim\limits_{x\to 0}\frac{\sin 3x}{\sin 2x} = \lim\limits_{x\to 0}\frac{3\cos 3x}{2\cos 2x} = \frac{3}{2}$.

例 9　求 $\lim\limits_{x\to 1}\frac{x^3 - 3x + 2}{x^3 - 2x^2 + x}$.

解　$\lim\limits_{x\to 1}\frac{x^3 - 3x + 2}{x^3 - 2x^2 + x} = \lim\limits_{x\to 1}\frac{3x^2 - 3}{3x^2 - 4x + 1} = \lim\limits_{x\to 1}\frac{6x}{6x - 4} = 3$.

上式的第二步成立是利用了洛必达法则，若极限 $\lim\frac{f'(x)}{g'(x)}$ 还是 $\frac{0}{0}$ 型待定式，可再次运用洛必达法则. 对于 $\lim\limits_{x\to 1}\frac{6x}{6x - 4}$ 不是未定式，不能应用洛必达法则，否则要导致错误结果. 以后使用洛必达法则应当注意这一点，如果不是未定式，就不能应用洛必达法则.

例 10　求 $\lim\limits_{x\to 0}\frac{x - \sin x}{x^3}$.

解　$\lim\limits_{x\to 0}\frac{x - \sin x}{x^3} = \lim\limits_{x\to 0}\frac{1 - \cos x}{3x^2} = \lim\limits_{x\to 0}\frac{\sin x}{6x} = \frac{1}{6}$.

上式的第二步运算也可利用等价无穷小量替换，$x \to 0$，$1 - \cos x$ 等价于 $\frac{1}{2}x^2$，一般来说在应用洛必达法则之前或求解过程中，应尽可能用其他方法简化所求极限. 例如，有极限为非零常数的因子可以先求出或运用等价无穷小替换可以简化求导过程.

例 11　求 $\lim\limits_{x\to 0}\frac{\arctan x - x}{\ln(1 + 2x^3)}$.

解　$\lim\limits_{x\to 0}\dfrac{\arctan x - x}{\ln(1+2x^3)} = \lim\limits_{x\to 0}\dfrac{\dfrac{1}{1+x^2}-1}{6x^2} = \lim\limits_{x\to 0}\dfrac{-x^2}{6x^2(1+x^2)} = -\dfrac{1}{6}$.

例 12　求 $\lim\limits_{x\to+\infty}\dfrac{\dfrac{\pi}{2}-\arctan x}{\dfrac{1}{x}}$.

解　$\lim\limits_{x\to+\infty}\dfrac{\dfrac{\pi}{2}-\arctan x}{\dfrac{1}{x}} = \lim\limits_{x\to+\infty}\dfrac{-\dfrac{1}{1+x^2}}{-\dfrac{1}{x^2}} = \lim\limits_{x\to+\infty}\dfrac{x^2}{1+x^2} = 1.$

4.2.2　$\dfrac{\infty}{\infty}$型未定式

定理 5　设函数 $f(x),g(x)$ 满足：

(1) $\lim\limits_{x\to\infty}f(x) = \lim\limits_{x\to\infty}g(x) = \infty$；

(2)当 $|x| > X$ 时 $f'(x)$ 与 $g'(x)$ 都存在，且 $g'(x)\neq 0$；

(3) $\lim\limits_{x\to\infty}\dfrac{f'(x)}{g'(x)} = A$($A$ 为有限常数) 或 ∞，

则

$$\lim_{x\to\infty}\frac{f(x)}{g(x)} = \lim_{x\to\infty}\frac{f'(x)}{g'(x)} = A \text{ 或 } \infty. \tag{4.10}$$

对于 $x\to a, x\to a^-, x\to a^+, x\to-\infty, x\to+\infty$，只需将条件(2)作相应修改，$\dfrac{\infty}{\infty}$型未定式仍有上述洛必达法则成立. 也就是说洛必达法则是用来求解$\dfrac{0}{0}$，$\dfrac{\infty}{\infty}$型未定式的一种有效方法.

例 13　求 $\lim\limits_{x\to+\infty}\dfrac{\ln x}{x^2}$.

解　$\lim\limits_{x\to+\infty}\dfrac{\ln x}{x^2} = \lim\limits_{x\to+\infty}\dfrac{\dfrac{1}{x}}{2x} = \lim\limits_{x\to+\infty}\dfrac{1}{2x^2} = 0.$

例 14　求 $\lim\limits_{x\to+\infty}\dfrac{x^2}{e^x}$.

解　$\lim\limits_{x\to+\infty}\dfrac{x^2}{e^x} = \lim\limits_{x\to+\infty}\dfrac{2x}{e^x} = \lim\limits_{x\to+\infty}\dfrac{2}{e^x} = 0.$

例 15　求 $\lim\limits_{x\to\infty}\dfrac{x+\sin x}{x-\sin x}$.

解　这是$\dfrac{\infty}{\infty}$型未定，由于

$$\lim_{x\to\infty}\frac{(x+\sin x)'}{(x-\sin x)'} = \lim_{x\to\infty}\frac{1+\cos x}{1-\cos x}.$$

上式右边极限不存在,也不为∞,故不能使用洛必达法则. 事实上

$$\lim_{x\to\infty}\frac{x+\sin x}{x-\sin x}=\lim_{x\to\infty}\frac{1+\dfrac{1}{x}\sin x}{1-\dfrac{1}{x}\sin x},$$

并且 $x\to\infty$ 时, $\dfrac{1}{x}$ 为无穷小量, $\sin x$ 为有界变量,所以 $\lim\limits_{x\to\infty}\dfrac{1}{x}\sin x=0$, 因此

$$\lim_{x\to\infty}\frac{x+\sin x}{x-\sin x}=\lim_{x\to\infty}\frac{1+\dfrac{1}{x}\sin x}{1-\dfrac{1}{x}\sin x}=1.$$

例 15 说明,若极限 $\lim\dfrac{f'(x)}{g'(x)}$ 不存在,也不为 ∞, 则洛必达法则失效. 这时极限 $\lim\dfrac{f(x)}{g(x)}$ 是否存在,需要通过其他方法判断或求解(极限可能存在),而不能认为其不存在,这样有可能会导致错误的结果.

4.2.3　其他型的未定式

除了 $\dfrac{0}{0}$ 和 $\dfrac{\infty}{\infty}$ 型未定式,还有 $0\cdot\infty,\infty-\infty,0^0,1^\infty,\infty^0$ 型的未定式. 求解这些未定式的方法,一般来说是将它们转化为 $\dfrac{0}{0}$ 和 $\dfrac{\infty}{\infty}$ 型未定式,然后按洛必达法则求解.

(1)对于 $0\cdot\infty$ 型未定式一般改写为商 $\dfrac{0}{0}$ 或 $\dfrac{\infty}{\infty}$ 型.

例 16　求 $\lim\limits_{x\to0^+}x^n\ln x, n>0$ ($0\cdot\infty$型)(n 为正整数).

解　$$\lim_{x\to0^+}x^n\ln x=\lim_{x\to0^+}\frac{\ln x}{x^{-n}}=\lim_{x\to0^+}\frac{\dfrac{1}{x}}{-nx^{-n-1}}=-\lim_{x\to0^+}\frac{x^n}{n}=0.$$

(2)对于 $\infty-\infty$ 型未定式一般进行通分或其他方法改写成分式 $\dfrac{0}{0}$ 或 $\dfrac{\infty}{\infty}$ 型.

例 17　求 $\lim\limits_{x\to1}\left(\dfrac{1}{x-1}-\dfrac{1}{\ln x}\right)$ ($\infty-\infty$ 型).

解　$$\lim_{x\to1}\left(\frac{1}{x-1}-\frac{1}{\ln x}\right)=\lim_{x\to1}\frac{\ln x-x+1}{(x-1)\ln x}=\lim_{x\to1}\frac{\dfrac{1}{x}-1}{\ln x+1-\dfrac{1}{x}}$$

$$=\lim_{x\to1}\frac{-\dfrac{1}{x^2}}{\dfrac{1}{x}+\dfrac{1}{x^2}}=-\frac{1}{2}.$$

(3)对于 0^0,1^∞,∞^0 等幂指型未定式,一般利用对数恒等式 $a^x = e^{x\ln a}$ 将待求极限转化为 $0\cdot\infty$ 型,进而再转化为 $\frac{0}{0}$ 或 $\frac{\infty}{\infty}$ 型.

例 18　求 $\lim\limits_{x\to 0^+} x^x$ (0^0 型).

解　$\lim\limits_{x\to 0^+} x^x = \lim\limits_{x\to 0^+} e^{x\ln x} = e^{\lim\limits_{x\to 0^+} x\ln x} = e^{\lim\limits_{x\to 0^+} \frac{\ln x}{\frac{1}{x}}} = e^0 = 1.$

例 19　求 $\lim\limits_{x\to 0}\left[\frac{\ln(1+x)}{x}\right]^{\frac{1}{e^x-1}}$ (1^∞ 型).

解
$$\lim_{x\to 0}\left[\frac{\ln(1+x)}{x}\right]^{\frac{1}{e^x-1}} = e^{\lim\limits_{x\to 0}\frac{1}{e^x-1}\ln\left[\frac{\ln(1+x)}{x}\right]},$$

而

$$\begin{aligned}\lim_{x\to 0}\frac{1}{e^x-1}\ln\left[\frac{\ln(1+x)}{x}\right] &= \lim_{x\to 0}\frac{\frac{\ln(1+x)}{x}-1}{e^x-1}\\ &= \lim_{x\to 0}\frac{\ln(1+x)-x}{x(e^x-1)}\\ &= \lim_{x\to 0}\frac{\ln(1+x)-x}{x^2}\\ &= \lim_{x\to 0}\frac{\frac{1}{1+x}-1}{2x}\\ &= \lim_{x\to 0}\frac{-x}{2x(1+x)}\\ &= -\frac{1}{2}.\end{aligned}$$

所以

$$\lim_{x\to 0}\left[\frac{\ln(1+x)}{x}\right]^{\frac{1}{e^x-1}} = e^{-\frac{1}{2}}.$$

例 20　求 $\lim\limits_{x\to +\infty} x^{\frac{1}{x}}$ (∞^0 型).

解
$$\lim_{x\to +\infty} x^{\frac{1}{x}} = e^{\lim\limits_{x\to +\infty}\frac{1}{x}\ln x},$$
$$\lim_{x\to +\infty}\frac{1}{x}\ln x = \lim_{x\to +\infty}\frac{1}{x} = 0,$$

所以

$$\lim_{x\to +\infty} x^{\frac{1}{x}} = 1.$$

最后指出,洛必达法则是求解未定式 $\frac{0}{0}$ 或 $\frac{\infty}{\infty}$ 的一种有效方法,但并不是万能的,只有当极限 $\lim\frac{f'(x)}{g'(x)}$ 存在或为 ∞ 时,才有 $\lim\frac{f(x)}{g(x)} = \lim\frac{f'(x)}{g'(x)}$ 或 $\lim\frac{f(x)}{g(x)} =$

∞；当极限 $\lim \dfrac{f'(x)}{g'(x)}$ 不存在，也不为 ∞ 时，不能使用洛必达法则，此时 $\lim \dfrac{f(x)}{g(x)}$ 可能存在也可能不存在，需用其他方法求解.

4.3　函数的单调性与函数的极值

4.3.1　函数的单调性

在第 1 章里，已经介绍了函数在区间上单调性的概念，下面利用导数对函数的单调性进行研究.

导数的几何意义是函数曲线切线的斜率，因此，从图 4.3 观察，曲线沿 x 轴正向上升，这时曲线上各点处切线斜率为正，即导数为正（$f'(x)>0$）；曲线沿 x 轴正向下降，这时曲线上各点处切线斜率为负，即导数为负（$f'(x)<0$）. 由此可见，函数的单调性与导数符号有着密切的联系.

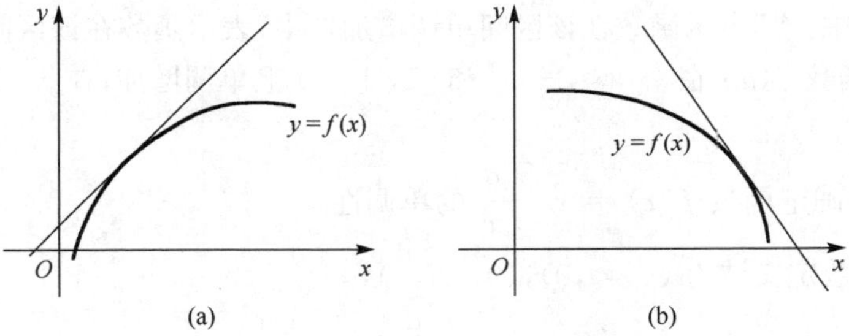

图 4.3

反过来，能否用导数的符号来判定函数的单调性呢？事实上是可以的. 下面我们给出函数单调性判别定理.

定理 6　设函数 $y=f(x)$ 在 $[a,b]$ 上连续，在 (a,b) 内可导.

(1)如果在 (a,b) 内恒有 $f'(x)>0$，则 $f(x)$ 在 $[a,b]$ 上单调增加；

(2)如果在 (a,b) 内恒有 $f'(x)<0$，则 $f(x)$ 在 $[a,b]$ 上单调减少.

证明　在 $[a,b]$ 上任取两点 x_1 和 x_2，且 $x_1<x_2$. 显然，函数 $f(x)$ 在 $[x_1,x_2]$ 上满足拉格朗日中值定理的条件. 于是，至少存在一点 $\xi\in(x_1,x_2)$，使得

$$f(x_2)-f(x_1)=f'(\xi)(x_2-x_1)\quad(x_1<\xi<x_2).$$

由 $x_2-x_1>0$，可知 $f(x_2)-f(x_1)$ 的符号与 $f'(\xi)$ 的符号一致. 因此，由 (1) 中条件有 $f'(\xi)>0$，从而 $f(x_2)>f(x_1)$，再由 x_1 和 x_2 的任意性可知，$f(x)$ 在 $[a,b]$ 上单调增加. 同理可证 (2). 定理得证.

注意　(1)如果在 (a,b) 内 $f'(x)\geqslant 0$ ($\leqslant 0$)，且等号仅在有限个点处成立，则 $f(x)$ 在 $[a,b]$ 上单调增加(减少)；

(2)如果将定理中的闭区间换成其他各种区间(包括无穷区间),那么定理结论也成立.

例 21 确定函数 $f(x)=x^3-3x$ 的单调性.

解 $f'(x)=3x^2-3=3(x+1)(x-1)$.

令

$$f'(x)=0,\quad 得\ x_1=-1, x_2=1.$$

以 x_1, x_2 为分点,将函数的定义域 $(-\infty,+\infty)$ 分成三个子区间:

$$(-\infty,-1),\quad (-1,1),\quad (1,+\infty).$$

在这些子区间内讨论 $f'(x)$ 的符号和函数的单调性,如表 4.1 所示.

表 4.1

区间	$(-\infty,-1)$	$(-1,1)$	$(1,+\infty)$
$f'(x)$	+	−	+
$f(x)$	↑	↓	↑

表 4.1 中"↑"表示函数在该区间单调增加,"↓"表示函数在该区间单调减少.由此可知,函数 $f(x)$ 在 $(-\infty,-1]$ 和 $[1,+\infty)$ 上单调增加;在 $[-1,3]$ 上单调减少.

例 22 确定函数 $f(x)=x+\frac{9}{x}$ 的单调性.

解 函数定义域为 $(-\infty,0),(0,+\infty)$,

$$f'(x)=1-\frac{9}{x^2}=\frac{x^2-9}{x^2}.$$

令

$$f'(x)=0,\quad 得\ x_1=-3, x_2=3.$$

$x_3=0$ 处函数 $f(x)$ 导数不存在. 以 x_1, x_2 和 x_3 为分点,将函数定义域分成四个子区间. 下面分别在各个子区间内讨论 $f'(x)$ 的符号和函数的单调性,如表 4.2 所示.

表 4.2

区间	$(-\infty,-3)$	$(-3,0)$	$(0,3)$	$(3,+\infty)$
$f'(x)$	+	−	−	+
$f(x)$	↑	↓	↓	↑

由表 4.2 可知,函数 $f(x)$ 在区间 $(-\infty,-3]$ 和 $[3,+\infty)$ 上单调增加;在区间 $[-3,0)$ 和 $(0,3]$ 上单调减少.

由以上两个例子可知,判断函数在定义区间的单调性,一般先用导数等于 0 $(f'(x)=0)$ 的点和导数不存在 $(f'(x)$ 不存在)的点来划分函数的定义区间,然

后根据 $f'(x)$ 的符号来判断对应区间的单调性(导数大于零对应的区间递增,导数小于零对应的区间递减).

4.3.2　函数的极值

如图 4.4 所示点 x_1,x_2 是函数 $y=f(x)$ 单调区间的分界点. 从点 x_1 的左侧到右侧,曲线 $y=f(x)$ 先升后降,点 $(x_1,f(x_1))$ 处于曲线的"峰顶",这可以说必存在一个以 x_1 为中心的空心邻域,在该邻域内的任意一点 x,均有 $f(x)<f(x_1)$. 通常称这样的函数值 $f(x_1)$ 为 $f(x)$ 的极大值,对应的点 x_1 为极大值点. 类似的讨论可知,点 $(x_2,f(x_2))$ 处于曲线 $y=f(x)$ 的"谷底". 通常称函数值 $f(x_2)$ 为 $f(x)$ 的极小值,对应的点 x_2 为 $f(x)$ 的极小值点.

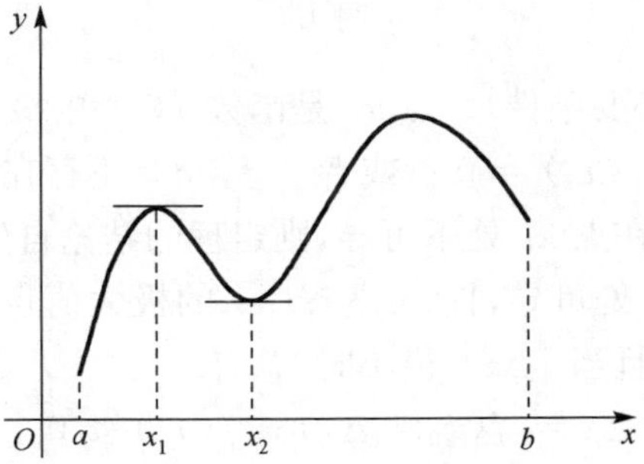

图 4.4

一般地,有如下的定义.

定义 1　设函数 $y=f(x)$ 在点 x_0 的某邻域内有定义. 如果对该邻域内的任意一点 $x(x\neq x_0)$,恒有

$$f(x)<f(x_0)\ (\text{或}\ f(x)>f(x_0)),$$

则称 $f(x_0)$ 是 $f(x)$ 的**极大值(或极小值)**,称 x_0 是 $f(x)$ 的**极大值点(或极小值点)**.

函数的极大值与极小值统称为函数的**极值**,极大值点与极小值点统称为**极值点**.

函数的极值概念是局部的,如果 $f(x_0)$ 是 $f(x)$ 的一个极大值,那只是就 x_0 附近的局部范围来说,$f(x_0)$ 是 $f(x)$ 的一个最大值;如果就 $f(x)$ 的整个定义域来说,$f(x_0)$ 未必是最大值. 关于极小值也类似.

由图 4.5 所示的曲线 $y=f(x)$ 中可以看出,点 x_1,x_2,x_4 为极值点,并且在点 x_1,x_2 处,曲线有水平切线;点 x_4 处曲线的切线不存在. 也就是说极值点处或者有水平切线或者切线不存在,那反之呢? 显然未必成立,如点 x_3 处有水平切线,但点 x_3 不是极值点;点 x_5 处切线不存在,但点 x_5 不是极值点. 水平切线即 $f'(x)$ 为零,切线不存在即 $f'(x)$ 不存,因此极值点应在 $f'(x)$ 为零或 $f'(x)$ 不存在的点中取得,但并不是所有 $f'(x)$ 为零或 $f'(x)$ 不存在的点都是极值点. 这就是极值点存在的必要条件.

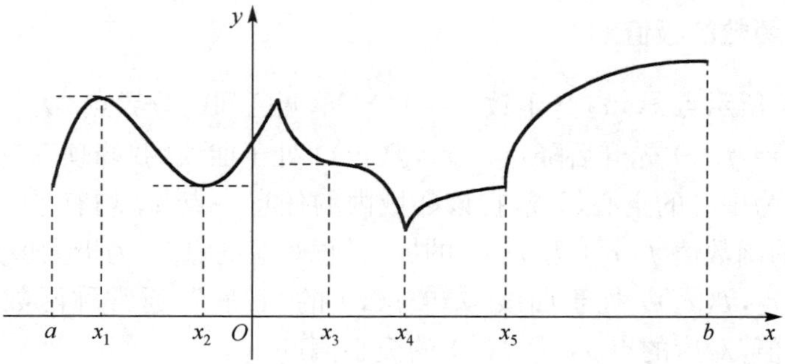

图 4.5

定理 7(极值点的必要条件) 点 x_0 是函数 $f(x)$ 的极值点的必要条件是

$$f'(x_0)=0 \quad 或者 \quad f'(x_0)\text{不存在}.$$

证明 如果 $f(x)$ 在点 x_0 处不可导,则定理的结论自然成立.

现设 $f(x)$ 在点 x_0 处可导,且 x_0 为 $f(x)$ 的极大值点. 由定义可知, $f(x)$ 在 x_0 的某邻域内有定义. 且当 $|\Delta x|$ 很小时,总有

$$\Delta y=f(x_0+\Delta x)-f(x_0)<0.$$

于是有

$$f'_+(x_0)=\lim_{\Delta x\to 0^+}\frac{\Delta y}{\Delta x}\leqslant 0,$$

$$f'_-(x_0)=\lim_{\Delta x\to 0^-}\frac{\Delta y}{\Delta x}\geqslant 0.$$

又因 $f(x)$ 在点 x_0 处可导,故有

$$f'(x_0)=f'_+(x_0)=f'_-(x_0),$$

从而有

$$f'(x_0)=0.$$

类似可证,当 x_0 为 $f(x)$ 的极小值点时,也必定有 $f'(x_0)=0$, 定理得证.

称使得 $f'(x)=0$ 的点为函数 $f(x)$ 的驻点.

通过定理 4.7 的证明与结论可以看出以下两点:

(1)若点 x_0 是可导函数 $f(x)$ 的极值点,则必有 $f'(x_0)=0$, 即可导函数的极值点必为驻点. 但反之未必,如 $y=x^3$ 的驻点为 $x=0$, 但 $x=0$ 并不是 $y=x^3$ 的极值点.

一般函数的极值点必是它的驻点或导数不存在的点. 因此,函数极值点应在其驻点和导数不存在的点中去寻找. 但是,驻点和导数不存在的点不一定都是极值点,如 $y=\frac{1}{x}$ 在 $x=0$ 处导数不存在,但 $x=0$ 并不是 $y=\frac{1}{x}$ 的极值点.

因此，为了判定一个函数的驻点和导数不存在的点是否为极值点，就需要建立判定极值点的充分条件.

定理 8（极值点的第一判别法）　设函数 $f(x)$ 在点 x_0 连续，且在点 x_0 的某一空心邻域内可导.

(1)若在点 x_0 的左邻域内 $f'(x)>0$，在点 x_0 的右邻域内有 $f'(x)<0$，则 x_0 是 $f(x)$ 的极大值点；

(2)若在点 x_0 的左邻域内 $f'(x)<0$，在点 x_0 的右邻域内有 $f'(x)>0$，则 x_0 是 $f(x)$ 的极小值点；

(3)若在点 x_0 的空心邻域内 $f'(x)$ 的符号保持不变，则 x_0 不是 $f(x)$ 的极值点.

证明　根据函数单调性判别法（定理 4.6），由 (1) 中条件可知，函数 $f(x)$ 在点 x_0 的左邻域内单调增加，在点 x_0 的右邻域内单调减少，而 $f(x)$ 在点 x_0 处又是连续的，故由极大值的定义可知，$f(x_0)$ 是 $f(x)$ 的极大值，即 x_0 是 $f(x)$ 的极大值点. 同理可证(2)与(3). 定理得证.

定理 8 也可简单地说成：设 x_0 是 $f(x)$ 的连续点. 若当 x 从 x_0 的左侧变到右侧时，$f'(x)$ 变号，则 x_0 为 $f(x)$ 的极值点，进一步地若由正变负是极大值点，由负变正是极小值点；若 $f'(x)$ 符号保持不变，则 x_0 不是 $f(x)$ 的极值点.

根据上面两个定理，如果函数在所讨论的区间内连续，除个别点外处可导，那么就可以按下列步骤来求函数 $f(x)$ 在该区间内的极值点和相应的极值：

(1)求出导数 $f'(x)$；

(2)求出 $f(x)$ 的全部驻点和不可导点；

(3)考察 $f'(x)$ 在每个驻点和不可导点左右两侧的符号是否改变，如果改变则该点是极值点，进一步地确定是极大值点还是极小值点，求出对应的极值；如果不改变则该点不是极值点.

例 23　求函数 $f(x)=x^3-3x$ 的极值.

解　$f'(x)=3x^2-3=3(x+1)(x-1)$.

令 $f'(x)=0$，得驻点 $x_1=-1, x_2=1$.

以 x_1, x_2 为分点，将函数的定义域 $(-\infty,+\infty)$ 分成三个子区间：

$$(-\infty,-1),\quad(-1,1),\quad(1,+\infty),$$

分别讨论导数在两个驻点左右两侧的符号变化情况，表 4.3 所示.

表 4.3

x	$(-\infty,-1)$	-1	$(-1,1)$	1	$(1,+\infty)$
$f'(x)$	$+$	0	$-$	0	$+$
$f(x)$	↑	极大值	↓	极小值	↑

由表 4.3 可知，$x_1=-1$ 为极大值点，$x_2=1$ 为极小值点. 极大值为 $f(-1)=2$，极小值为 $f(1)=-2$.

例 24　求函数 $f(x)=\sqrt[3]{x^2}(x-1)$ 的极值.

解　$f(x)$ 在定义域 $(-\infty,+\infty)$ 内连续.

当 $x\neq 0$ 时，有

$$f'(x)=\frac{2}{3}x^{-\frac{1}{3}}(x-1)+x^{\frac{2}{3}}=\frac{5x-2}{3\cdot\sqrt[3]{x}}.$$

令 $f'(x)=0$，得驻点 $x=\frac{2}{5}$；另外，不可导点为 $x=0$.

分别讨论导数在驻点和不可导点左右两侧的符号变化情况，列表 4.4 所示.

表 4.4

x	$(-\infty,0)$	0	$\left(0,\frac{2}{5}\right)$	$\frac{2}{5}$	$\left(\frac{2}{5},+\infty\right)$
$f'(x)$	+	不存在	−	0	+
$f(x)$	↑	极大值	↓	极小值	↑

由表 4.4 可知极大值为 $f(0)=0$，极小值为 $f\left(\frac{2}{5}\right)=-\frac{3}{5}\cdot\left(\frac{2}{5}\right)^{\frac{2}{3}}$.

当函数 $f(x)$ 在其驻点处的二阶导数存在且不为零时，也可用下述定理来判断判函数 $f(x)$ 在驻点处取得极大值还是极小值，这就是判断极值点的另一个充分条件.

定理 9（极值点的第二判别法）　设函数数 $f(x)$ 在 x_0 处具有二阶导数且 $f'(x_0)=0$（即 x_0 是函数 $f(x)$ 的驻点），$f''(x_0)\neq 0$. 那么

(1) 当 $f''(x_0)<0$ 时，x_0 是 $f(x)$ 的极大值点；

(2) 当 $f''(x_0)>0$ 时，x_0 是 $f(x)$ 的极小值点.

证明　由 $f'(x_0)=0$ 和二阶导数定义可知

$$f''(x_0)=\lim_{x\to x_0}\frac{f'(x)-f'(x_0)}{x-x_0}=\lim_{x\to x_0}\frac{f'(x)}{x-x_0}.$$

在(2)的条件下，$f''(x_0)>0$. 由极限性质可知，在 x_0 的某空心邻域内，有

$$\frac{f'(x)}{x-x_0}>0.$$

于是，在该空心邻域内，$f'(x)$ 与 $x-x_0$ 的符号相同，即在 x_0 的左邻域内，由于 $x-x_0<0$，从而有 $f'(x)<0$；在 x_0 的右邻域内，由于 $x-x_0>0$，从而有 $f'(x)>0$. 由此，由定理 8 可知，x_0 是 $f(x)$ 的极小值点. 从而定理中的 (2) 得证. 同理可证定理中的(1). 定理得证.

例 25　求函数 $y=2x^3-9x^2+12x-2$ 的极值.

解　$y' = 6x^2 - 18x + 12 = 6(x-1)(x-2)$，

令 $y' = 0$，得驻点为 $x_1 = 1, x_2 = 2$.

$$y'' = 12x - 18.$$

$y''(1) = -6 < 0$，所以 $y(1) = 3$ 为函数的极大值；

$y''(2) = 6 > 0$，所以 $y(2) = 2$ 为函数的极小值.

4.3.3　利用函数的单调性与函数的极值证明不等式

例 26　证明：对任何实数 x 有，$e^x \geqslant 1 + x$.

证明　令 $f(x) = e^x - x - 1$，则

$$f'(x) = e^x - 1,$$

且 $f(0) = 0$，当 $x > 0$，$f'(x) > 0$，$f(x)$ 在 $[0, +\infty)$ 上单调增加，从而当 $x > 0$ 时，$f(x) > f(0)$，即 $e^x - x - 1 > 0$，所以 $e^x > 1 + x$.

当 $x < 0$，$f'(x) < 0$，$f(x)$ 在 $(-\infty, 0]$ 上单调减少，从而当 $x < 0$ 时，$f(x) > f(0)$，即 $e^x - x - 1 > 0$，所以 $e^x > 1 + x$.

所以对于任意的 $x \neq 0$，有 $e^x > 1 + x$，注意到 $x = 0$ 时 $e^x = 1 + x$，因此对任何实数 x 有，$e^x \geqslant 1 + x$.

例 27　证明：当 $x > 0$ 时，$x \geqslant \ln x + 1$.

证明　设函数 $f(x) = x - \ln x - 1$，则

$$f'(x) = 1 - \frac{1}{x}.$$

令 $f'(x) = 0$，得 $x = 1$.

当 $x \in (0, 1)$ 时，$f'(x) < 0$；当 $x \in (1, +\infty)$ 时，$f'(x) > 0$.

所以 $f(1) \leqslant f(x)$，即 $f(1)$ 为 $f(x)$ 的极小值，且 $f(1) = 0$，于是有

$$f(x) \geqslant 0,$$

即得

$$x \geqslant \ln x + 1.$$

4.3.4　函数的最大值与最小值

在工农业生产、工程技术及科学实验中，经常会遇到求最大值和最小值(统称为最值)的问题. 一般来说函数在某区间上的最值与极值是两个不同的概念，最值是对整个区间而言的，是全局性的；极值是对极值点的某个邻域而言的，是局部性的. 另外，最值可以在区间的端点取得，而极值则只能在区间的内点取得.

闭区间上连续的函数必能取得最大值和最小值，故由前面的分析讨论可知，求连续函数 $f(x)$ 在闭区间 $[a, b]$ 上的最值时，可按如下步骤进行：

(1)求出 $f(x)$ 在开区间 (a, b) 内的驻点和导数不存在的点；

(2)计算 $f(x)$ 在驻点、导数不存在的点以及区间端点 a,b 处的函数值；

(3)最后比较上述点函数值的大小，其中最大者为 $f(x)$ 在 $[a,b]$ 上的最大值，最小者为 $f(x)$ 在 $[a,b]$ 上的最小值.

例 28　求函数 $f(x)=x^3-3x+3$ 在区间 $[-3,2]$ 上的最值.

解　S(1) $f'(x)=3x^2-3=3(x-1)(x+1)$.

(2)令 $f'(x)=0$，得驻点 $x_1=-1,x_2=1$.

(3)计算 $f(x)$ 在区间 $[-3,2]$ 的端点及点 x_1,x_2 处的函数值：

$$f(-3)=-15,\quad f(-1)=5,\quad f(1)=1,\quad f(2)=5.$$

比较以上各值可得，$f(x)$ 在 $[-3,2]$ 上的最大值为 5，最小值为 -15.

定理 10　设函数 $f(x)$ 在闭区间 $[a,b]$ 上连续，在开区间 (a,b) 内可导，且 x_0 是 $f(x)$ 在 (a,b) 内的唯一驻点，则当 x_0 为 $f(x)$ 的极大值点(或极小值点)时，x_0 必同时为 $f(x)$ 在 $[a,b]$ 上的最大值点(或最小值点).

注意　(1)将定理中的 $[a,b]$ 改为其他形式的区间时，定理的结论仍成立.

(2)定理的结论在解决实际问题时经常用到.

例 29　有一边长为 6 厘米的正方形铁皮，四角各截去一个大小相同的正方形，然后将四边形折起做成一个方形无盖容器(图 4.6). 问截去的小长方形的边长多大时，所得的容积最大？最大容积为多少？

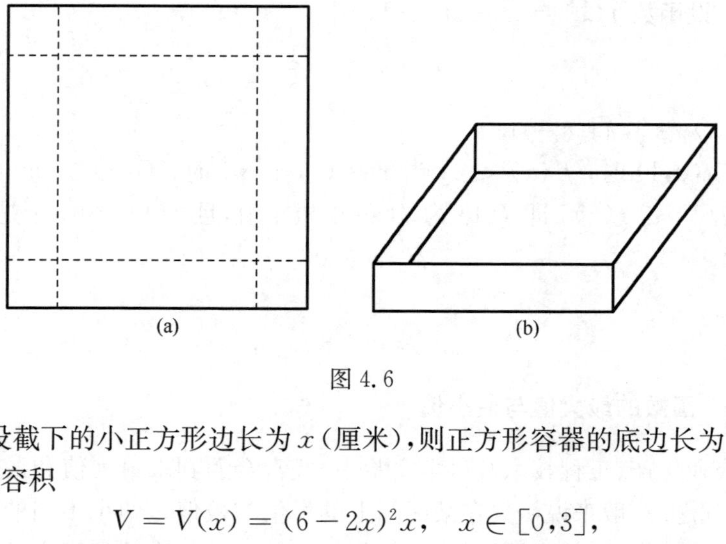

(a)　　(b)

图 4.6

解　设截下的小正方形边长为 x(厘米)，则正方形容器的底边长为 $6-2x$，高为 x，于是容积

$$V=V(x)=(6-2x)^2x,\quad x\in[0,3],$$

$$V'(x)=(6-2x)(6-6x),\quad 驻点\ x=3\ 和\ x=1,$$

$$V(0)=V(3)=0,\quad V(1)=16,$$

于是截去的小长方形的边长为 1 时，容积有最大值 16.

例 30　有一工厂 C 与铁路的距离 $CA=20$(公里). 现需要从铁路上距 A 点 100 公里的车站 B 处向工厂运料，若在铁路上 D 处修一条公路与工厂 C 连接(图

4.7)，已知铁路每公里运费与公路运费之比是 3∶5，问 D 选在何处，才能使总运费最省？

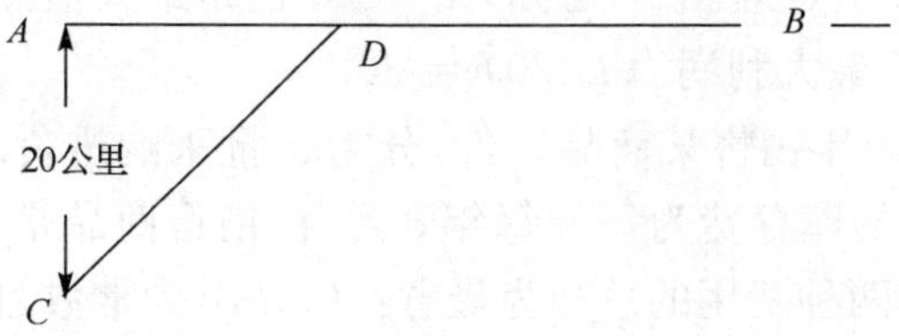

图 4.7

解　设 $AD = x$（公里），于是

$$BD = 100 - x,\quad CD = \sqrt{20^2 + x^2} = \sqrt{400 + x^2}\quad（公里）.$$

设公路每公里运费为 k 元，则铁路每公里运费为 $\frac{3}{5}k$ 元. 用 S 表示总运费，则有

$$S = S(x) = k\sqrt{400 + x^2} + \frac{3}{5}k(100 - x)\quad (0 \leqslant x \leqslant 100),$$

$$S'(x) = \frac{kx}{\sqrt{400 + x^2}} - \frac{3}{5}k = \frac{k(5x - 3\sqrt{400 + x^2})}{5\sqrt{400 + x^2}},$$

令 $S'(x) = 0$ 得驻点 $x_1 = -15, x_2 = 15$，由于 $x_1 = -15$ 不在函数的定义域 $[0, 100]$ 之内，故舍去.

例 31　已知某商品价格关于产量的函数为 $P(x) = 10 - \frac{x}{5}$，总成本函数为 $C(x) = 50 + 2x$. 求产量 x 为多少时总利润 L 最大？并求最大利润.

解　已知

$$P(x) = 10 - \frac{x}{5},\quad C(x) = 50 + 2x$$

则有总收入

$$R(x) = xP(x) = 10x - \frac{x^2}{5}.$$

所以，总利润

$$\begin{aligned} L(x) &= R(x) - C(x) \\ &= 10x - \frac{x^2}{5} - (50 + 2x) \\ &= 8x - \frac{x^2}{5} - 50, \end{aligned}$$

$$L'(x) = 8 - \frac{2}{5}x,$$

令 $L'(x)=0$，得唯一驻点 $x=20$. $L''(x)=-\frac{2}{5}$，所以 $L''(20)=-\frac{2}{5}<0$，故 $x=20$ 为极大值点. 由定理 4.10 可知，$x=20$ 也是最大值点. 因此，当产量 $x=20$ 时总利润 L 最大，最大利润为 $L(20)=30$.

例 32 某商场每年销售某商品 a 件，分为 x 批采购进货. 已知每批采购费用为 b 元，而未售商品的库存费为每件每年 c 元. 设销售商品是均匀的，问分多少批进货时，才能使以上两种费用的总和为最省？（a,b,c 为常数，且均大于零）

解 由已知，采购进货的费用

$$W_1(x)=bx.$$

因为是销售均匀，所以平均的库存商品数应为每批进货的商品数 $\frac{a}{x}$ 的一半 $\frac{a}{2x}$，因而商品的库存费用

$$W_2(x)=\frac{ac}{2x}.$$

总费用

$$W(x)=W_1(x)+W_2(x)=bx+\frac{ac}{2x}\quad(x>0).$$

令 $W'(x)=b-\frac{ac}{2x^2}=0$，得 $x=\sqrt{\frac{ac}{2b}}$. 又 $W''(x)=\frac{ac}{x^3}$，故 $W''\left(\sqrt{\frac{ac}{2b}}\right)>0$，所以 $W\left(\sqrt{\frac{ac}{2b}}\right)$ 为 $W(x)$ 的一个最小值.

从而当采购批数 x 取一个最接近于 $\sqrt{\frac{ac}{2b}}$ 的自然数时，才能使采购与库存费用之和最省.

4.4 曲线的凸凹性与拐点

4.4.1 曲线的凸凹性

由 4.3 节我们知道，$f'(x)$ 的符号能判断函数的单调性，进而反映曲线 $y=f(x)$ 的升降情况. 但是，$f'(x)$ 的符号并不能反映曲线的弯曲方向. 因为如图 4.8 所示同样是增函数（或减函数），它可能向上弯曲，也可能向下弯曲，也可能在某些部分向上弯曲，某些部分向下弯曲. 因此，在研究函数曲线的变化规律时，考察其弯曲方向及弯曲方向发生变化的点，也是相当重要的. 下面就来研究函数的弯曲方向和使弯曲方向发生变化的点.

从图 4.8 可以看出,在向上弯曲的曲线上,每一点处的切线都在该曲线的上方,而在向下弯曲的曲线上,每一点处的切线都在曲线的下方.所以可以根据这种特点来描述曲线的弯曲方向.在某区间内,如果曲线弧位于其每一点处切线的上方,则称此曲线弧在这个区间上是**凹的**,或称该曲线段为**凹弧**;如果曲线弧位于其每一点处切线的下方,则称此曲线弧在这个区间上是**凸的**,或称该曲线段为**凸弧**.

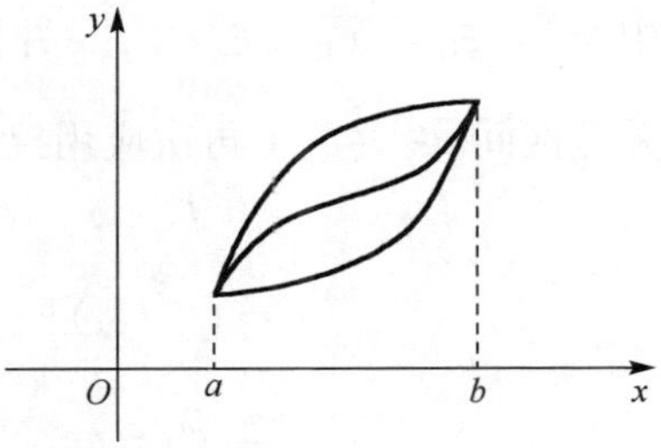

图 4.8

一般地,还可以利用连接曲线弧上任意两点的弦的中点与曲线弧上相应点的位置关系给出曲线凸凹性的定义.

定义 2　设 $f(x)$ 在区间 $[a,b]$ 上连续,如果对于任意的 $x_1,x_2\in[a,b]$ 都有

$$f\left(\frac{x_1+x_2}{2}\right)<\frac{f(x_1)+f(x_2)}{2}, \tag{4.11}$$

则称 $f(x)$ 在 $[a,b]$ 上的图形是**凹的**"$\cup$",区间 $[a,b]$ 称为 $f(x)$ 的**凹区间**;

反之,若恒有

$$f\left(\frac{x_1+x_2}{2}\right)>\frac{f(x_1)+f(x_2)}{2}, \tag{4.12}$$

则称 $f(x)$ 在 $[a,b]$ 上的图形是**凸的**"$\cap$",区间 $[a,b]$ 称为 $f(x)$ 的**凸区间**.

由定义 2 可知, $f(x)$ 在 $[a,b]$ 上的图形是凹的,则任取曲线 $y=f(x)$ 上两点,连接这两点的弦总在相应曲线弧的上方; $f(x)$ 在 $[a,b]$ 上的图形是凸的,则任取曲线 $y=f(x)$ 上两点,连接这两点的弦总在相应曲线弧的下方.

从图 4.8 曲线可以看出,当图形是凹时,从左到右切线的斜率由小变大,即 $f'(x)$ 单调增加.因此,如果二阶导存在,必有 $f''(x)>0$;当图形是凸时,从左到右切线的斜率由大变小,即 $f'(x)$ 单调减少.因此,如果二阶导存在,必有 $f''(x)<0$.反过来,能否用二阶导数 $f''(x)$ 的符号来判定函数图形的凸凹性呢?事实上是可以的.下面给出图形凸凹性的判别定理.

定理 11　设 $f(x)$ 在 $[a,b]$ 上连续,在 (a,b) 内具有二阶导数,那么

(1)若在 (a,b) 内, $f''(x)>0$, 则 $f(x)$ 在 $[a,b]$ 上的图形是凹的;

(2)若在 (a,b) 内, $f''(x)<0$, 则 $f(x)$ 在 $[a,b]$ 上的图形是凸的.

证明　(1)任取 $x_1,x_2\in(a,b)$, $x_1<x_2$, 记 $x_0=\dfrac{x_1+x_2}{2}$, 由拉格朗日中值定理,有

$$f(x_0)-f(x_1)=f'(\xi_1)(x_0-x_1),$$
$$f(x_2)-f(x_0)=(x_2-x_0),$$

其中 $x_1 < \xi_1 < x_0 < \xi_2 < x_2$，并且 $x_0 - x_1 = x_2 - x_0 = \frac{x_2 - x_1}{2}$，对上面两式相减并在区间 $[\xi_1, \xi_2]$ 上再次应用拉格朗日中值定理，得到

$$\begin{aligned}&[f(x_2) - f(x_0)] - [f(x_0) - f(x_1)]\\&= [f'(\xi_2) - f'(\xi_1)]\frac{x_2 - x_1}{2}\\&= f''(\xi)(\xi_2 - \xi_1)\frac{x_2 - x_1}{2},\end{aligned}$$

其中 $\xi_1 < \xi < \xi_2$，由已知 $f''(\xi) > 0$，所以上面等式右边大于零，即

$$f(x_2) + f(x_1) > 2f(x_0).$$

因此 $f\left(\frac{x_1 + x_2}{2}\right) < \frac{f(x_1) + f(x_2)}{2}$，有定义可知 $f(x)$ 在 $[a, b]$ 上的图形是凹的.

类似地可以证明情形(2)也成立. 定理得证.

例 33 判断曲线 $y = \ln(1 + x^2)$ 的凸凹性.

解 函数的定义域为 $(-\infty, +\infty)$，

$$y' = \frac{2x}{1 + x^2}, \quad y'' = \frac{2(1 - x^2)}{(1 + x^2)^2},$$

令 $y'' = 0$ 得到 $x_1 = -1, x_2 = 1$. 列表 4.5.

表 4.5

x	$(-\infty, -1)$	-1	$(-1, 1)$	1	$(1, +\infty)$
y''	$-$	0	$+$	0	$-$
y	凸	ln2	凹	ln2	凸

由表 4.5 可知，曲线 $y = \ln(1 + x^2)$ 在 $(-\infty, -1)$，$(1, +\infty)$ 内是凸的；在 $(-1, 1)$ 是凹的.

例 34 求函数 $y = \sqrt[3]{x}$ 的凸凹区间.

解 $y' = \frac{1}{3}\frac{1}{\sqrt[3]{x^2}}$，$y'' = -\frac{2}{9x\sqrt[3]{x^2}}$，故 $x = 0$ 是 y'' 不存在的点.

因为 $x > 0$ 时，$y'' < 0$，$x < 0$ 时 $y'' > 0$，所以函数的凸区间为 $(0, +\infty)$；函数的凹区间为 $(-\infty, 0)$.

一般来说求函数 $f(x)$ 凸凹区间的方法如下：

(1)求出一阶导 $f'(x)$ 及二阶导 $f''(x)$；

(2)在定义区间内求出使得 $f''(x) = 0$ 及 $f''(x)$ 不存在的点；

(3)用上述的点将定义区间划分，并判断二阶导 $f''(x)$ 在每个区间符号的正负，由此求得函数的相应凸凹区间.

4.4.2　曲线的拐点

定义3　曲线上凸弧与凹弧的分界点称为曲线的拐点.

如例34中,点$(-1,\ln 2)$,$(1,\ln 2)$点为$y=\ln(1+x^2)$的拐点.

例35中,$(0,0)$点为$y=\sqrt[3]{x}$的拐点.

例35　求曲线$y=x^3$的拐点.

解　由$y'=3x^2$,$y''=6x$,当$x<0$时$y''<0$,当$x>0$时,$y''>0$,故曲线$y=x^3$在$(-\infty,0)$内是凸的,在$(0,+\infty)$内是为凹的.所以$(0,0)$点为$y=x^3$的拐点.

一般来说求函数$f(x)$拐点方法如下:

(1)求出一阶导数$f'(x)$及二阶导数$f''(x)$;

(2)在定义区间内求出使得$f''(x)=0$及$f''(x)$不存在的点,如x_0,…;

(3)考察二阶导数$f''(x)$在上述x_0点两侧附近的符号是否相反,若相反则$(x_0,f(x_0))$是拐点,否则不是拐点.

4.5　曲线的渐近线与函数作图

4.5.1　曲线的渐近线

为了确定曲线的渐近趋势和函数的变化趋势,有必要讨论曲线的渐近线.

定义4　如果曲线$y=f(x)$上的一动点沿曲线无限远离原点时,该动点无限接近某定直线L,即该动点与定直线L的距离趋于零,则称此直线L为曲线的**渐近线**.

根据定直线L的不同方向可以将渐近线分为水平渐近线、铅直渐近线(垂直渐近线)和斜渐近线三种.

1. 水平渐近线

如果

$$\lim_{x\to-\infty}f(x)=C\quad 或\quad \lim_{x\to+\infty}f(x)=c,$$

则称直线$y=C$为曲线$y=f(x)$的水平渐近线,如图4.9(a)所示.

例如,因为$\lim\limits_{x\to\infty}\left(\frac{1}{x}+1\right)=1$,所以直线$y=1$为$y=\frac{1}{x}-1$的水平渐近线;因为$\lim\limits_{x\to-\infty}\mathrm{e}^x=0$,所以直线$y=0$为$y=\mathrm{e}^x$的水平渐近线.

2. 铅直渐近线

如果

$$\lim_{x\to x_0^-}f(x)=\infty \quad 或 \quad \lim_{x\to x_0^+}f(x)=\infty,$$

则称直线 $x=x_0$ 为曲线 $y=f(x)$ 的铅直渐近线，如图 4.9(b)所示.

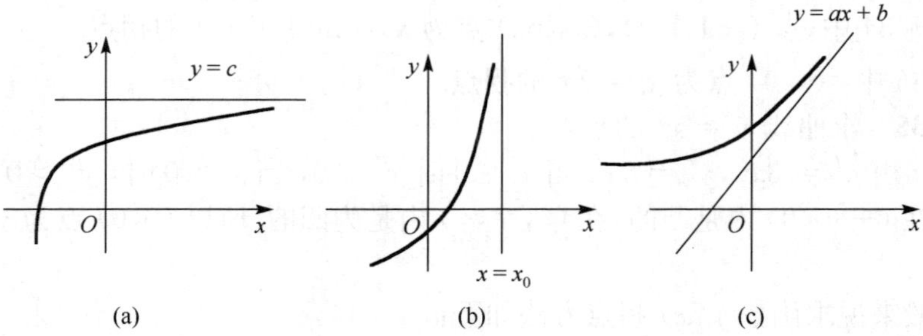

图 4.9

例如，因为 $\lim\limits_{x\to 0^+}\ln x=-\infty$，所以直线 $x=0$ 为 $y=\ln x$ 的铅直渐近线，因为 $\lim\limits_{x\to\frac{\pi}{2}}\tan x=\infty$，所以直线 $x=\frac{\pi}{2}$ 为 $y=\tan x$ 的铅直渐近线.

3. 斜渐近线

设 a,b 为常数，且 $a\neq 0$，如果

$$\lim_{x\to-\infty}[f(x)-(ax+b)]=0 \quad 或 \quad \lim_{x\to+\infty}[f(x)-(ax+b)]=0, \tag{4.13}$$

则称直线 $y=ax+b$ 为曲线 $y=f(x)$ 的**斜渐近线**，如图 4.9(c)所示.

如果曲线 $y=f(x)$ 有斜渐近线 $y=ax+b$，则有

$$\lim_{x\to-\infty}[f(x)-ax]=b,$$

以及

$$\lim_{x\to-\infty}\frac{f(x)}{x}=a.$$

于是，得到求曲线 $y=f(x)$ 的斜渐近线 $y=ax+b$ 的公式：

$$a=\lim_{x\to-\infty}\frac{f(x)}{x},\quad b=\lim_{x\to-\infty}[f(x)-ax].$$

如果这两个极限有一个不存在，则当 $x\to-\infty$ 时，曲线 $y=f(x)$ 无斜渐近线；只有两个极限都存在，曲线 $y=f(x)$ 才有斜渐近线.

同样可以讨论 $x\to+\infty$ 时，a,b 的求法：

$$a=\lim_{x\to+\infty}\frac{f(x)}{x},\quad b=\lim_{x\to+\infty}[f(x)-ax].$$

例 36 求曲线 $y=\dfrac{x^2}{2x-1}$ 的渐近线.

解　由于 $\lim\limits_{x\to\frac{1}{2}}\dfrac{x^2}{2x-1}=\infty$，$\lim\limits_{x\to\infty}\dfrac{x^2}{2x-1}=\infty$，可知该曲线有铅直渐近线 $x=\dfrac{1}{2}$，但是没有水平渐近线.

因为

$$\lim_{x\to\infty}\frac{f(x)}{x}=\lim_{x\to\infty}\frac{x^2}{2x^2-x}=\frac{1}{2}=a,$$

$$\lim_{x\to\infty}\left[f(x)-\frac{x}{2}\right]=\lim_{x\to\infty}\frac{x}{2(2x-1)}=\frac{1}{4}=b.$$

所以曲线有斜渐近线 $y=\dfrac{1}{2}x+\dfrac{1}{4}$.

例 37　求曲线 $y=\arctan x$ 的水平渐近线.

解　由于 $\lim\limits_{x\to+\infty}\arctan x=\dfrac{\pi}{2}$，所以函数有水平渐近线 $y=\dfrac{\pi}{2}$.

由于 $\lim\limits_{x\to-\infty}\arctan x=-\dfrac{\pi}{2}$，所以函数有水平渐近线 $y=-\dfrac{\pi}{2}$.

4.5.2　函数作图

现在随着现代计算机技术的发展，借助于计算机和许多数学软件，可以方便地画出各种函数的图形. 但是如何识别机器作图中的误差，如何掌握图形上的关键点，如何选择作图的范围等，从而进行人工干预，仍然需要我们有运用微分学的方法描绘函数图形的基本知识.

利用导数描绘函数 $y=f(x)$ 图形的一般步骤如下：

(1)确定 $y=f(x)$ 的定义域及函数所具的某些特性(如函数的奇偶性、周期性等)；

(2)求出函数的一阶导 $f'(x)$ 及二阶导 $f''(x)$，令 $f'(x)=0$ 及 $f''(x)=0$，求出每个方程的全部实根(在定义域内)，以及 $f'(x)$ 和 $f''(x)$ 不存在的点，将定义域划分成若干个部分子区间；

(3)利用 $f'(x)$，$f''(x)$ 的符号讨论各个子区间的单调性、凹凸性并确定极值与拐点；

(4)求出水平、铅直(间断点处)及斜渐近线；

(5)为了把图形描绘得准确些，有时还需要补充一些特殊点，如曲线与坐标轴交点等，然后结合(3)，(4)步中得到的结果，连接这些点画出函数 $y=f(x)$ 的图形.

例 38　画出函数 $y=\dfrac{1}{\sqrt{2\pi}}e^{-\frac{x^2}{2}}$ 的图形.

解　定义域为 $(-\infty,+\infty)$，易知函数是偶函数. 故可只画正半轴图形，然后利用对称性画出整个数轴的图形.

$$y' = \frac{1}{\sqrt{2\pi}}e^{-\frac{x^2}{2}} \cdot (-x),$$

$$y'' = -\frac{1}{\sqrt{2\pi}}e^{-\frac{x^2}{2}} - \frac{x}{\sqrt{2\pi}}e^{-\frac{x^2}{2}} \cdot (-x) = e^{-\frac{x^2}{2}} \cdot \frac{1}{\sqrt{2\pi}}(x^2-1).$$

由 $y'=0$，得 $x_1=0$，$y''=0$ 得 $x_2=-1$，$x_3=1$（表 4.6）.

表 4.6

x	0	(0,1)	1	$(1,+\infty)$
y'	0	−	−	−
y''	−	−	0	+
y	极大值点	↓∩	拐点	↓∪

因 $\lim\limits_{x\to\infty}\frac{1}{\sqrt{2\pi}}e^{-\frac{x^2}{2}}=0$，故 $y=0$ 是水平渐近线.

因 $f(0)=\frac{1}{\sqrt{2\pi}}$，故有点 $\left(0,\frac{1}{\sqrt{2\pi}}\right)$，作图 4.10.

例 39 描绘函数 $y=\frac{x}{x^2-1}$ 的图形.

解 (1)定义域为 $(-\infty,-1)$，$(-1,1)$，$(1,+\infty)$. 函数为奇函数，图形关于原点对称.

(2) $y'=\frac{-(x^2+1)}{(x^2-1)^2}<0$，曲线在各个区间都是单调递减的.

(3) $y''=\frac{2x(x^2+3)}{(x^2-1)^3}$，$x=0$ 时，$y''=0$. $x=0$ 将定义域分成 $(-\infty,-1)$，$(-1,0)$，$(0,1)$，$(1,+\infty)$.

(4)易知 $y=0$ 为水平渐近线，$x=1$ 及 $x=-1$ 为铅直渐近线.

(5)在 $(-\infty,-1)$ 及 $(0,1)$ 内，$y<0$，曲线在 x 轴下方；在 $(-1,0)$ 及 $(1,+\infty)$ 内，$y>0$，曲线在 x 轴上方. $\lim\limits_{x\to-1^-}y=-\infty$，$\lim\limits_{x\to-1^+}y=+\infty$，$\lim\limits_{x\to1^-}y=-\infty$，$\lim\limits_{x\to1^+}y=+\infty$. 由此可知曲线在 xOy 平面上的位置.

(6)将以上结果列表 4.7 如下.

表 4.7

x	$(-\infty,-1)$	−1	(−1,0)	0	(0,1)	1	$(1,+\infty)$
y'	−		−		−		−
y''	−		+	0	−		+
y	↘∩	间断	↘∪	拐点(0,0)	↘∩	间断	↘∪

(7)作图 4.11.

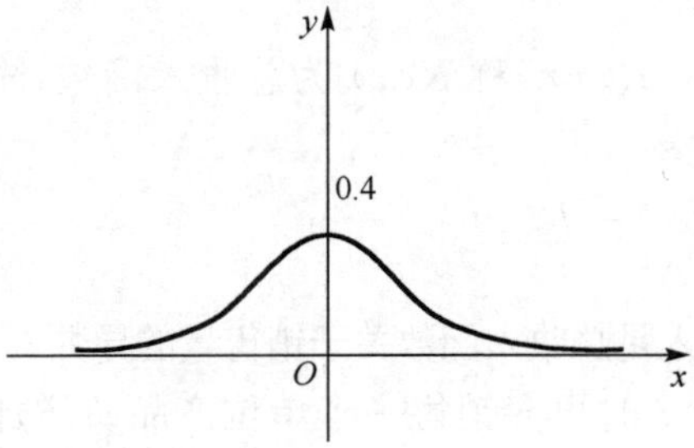

图 4.10

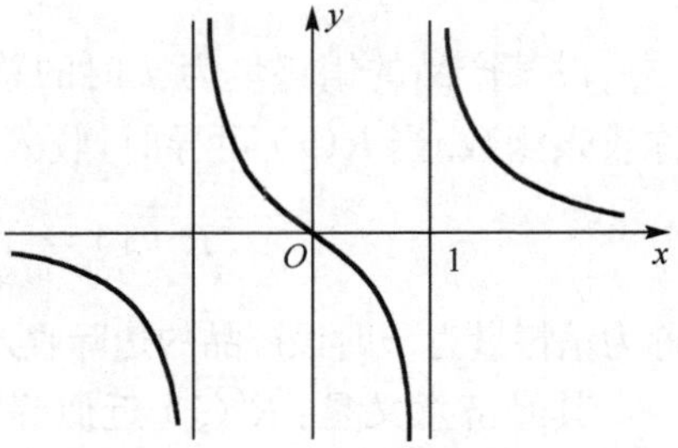

图 4.11

4.6　导数的经济应用:边际分析与弹性分析

随着经济的发展,经济学的研究用到越来越多的数学知识,许多经济学的概念、理论都与数学相关,尤其是与导数密切相关,本节将介绍导数概念在经济学中的两个应用——边际分析和弹性分析.

4.6.1　边际与边际分析

在经济学问题中,常常会使用边际的概念,边际是经济学中的一个重要概念,通常指经济变量的变化率.利用导数研究经济变量的边际变化的方法,即边际分析方法,是经济理论中的一个重要分析方法.

1. 边际成本

设某产品产量为 x 单位时所需的总成本为 $C=C(x)$,称 $C(x)$ 为总成本函数,简称成本函数.当产量由 x 变为 $x+\Delta x$ 时,总成本函数的改变量为

$$\Delta C=C(x+\Delta x)-C(x).$$

这时,总成本函数的平均变化率为

$$\frac{\Delta C}{\Delta x}=\frac{C(x+\Delta x)-C(x)}{\Delta x}.$$

当总成本函数 $C(x)$ 可导时,其变化率

$$C'(x)=\lim_{\Delta x\to 0}\frac{\Delta C}{\Delta x}=\lim_{\Delta x\to 0}\frac{C(x+\Delta x)-C(x)}{\Delta x}$$

称为产量为 x 时该产品的**边际成本**,即边际成本是总成本函数关于产量的导数.

其经济意义是: $C'(x)$ 近似等于产量为 x 时再多生产一个单位产品所需增加的成本,这是因为

$$C(x+1)-C(x)=\Delta C(x)\approx C'(x).$$

2. 边际收入

设某产品的销售量为 x 时的总收入为 $R=R(x)$. 称 $R(x)$ 为总收入函数,简称收入函数. 当 $R(x)$ 可导时,收入函数的变化率

$$R'(x)=\lim_{\Delta x\to 0}\frac{R(x+\Delta x)-R(x)}{\Delta x}$$

称为销售量为 x 时该产品的**边际收入**,即边际收入是总收入函数关于销售量的导数.

其经济意义是: $R'(x)$ 近似等于销售量为 x 时再多销售一个单位产品所增加(或减少)的收入.

3. 边际利润

设某产品销售量为 x 时的总利润为 $L=L(x)$, 称 $L(x)$ 为(总)利润函数. 当 $L(x)$ 可导时,称 $L'(x)$ 为销售量为 x 时的边际利润,它近似等于销售量为 x 时再多销售一个单位产品所增加(或减少)的利润.

由于总利润为总收入与总成本之差,即有

$$L(x)=R(x)-C(x).$$

由导数运算法则可知

$$L'(x)=R'(x)-C'(x),$$

即边际利润为边际收入与边际成本之差.

例 40 设某厂每月生产产品的固定成本为 2000 元. 生产 x 单位产品的可变成本为 $0.1x^2+10x$ (元). 如果每单位产品的售价为 50 元. 试求:边际成本、利润函数、边际利润为零时的产量.

解 总成本为可变成本与固定成本之和,依题设,总成本函数为

$$C(x)=0.1x^2+10x+2000,$$

于是,边际成本函数为

$$C'(x)=0.2x+10.$$

总收入函数为 $R(x)=px=50x$, 故总利润函数为

$$L(x)=R(x)-C(x)=-0.1x^2+40x-2000,$$

于是,边际利润函数为

$$L'(x)=-0.2x+40=0.2(200-x).$$

可见,当月产量为 200 个单位时,边际利润为零. 说明当月产量达 200 个单位时,再多生产一个单位产品增加的利润为零,即不会增加利润,因此,此时的利润是最大的.

例 41 已知某商品的成本函数为 $C(q)=1000+\dfrac{q^2}{10}$, 求当 $q=200$ 时的总成本、平均成本及边际成本. 为了降低平均成本,需要再增加还是减少产量呢?

解　总成本 $C(q)=1000+\frac{q^2}{10}$，$C(200)=5000$；

平均成本 $\overline{C}(q)=\frac{C(q)}{q}$，$\overline{C}(200)=25$；

边际成本 $C'(q)=\frac{q}{5}$，$C'(200)=40$.

为了降低平均成本，需要减少产量.

4.6.2　弹性与弹性分析

在边际分析中，讨论的函数变化率与函数改变量均属于绝对数范围的讨论. 在经济问题中，仅仅用绝对数的概念是不足以深入分析问题的. 例如，甲商品每单位价格 10 元，涨价 1 元；乙商品每单位价格 100 元，也涨价 1 元，两种商品价格的绝对改变量都是 1 元，哪个商品的涨价幅度更大呢？我们只要用它们与其原价相比就能获得问题的答案. 甲商品涨价百分比为 10%，乙商品涨价百分比为 1%，所以显然甲商品的涨幅比乙商品涨幅更大，这种来定量地描述一个经济变量对另一个经济变量变化的反映程度，在经济学中称之为弹性.

一般函数的弹性定义如下.

定义 5　设函数 $y=f(x)$ 在点 $x_0\,(x_0\neq 0)$ 的某邻域内有定义，且 $f(x_0)\neq 0$. 如果极限

$$\lim_{\Delta x\to 0}\frac{\Delta y/f(x_0)}{\Delta x/x_0}=\lim_{\Delta x\to 0}\frac{[f(x_0+\Delta x)-f(x_0)]/f(x_0)}{\Delta x/x_0} \tag{4.14}$$

存在，则称此极限值为函数 $y=f(x)$ 在点 x_0 处的点弹性，记为

$$\left.\frac{Ey}{Ex}\right|_{x=x_0}\quad 或\quad \frac{E}{Ex}f(x_0),$$

而称比值

$$\frac{\Delta y/f(x_0)}{\Delta x/x_0}=\frac{x_0}{f(x_0)}\cdot\frac{f(x_0+\Delta x)-f(x_0)}{\Delta x} \tag{4.15}$$

为函数 $y=f(x)$ 从点 x_0 到 $x_0+\Delta x$ 两点间的**平均相对变化率**或称为两点间的弧弹性，而点 x_0 处的弹性 $\frac{E}{Ex}f(x_0)$ 也称为 $y=f(x)$ 在点 x_0 处的**相对变化率**.

由定义可知

$$\left.\frac{Ey}{Ex}\right|_{x=x_0}=\frac{x_0}{f(x_0)}\cdot f'(x_0).$$

如果函数 $y=f(x)$ 在区间 (a,b) 内可导且 $f(x)\neq 0$，则称

$$\frac{Ey}{Ex}=\frac{x}{f(x)}f'(x) \tag{4.16}$$

为函数 $y=f(x)$ 在区间 (a,b) 内的点弹性函数，简称为弹性函数.

由定义可知，函数的弹性与量纲无关，即与各有关变量所用的计量单位无关. 这使弹性概念在经济学中得到广泛的应用，这是因为经济中各种商品的计量单位是不尽相同的，比较不同商品的弹性时，可不受计量单位的限制.

下面介绍需求对价格的弹性.

定义 6 设某商品的市场需求量为 Q，价格为 p，需求函数 $Q=Q(p)$ 可导，则称

$$\frac{EQ}{Ep}=\frac{p}{Q(p)}\frac{\mathrm{d}Q}{\mathrm{d}p} \tag{4.17}$$

为该商品的需求价格弹性，简称为**需求弹性**.

需求弹性表示某商品需求量 Q 对价格 p 变动的反应程度. 由于需求函数为价格的减函数，故需求函数的弧弹性为负值，从而当 $\Delta x\to 0$ 时，需求弧弹性的极限一般也为负值，即需求价格弹性一般为负值. 这表明，当某商品的价格上涨（或下跌）1%时，其需求量将减少（或增加）约 $\left|\frac{EQ}{Ep}\right|\%$. 因此，在经济学中，比较商品需求弹性的大小时，是指弹性的绝对值 $\left|\frac{EQ}{Ep}\right|$. 当某商品的需求价格弹性大时，是指其绝对值大.

当 $\frac{EQ}{Ep}=-1$ $\left(\text{即}\left|\frac{EQ}{Ep}\right|=1\text{ 时}\right)$，称为单位弹性，此时商品需求量变动的百分比与价格变动的百分比相等；当 $\frac{EQ}{Ep}<-1$ $\left(\text{即}\left|\frac{EQ}{Ep}\right|>1\text{ 时}\right)$，称为高弹性，此时商品需求量变动的百分比高于价格变动的百分比，价格的变动对需求量的影响较大；当 $-1<\frac{EQ}{Ep}<0$ $\left(\text{即}\left|\frac{EQ}{Ep}\right|<1\right)$ 时，称为低弹性，此时商品需求量变动的百分比低于价格变动的百分比，价格的变动对需求量的影响不大.

在商品经济中，商品经营者关心的是提价 $(\Delta p>0)$ 或降价 $(\Delta p<0)$ 对总收益的影响. 利用需求弹性的概念，可以得出价格变动如何影响销售收益的结论.

事实上，由于

$$\frac{EQ}{Ep}=\frac{p\mathrm{d}Q}{Q\mathrm{d}p} \quad \text{或} \quad p\mathrm{d}Q=\frac{EQ}{Ep}Q\mathrm{d}p.$$

可见，由价格 p 的微小变化（$|\Delta p|$ 很小时）而引起的销售收益 $R=Qp$ 的改变量为

$$\begin{aligned}\Delta R&=\Delta(Qp)\approx \mathrm{d}(Qp)\\&=Q\mathrm{d}p+p\mathrm{d}Q=\left(1+\frac{EQ}{Ep}\right)Q\mathrm{d}p.\end{aligned}$$

由 $\frac{EQ}{Ep}<0$ 知，$\frac{EQ}{Ep}=-\left|\frac{EQ}{Ep}\right|$，于是有

$$\Delta R \approx \left(1-\left|\frac{EQ}{Ep}\right|\right)Q\mathrm{d}p=\left(1-\left|\frac{EQ}{Ep}\right|\right)Q\Delta p.$$

由此可知,当 $\left|\frac{EQ}{Ep}\right|>1$(高弹性)时,降价 $(\Delta p<0)$ 可使总收益增加 $(\Delta R>0)$,薄利多销多收益;提价 $(\Delta p>0)$ 将使总收益减少 $(\Delta R<0)$,当 $\left|\frac{EQ}{Ep}\right|<1$(低弹性)时,降价使总收益减少,提价使总收益增加. 当 $\left|\frac{EQ}{Ep}\right|=1$(单位弹性)时,总收益的改变量 ΔR 是较价格改变量 Δp 高阶的无穷小量,提价或降价对总收益没有明显的影响.

例 42　某商品的需求函数 $Q=\mathrm{e}^{-\frac{p}{5}}$,求

(1)该商品的需求弹性;

(2)当价格为 3 时的需求弹性,给出其经济解释;

(3)当该商品的价格为多少时,弹性为−1? 其经济意义是什么?

解　(1) $Q'(p)=-\frac{1}{5}\mathrm{e}^{-\frac{p}{5}}$,$\frac{EQ}{Ep}=p\cdot\frac{Q'(p)}{Q(p)}=p\cdot\frac{-\frac{1}{5}\mathrm{e}^{-\frac{p}{5}}}{\mathrm{e}^{-\frac{p}{5}}}=-\frac{p}{5}$;

(2) $\left.\frac{EQ}{Ep}\right|_{p=3}=-\frac{3}{5}=-0.6$,其经济意义是:当价格水平在 $p=3$ 时,价格上涨 1%,需求量就减少 0.6%.

(3)当 $\frac{EQ}{Ep}=-\frac{p}{5}=-1$,即 $p=5$ 时,需求弹性为 −1,表明在价格水平 $p=5$ 时,价格上涨 1%,需求量减少 1%,即需求变动的幅度与价格变动的幅度相同.

例 43　某商品的需求函数为 $Q=f(p)=20-\frac{p}{4}$,求:

(1)在 $p=48$ 时,若价格上涨 1%,总收益是增加还是减少? 将变化百分之几?

(2)当价格水平为多少时,总收益最大? 最大收益是多少?

解　(1)由于 $Q'(p)=-\frac{1}{4}$,故需求弹性为

$$\frac{EQ}{Ep}=p\cdot\frac{Q'(p)}{Q(p)}=p\cdot\frac{-\frac{1}{4}}{20-\frac{p}{4}}=\frac{p}{p-80},$$

$$\left.\frac{EQ}{Ep}\right|_{p=48}=\frac{48}{48-80}=-1.5<-1,$$

所以价格上涨时,总收益将减少.

再计算收益对价格的弹性:由于

$$\left.\frac{\mathrm{d}R}{\mathrm{d}p}\right|_{p=48}=f(p)\left(1+\frac{EQ}{Ep}\right)=8\times(1-1.5)=-4,$$

$$R(p)=pQ=20p-\frac{p^2}{4},\quad R(48)=384.$$

所以

$$\left.\frac{ER}{Ep}\right|_{p=48}=R'(48)\cdot\frac{48}{R(48)}=-4\times\frac{48}{384}=-0.5,$$

即当 $p=48$ 时,价格上涨 1%,总收益减少 0.5%;

(2) $R'(p)=20-\dfrac{p}{2}$,当 $R'(p)=0$,即 $p=40$ 时总收益最大,最大收益为 $R(40)=400$.

在经济学中,除研究需求价格弹性外,还要研究需求的收入弹性(因需求量与消费者收入有关),供给弹性,生产量关于资本、劳力的弹性等弹性概念. 读者不妨根据上面介绍的需求弹性,对其他经济变量的弹性进行类似的讨论.

习 题 4

1. 验证函数 $y=x\sqrt{3-x}$ 在区间 $[0,3]$ 上满足罗尔定理.

2. 验证函数 $y=4x^3-6x^2-2$ 在区间 $[0,1]$ 上满足拉格朗日中值定理.

3. 不用求出函数 $f(x)=x(x-1)(x-2)(x-3)$ 的导数,说明 $f'(x)$ 有几个根及所在区间.

4. 讨论方程 $x^3-5x-2=0$ 在 $(0,+\infty)$ 内的实根.

5. 设 $a>b>0$,证明:$\dfrac{a-b}{a}<\ln\dfrac{a}{b}<\dfrac{a-b}{b}$.

6. 证明:$\arcsin x+\arccos x=\dfrac{\pi}{2}, x\in[-1,1]$.

7. 设函数 $f(x)$ 在 $[a,b]$ 上连续,在 (a,b) 内可导,证明:至少存在一点 $\xi\in(a,b)$,使得 $\dfrac{bf(b)-af(a)}{b-a}=\xi f'(\xi)+f(\xi)$.

8. 设函数 $f(x)$ 在 $[a,b]$ 上连续,在 (a,b) 内可导,并且有 $f(a)=f(b)=0$. 试证:至少存在一点 $\xi\in(a,b)$,使得 $f'(\xi)-f(\xi)=0$.

9. 求下列极限:

(1) $\lim\limits_{x\to 0}\dfrac{\cos x-\cos a}{x-a}$;　　(2) $\lim\limits_{x\to 0}\dfrac{e^x-e^{-x}}{\sin x}$;

(3) $\lim\limits_{x\to 0}\dfrac{\cos x-\sqrt{1+x}}{x^3}$;　　(4) $\lim\limits_{x\to 0}\dfrac{a^x-b^x}{x}(a,b>0)$;

(5) $\lim\limits_{x\to+\infty}\dfrac{\ln\left(1+\dfrac{2}{x}\right)}{\operatorname{arccot}x}$;　　(6) $\lim\limits_{x\to 0}x^2 e^{\frac{1}{x^2}}$;

(7) $\lim\limits_{x\to0}\left(\frac{1}{x}-\frac{1}{e^x-1}\right)$；　　(8) $\lim\limits_{x\to0^+}x^{\sin x}$；

(9) $\lim\limits_{x\to\infty}\frac{x-\sin x}{x+\sin x}$；　　(10) $\lim\limits_{x\to+\infty}\frac{e^x-e^{-x}}{e^x+e^{-x}}$；

(11) $\lim\limits_{x\to\infty}\left(1+\frac{a}{x}\right)^x$；　　(12) $\lim\limits_{x\to0^+}\left(\ln\frac{1}{x}\right)^x$.

10. 确定下列函数单调区间：

(1) $y=x^3+x^2-x-1$；　　(2) $y=2x+\frac{8}{x}(x>0)$；

(3) $y=2x^2-\ln x$；　　(4) $y=x-e^x$.

11. 证明下列不等式：

(1)当 $0<x<\frac{\pi}{2}$ 时，$\sin x>x-\frac{x^3}{6}$；

(2)当 $x>0$ 时，$1+\frac{x}{2}>\sqrt{1+x}$；

(3)当 $x>1$ 时，$3-\frac{1}{x}<2\sqrt{x}$；

(4)当 $x>0$ 时，$\ln(1+x)>\frac{\arctan x}{1+x}$.

12. 求下列函数的极值：

(1) $y=2x^3-3x^2+6$；　　(2) $y=x-\ln(1+x)$；

(3) $y=x^2e^{-x}$；　　(4) $y=\frac{x^2}{1+x}$.

13. 求下列函数的最值：

(1) $y=x^4-4x^3+8, x\in[-1,1]$；

(2) $y=x^2\ln x, x\in\left[\frac{1}{4},1\right]$；

(3) $y=x+\frac{1}{x}, x\in\left[\frac{1}{2},2\right]$.

14. 设某企业的总利润函数为 $L(x)=100+2x-0.1x^2$，求使总利润最大的产量 x.

15. 设生产某种产品 x 单位时的总成本函数为

$$C(x)=\frac{1}{9}x^2+6x+100\ (\text{元}),$$

产品的销售价格为 p，并且 $p=46-\frac{1}{3}x$. 问每天生产多少个单位的产品时，才能使所获总利润最大？最大利润是多少？

16. 设某厂生产某种产品 x 个单位时，总成本费用为 $C(x)=5x+200$，得到的收益为 $R(x)=10x-0.01x^2$. 求使总利润达到最大的产量 x.

17. 确定下列曲线的凸凹区间及拐点：

(1) $y=x^3-3x^2-9x-9$；

(2) $y=(x-1)^{\frac{5}{3}}$；

(3) $y=xe^{-x}$.

18. 当 a 为何值时，函数 $y = a\sin x + \frac{1}{3}\sin 3x$ 在点 $x = \frac{\pi}{3}$ 处有极值？是怎样的极值？并求此极值.

19. 求下列曲线的渐近线：

(1) $y = \frac{e^x}{1+x}$；　　(2) $y = \frac{x}{2} + \arctan x$.

20. 作下列函数的图形：

(1) $y = x^3 - 3x^2 + 6$；　　(2) $y = \frac{4(x+1)}{x^2} - 2$；

(3) $y = e^{\frac{1}{x}}$.

21. 求下列函数的边际函数与弹性函数：

(1) $x^2 e^{-x}$；　　(2) $\frac{e^x}{x}$.

22. 设某商品的总收入 R 关于销售量 Q 的函数为

$$R(Q) = 104Q - 0.4Q^2.$$

求：(1)销售量为 Q 时总收入的边际收入；

(2)销售量 $Q=50$ 个单位时总收入的边际收入；

(3)销售量 $Q=100$ 个单位时总收入对 Q 的弹性.

选 做 题 4

1. 求极限 $\lim\limits_{x\to 0}\left[\frac{\ln(1+x)}{x}\right]^{\frac{1}{e^x-1}}$.

2. 求极限 $\lim\limits_{x\to 0}\frac{e^{x^2} - e^{2-2\cos x}}{x^4}$.

3. 求极限 $\lim\limits_{x\to 0}\frac{\sqrt{1+2\sin x} - x - 1}{x\ln(1+x)}$.

4. 证明：$x\ln\frac{1+x}{1-x} + \cos x \geqslant 1 + \frac{x^2}{2}\ (-1 < x < 1)$.

5. 设奇函数 $f(x)$ 在 $[-1,1]$ 上具有二阶导数，且 $f(1) = 1$，证明：

(1)存在 $\xi \in (0,1)$，使得 $f'(\xi) = 1$；

(2)存在 $\eta \in (-1,1)$，使得 $f''(\eta) + f'(\eta) = 1$.

6. 设函数 $f(x)$ 在 $[0,+\infty)$ 上可导，且 $f(0) = 0$，$\lim\limits_{x\to+\infty} f(x) = 2$，证明：

(1)存在 $a > 0$，使得 $f(a) = 1$；

(2)对(1)中的 a，存在 $\xi \in (0,a)$，使得 $f'(\xi) = \frac{1}{a}$.

7. 若曲线 $y = x^3 + ax^2 + bx + 1$ 有拐点 $(-1,0)$，求 b 的取值.

8. 设函数 $y = y(x)$ 由方程 $y\ln y - x + y = 0$ 所确定，试判断曲线 $y = y(x)$ 在点 $(1,1)$ 附近的凸凹性.

9. 判断曲线 $y=\frac{x^2+x}{x^2-1}$ 的渐近线条数.

10. 设生产某商品的固定成本为 60000 元,可变成本为 20 元/件,价格函数为 $p=60-\frac{Q}{1000}$(p 是单价,单位:元;Q 是销量,单价:件). 已知产销平衡,求

(1)该商品的边际利润;

(2)当 $p=50$ 时的边际利润,并解释其经济意义;

(3)使得利润最大的定价 p.

第 5 章　不 定 积 分

微积分学由微分学和积分学两部分组成,一元函数的微分学所讨论的问题是:已知函数 $F(x)$,求函数 $F(x)$ 的导数 $F'(x)$ 或求微分 $\mathrm{d}F(x)$,例如,已知自由落体运动的路程函数是 $s=\dfrac{1}{2}gt^2$,求在 t 时刻的瞬时速度 $v(t)$,则 $v(t)=s'=gt$ 一元函数的积分学包括不定积分和定积分,积分学讨论的问题和微分学讨论的问题相反,本章的不定积分所讨论的问题是:已知某函数 $F(x)$ 的导数 $F'(x)$ 或微分 $\mathrm{d}F(x)$,求这个函数 $F(x)$. 例如,已知自由落体运动在 t 时刻的瞬时速度 $s'(t)=v(t)=gt$,求路程函数 $s(t)$,为解决这类问题,需引入不定积分的概念,在本章里将介绍不定积分的概念、性质和计算方法.

5.1　不定积分的概念与性质

5.1.1　不定积分的概念

1. 原函数的概念

定义 1　若在区间 (a,b) 内,可导函数 $F(x)$ 的导数为 $f(x)$,即对任意的 $x\in(a,b)$,都有

$$F'(x)=f(x)\quad 或\quad \mathrm{d}F(x)=f(x)\mathrm{d}x,$$

则称 $F(x)$ 是 $f(x)$ 在区间 (a,b) 内的原函数.

例如,因为 $(x^2)'=2x$ 在 $(-\infty,+\infty)$ 内恒成立,所以,x^2 是 $2x$ 在 $(-\infty,+\infty)$ 内的一个原函数;又因为 $(x^2)'=(x^2+5)'=2x$ 在 $(-\infty,+\infty)$ 内恒成立,所以,x^2 与 x^2+5 都是 $2x$ 在 $(-\infty,+\infty)$ 内的原函数.

由以上例题得到如下结论.

定理 1　若 $F(x)$ 是 $f(x)$ 在 (a,b) 内的一个原函数,则 $F(x)+C$ 也是 $f(x)$ 在 (a,b) 内的原函数,其中 C 为任意常数.

证明　因为对任意的 $x\in(a,b)$,都有

$$[F(x)+C]'=F'(x)=f(x),$$

所以,由定义可知,$F(x)+C$ 也是 $f(x)$ 的原函数,其中 C 为任意常数.

定理 1 说明:一个函数若有原函数,那么它就有无穷多个原函数. 那么任意两

个原函数之间有什么关系呢？下面定理给出了答案.

定理 2 若 $F(x)$ 和 $G(x)$ 都是 $f(x)$ 在 (a,b) 内的原函数，则 $F(x)=G(x)+C_0$ (C_0 为某常数).

证明 因为对任意的 $x\in(a,b)$，都有

$$[F(x)-G(x)]'=F'(x)-G'(x)=f(x)-f(x)=0,$$

所以由拉格朗日中值定理的推论 2 可知

$$F(x)-G(x)=C_0,$$

其中 C_0 为一常数.

定理 2 说明：$f(x)$ 的任意两个原函数之间只差一个常数. 由此可见，若 $F(x)$ 是 $f(x)$ 的一个原函数，$F(x)+C$ (C 为任意常数)可以表示 $f(x)$ 的任意一个原函数，从而 $F(x)+C$ 就是 $f(x)$ 的全体原函数.

那么什么样的函数存在原函数呢？

定理 3(原函数存在定理) 如果函数 $f(x)$ 在区间 M 上连续，则函数 $f(x)$ 在区间 M 上一定存在原函数.

定理 3 的证明将在第 6 章给出.

2. 不定积分的概念

定义 2 设函数 $F(x)$ 是 $f(x)$ 的一个原函数，则 $f(x)$ 的全体原函数 $F(x)+C$(C 为任意常数) 称为 $f(x)$ 的不定积分，记作

$$\int f(x)\mathrm{d}x,$$

其中记号 $\int$ 称为积分号，$f(x)$ 称为被积函数，$f(x)\mathrm{d}x$ 称为被积表达式，x 称为积分变量，C 称为积分常数.

不难看出，求已知函数的不定积分，就是求出它的一个原函数，再加上任意常数，即

$$\int f(x)\mathrm{d}x=F(x)+C.$$

不定积分的定义说明，若已知某函数的导数，则可通过计算不定积分求出该函数.

例 1 计算不定积分 $\int\cos x\mathrm{d}x$.

解 计算不定积分，就是求一个函数，使得它的导数等于被积函数，或者使得它的微分等于被积表示式，也就是求出被积函数的一个原函数，再加上一个任意常数.

因为 $(\sin x)'=\cos x$，所以 $\sin x$ 是 $\cos x$ 的一个原函数，所以

$$\int \cos x \mathrm{d}x = \sin x + C.$$

例 2　计算不定积分 $\int x^3 \mathrm{d}x$.

解　因为 $\left(\frac{1}{4}x^4\right)' = x^3$，所以 $\frac{x^4}{4}$ 是 x^3 的一个原函数，故

$$\int x^3 \mathrm{d}x = \frac{1}{4}x^4 + C.$$

例 3　计算不定积分 $\int \mathrm{e}^x \mathrm{d}x$.

解　因为 $(\mathrm{e}^x)' = \mathrm{e}^x$，所以 e^x 是 e^x 的一个原函数，所以

$$\int \mathrm{e}^x \mathrm{d}x = \mathrm{e}^x + C.$$

5.1.2　不定积分的几何意义

若 $F(x)$ 是 $f(x)$ 的一个原函数，则 $y = F(x)$ 的图像为 $f(x)$ 的一条积分曲线. 将这条积分曲线沿着 y 轴方向平行移动，就可以得到 $f(x)$ 的无穷多条积分曲线，它们构成一个曲线族，称为 $f(x)$ 的积分曲线族.

不定积分 $\int f(x)\mathrm{d}x$ 的几何意义就是一个积分曲线族. 它的特点是：在横坐标相同的点处，各积分曲线的切线相互平行，如图 5.1 所示.

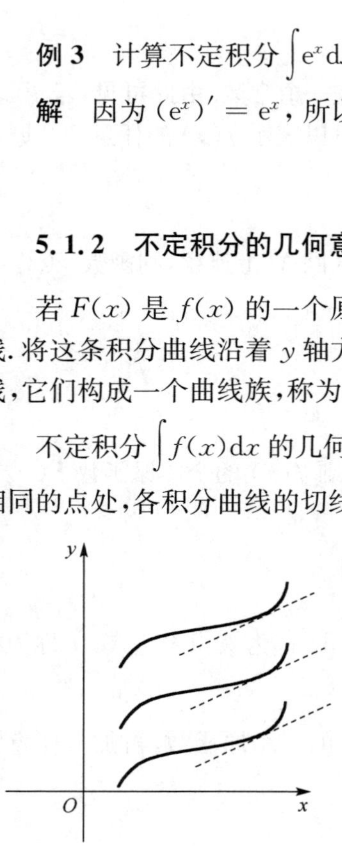

图 5.1

例 4　已知曲线 $y = f(x)$ 在任一点 x 处的切线斜率为 $3x^2$，且曲线通过点 $(2,9)$，求此曲线的方程.

解　$y = \int 3x^2 \mathrm{d}x = x^3 + C$，当 $x = 2$ 时 $y = 9$，即

$$9 = 2^3 + C, \quad 得 C = 1,$$

于是，所求曲线方程为

$$y = x^3 + 1.$$

为解决不定积分的计算问题，下面介绍不定积分的性质.

5.1.3　不定积分的基本性质

由不定积分定义可得到不定积分的性质.

性质 1　$\left[\int f(x)\mathrm{d}x\right]' = f(x)$　或　$\mathrm{d}\int f(x)\mathrm{d}x = f(x)\mathrm{d}x$.

性质 1 说明：不定积分的导数（或微分）等于被积函数（或被积表达式）.

性质2 $\int F'(x)\mathrm{d}x = F(x) + C$ 或 $\int \mathrm{d}F(x) = F(x) + C$.

性质2说明:一个函数的导数(或微分)的不定积分与这个函数相差一个任意常数.

性质3 $\int af(x)\mathrm{d}x = a\int f(x)\mathrm{d}x(a \neq 0)$.

证明 因为

$$\left(a\int f(x)\mathrm{d}x\right)' = a\left(\int f(x)\mathrm{d}x\right)' = af(x).$$

而 $af(x)$ 恰是左端的被积函数,由不定积分定义可知,$a\int f(x)\mathrm{d}x$ 是 $af(x)$ 的不定积分.

性质3说明:非零的常数可以从积分符号中提出来.

性质4 $\int [f(x) \pm g(x)]\mathrm{d}x = \int f(x)\mathrm{d}x \pm \int g(x)\mathrm{d}x$.

要证明这个等式,只需验证等式右端的导数等于左端的被积函数,证明略.

性质4说明:两个函数代数和的积分等于函数不定积分的代数和.

这个公式可以推广到任意有限个函数的代数和的情况.

综合性质3和性质4可得到性质5如下.

性质5 $\int [af(x) + bg(x)]\mathrm{d}x = a\int f(x)\mathrm{d}x + b\int g(x)\mathrm{d}x$.

这个公式可以推广到有限个函数的线性组合的情况.

性质5说明:两个函数线性组合的积分等于函数积分的线性组合.

5.2 基本积分公式

由基本导数公式可以得到相应的基本积分公式(式中 C 为任意常数):

(1) $\int 0\mathrm{d}x = C$;

(2) $\int x^\alpha \mathrm{d}x = \dfrac{1}{\alpha+1}x^{\alpha+1} + C(\alpha \neq -1)$;

(3) $\int \dfrac{1}{x}\mathrm{d}x = \ln|x| + C$;

(4) $\int a^x \mathrm{d}x = \dfrac{1}{\ln a}a^x + C(a > 0, a \neq 1)$;

(5) $\int \mathrm{e}^x \mathrm{d}x = \mathrm{e}^x + C$;

(6) $\int \sin x\mathrm{d}x = -\cos x + C$;

(7) $\int \cos x \mathrm{d}x = \sin x + C$;

(8) $\int \sec^2 \mathrm{d}x = \int \frac{1}{\cos^2 x}\mathrm{d}x = \tan x + C$;

(9) $\int \csc^2 x \mathrm{d}x = \int \frac{1}{\sin^2 x}\mathrm{d}x = -\cot x + C$;

(10) $\int \frac{1}{\sqrt{1-x^2}}\mathrm{d}x = \arcsin x + C(= -\arccos x + C_1)$;

(11) $\int \frac{1}{1+x^2}\mathrm{d}x = \arctan x + C(= -\operatorname{arccot} x + C_1)$.

基本积分公式对于计算不定积分非常重要,不论用什么方法计算不定积分,都要把所求积分化为基本公式的形式,再由基本公式求出不定积分, 因此,读者要熟记这些公式.

利用不定积分的性质和基本积分公式,可求出一些简单的不定积分,这种方法通常称为直接积分法.

下面通过例题来介绍如何运用直接积分法计算不定积分.

例 5 求不定积分 $\int (4x^3 + 6x^2 - 1)\mathrm{d}x$.

解

$$\begin{aligned}\int (4x^3 + 6x^2 - 1)\mathrm{d}x &= \int 4x^3 \mathrm{d}x + \int 6x^2 \mathrm{d}x - \int \mathrm{d}x \\ &= 4\int x^3 \mathrm{d}x + 6\int x^2 \mathrm{d}x - \int \mathrm{d}x \\ &= x^4 + 2x^3 - x + C.\end{aligned}$$

例 6 求不定积分 $\int \frac{(1-x)^2}{x}\mathrm{d}x$.

解

$$\begin{aligned}\int \frac{(1-x)^2}{x}\mathrm{d}x &= \int \frac{1-2x+x^2}{x}\mathrm{d}x \\ &= \int \left(\frac{1}{x} - 2 + x\right)\mathrm{d}x \\ &= \int \frac{1}{x}\mathrm{d}x - 2\int \mathrm{d}x + \int x\mathrm{d}x \\ &= \ln|x| - 2x + \frac{x^2}{2} + C.\end{aligned}$$

例 7 求不定积分 $\int \frac{x^4 + 2x^2}{1+x^2}\mathrm{d}x$.

解

$$\begin{aligned}\int \frac{x^4 + 2x^2}{1+x^2}\mathrm{d}x &= \int \frac{x^4 + 2x^2 + 1 - 1}{1+x^2}\mathrm{d}x = \int \frac{(x^2+1)^2 - 1}{1+x^2}\mathrm{d}x \\ &= \int (x^2+1)\mathrm{d}x - \int \frac{1}{1+x^2}\mathrm{d}x\end{aligned}$$

$$=\frac{x^3}{3}+x-\arctan x+C.$$

例 8 求不定积分$\int(e^x+3\cos x+\sqrt{x})dx$.

解 $$\int(e^x+3\cos x+\sqrt{x})dx=\int e^x dx+3\int\cos x dx+\int x^{\frac{1}{2}}dx$$
$$=e^x+3\sin x+\frac{2}{3}x^{\frac{3}{2}}+C.$$

例 9 求不定积分$\int\cot^2 x dx$.

解 $$\int\cot^2 x dx=\int(\csc^2 x-1)dx=\int\csc^2 x dx-\int dx$$
$$=-\cot x-x+C.$$

例 10 求不定积分 $\int\sin^2 x dx+\int\cos^2 x dx$.

解 $$\int\sin^2 x dx+\int\cos^2 x dx=\int(\sin^2 x+\cos^2 x)dx$$
$$=\int dx=x+C.$$

例 11 求不定积分 $\int\cos^2\frac{x}{2}dx$.

解 $$\int\cos^2\frac{x}{2}dx=\int\frac{1+\cos x}{2}dx=\frac{1}{2}\int(1+\cos x)dx$$
$$=\frac{1}{2}(x+\sin x)+C.$$

例 12 求不定积分 $\int\left(\sqrt{x}-\frac{1}{\sqrt{x}}\right)^2 dx$.

解 $$\int\left(\sqrt{x}-\frac{1}{\sqrt{x}}\right)^2 dx=\int\left(x-2+\frac{1}{x}\right)dx$$
$$=\frac{x^2}{2}-2x+\ln|x|+C.$$

从以上的例题可以看出,用直接积分法计算不定积分,就是利用已知的知识和不定积分的基本性质,将被积函数进行必要的恒等变形,把所求的积分化为基本积分公式,然后再利用基本积分公式来求出不定积分. 后面将介绍的其他积分法,就是对不同类型的积分,用不同的方法将所求不定积分化为不定积分基本积分公式的形式,然后利用基本公式得到结果,这是求积分的基本原则.

例 13 已知某产品的边际成本为$C'(x)=0.06x^2+x+80$(元/单位产量),x为产品的产量, 又已知固定成本为 800 元,求总成本函数$C(x)$.

解 因为总成本函数是边际成本函数的原函数,所以有

$$C(x)=\int(0.06x^2+x+80)\mathrm{d}x=0.02x^3+\frac{x^2}{2}+80x+C.$$

因为固定成本为 800 元,即 $C(0)=800$,所以有

$$C=800,$$

所以,总成本函数为

$$C(x)=0.02x^3+\frac{x^2}{2}+80x+800.$$

5.3 第一换元积分法

利用直接积分法只能计算一些较简单的不定积分,所以我们有必要去寻找其他更有效的积分方法.本节将把复合函数的求导法或微分法反过来用于求不定积分,这种方法称为换元积分法,所谓换元就是换积分变量,就是通过变量代换的方法,即换积分变量的方法把所给积分化为不定积分基本公式的形式,再由基本公式求出不定积分.

在本节里介绍第一换元积分法,什么是第一换元积分法,下面通过例题和公式来说明.

例 14 求 $\int(3x+1)^9\mathrm{d}x$.

解 这个积分在基本积分公式中是找不到的.但如果把 $\mathrm{d}x$ 换为 $\mathrm{d}(3x+1)$ 积分就化成了基本公式的形式.

因为

$$\mathrm{d}x=\frac{1}{3}\mathrm{d}(3x+1),$$

所以

$$\int(3x+1)^9\mathrm{d}x=\frac{1}{3}\int(3x+1)^9\mathrm{d}(3x+1).$$

若设 $u=3x+1$,则上式积分就写成

$$=\frac{1}{3}\int u^9\mathrm{d}u.$$

上式右端的积分已经化成了基本公式,利用公式得到结果,再将变量还原

$$=\frac{1}{3}\times\frac{u^{10}}{10}+C$$

$$=\frac{(3x+1)^{10}}{30}+C.$$

此例所作的换元是

$$\mathrm{d}x=\frac{1}{3}\mathrm{d}(3x+1)$$

上例解法的实质是：通过设 $u=3x+1$ 的变量代换，将原积分变量 x 换为 u，从而将原不定积分化成了基本积分公式的形式，最终利用基本积分公式求得结果.

一般的有下面的定理.

定理 4 若函数 $F(u)$ 是函数 $f(u)$ 的原函数，且 $u=\varphi(x)$ 可微，则 $F[\varphi(x)]$ 是 $f[\varphi(x)]\varphi'(x)$ 的原函数，且有

$$\int f[\varphi(x)]\varphi'(x)\mathrm{d}x=\int f(u)\mathrm{d}u=F(u)+C=F[\varphi(x)]+C. \quad (5.1)$$

证明 利用复合函数求导法则来证明等式右端函数的导数等于左端的被积函数. 因为 $F'(u)=f(u)$，所以有

$$\begin{aligned}\{F[\varphi(x)]+C\}' &= F'(u)\varphi'(x) \quad (u=\varphi(x))\\ &= f(u)\varphi'(x)\\ &= f[\varphi(x)]\varphi'(x).\end{aligned}$$

这说明 $F[\varphi(x)]+C$ 是 $f[\varphi(x)]\varphi'(x)$ 的全体原函数，所以有

$$\int f[\varphi(x)]\varphi'(x)\mathrm{d}x=F[\varphi(x)]+C.$$

公式(5.1)说明，用第一换元法计算积分的关键是：将所求不定积分的被积表达式凑成某复合函数的微分，所以，第一换元法也称为凑微分法，例如，

$$(3x+1)^9\mathrm{d}x=\frac{1}{3}(3x+1)^9\mathrm{d}(3x+1)=\frac{1}{3}\mathrm{d}\frac{(3x+1)^{10}}{10}.$$

例 15 求 $\int x(x^2+3)^7\mathrm{d}x$.

解 设 $u=x^2+3$，则 $\mathrm{d}u=2x\mathrm{d}x\Rightarrow x\mathrm{d}x=\frac{1}{2}\mathrm{d}u$，所以

$$\begin{aligned}\int x(x^2+3)^7\mathrm{d}x &= \frac{1}{2}\int u^7\mathrm{d}u=\frac{1}{2}\cdot\frac{u^8}{8}+C\\ &= \frac{1}{16}(x^2+3)^8+C.\end{aligned}$$

此例所作的换元是

$$\mathrm{d}x=\frac{1}{2}\mathrm{d}(x^2+3).$$

例 16 求 $\int\frac{(\ln x)^3}{x}\mathrm{d}x$.

解
$$\begin{aligned}\int\frac{(\ln x)^3}{x}\mathrm{d}x &= \int(\ln x)^3\mathrm{d}\ln x \quad (令\ u=\ln x)\\ &= \int u^3\mathrm{d}u=\frac{1}{4}u^4+C=\frac{1}{4}(\ln x)^4+C.\end{aligned}$$

此例所作的换元是

$$\frac{1}{x}\mathrm{d}x=\mathrm{d}\ln x.$$

例 17　求$\int \sin^2 x\cos x\mathrm{d}x$.

解　$\int \sin^2 x\cos x\mathrm{d}x = \int \sin^2 x\mathrm{d}\sin x$　（令 $u = \sin x$）

$$= \int u^2\mathrm{d}u = \frac{u^3}{3} + C$$

$$= \frac{\sin^3 x}{3} + C.$$

此例所作的换元是

$$\cos x\mathrm{d}x = \mathrm{d}\sin x.$$

利用第一换元法计算不定积分，当运算熟练时，可不必写出新变量，而将被积表达式凑成公式(5.1)的形式，直接利用积分公式求出结果.

例 18　求$\int \frac{x}{\sqrt{x^2+4}}\mathrm{d}x$.

解　$\int \frac{x}{\sqrt{x^2+4}}\mathrm{d}x = \frac{1}{2}\int \frac{\mathrm{d}(x^2)}{\sqrt{x^2+4}} = \frac{1}{2}\int \frac{\mathrm{d}(x^2+4)}{\sqrt{x^2+4}} = \sqrt{x^2+4} + C.$

例 19　求$\int \frac{\mathrm{d}x}{2x-1}$.

解　$\int \frac{1}{2x-1}\mathrm{d}x = \frac{1}{2}\int \frac{2\mathrm{d}x}{2x-1} = \frac{1}{2}\int \frac{\mathrm{d}(2x)}{2x-1}$

$$= \frac{1}{2}\int \frac{\mathrm{d}(2x-1)}{2x-1} = \frac{1}{2}\ln|2x-1| + c.$$

例 20　求　$\int \frac{\mathrm{e}^x}{\sqrt{\mathrm{e}^x+1}}\mathrm{d}x$.

解　$\int \frac{\mathrm{e}^x}{\sqrt{\mathrm{e}^x+1}}\mathrm{d}x = \int \frac{d(\mathrm{e}^x+1)}{\sqrt{\mathrm{e}^x+1}}$

$$= 2\sqrt{\mathrm{e}^x+1} + C.$$

此例所作的换元是

$$\mathrm{e}^x\mathrm{d}x = \mathrm{d}(\mathrm{e}^x+1).$$

例 21　求$\int \cot x\mathrm{d}x$.

解　$\int \cot x\mathrm{d}x = \int \frac{\cos x}{\sin x}\mathrm{d}x = \int \frac{\mathrm{d}\sin x}{\sin x}$

$$= \ln|\sin x| + C.$$

此例所作的换元是

$$\cos x\mathrm{d}x = \mathrm{d}\sin x.$$

类似的有

$$\int \tan x \mathrm{d}x = -\ln|\cos x| + C.$$

例 22 求 $\int \frac{\mathrm{e}^{\sqrt{x}}}{\sqrt{x}}\mathrm{d}x$.

解 $\int \frac{\mathrm{e}^{\sqrt{x}}}{\sqrt{x}}\mathrm{d}x = 2\int \mathrm{e}^{\sqrt{x}}\mathrm{d}\sqrt{x} = 2\mathrm{e}^{\sqrt{x}} + C$.

此例所作的换元是 $\frac{1}{\sqrt{x}}\mathrm{d}x = 2\mathrm{d}\sqrt{x}$.

例 23 求 $\int \frac{1}{x^2}\cos\frac{1}{x}\mathrm{d}x$.

解 $\int \frac{1}{x^2}\cos\frac{1}{x}\mathrm{d}x = -\int \cos\frac{1}{x}\mathrm{d}\frac{1}{x} = -\sin\frac{1}{x} + C$.

此例所作的换元是 $\frac{1}{x^2}\mathrm{d}x = -\mathrm{d}\frac{1}{x}$.

例 24 求 $\int \frac{1}{a^2 - x^2}\mathrm{d}x, a > 0$.

解
$$\begin{aligned}\int \frac{1}{a^2 - x^2}\mathrm{d}x &= \frac{1}{2a}\int \left(\frac{1}{a+x} + \frac{1}{a-x}\right)\mathrm{d}x \\ &= \frac{1}{2a}[\ln|a+x| - \ln|a-x|] + C \\ &= \frac{1}{2a}\ln\left|\frac{a+x}{a-x}\right| + C.\end{aligned}$$

类似可得

$$\int \frac{1}{x^2 - a^2}\mathrm{d}x = \frac{1}{2a}\ln\left|\frac{x-a}{x+a}\right| + C \quad (a > 0).$$

例 25 求 $\int \frac{1}{\sqrt{a^2 - x^2}}\mathrm{d}x, a > 0$.

解
$$\begin{aligned}\int \frac{1}{\sqrt{a^2 - x^2}}\mathrm{d}x &= \int \frac{1}{\sqrt{1 - \left(\frac{x}{a}\right)^2}}\mathrm{d}\left(\frac{x}{a}\right) \\ &= \arcsin\frac{x}{a} + C.\end{aligned}$$

例 26 求 $\int \csc x \mathrm{d}x$.

解
$$\begin{aligned}\int \csc x \mathrm{d}x &= \int \frac{1}{\sin x}\mathrm{d}x = \int \frac{\mathrm{d}x}{2\sin\frac{x}{2}\cos\frac{x}{2}} \\ &= \int \frac{\mathrm{d}x}{2\tan\frac{x}{2}\cos^2\frac{x}{2}}\end{aligned}$$

$$= \int \frac{1}{\tan \frac{x}{2}} \mathrm{d}\tan \frac{x}{2}$$

$$= \ln\left|\tan \frac{x}{2}\right| + C$$

$$= \ln\left|\frac{1-\cos x}{\sin x}\right| + C.$$

$$= \ln|\csc x - \cot x| + C.$$

例 27 求 $\int \sec x \mathrm{d}x$.

解 $\int \sec x \mathrm{d}x = \int \frac{1}{\cos x}\mathrm{d}x = \int \frac{1}{\sin\left(x+\frac{\pi}{2}\right)}\mathrm{d}x$

$$= \int \frac{\mathrm{d}\left(x+\frac{\pi}{2}\right)}{\sin\left(x+\frac{\pi}{2}\right)}$$

$$= \ln\left|\csc\left(x+\frac{\pi}{2}\right) - \cot\left(x+\frac{\pi}{2}\right)\right| + C$$

$$= \ln|\sec x + \tan x| + C.$$

例 28 求 $\int \frac{1}{a^2+x^2}\mathrm{d}x$.

解 $\int \frac{1}{a^2+x^2}\mathrm{d}x = \frac{1}{a^2}\int \frac{1}{1+\left(\frac{x}{a}\right)^2}\mathrm{d}x$

$$= \frac{1}{a}\int \frac{1}{1+\left(\frac{x}{a}\right)^2}\mathrm{d}\frac{x}{a}$$

$$= \frac{1}{a}\arctan\frac{x}{a} + C.$$

用第一换元法求不定积分时，常用以下的变量代换：

(1) $\int f(ax+b)\mathrm{d}x = \frac{1}{a}\int f(ax+b)\mathrm{d}(ax+b)\,(a \neq 0)$；

(2) $\int f(x^n)x^{n-1}\mathrm{d}x = \frac{1}{n}\int f(x^n)\mathrm{d}x^n\,(n \neq 0)$；

(3) $\int f(\mathrm{e}^x)\mathrm{e}^x\mathrm{d}x = \int f(\mathrm{e}^x)\mathrm{d}\mathrm{e}^x$；

(4) $\int f(\ln x)\frac{1}{x}\mathrm{d}x = \int f(\ln x)\mathrm{d}\ln x$；

(5) $\int f(\sin x)\cos x\mathrm{d}x = \int f(\sin x)\mathrm{d}\sin x$；

(6) $\int f(\cos x)\sin x\mathrm{d}x=-\int f(\cos x)\mathrm{d}\cos x$;

(7) $\int f(\arcsin x)\dfrac{1}{\sqrt{1-x^2}}\mathrm{d}x=\int f(\arcsin x)\mathrm{d}\arcsin x$;

(8) $\int f(\arctan x)\dfrac{1}{1+x^2}\mathrm{d}x=\int f(\arctan x)\mathrm{d}\arctan x$;

(9) $\int f(\tan x)\sec^2 x\mathrm{d}x=\int f(\tan x)\mathrm{d}\tan x$;

(10) $\int f(\cot x)\csc^2 x\mathrm{d}x=-\int f(\cot x)\mathrm{d}\cot x$.

5.4 第二换元积分法

第一换元积分法所作的换元是 $t=\varphi(x)$，但是有些不定积分适当选择函数 $x=\varphi(t)$ 代入后使得积分容易计算，所以给出第二换元积分法.

定理 5 如果函数 $x=\varphi(t)$ 单调和可微的，且 $\varphi'(t)\neq 0$，并有 $F(t)$ 是 $f[\varphi(t)]\varphi'(t)$ 的原函数，则 $F[\varphi^{-1}(x)]$ 是 $f(x)$ 的原函数，且有

$$\int f(x)\mathrm{d}x=\int f[\varphi(t)]\varphi'(t)\mathrm{d}t=F(t)+C=F[\varphi^{-1}(x)]+C. \tag{5.2}$$

证明 因为 $x=\varphi(t)$ 单调，所以存在反函数 $t=\varphi^{-1}(x)$. 利用复合函数与反函数的求导法则，证明式(5.2)右端对 x 的导数等于左端的被积函数.

由已知条件，$F'(t)=f[\varphi(t)]\varphi'(t)$，所以，

$$\begin{aligned}\frac{\mathrm{d}}{\mathrm{d}x}\{F[\varphi^{-1}(x)]+C\}&=\frac{\mathrm{d}F(t)}{\mathrm{d}t}\cdot\frac{\mathrm{d}t}{\mathrm{d}x}\\&=f[\varphi(t)]\varphi'(t)\cdot\frac{1}{\varphi'(t)}\\&=f[\varphi(t)]=f(x).\end{aligned}$$

故式(5.2)成立.

例 29 求 $\int\dfrac{1}{\sqrt{x}-2}\mathrm{d}x$.

解 求这个积分的关键是去根号，因此，可选择 $x=\varphi(t)=t^2$.

令 $x=t^2$(即 $t=\sqrt{x}$)，于是有 $\mathrm{d}x=2t\mathrm{d}t$，

$$\begin{aligned}\int\frac{1}{\sqrt{x}-2}\mathrm{d}x&=\int\frac{2t}{t-2}\mathrm{d}t=2\int\frac{t-2+2}{t-2}\mathrm{d}t=2\int\left(1+\frac{2}{t-2}\right)\mathrm{d}t\\&=2(t+2\ln|t-2|)+C\\&=2(\sqrt{x}+2\ln|\sqrt{x}-2|)+C(\text{将 } t=\sqrt{x} \text{ 还原}).\end{aligned}$$

例 30　求$\int \sqrt{a^2-x^2}\mathrm{d}x(a>0)$.

解　为去掉根号，令$x=a\sin t$，$|t|\leqslant\frac{\pi}{2}$，则$\mathrm{d}x=a\cos t\mathrm{d}t$.

$$\begin{aligned}\int \sqrt{a^2-x^2}\mathrm{d}x&=\int \sqrt{a^2(1-\sin^2 t)}a\cos t\mathrm{d}t\\&=\int a^2\cos^2 t\mathrm{d}t=a^2\int\frac{1+\cos 2t}{2}\mathrm{d}t\\&=\frac{a^2}{2}\left(t+\frac{1}{2}\sin 2t\right)+C\\&=\frac{a^2}{2}(t+\sin t\cos t)+C.\end{aligned}$$

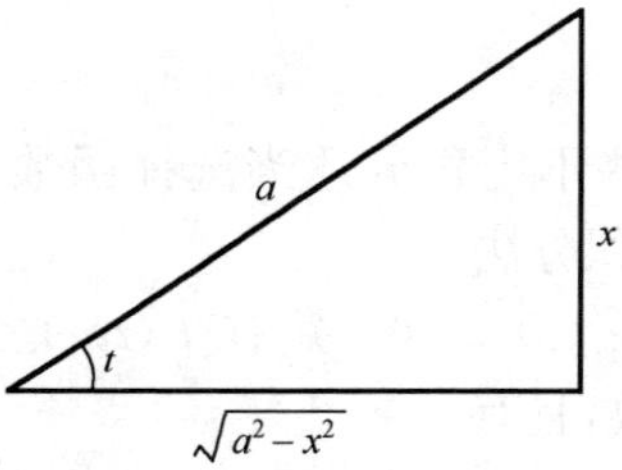

图 5.2

由于$x=a\sin t$，即$\sin t=\frac{x}{a}$，所以$t=\arcsin\frac{x}{a}$，为还原$\cos t$，可采用三角形法，根据$\sin t=\frac{x}{a}$，作一个直角三角形(图 5.2)使其一个锐角为t，对边为x，斜边为a，从而邻边为$\sqrt{a^2-x^2}$，由直角三角形边与角的关系，可求得

$$\cos t=\frac{\sqrt{a^2-x^2}}{a},$$

代入上式便可得到积分结果

$$\begin{aligned}\int \sqrt{a^2-x^2}\mathrm{d}x&=\frac{a^2}{2}\left(\arcsin\frac{x}{a}+\frac{x}{a}\cdot\frac{\sqrt{a^2-x^2}}{a}\right)\\&=\frac{1}{2}x\sqrt{a^2-x^2}+\frac{a^2}{2}\arcsin\frac{x}{a}+C.\end{aligned}$$

三角形法是在这类积分运算中常用的方法.

例 31　求$\int\frac{\mathrm{d}x}{\sqrt{x^2+a^2}}(a>0)$.

解　令$x=a\tan t$，$|t|<\frac{\pi}{2}$，则$\mathrm{d}x=a\sec^2 t\mathrm{d}t$(图 5.3)，

$$\begin{aligned}\int\frac{\mathrm{d}x}{\sqrt{x^2+a^2}}&=\int\frac{a\sec^2 t}{\sqrt{a^2\tan^2 t+a^2}}\mathrm{d}t\\&=\int\frac{\sec^2 t}{\sec t}\mathrm{d}t\\&=\int\sec t\mathrm{d}t\\&=\ln|\sec t+\tan t|+C\end{aligned}$$

$$= \ln\left|\frac{\sqrt{x^2+a^2}}{a}+\frac{x}{a}\right|+C_0$$

$$= \ln\left|x+\sqrt{x^2+a^2}\right|+C,$$

其中，$C = C_0 - \ln a$.

例 32 求 $\int \frac{dx}{\sqrt{x^2-a^2}} (a > 0)$(图 5.4).

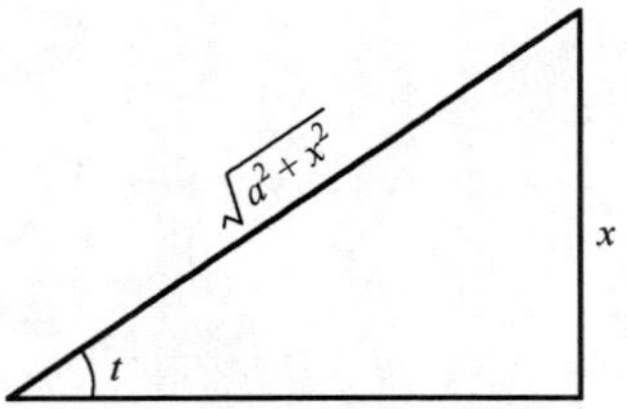

图 5.3

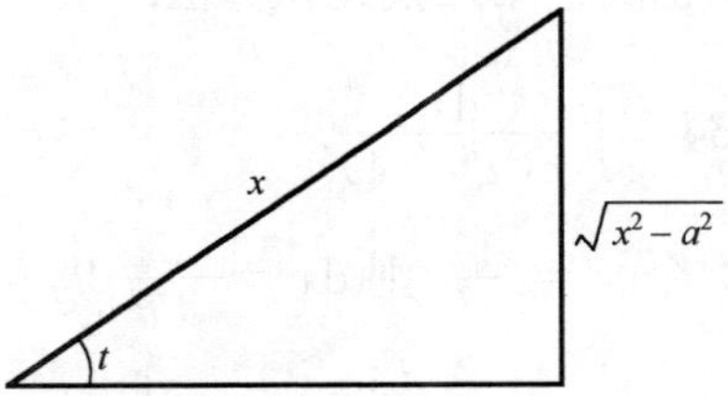

图 5.4

解 令 $x = a\sec t \left(0 < t < \frac{\pi}{2}\right)$,

$$dx = a\sec t \cdot \tan t dt,$$

$$\int \frac{dx}{\sqrt{x^2-a^2}} = \int \frac{a\sec t \cdot \tan t}{\sqrt{a^2\sec^2 t - a^2}} dt$$

$$= \int \sec t dt$$

$$= \ln|\sec t + \tan t| + C_0$$

$$= \ln\left|\frac{x}{a}+\frac{\sqrt{x^2-a^2}}{a}\right|+C_0$$

$$= \ln\left|x+\sqrt{x^2-a^2}\right|+C.$$

例 33 求 $\int \frac{1}{\sqrt{2x+1}+1} dx$.

解 令 $t = \sqrt{2x+1}$，则 $x = \frac{t^2-1}{2}$，$dx = t dt$，于是

$$\int \frac{1}{\sqrt{2x+1}+1} dx = \int \frac{t}{t+1} dt = \int \frac{t+1-1}{t+1} dt = \int \left(1-\frac{1}{t+1}\right) dt$$

$$= t - \ln|t+1| + C = \sqrt{2x+1} - \ln(\sqrt{2x+1}+1) + C$$

以上例题告诉我们，被积函数中含有下面几类无理式时，一般可作如下相应的变量代换.

含 $\sqrt[n]{ax+b}$，设 $t = \sqrt[n]{ax+b}$；含 $\sqrt{a^2-x^2}$，设 $x = a\sin t$；含 $\sqrt{x^2+a^2}$，设 $x = a\tan t$；含 $\sqrt{x^2-a^2}$，设 $x = a\sec t$.

后三种换元通常称为三角代换，这三种形式的积分用三角代换去掉根式很有效，但去掉根式并不一定都采用三角代换，若用三角代换计算烦琐，也可直接令 $t=\sqrt{a^2-x^2}$ 等.

以上几种类型的积分用第二积分法很有效，还有一些积分也可用第二积分法，例如，被积函数的分母是多项式，且分母变量的次数比较高时常采用的倒代换：$x=\dfrac{1}{t}$，也属于第二换元积分法.

例 34 $\displaystyle\int\frac{\mathrm{d}x}{x(x^6+4)}$.

解 令 $x=\dfrac{1}{t}$，则 $\mathrm{d}x=-\dfrac{1}{t^2}\mathrm{d}t$，

$$\begin{aligned}\int\frac{\mathrm{d}x}{x(x^6+4)}&=-\int\frac{t^5}{1+4t^6}\mathrm{d}t=-\frac{1}{24}\ln|1+4t^6|+C\\&=-\frac{1}{24}\ln\left|\frac{x^6+4}{x^6}\right|+C\\&=\frac{1}{4}\ln|x|-\frac{1}{24}\ln(x^6+4)+C.\end{aligned}$$

以上介绍了两种换元积分法，那么它们之间有什么联系和区别呢？比较公式(5.1)和公式(5.2)，不难看出两种方法的实质是同一公式的两种不同使用方法.

第一换元法是由公式 $\int f[\varphi(x)]\varphi'(x)\mathrm{d}x=\int f(u)\mathrm{d}u$ 计算积分(令 $u=\varphi(x)$)，这时 $\int f(u)\mathrm{d}u$ 比 $\int f[\varphi(x)]\varphi'(x)\mathrm{d}x$ 容易计算；

第二换元法是由公式 $\int f(x)\mathrm{d}x=\int f[\varphi(t)]\varphi'(t)\mathrm{d}t$ 计算积分(令 $x=\varphi(u)$)，这时 $\int f[\varphi(t)]\varphi'(t)\mathrm{d}t$ 比 $\int f(x)\mathrm{d}x$ 容易计算.

最后把经常用到的几个积分结果列出来，可以作为公式用，为了应用方便，我们将这些公式列在基本积分公式后，请熟记.

(12) $\int\tan x\mathrm{d}x=-\ln|\cos x|+C$；

(13) $\int\cot x\mathrm{d}x=\ln|\sin x|+C$；

(14) $\int\sec x\mathrm{d}x=\ln|\sec x+\tan x|+C$；

(15) $\int\csc x\mathrm{d}x=\ln|\csc x-\cot x|+C$；

(16) $\displaystyle\int\frac{1}{a^2-x^2}\mathrm{d}x=\frac{1}{2a}\ln\left|\frac{a+x}{a-x}\right|+C, a>0$；

(17) $\int \frac{1}{\sqrt{x^2+a^2}}dx = \ln\left|x+\sqrt{x^2+a^2}\right|+C, a>0.$

(18) $\int \frac{1}{\sqrt{x^2-a^2}}dx = \ln\left|x+\sqrt{x^2-a^2}\right|+C, a>0.$

5.5 分部积分法

定理 6 设函数 $u=u(x), v=v(x)$ 都有连续的导数,则有分部积分公式

$$\int u\mathrm{d}v = uv - \int v\mathrm{d}u. \tag{5.3}$$

证明 由函数乘积的求导法则有

$$(uv)' = u'v + uv',$$

两边积分并移项得

$$\int u\mathrm{d}v = uv - \int v\mathrm{d}u.$$

公式(5.3)称为分部积分公式. 运用分部积分公式计算不定积分的关键是如何选择 u 和 $\mathrm{d}v$. 一般的原则是:选择 $\mathrm{d}v$ 要使得 v 容易求出来,且使得积分变得比原来的积分简单,容易计算.

例 35 求 $\int x\mathrm{e}^x \mathrm{d}x$.

解 设 $u=x, \mathrm{d}v=\mathrm{e}^x\mathrm{d}x$, 则 $\mathrm{d}u=\mathrm{d}x, v=\mathrm{e}^x$, 由分部积分公式有

$$\int x\mathrm{e}^x\mathrm{d}x = x\mathrm{e}^x - \int \mathrm{e}^x\mathrm{d}x = x\mathrm{e}^x - \mathrm{e}^x + C.$$

运用分部积分法计算熟练后,可不必设出 u 和 $\mathrm{d}v$, 将被积表达式直接凑成 u 乘以 $\mathrm{d}v$ 的形式运算即可.

例如,上面的例子

$$\int x\mathrm{e}^x\mathrm{d}x = \int x\mathrm{d}\mathrm{e}^x = x\mathrm{e}^x - \int \mathrm{e}^x\mathrm{d}x = x\mathrm{e}^x - \mathrm{e}^x + C.$$

例 36 求 $\int x^2\ln x\mathrm{d}x$.

解 设 $u=\ln x, \mathrm{d}v=x^2\mathrm{d}x$, 则 $\mathrm{d}u=\frac{1}{x}\mathrm{d}x, v=\frac{x^3}{3}$, 由分部积分公式有

$$\begin{aligned}\int x^2\ln x\mathrm{d}x &= \ln x\cdot\frac{x^3}{3} - \int \frac{x^3}{3}\cdot\frac{1}{x}\mathrm{d}x = \frac{1}{3}x^3\ln x - \frac{1}{3}\int x^2\mathrm{d}x \\ &= \frac{1}{3}x^3\ln x - \frac{1}{9}x^3 + C.\end{aligned}$$

例 37　求 $\int x^2\cos x\mathrm{d}x$.

解　设 $u=x^2,\mathrm{d}v=\cos x\mathrm{d}x$，则 $\mathrm{d}u=2x\mathrm{d}x,v=\sin x$. 由分部积分公式有

$$\begin{aligned}\int x^2\cos x\mathrm{d}x&=x^2\sin x-2\int x\sin x\mathrm{d}x=x^2\sin x+2\int x\mathrm{d}\cos x\\&=x^2\sin x+2x\cos x-2\int\cos x\mathrm{d}x=x^2\sin x+2x\cos x-2\sin x+C.\end{aligned}$$

这个积分运用了两次分部积分法，可见，在不定积分运算中，根据问题的需要，可连续使用分部积分法.

此积分若设 $u=\cos x,\mathrm{d}v=x^2\mathrm{d}x$，运用分部积分法会使新积分更繁：

$$\int x^2\cos x\mathrm{d}x=\frac{1}{3}x^3\cos x+\frac{1}{3}\int x^3\sin x\mathrm{d}x.$$

例 38　求 $\int\arctan x\mathrm{d}x$.

解

$$\begin{aligned}\int\arctan x\mathrm{d}x&=x\arctan x-\int\frac{x}{1+x^2}\mathrm{d}x\\&=x\arctan x-\frac{1}{2}\int\frac{\mathrm{d}(1+x^2)}{1+x^2}\\&=x\arctan x-\frac{1}{2}\ln(1+x^2)+C.\end{aligned}$$

例 39　求 $\int\mathrm{e}^x\cos x\mathrm{d}x$.

解

$$\begin{aligned}\int\mathrm{e}^x\cos x\mathrm{d}x&=\int\cos x\mathrm{d}\mathrm{e}^x=\mathrm{e}^x\cos x+\int\mathrm{e}^x\sin x\mathrm{d}x\\&=\mathrm{e}^x\cos x+\int\sin x\mathrm{d}\mathrm{e}^x\\&=\mathrm{e}^x\cos x+\mathrm{e}^x\sin x-\int\mathrm{e}^x\cos x\mathrm{d}x,\end{aligned}$$

移项解得

$$\int\mathrm{e}^x\cos x\mathrm{d}x=\frac{\mathrm{e}^x}{2}(\cos x+\sin x)+C.$$

此积分用了两次分部积分法后出现了循环，所以称为循环积分. 这个积分告诉我们，在运算中当右端出现原不定积分时，应停止用分部积分公式，而是用解方程的方法求出不定积分.

使用分部积分法的常见题型有：

(1) $\int x^n\mathrm{e}^x\mathrm{d}x,\int x^n\sin x\mathrm{d}x,\int x^n\cos x\mathrm{d}x$，设 $u=x^n$；

(2) $\int x^n\ln x\mathrm{d}x,\int x^n\arcsin x\mathrm{d}x,\int x^n\arctan x\mathrm{d}x$，设 $\mathrm{d}v=x^n\mathrm{d}x$；

(3) $\int e^x \sin x dx, \int e^x \cos x dx$，循环积分，要用两次分部积分法，设哪个函数为 u 均可，但设定后，运算过程中 u 的函数类型不能改变.

上述选择 u 和 dv 的方法可用下面的口诀记：对、反、幂、三、指，谁在后面谁凑微.

例如，在 $\int x^n \ln x dx$ 中，因为幂函数 x^n 排在对数函数 $\ln x$ 的后面（在口诀里），所以令 $u=\ln x, dv=x^n dx$，即 $\int x^n \ln x dx=\int \ln x d\frac{x^{n+1}}{n+1}$.

还有很多积分，虽然不是上述类型，但也可以用分部积分法.

例 40 求 $\int \sqrt{a^2-x^2} dx$.

解
$$\begin{aligned}\int \sqrt{a^2-x^2} dx &= x\sqrt{a^2-x^2}-\int x d\sqrt{a^2-x^2} \\ &= x\sqrt{a^2-x^2}+\int \frac{x^2}{\sqrt{a^2-x^2}} dx \\ &= x\sqrt{a^2-x^2}-\int \frac{a^2-x^2-a^2}{\sqrt{a^2-x^2}} dx \\ &= x\sqrt{a^2-x^2}-\int \sqrt{a^2-x^2} dx+a^2\int \frac{1}{\sqrt{a^2-x^2}} dx \\ &= x\sqrt{a^2-x^2}-\int \sqrt{a^2-x^2} dx+a^2 \arcsin \frac{x}{a},\end{aligned}$$

移项整理得

$$\int \sqrt{a^2-x^2} dx=\frac{x}{2}\sqrt{a^2-x^2}+\frac{a^2}{2}\arcsin \frac{x}{a}+C.$$

这个积分我们曾用第二换元法计算过，由此例题可以看到，有些不定积分的计算不仅仅有一种方法，所以选择不同的方法，可以使计算过程的繁简有很大区别；而有些不定积分计算往往需要综合几种方法，见下面的例题.

例 41 求 $\int e^{\sqrt{x}} dx$.

解 设 $t=\sqrt{x}$，则 $x=t^2, dx=2t dt$，

$$\begin{aligned}\int e^{\sqrt{x}} dx &= 2\int t e^t dt \\ &= 2\int t de^t \\ &= 2te^t-2\int e^t dt \\ &= 2e^t(t-1)+C \\ &= 2e^{\sqrt{x}}(\sqrt{x}-1)+C.\end{aligned}$$

5.6　有理函数的积分

有理函数是指有理式表示的函数，它包括多项式函数和有理分式函数（两个多项式函数之商得到的函数），其一般形式为

多项式函数：

$$f(x)=a_0x^n+a_1x^{n-1}+\cdots+a_{n-1}x+a_n. \tag{5.4}$$

有理分式函数：

$$f(x)=\frac{P_n(x)}{Q_m(x)}=\frac{a_0x^n+a_1x^{n-1}+\cdots+a_{n-1}x+a_n}{b_0x^m+b_1x^{m-1}+\cdots+b_{m-1}x+b_m}, \tag{5.5}$$

其中 n,m 为非负整数，$a_0\neq 0,b_0\neq 0,a_0,a_1,\cdots,a_{n-1},a_n;b_0,b_1,\cdots,b_{m-1},b_m$ 为实数.

在式(5.5)中，假定分子与分母没有公因式. 当 $n<m$ 时，称 $f(x)$ 为真分式，当 $n\geqslant m$ 时，称 $f(x)$ 为假分式. 用多项式除法可以将有理假分式化为多项式与真分式之和，例如，

$$\frac{3x^3+2x^2+1}{x^2+1}=3x+2-\frac{3x+1}{x^2+1}.$$

多项式的积分很简单，因此，有理函数积分的关键就是求有理真分式的积分，而要求有理真分式的积分需要把它分解为部分分式的和，下面先介绍有理真分式的分解.

5.6.1　化有理真分式为部分分式的和

以下四种分式称为部分分式：

(1) $\dfrac{A}{x-a}$；　　(2) $\dfrac{A}{(x-a)^n}$；

(3) $\dfrac{Cx+D}{x^2+px+q}$；　　(4) $\dfrac{Cx+D}{(x^2+px+q)^n}$，

其中 A,C,D,a,p,q 都是常数，$n=2,3,\cdots$，且 $p^2-4q<0$.

根据代数学理论，任何一个有理真分式都可以分解为若干个部分分式之和.

如果 $Q(x)$ 在实数范围内能分解为如下形式

$$Q(x)=b_0\,(x-a)^{\alpha}\cdots(x-b)^{\beta}\,(x^2+px+q)^{\lambda}\cdots(x^2+rx+s)^{\mu},$$

其中 $p^2-4q<0,\cdots,r^2-4s<0$，那么真分式 $\dfrac{P(x)}{Q(x)}$ 可以分解为如下部分分式之和

$$\begin{aligned}\frac{P(x)}{Q(x)}=&\frac{A_1}{(x-a)^{\alpha}}+\frac{A_2}{(x-a)^{\alpha-1}}+\cdots+\frac{A_{\alpha}}{x-a}\cdots\\&+\frac{B_1}{(x-b)^{\beta}}+\frac{B_2}{(x-b)^{\beta-1}}+\cdots+\frac{B_{\beta}}{x-b}\\&+\frac{C_1x+D_1}{(x^2+px+q)^{\gamma}}+\frac{C_2x+D_2}{(x^2+px+q)^{\gamma-1}}+\cdots+\frac{C_{\gamma}x+D_{\gamma}}{x^2+px+q}\cdots\end{aligned}$$

$$+\frac{E_1x+F_1}{(x^2+px+q)^\eta}+\frac{E_2x+F_2}{(x^2+px+q)^{\eta-1}}+\cdots+\frac{E_\eta x+F_\eta}{x^2+px+q},$$

其中 $A_i,\cdots,B_i,C_i,D_i,\cdots,E_i,F_i$ 都是常数.

看下面的例题.

例 42 将 $\frac{x+1}{x^2+x-2}$ 分解为部分分式.

解 第一步:先将分母因式分解

$$x^2+x-2=(x-1)(x+2).$$

第二步:设有理真分式可分解为

$$\frac{x+1}{x^2+x-2}=\frac{x+1}{(x+2)(x-1)}=\frac{A}{(x+2)}+\frac{B}{(x-1)},$$

其中 A,B 称为待定系数.

第三步:求待定系数.

法一 上式两端同乘以 $(x+2)(x-1)$,去掉分母得

$$A(x-1)+B(x+2)=x+1,$$
$$(A+B)x+2B-A=x+1.$$

比较等式两边同次幂的系数,得方程组

$$\begin{cases}A+B=1,\\2B-A=1,\end{cases}$$

解此方程组得 $A=\frac{1}{3},\quad B=\frac{2}{3}$

于是

$$\frac{x+1}{x^2+x-2}=\frac{1}{3}\frac{1}{(x+2)}+\frac{2}{3}\frac{1}{(x-1)}.$$

法二 在下面的恒等式中,代入特殊的 x 值,从而求出待定的常数.

$$A(x-1)+B(x+2)=x+1.$$

取特殊值 $x=1$,得 $3B=2\Rightarrow B=\frac{2}{3}$.

再取 $x=-2$,得 $-3A=-1\Rightarrow A=\frac{1}{3}$.

例 43 将 $\frac{1}{x(x^2+1)}$ 分解为部分分式.

解 设有理真分式可分解为

$$\frac{1}{x(x^2+1)}=\frac{A}{x}+\frac{Bx+C}{x^2+1},$$

两端去分母整理后得

$$1=(A+B)x^2+Cx+A.$$

比较等式两边同次幂的系数,得方程组

$$\begin{cases} A+B=0, \\ C=0, \\ A=1, \end{cases}$$

解此方程组得

$$A=1,\quad B=-1,\quad C=0.$$

从而有

$$\frac{1}{x(x^2+1)}=\frac{1}{x}-\frac{x}{x^2+1}.$$

5.6.2 部分分式的积分

下面通过例题介绍部分分式的积分方法.

例 44 求 $\int \frac{x+1}{x^2+x-2}\mathrm{d}x$.

解 由例 41 得

$$\int \frac{x+1}{x^2+x-2}\mathrm{d}x=\int \frac{1}{3}\frac{1}{(x+2)}\mathrm{d}x+\int \frac{2}{3}\frac{1}{(x-1)}\mathrm{d}x$$
$$=\frac{1}{3}\ln|x+2|+\frac{2}{3}\ln|x-1|+C.$$

例 45 求 $\int \frac{1}{x(x^2+1)}\mathrm{d}x$.

解 由例 42 得

$$\int \frac{1}{x(x^2+1)}\mathrm{d}x=\int \frac{1}{x}\mathrm{d}x-\int \frac{x}{x^2+1}\mathrm{d}x$$
$$=\ln|x|-\frac{1}{2}\ln(x^2+1)+C.$$

例 46 求 $\int \frac{3x-2}{x^2-4x+5}\mathrm{d}x$.

解 被积函数分母不能再分解因式,所以它为第三种部分分式

$$\int \frac{3x-2}{x^2-4x+5}\mathrm{d}x=\frac{3}{2}\int \frac{(2x-4)}{x^2-4x+5}\mathrm{d}x+4\int \frac{\mathrm{d}x}{x^2-4x+5}$$
$$=\frac{3}{2}\int \frac{\mathrm{d}(x^2-4x+5)}{x^2-4x+5}+4\int \frac{\mathrm{d}(x-2)}{(x-2)^2+1}$$
$$=\frac{3}{2}\ln|x^2-4x+5|+4\arctan(x-2)+C.$$

例 47 求 $\int \frac{\mathrm{d}x}{x\,(x-2)^2}$.

解 $\int \frac{dx}{x(x-2)^2} = \int \left(\frac{A}{x} + \frac{B}{(x-2)^2} + \frac{C}{x-2} \right) dx.$

求待定系数：

$$A(x-2)^2 + Bx + Cx(x-2) = 1,$$

$$(A+C)x^2 + (B-4A-2C)x + 4A = 1,$$

$$\begin{cases} A+C=0, \\ B-4A-2C=0, \Rightarrow A=\frac{1}{4}, B=\frac{1}{2}, C=-\frac{1}{4}, \\ 4A=1 \end{cases}$$

所以有

$$\begin{aligned} \int \frac{dx}{x(x-2)^2} &= \int \left(\frac{A}{x} + \frac{B}{(x-2)^2} + \frac{C}{x-2} \right) dx \\ &= \frac{1}{4}\int \frac{dx}{x} + \frac{1}{2}\int \frac{dx}{(x-2)^2} - \frac{1}{4}\int \frac{dx}{x-2} \\ &= \frac{1}{4}\ln|x| - \frac{1}{2}\frac{1}{x-2} - \frac{1}{4}\ln|x-2| + C. \end{aligned}$$

有些被积函数可以化为有理函数,然后利用有理函数的积分方法求出积分.

例 48 求 $\int \frac{1}{3+\cos x} dx$, 可以用万能代换,即令

$$t = \tan\frac{x}{2} \quad (-\pi < x < \pi),$$

则有

$$\sin x = \frac{2t}{1+t^2}, \quad \cos x = \frac{1-t^2}{1+t^2}, \quad dx = \frac{2}{1+t^2} dt,$$

从而

$$\begin{aligned} \int \frac{1}{3+\cos x} dx &= \int \frac{1}{3+\frac{1-t^2}{1+t^2}} \cdot \frac{2}{1+t^2} dt \\ &= \int \frac{dt}{t^2+2} = \frac{1}{\sqrt{2}} \arctan\frac{t}{\sqrt{2}} + C \\ &= \frac{1}{\sqrt{2}} \arctan\frac{\tan\frac{x}{2}}{\sqrt{2}} + C. \end{aligned}$$

习 题 5

1. 求下列不定积分：

(1) $\int \frac{dx}{x^2\sqrt{x}}$；

(2) $\int x(\sqrt{x}+1)dx$；

(3) $\int(2^x+x^3)\mathrm{d}x$；　　(4) $\int 3^x\mathrm{e}^x\mathrm{d}x$；

(5) $\int\frac{3x^4+3x^2+1}{x^2+1}\mathrm{d}x$；　　(6) $\int\frac{x^2}{x^2+1}\mathrm{d}x$；

(7) $\int\left(\frac{x}{2}-\frac{1}{x}+\frac{1}{x^3}\right)\mathrm{d}x$；　　(8) $\int\left(\frac{5}{\cos^2 x}-\frac{3}{\sqrt{1-x^2}}\right)\mathrm{d}x$；

(9) $\int\frac{1}{x^2(1+x^2)}\mathrm{d}x$；　　(10) $\int\frac{\mathrm{d}x}{1+\cos 2x}$.

2. 已知 $f'(x)=3x^2+2x+1$，且 $x=0$ 时 $y=1$，求函数 $f(x)$.

3. 设 $f(x)$ 连续并且不等于零，若 $\int xf(x)\mathrm{d}x=\arcsin x+c$，求 $\int\frac{\mathrm{d}x}{f(x)}$.

4. 设生产 x 单位某产品的总成本 C 是 x 的函数 $C(x)$，固定成本（即 $C(0)$）为 20 元，边际成本函数为 $C'(x)=2x+10$（元/单位），求总成本函数 $C(x)$.

5. 用换元法求下列不定积分：

(1) $\int\mathrm{e}^{3x}\mathrm{d}x$；　　(2) $\int(3+2x)^3\mathrm{d}x$；

(3) $\int\frac{x^2}{x^3+1}\mathrm{d}x$；　　(4) $\int\frac{\mathrm{d}x}{3-2x}$；

(5) $\int\frac{(1+\ln x)^2}{x}\mathrm{d}x$；　　(6) $\int\frac{\mathrm{d}x}{\sqrt[3]{5-3x}}$；

(7) $\int\frac{\cos\sqrt{t}}{\sqrt{t}}\mathrm{d}t$；　　(8) $\int\tan^7 x\sec^2 x\mathrm{d}x$；

(9) $\int\frac{x+1}{\sqrt{x+1}}\mathrm{d}x$；　　(10) $\int\frac{2x+1}{x^2+x+3}\mathrm{d}x$；

(11) $\int\frac{\mathrm{e}^x}{\mathrm{e}^x-1}\mathrm{d}x$；　　(12) $\int\frac{\mathrm{d}x}{9-x^2}$；

(13) $\int\frac{\mathrm{d}x}{4+x^2}$；　　(14) $\int\frac{\mathrm{d}x}{x^2+2x+5}$；

(15) $\int\tan\sqrt{1+x^2}\,\frac{x}{\sqrt{1+x^2}}\mathrm{d}x$；　　(16) $\int\frac{\mathrm{d}x}{\sin x\cos x}$；

(17) $\int\frac{\mathrm{d}x}{1-3x}$；　　(18) $\int\frac{1}{\sqrt{3-2x-x^2}}\mathrm{d}x$；

(19) $\int\frac{1}{\mathrm{e}^x+\mathrm{e}^{-x}}\mathrm{d}x$；　　(20) $\int x\cos x^2\mathrm{d}x$；

(21) $\int\frac{x}{\sqrt{2-3x^2}}\mathrm{d}x$；　　(22) $\int\frac{3x^3\mathrm{d}x}{1-x^4}$；

(23) $\int\frac{\sin x}{\cos^3 x}\mathrm{d}x$；　　(24) $\int\frac{\mathrm{d}x}{2x^2-1}$；

(25) $\int\cos^3 x\mathrm{d}x$；　　(26) $\int\frac{\mathrm{d}x}{(x+1)(x-2)}$；

(27) $\int\frac{10^{\arccos x}}{\sqrt{1-x^2}}\mathrm{d}x$；　　(28) $\int\frac{(1+\ln x)\mathrm{d}x}{(x\ln x)^2}$.

6. 用换元法求下列不定积分：

(1) $\int \frac{dx}{1+\sqrt{1-x^2}}$; (2) $\int \frac{\sqrt{x^2-9}}{x}dx$;

(3) $\int \frac{dx}{\sqrt{x}+3}$; (4) $\int \frac{dx}{(x^2+a^2)^{\frac{3}{2}}}$;

(5 $\int \frac{dx}{\sqrt{(x^2+1)^3}}$; (6) $\int \frac{dx}{x+\sqrt{x}}$.

7. 用分部积分法求下列不定积分：

(1) $\int x^2 e^x dx$; (2) $\int (2x-1)\cos x dx$;

(3) $\int x\sin 2x dx$; (4) $\int x\cos\frac{x}{2}dx$;

(5) $\int \ln^2 x dx$; (6) $\int x^5 \ln x dx$;

(7) $\int x\sin^2\frac{x}{2}dx$; (8) $\int (1-x)\sin x dx$;

(9) $\int x^2 e^{-x} dx$; (10) $\int \frac{x}{\cos^2 x}dx$.

8. 求下列有理函数的不定积分：

(1) $\int \frac{x+1}{x^2-6x+5}dx$; (2) $\int \frac{(\sqrt{x})^2+1}{\sqrt{x}+1}dx$;

(3) $\int \frac{dx}{x^2+x}$; (4) $\int \frac{2x+1}{x^2+2x+5}dx$;

(5) $\int \frac{x^3+1}{x^2-1}dx$; (6) $\int \frac{x}{4x^2-x^4}dx$;

(7) $\int \frac{dx}{\sqrt{x}(1+\sqrt[3]{x})}$; (8) $\int \frac{8}{x(x^2-1)}dx$.

9. 已知 $\int f(x)dx = x^2 e^{2x} + C$，求 $f(x)$.

10. 设 $f(x)$ 的一个原函数是 e^{-2x}，求 $f(x)$.

选做题 5

1. 求下列不定积分：

(1) $\int \frac{\arcsin\sqrt{x}+\ln x}{\sqrt{x}}dx$; (2) $\int \frac{\ln x}{(1+x)^2}dx$; (3) $\int \frac{\sqrt{x}\ln(1+x)}{x}dx$;

(4) $\int \sqrt{1-e^x}dx$; (5) $\int \ln(x+\sqrt{1+x^2})dx$; (6) $\int x\arctan\sqrt{x}dx$.

2. 求不定积分 $I_{n,m} = \int x^m (\ln x)^n dx$ 的递推公式.

3. 设 $I_n = \int \tan^n x dx$，求证：$I_n = \frac{1}{n-1}\tan^{n-1}x - I_{n-2}$，并求 $\int \tan^5 x dx$.

4. 已知 $f(x) = \frac{e^x}{x}$，求 $\int xf''(x)dx$.

第6章 定 积 分

定积分是积分学中另一个基本概念，它在自然科学和实际问题中有着广泛的应用. 本章介绍定积分的概念和基本性质、定积分与不定积分的关系、定积分的计算方法，并在此基础上介绍定积分的应用及广义积分等内容.

6.1 定积分的概念与性质

6.1.1 曲边梯形的面积

在中学，我们已经学会计算多边形和圆等规则平面图形的面积，但在实际应用中，往往需要求以任意曲边所围成的平面图形的面积. 任意的曲边形都可分割成若干个曲边梯形. 因此，求曲边形的面积问题就可转化为求曲边梯形的面积问题.

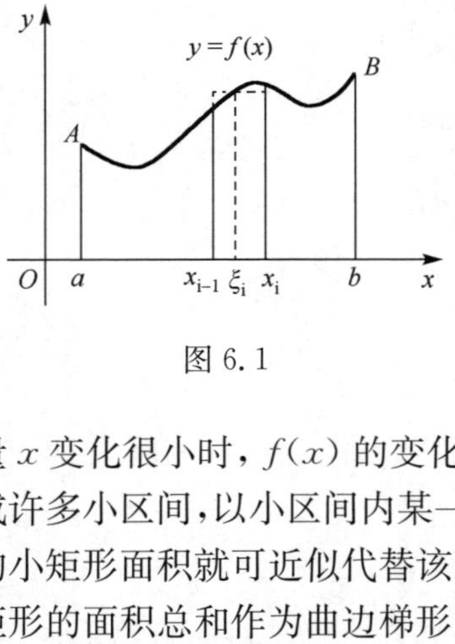

图 6.1

曲边梯形是指，由 $[a,b]$ 上连续且非负的曲线 $y=f(x)$，与直线 $x=a$，$x=b$ 及 $y=0$ 所围成的平面图形 $aABb$（图 6.1）.

通过图形观察，求解曲边梯形面积的难点在于曲线 $y=f(x)$，若 $f(x)$ 恒为常数，那么其图形就变成了矩形，其面积就可按照矩形的面积公式求得.

由于 $y=f(x)$ 在 $[a,b]$ 上连续，所以当自变量 x 变化很小时，$f(x)$ 的变化也很小，近似于不变. 因此，如果把区间 $[a,b]$ 划分成许多小区间，以小区间内某一点 ξ_i 的函数值 $f(\xi_i)$ 为高，以该区间长度为底构成的小矩形面积就可近似代替该区间段内的小曲边梯形面积，这样就可以将所有小矩形的面积总和作为曲边梯形面积的近似值. 显然，区间 $[a,b]$ 分割得越细，这种近似表示的精确度就越高. 结合极限的思想，当各个小区间的长度无限趋于零时，小矩形的面积总和的极限就可定义为所求曲边梯形的面积.

根据上面的分析，求曲边梯形面积的步骤如下.

第一步：**分割** 在区间 $[a,b]$ 上插入 $n+1$ 个分点，即

$$a=x_0<x_1<x_2<\cdots<x_{n-1}<x_n=b,$$

把区间 $[a,b]$ 分成 n 个小区间：$[x_0,x_1]$，$[x_1,x_2]$，$\cdots$，$[x_{i-1},x_i]$，$\cdots$，$[x_{n-1},x_n]$，且记第 i 个小区间 $[x_{i-1},x_i]$ 的长度为 $\Delta x_i=x_i-x_{i-1}(i=1,2,\cdots,n)$. 经过每一个分

点 x_i 作 x 轴的垂线，把曲边梯形分割成 n 个小曲边梯形. 设曲边梯形的面积为 S，第 i 个小曲边梯形的面积为 $\Delta S_i(i=1,2,\cdots,n)$，则有

$$S=\Delta S_1+\Delta S_2+\cdots+\Delta S_n=\sum_{i=1}^{n}\Delta S_i.$$

第二步:**近似**　在每一个小区间 $[x_{i-1},x_i]$ 上任取一点 ξ_i，以 Δx_i 为底边，以 $f(\xi_i)$ 为高作小矩形，其面积为 $f(\xi_i)\Delta x_i(i=1,2,\cdots,n)$，以此作为相应的小曲边梯形面积的近似值，即

$$\Delta S_i\approx f(\xi_i)\Delta x_i\quad(i=1,2,\cdots,n).$$

第三步:**求和**　把 n 个小矩形的面积相加，就得到曲边梯形面积 S 的近似值，即

$$S\approx\sum_{i=1}^{n}f(\xi_i)\Delta x_i.$$

显然，上式右端的和式之值与区间 $[a,b]$ 的分法和点 ξ_i 的取法有关.

第四步:**取极限**　区间分割得越细，近似程度越好(图 6.2 和图 6.3). 此时只需要小区间长度中的最大值趋向于零即可，即 $\lambda=\max\{\Delta x_1,\Delta x_2,\cdots,\Delta x_n\}\to 0$，这时分点将无限增多 $(n\to\infty)$. 若极限 $\lim\limits_{\lambda\to 0}\sum\limits_{i=1}^{n}f(\xi_i)\Delta x_i$ 存在，则其极限值为曲边梯形的面积值，即

$$S=\lim_{\lambda\to 0}\sum_{i=1}^{n}f(\xi_i)\Delta x_i.$$

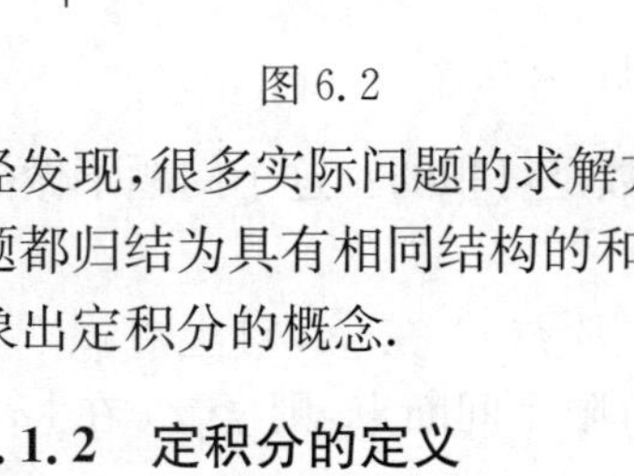

图 6.2

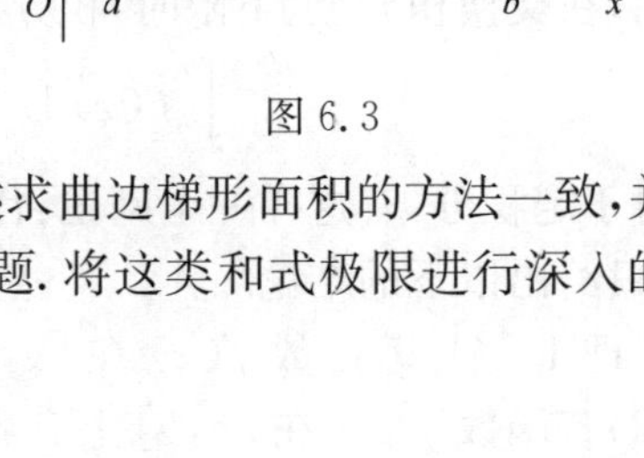

图 6.3

经发现，很多实际问题的求解方法和上述求曲边梯形面积的方法一致，并把这些问题都归结为具有相同结构的和式极限问题. 将这类和式极限进行深入的研究就抽象出定积分的概念.

6.1.2　定积分的定义

定义 1　设函数 $y=f(x)$ 在区间 $[a,b]$ 上有定义，在 $[a,b]$ 上任意的插入 $n+1$ 个分点：

$$a=x_0<x_1<x_2<\cdots<x_{n-1}<x_n=b,$$

把区间 $[a,b]$ 分成 n 个小区间：

$$[x_0,x_1],[x_1,x_2],\cdots,[x_{i-1},x_i],\cdots,[x_{n-1},x_n],$$

各个小区间的长度为 $\Delta x_i = x_i - x_{i-1}(i=1,2,\cdots,n)$，并记 $\lambda = \max\limits_{1\leqslant i\leqslant n}\{\Delta x_i\}$. 在每个小区间 $[x_{i-1},x_i]$ 上任取一点 $\xi_i(x_{i-1}\leqslant \xi_i \leqslant x_i)$ 作和式 $\sum\limits_{i=1}^{n} f(\xi_i)\Delta x_i$，当 $\lambda\to 0$ 时，若极限 $\lim\limits_{\lambda\to 0}\sum\limits_{i=1}^{n} f(\xi_i)\Delta x_i$ 存在(这个极限值与区间 $[a,b]$ 的分法及点 ξ_i 的取法无关)，则称函数 $f(x)$ 在 $[a,b]$ 上可积，并称此极限值为函数 $f(x)$ 在 $[a,b]$ 上的定积分，记作 $\int_a^b f(x)\mathrm{d}x$，即

$$\int_a^b f(x)\mathrm{d}x = \lim_{\lambda\to 0}\sum_{i=1}^{n} f(\xi_i)\Delta x_i,$$

其中 $f(x)$ 称为**被积函数**，$f(x)\mathrm{d}x$ 称为**被积表达式**，x 称为**积分变量**，a 称为**积分下限**，b 称为**积分上限**，$[a,b]$ 称为**积分区间**，$\sum\limits_{i=1}^{n} f(\xi_i)\Delta x_i$ 称为**积分和**.

关于定积分定义作以下几点说明：

(1)区间 $[a,b]$ 的分法及点 ξ_i 的取法是任意的，并不影响定积分的值.

(2)定积分 $\int_a^b f(x)\mathrm{d}x$ 是一常数. 它仅与被积函数 $f(x)$ 和积分区间 $[a,b]$ 有关，而与积分变量的记号无关，即有

$$\int_a^b f(x)\mathrm{d}x = \int_a^b f(t)\mathrm{d}t = \int_a^b f(u)\mathrm{d}u.$$

(3)在定积分 $\int_a^b f(x)\mathrm{d}x$ 的定义中，假定了 $a<b$，但实际上，定积分的上下限的大小是不受限制的. 此时规定，当 $a>b$ 时，

$$\int_b^a f(x)\mathrm{d}x = -\int_a^b f(x)\mathrm{d}x.$$

这表明，在交换积分上、下限时，积分必须改变符号. 特别地，当 $a=b$ 时，

$$\int_a^b f(x)\mathrm{d}x = \int_a^a f(x)\mathrm{d}x = 0.$$

对于定积分，有这样一个问题：什么样的函数是可积的？这个问题不做深入讨论，而只给出以下的结论.

定理 1 (1)若函数 $f(x)$ 在 $[a,b]$ 上连续，则 $f(x)$ 在 $[a,b]$ 上可积.

(2)若函数 $f(x)$ 在 $[a,b]$ 上有界，且只有有限个间断点，则 $f(x)$ 在 $[a,b]$ 上可积.

6.1.3 定积分的性质

一般来说，利用定积分的定义求定积分的值往往比较复杂，但定积分的性质有

助于定积分的计算(假设各性质中所列出的定积分都存在).

性质1 $\int_a^b 1\mathrm{d}x=\int_a^b \mathrm{d}x=b-a.$

证明 $\int_a^b \mathrm{d}x=\lim\limits_{\lambda\to 0}\sum\limits_{i=1}^{n} f(\xi_i)\Delta x_i=\lim\limits_{\lambda\to 0}\sum\limits_{i=1}^{n} 1\cdot\Delta x_i=\lim\limits_{\lambda\to 0}(b-a)=b-a.$

性质2 $\int_a^b [f(x)\pm g(x)]\mathrm{d}x=\int_a^b f(x)\mathrm{d}x\pm\int_a^b g(x)\mathrm{d}x.$

证明

$$
\begin{aligned}
\int_a^b [f(x)\pm g(x)]\mathrm{d}x&=\lim_{\lambda\to 0}\sum_{i=1}^{n}[f(\xi_i)\pm g(\xi_i)]\Delta x_i\\
&=\lim_{\lambda\to 0}\sum_{i=1}^{n} f(\xi_i)\Delta x_i\pm\lim_{\lambda\to 0}\sum_{i=1}^{n} g(\xi_i)\Delta x_i\\
&=\int_a^b f(x)\mathrm{d}x\pm\int_a^b g(x)\mathrm{d}x.
\end{aligned}
$$

此性质对于任意有限个可积函数都成立.类似地,可以证明以下性质.

性质3 $\int_a^b kf(x)\mathrm{d}x=k\int_a^b f(x)\mathrm{d}x$ (k 是常数).

结合性质2和性质3,可以推广为

$$
\begin{aligned}
&\int_a^b [k_1 f_1(x)+k_2 f_2(x)+\cdots+k_n f_n(x)]\mathrm{d}x\\
=&k_1\int_a^b f_1(x)\mathrm{d}x+k_2\int_a^b f_2(x)\mathrm{d}x+\cdots+k_n\int_a^b f_n(x)\mathrm{d}x,
\end{aligned}
$$

即 $\int_a^b\Big[\sum\limits_{i=1}^{n}k_i f_i(x)\Big]\mathrm{d}x=\sum\limits_{i=1}^{n}k_i\int_a^b f_i(x)\mathrm{d}x$(积分的**线性可加性**).

性质4(区间可加性) 设 a,b,c 为不相同的常数,则有

$$
\int_a^b f(x)\mathrm{d}x=\int_a^c f(x)\mathrm{d}x+\int_c^b f(x)\mathrm{d}x.
$$

证明 由于 a,b,c 的大小不知,其位置可有六种情况.

(1)设 $a<c<b$,由定义知,定积分的值与区间的分法无关,在划分区间 $[a,b]$ 时,可以令点 c 是一个固定的分点.那么,$[a,b]$ 上的积分和就等于 $[a,c]$ 上的积分和加 $[c,b]$ 上的积分和,记为

$$
\sum_{[a,b]} f(\xi_i)\Delta x_i=\sum_{[a,c]} f(\xi_i)\Delta x_i+\sum_{[c,b]} f(\xi_i)\Delta x_i,
$$

则

$$
\begin{aligned}
\int_a^b f(x)\mathrm{d}x&=\lim_{\lambda\to 0}\sum_{[a,b]} f(\xi_i)\Delta x_i=\lim_{\lambda\to 0}\Big[\sum_{[a,c]} f(\xi_i)\Delta x_i+\sum_{[c,b]} f(\xi_i)\Delta x_i\Big]\\
&=\lim_{\lambda\to 0}\sum_{[a,c]} f(\xi_i)\Delta x_i+\lim_{\lambda\to 0}\sum_{[c,b]} f(\xi_i)\Delta x_i\\
&=\int_a^c f(x)\mathrm{d}x+\int_c^b f(x)\mathrm{d}x.
\end{aligned}
$$

(2)设 $c<b<a$. 由(1)知

$$\int_c^a f(x)\mathrm{d}x=\int_c^b f(x)\mathrm{d}x+\int_b^a f(x)\mathrm{d}x,$$

则 $\int_a^b f(x)\mathrm{d}x=\int_c^b f(x)\mathrm{d}x-\int_c^a f(x)\mathrm{d}x=\int_a^c f(x)\mathrm{d}x+\int_c^b f(x)\mathrm{d}x.$

其他 4 种位置的情况,可与(2)类似地证明.

性质 5(保号性)　若 $\forall x\in[a,b]$, 有 $f(x)\geqslant g(x)$ (或 $f(x)\leqslant g(x)$), 则

$$\int_a^b f(x)\mathrm{d}x\geqslant\int_a^b g(x)\mathrm{d}x\left(\text{或}\int_a^b f(x)\mathrm{d}x\leqslant\int_a^b g(x)\mathrm{d}x\right).$$

以 $f(x)\geqslant g(x)$ 的情况为例证明, $f(x)\leqslant g(x)$ 的情况同理可证.

证明　由定积分的定义和极限的性质,有

$$\int_a^b[f(x)-g(x)]\mathrm{d}x=\lim_{\lambda\to 0}\sum_{i=1}^n[f(\xi_i)-g(\xi_i)]\Delta x_i\geqslant 0.$$

又由性质 2,有

$$\int_a^b[f(x)-g(x)]\mathrm{d}x=\int_a^b f(x)\mathrm{d}x-\int_a^b g(x)\mathrm{d}x\geqslant 0.$$

所以有

$$\int_a^b f(x)\mathrm{d}x\geqslant\int_a^b g(x)\mathrm{d}x.$$

推论 1　若 $f(x)$ 在 $[a,b]$ 上连续, $f(x)\geqslant 0$ (或 $f(x)\leqslant 0$), 且 $f(x)$ 不恒为零,则有 $\int_a^b f(x)\mathrm{d}x>0\left(\text{或}\int_a^b f(x)\mathrm{d}x<0\right)$.

* **证明**　由性质 5 有 $\int_a^b f(x)\mathrm{d}x\geqslant 0$, 下面要进一步证明此不等式中的等号不成立.

由于 $f(x)$ 在 $[a,b]$ 上不恒为零,则至少存在一点 $\xi\in[a,b]$ 使 $f(\xi)>0$. 又根据 $f(x)$ 的连续性可知,必存在 ξ 的某一邻域 $U(\xi)=(\xi-\delta,\xi+\delta)$, 且 $U(\xi)\subset[a,b](\delta>0)$, 使 $\forall x\in U(\xi)$ 有 $f(x)>\frac{1}{2}f(\xi)>0$, 根据性质 4 和性质 5,有

$$\begin{aligned}\int_a^b f(x)\mathrm{d}x&=\int_a^{\xi-\delta}f(x)\mathrm{d}x+\int_{\xi-\delta}^{\xi+\delta}f(x)\mathrm{d}x+\int_{\xi+\delta}^b f(x)\mathrm{d}x\\&\geqslant\int_{\xi-\delta}^{\xi+\delta}f(x)\mathrm{d}x\\&>\int_{\xi-\delta}^{\xi+\delta}\frac{1}{2}f(\xi)\mathrm{d}x\\&=f(\xi)\delta>0.\end{aligned}$$

推论 2　若 $f(x)$ 在 $[a,b]$ 上连续,则 $\left|\int_a^b f(x)\mathrm{d}x\right|\leqslant\int_a^b|f(x)|\mathrm{d}x.$

证明 由 $f(x)$ 在 $[a,b]$ 上的可积性,可推得 $|f(x)|$ 在 $[a,b]$ 的可积,证明从略.

由不等式 $-|f(x)|\leqslant f(x)\leqslant |f(x)|$ 及性质 5 可得

$$-\int_a^b |f(x)|\,\mathrm{d}x\leqslant\int_a^b f(x)\,\mathrm{d}x\leqslant\int_a^b |f(x)|\,\mathrm{d}x,$$

即 $\left|\int_a^b f(x)\,\mathrm{d}x\right|\leqslant\int_a^b |f(x)|\,\mathrm{d}x$.

性质 6(估值定理) 若 m 和 M 分别是 $f(x)$ 在区间 $[a,b]$ 上的最小值和最大值,则

$$m(b-a)\leqslant\int_a^b f(x)\,\mathrm{d}x\leqslant M(b-a).$$

证明 由于 $m\leqslant f(x)\leqslant M, x\in[a,b]$, 由性质 5、性质 3 和性质 1 可知

$$m(b-a)=\int_a^b m\,\mathrm{d}x\leqslant\int_a^b f(x)\,\mathrm{d}x\leqslant\int_a^b M\,\mathrm{d}x=M(b-a).$$

性质 7(积分中值定理) 若 $f(x)$ 在 $[a,b]$ 上连续,则在 $[a,b]$ 上至少存在一点 ξ, 使得

$$\int_a^b f(x)\,\mathrm{d}x=f(\xi)(b-a).$$

证明 根据最值定理可知, $f(x)$ 在 $[a,b]$ 上可取得最大值 M 和最小值 m. 再由性质 6 有

$$m(b-a)\leqslant\int_a^b f(x)\,\mathrm{d}x\leqslant M(b-a),$$

即有

$$m\leqslant\frac{1}{(b-a)}\int_a^b f(x)\,\mathrm{d}x\leqslant M.$$

于是,由介值定理可知,至少存在一点 $\xi\in[a,b]$, 使得

$$f(\xi)=\frac{1}{(b-a)}\int_a^b f(x)\,\mathrm{d}x,$$

即有

$$\int_a^b f(x)\,\mathrm{d}x=f(\xi)(b-a).$$

性质 7 的几何意义(图 6.4):若 $f(x)$ 在 $[a,b]$ 上连续,且 $f(x)\geqslant 0$, 则至少存在一点 ξ, 使得以区间 $[a,b]$ 为底,以 $f(\xi)$ 为高的矩形面积与同底的曲边梯形的面积相等(即曲边梯形 $AabB$ 的面积等于矩形 $A'abB'$ 的面积).

通常称公式 $\int_a^b f(x)\,\mathrm{d}x=f(\xi)(b-a)$ 为**积分中值公式**, $\frac{1}{b-a}\int_a^b f(x)\,\mathrm{d}x$ 称为函数 $f(x)$ 在 $[a,b]$ 上的平均值.

例 1 比较下列定积分的大小:

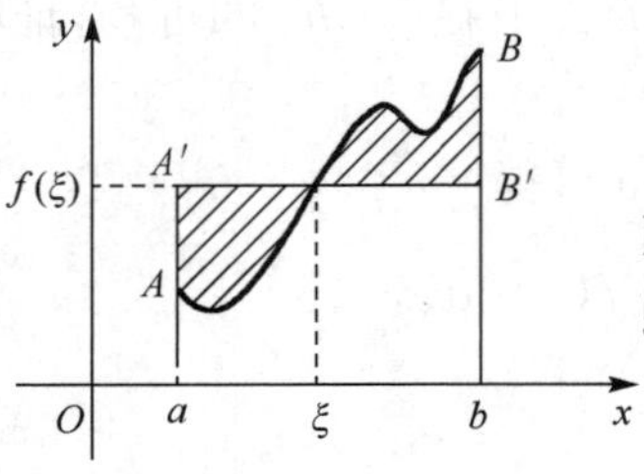

图 6.4

$$\int_1^2 \ln x \mathrm{d}x \quad 与 \quad \int_1^2 (\ln x)^2 \mathrm{d}x$$

解 当 $1 \leqslant x \leqslant 2$ 时,有 $0 = \ln 1 \leqslant \ln x \leqslant \ln 2 \leqslant \ln \mathrm{e} = 1$,则 $\ln x \geqslant (\ln x)^2$,且并不恒等. 于是,由性质 5 及推论 1 得

$$\int_1^2 \ln x \mathrm{d}x > \int_1^2 (\ln x)^2 \mathrm{d}x.$$

例 2 估计定积分 $\int_0^2 \mathrm{e}^{x^2} \mathrm{d}x$ 的值.

解 由于 e^{x^2} 在 $[0,2]$ 上为单调连续函数,则 $1 \leqslant \mathrm{e}^{x^2} \leqslant \mathrm{e}^4$,且并不恒等. 于是由性质 6 及性质 5 的推论 1 可知

$$2 < \int_0^2 \mathrm{e}^{x^2} \mathrm{d}x < 2\mathrm{e}^4.$$

6.1.4 定积分的几何意义

根据定积分的定义可知,若连续函数 $f(x)$ 在 $[a,b]$ 上有 $f(x) \geqslant 0$,则 $\int_a^b f(x)\mathrm{d}x$ 表示由曲线 $y = f(x)$,直线 $x = a, x = b$ 及 x 轴所围曲边梯形的面积 S(图 6.5),即 $\int_a^b f(x)\mathrm{d}x = S$;若连续函数 $f(x)$ 在区间 $[a,b]$ 上有 $f(x) \leqslant 0$,则 $\int_a^b f(x)\mathrm{d}x$ 表示为曲边梯形面积 S 的相反数(图 6.6),即 $\int_a^b f(x)\mathrm{d}x = -S$;若

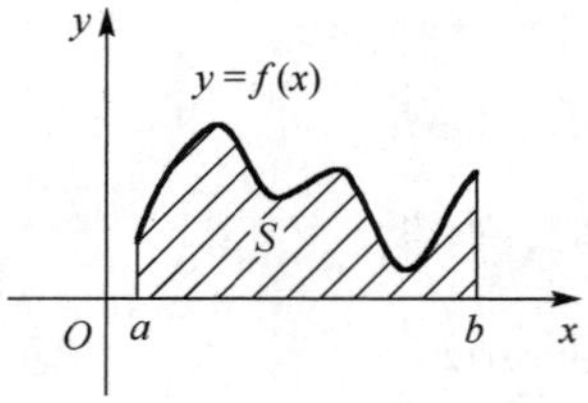

图 6.5

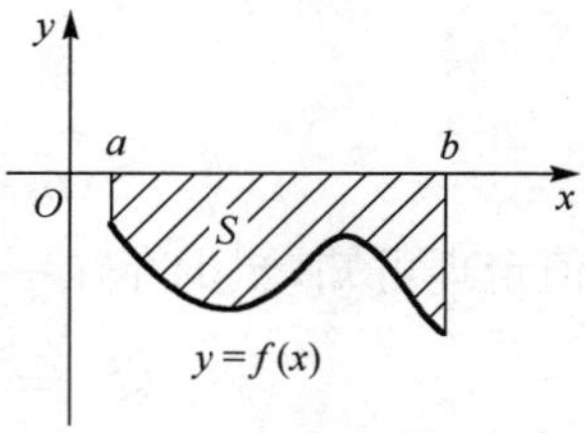

图 6.6

连续函数 $y = f(x)$ 在 $[a,b]$ 上既取正值又取负值时,则 $\int_a^b f(x)\mathrm{d}x$ 表示介于曲线 $y = f(x)$,直线 $x = a, x = b$ 及 x 轴之间各部分面积的代数和(图 6.7),即

$$\int_a^b f(x)\mathrm{d}x = S_1 - S_2 + S_3.$$

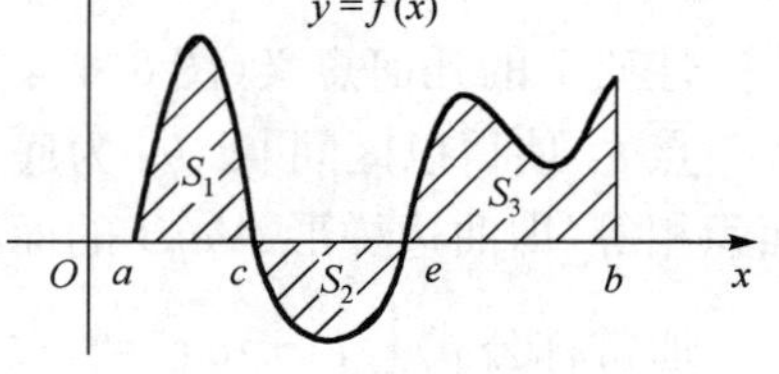

图 6.7

例 3 计算 $\int_0^1 x^2 \mathrm{d}x$ 的值.

解　因为 $y = x^2$ 在 $[0,1]$ 上连续，所以定积分 $\int_0^1 x^2 \mathrm{d}x$ 存在. 又因为在 $[0,1]$ 上恒有 $y \geqslant 0$，所以其积分值等于曲线 $y = x^2$，直线 $x = 0$，$x = 1$ 及 x 轴所围成曲边梯形的面积值. 由于曲边梯形的面积与区间的分法和 ξ_i 的取法无关，则采取一些特殊的分法和取法.

(1)分割　将区间 $[0,1]$ n 等分，则各分点的坐标是 $x_i = \frac{i}{n}(i = 0,1,2,\cdots,n)$，且每个小区间的长度均为 $\Delta x = \frac{1}{n}$（图 6.8）.

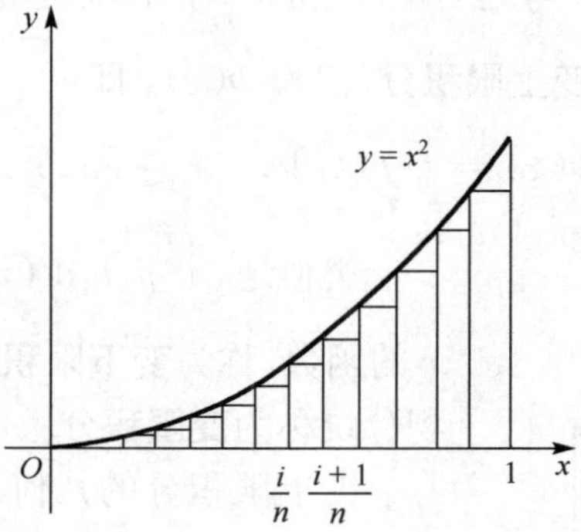

图 6.8

(2)近似　取每个小区间 $[x_{i-1}, x_i]$ 的右端点为 ξ_i，即 $\xi_i = x_i = \frac{i}{n}(i = 1,2,\cdots,n)$.

并作乘积 $f(\xi_i)\Delta x_i = \left(\frac{i}{n}\right)^2 \cdot \frac{1}{n} = \frac{i^2}{n^3}(i = 1,2,\cdots,n)$.

(3)求和

$$\sum_{i=1}^{n} f(\xi_i)\Delta x_i = \sum_{i=1}^{n} \frac{i^2}{n^3} = \frac{1}{n^3}(1^2 + 2^2 + \cdots + n^2)$$

$$= \frac{1}{n^3} \cdot \frac{1}{6}n(n+1)(2n+1) = \frac{1}{6}\left(1 + \frac{1}{n}\right)\left(2 + \frac{1}{n}\right).$$

(4)取极限

$$\int_0^1 x^2 \mathrm{d}x = S = \lim_{n\to\infty}\sum_{i=1}^{n} f(\xi_i)\Delta x_i = \lim_{n\to\infty}\frac{1}{6}\left(1 + \frac{1}{n}\right)\left(2 + \frac{1}{n}\right) = \frac{1}{3}.$$

6.2　微积分基本定理

从 6.1 节用定积分的几何意义计算定积分的例子可以看出，计算的过程是相当烦琐的，直接利用定义计算定积分的也是如此. 因此，必须要寻求计算定积分的其他方法.

6.2.1 变限积分及其导数

定义 2 设函数 $f(x)$ 在闭区间 $[a,b]$ 上连续，x 是区间 $[a,b]$ 上的任意一点，则 $f(x)$ 在区间 $[a,x]$ 上也连续，所以 $f(x)$ 在区间 $[a,x]$ 上也可积，即 $\int_a^x f(x)\mathrm{d}x$ 存在. 为避免引起混淆，通常把积分变量 x 改用字母 t 表示(这不会改变积分值). 于是，上面的定积分可以写成 $\int_a^x f(t)\mathrm{d}t$. 显然对于区间 $[a,b]$ 上每个 x 的取值，都有唯一的定积分 $\int_a^x f(t)\mathrm{d}t$ 与之对应. 因此，$\int_a^x f(t)\mathrm{d}t$ 是定义在区间 $[a,b]$ 上的函数，称为**积分上限函数或变上限积分**，记为 $\Phi(x)$，即

$$\Phi(x)=\int_a^x f(t)\mathrm{d}t,\quad x\in[a,b].$$

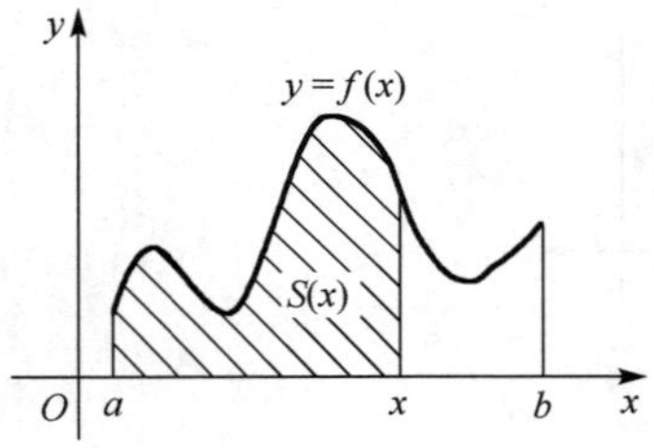

图 6.9

类似地，$\int_x^b f(t)\mathrm{d}t(x\in[a,b])$ 也是一个关于 x 的函数，称为**变下限积分**，变上限积分和变下限积分统称为**变限积分**.

变上限积分的几何意义：若 $f(x)>0$，对区间 $[a,b]$ 上任意的 x，都对应唯一一个曲边梯形的面积 $S(x)$ (如图 6.9 的阴影部分). 因此，积分上限函数有时也成为面积函数.

定理 2(原函数存在性定理) 若函数 $f(x)$ 在区间 $[a,b]$ 上连续，则称变上限积分 $\Phi(x)=\int_a^x f(t)\mathrm{d}t$ 为 $f(x)$ 在区间 $[a,b]$ 上的一个原函数，即有

$$\Phi'(x)=\left(\int_a^x f(t)\mathrm{d}t\right)'=f(x),\quad x\in[a,b].$$

证明 设 $x,x+\Delta x\in[a,b]$，则

$$\Delta\Phi=\Phi(x+\Delta x)-\Phi(x)=\int_a^{x+\Delta x}f(t)\mathrm{d}t-\int_a^x f(t)\mathrm{d}t=\int_x^{x+\Delta x}f(t)\mathrm{d}t.$$

由于 $f(x)$ 在闭区间 $[a,b]$ 上连续，故 $f(x)$ 在 $[x,x+\Delta x]$ (或 $[x+\Delta x,x]$) 上也连续. 因此，根据积分中值定理，至少存在一点 $\xi\in(x,x+\Delta x)$ (或 $\xi\in(x+\Delta x,x)$)，使

$$\Delta\Phi=\int_x^{x+\Delta x}f(t)\mathrm{d}t=f(\xi)\Delta x.$$

当 $\Delta x\to 0$ 时，$\xi\to x$. 于是，有

$$\Phi'(x)=\lim_{\Delta x\to 0}\frac{\Delta\Phi}{\Delta x}=\lim_{\xi\to x}f(\xi)=f(x).$$

若 $x=a$，取 $\Delta x>0$，则同理可证 $\Phi'_+(a)=f(a)$；若 $x=b$，取 $\Delta x<0$，则同理可证 $\Phi'_-(b)=f(b)$.

这个定理一方面肯定了闭区间上连续函数的原函数是必然存在的；另一方面初步揭示了定积分与原函数之间的联系，为下一步研究微积分基本公式奠定了基础.

例 4　求下列函数的导数：

(1) $f(x)=\int_0^x \mathrm{e}^t\sin t\mathrm{d}t$；　　(2) $f(x)=\int_x^5 \frac{1}{\sqrt{1+t^4}}\mathrm{d}t$；

(3) $f(x)=\int_a^{\mathrm{e}^x}\ln t\mathrm{d}t(a>0)$；　　(4) $f(x)=\int_x^{x^2}\arctan t\mathrm{d}t$.

解　(1) $f'(x)=\left(\int_0^x \mathrm{e}^t\sin t\mathrm{d}t\right)'=\mathrm{e}^x\sin x$.

(2) $f'(x)=\left(\int_x^5 \frac{1}{\sqrt{1+t^4}}\mathrm{d}t\right)'=\left(-\int_5^x \frac{1}{\sqrt{1+t^4}}\mathrm{d}t\right)'=-\frac{1}{\sqrt{1+x^4}}$.

(3)将 $f(x)$ 视为 $g(u)=\int_a^u \ln t\mathrm{d}t$ 与 $u=\mathrm{e}^x$ 的复合函数，则由复合函数求导法则，有

$$f'(x)=\frac{\mathrm{d}g}{\mathrm{d}u}\cdot\frac{\mathrm{d}u}{\mathrm{d}x}=\ln u\cdot\mathrm{e}^x=\ln\mathrm{e}^x\cdot\mathrm{e}^x=x\mathrm{e}^x.$$

(4)设 a 为常数，将 $f(x)$ 改写为

$$f(x)=\int_x^a \arctan t\mathrm{d}t+\int_a^{x^2}\arctan t\mathrm{d}t=\int_a^{x^2}\arctan t\mathrm{d}t-\int_a^x \arctan t\mathrm{d}t,$$

于是有

$$\begin{aligned}f'(x)&=\left(\int_a^{x^2}\arctan t\mathrm{d}t\right)'-\left(\int_a^x \arctan t\mathrm{d}t\right)'\\&=2x\arctan x^2-\arctan x.\end{aligned}$$

一般地，利用复合函数求导法则，可得到下列公式：

(1) $\left[\int_a^{\varphi(x)} f(t)\mathrm{d}t\right]'=f[\varphi(x)]\varphi'(x)$（$a$ 为常数）；

(2) $\left[\int_{\psi(x)}^b f(t)\mathrm{d}t\right]'=-f[\psi(x)]\psi'(x)$（$b$ 为常数）；

(3) $\left[\int_{\psi(x)}^{\varphi(x)} f(t)\mathrm{d}t\right]'=f[\varphi(x)]\varphi'(x)-f[\psi(x)]\psi'(x)$.

例 5　已知 $f(x)=\int_1^x \mathrm{e}^{x+3t}\mathrm{d}t$，求 $f'(1)$.

解

$$\begin{aligned}f'(x)&=\left(\int_1^x \mathrm{e}^{x+3t}\mathrm{d}t\right)'=\left(\mathrm{e}^x\cdot\int_1^x \mathrm{e}^{3t}\mathrm{d}t\right)'=\mathrm{e}^x\int_1^x \mathrm{e}^{3t}\mathrm{d}t+\mathrm{e}^x\mathrm{e}^{3x}\\&=\mathrm{e}^x\int_1^x \mathrm{e}^{3t}\mathrm{d}t+\mathrm{e}^{4x},\end{aligned}$$

则有 $f'(1)=\mathrm{e}\int_1^1 \mathrm{e}^{3t}\mathrm{d}t+\mathrm{e}^4=\mathrm{e}^4$.

例 6　求极限 $\lim\limits_{x\to 0}\dfrac{\int_0^{x^2}\arcsin t\mathrm{d}t}{1-\cos x^2}$.

解　显然,所求极限是 $\dfrac{0}{0}$ 未定式,先对分母作等价无穷小量代换,然后再使用洛必达法则,得

$$\lim_{x\to 0}\frac{\int_0^{x^2}\arcsin t\mathrm{d}t}{1-\cos x^2}=\lim_{x\to 0}\frac{\int_0^{x^2}\arcsin t\mathrm{d}t}{\frac{1}{2}x^4}=\lim_{x\to 0}\frac{2x\arcsin x^2}{2x^3}=\lim_{x\to 0}\frac{x^2}{x^2}=1.$$

例 7　求函数 $f(x)=\int_0^x t\mathrm{e}^{-t^2}\mathrm{d}t$ 的极值.

解　$f'(x)=\left(\int_0^x t\mathrm{e}^{-t^2}\mathrm{d}t\right)'=x\mathrm{e}^{-x^2}$,令 $f'(x)=0$,得唯一驻点 $x=0$,且

$$f''(0)=(1-2x^2)\mathrm{e}^{-x^2}\Big|_{x=0}=1>0,$$

故 $f(x)$ 在 $x=0$ 处取得极小值,即

$$f(0)=\int_0^0 t\mathrm{e}^{-t^2}\mathrm{d}t=0.$$

6.2.2　微积分基本定理

定理 3　若函数 $f(x)$ 在区间 $[a,b]$ 上连续,且 $F(x)$ 是 $f(x)$ 的任意一个原函数,则有

$$\int_a^b f(x)\mathrm{d}x=F(b)-F(a). \tag{6.1}$$

证明　由定理 2 可知,$\Phi(x)=\int_a^x f(t)\mathrm{d}t$ 是 $f(x)$ 在区间 $[a,b]$ 上的一个原函数,则 $\Phi(x)$ 和 $F(x)$ 只相差一个常数,即

$$\Phi(x)=F(x)+C\quad (C\text{ 为任意常数}).$$

由 $\Phi(a)=\int_a^a f(t)\mathrm{d}t=0$,可得 $C=-F(a)$,则有

$$\Phi(x)=F(x)-F(a),$$

再令 $x=b$,即得

$$\Phi(b)=\int_a^b f(t)\mathrm{d}t=F(b)-F(a).$$

即

$$\int_a^b f(x)\mathrm{d}x=F(b)-F(a).$$

通常，把 $F(b)-F(a)$ 简记为 $F(x)\big|_a^b$，则公式(6.1)也可写成

$$\int_a^b f(x)\mathrm{d}x = F(x)\big|_a^b = F(b)-F(a).$$

公式(6.1)称为**牛顿-莱布尼茨(Newton-Leibniz)**公式，也称为**微积分基本公式.**

该定理揭示了定积分与不定积分的内在联系，把定积分的计算归结为求被积函数原函数的问题. 确切地说，若求连续函数 $f(x)$ 在区间 $[a,b]$ 上的定积分，只需求出 $f(x)$ 在区间 $[a,b]$ 上的一个原函数 $F(x)$，然后计算 $F(b)-F(a)$ 即可.

例 8　求定积分 $\int_0^1 \frac{1}{1+x^2}\mathrm{d}x$.

解　$\int_0^1 \frac{1}{1+x^2}\mathrm{d}x = \arctan x\big|_0^1 = \arctan 1 - \arctan 0 = \frac{\pi}{4}$.

例 9　求定积分 $\int_{-2}^2 |x-1|\mathrm{d}x$.

解

$$\begin{aligned}\int_{-2}^2 |x-1|\mathrm{d}x &= \int_{-2}^1 (1-x)\mathrm{d}x + \int_1^2 (x-1)\mathrm{d}x \\ &= \left(x-\frac{1}{2}x^2\right)\bigg|_{-2}^1 + \left(\frac{1}{2}x^2-x\right)\bigg|_1^2 \\ &= \frac{9}{2}+\frac{1}{2} = 5.\end{aligned}$$

6.3　定积分的计算

由牛顿-莱布尼茨公式可知，计算定积分最简单的方法是，把它转化为求被积函数的原函数在积分上、下限函数值之差. 这说明，定积分的计算与不定积分的计算有着紧密的联系. 在不定积分的计算中，可以利用其换元积分法和分部积分法来求解. 因此，在一定条件下，也可利用换元积分法和分部积分法来计算定积分.

6.3.1　定积分的直接积分法

利用定积分的性质和牛顿-莱布尼茨公式计算定积分的方法，也称为**直接积分法.** 可以用来计算一些简单的定积分.

例 10　求定积分 $\int_0^\pi (\mathrm{e}^x - 5\sin x + 2x)\mathrm{d}x$.

解　$\int_0^\pi (\mathrm{e}^x - 5\sin x + 2x)\mathrm{d}x = (\mathrm{e}^x + 5\cos x + x^2)\big|_0^\pi = \mathrm{e}^\pi - 11 + \pi^2$.

例 11　求定积分 $\int_1^4 (1-\sqrt{x})^2 \frac{1}{\sqrt{x}}\mathrm{d}x$.

解 $\int_1^4 (1-\sqrt{x})^2 \frac{1}{\sqrt{x}}\mathrm{d}x = \int_1^4 \left(\frac{1}{\sqrt{x}} - 2 + \sqrt{x}\right)\mathrm{d}x$

$$= \left(2\sqrt{x} - 2x + \frac{2}{3}x^{\frac{3}{2}}\right)\Big|_1^4 = \frac{2}{3}.$$

6.3.2 定积分的换元积分法

定理 4 设函数 $f(x)$ 在区间 $[a,b]$ 上连续，且函数 $x=\varphi(t)$ 满足下列条件：

(1) $\varphi(\alpha)=a, \varphi(\beta)=b$；

(2) $\varphi(t)$ 在 $[\alpha,\beta]$（或 $[\beta,\alpha]$）上具有连续的导数，并且其值域不超出 $[a,b]$.

则有换元积分公式：

$$\int_a^b f(x)\mathrm{d}x = \int_\alpha^\beta f[\varphi(t)]\varphi'(t)\mathrm{d}t. \tag{6.2}$$

证明 设 $F(x)$ 是 $f(x)$ 的一个原函数，则 $\int_a^b f(x)\mathrm{d}x = F(b)-F(a)$. 根据不定积分的换元公式

$$\int f[\varphi(t)]\varphi'(t)\mathrm{d}t = F[\varphi(t)] + C$$

可知，$F[\varphi(t)]$ 是 $f[\varphi(t)]\varphi'(t)$ 的一个原函数，故

$$\int_\alpha^\beta f[\varphi(t)]\varphi'(t)\mathrm{d}t = F[\varphi(t)]_\alpha^\beta = F[\varphi(\beta)] - F[\varphi(\alpha)] = F(b)-F(a).$$

从而有

$$\int_a^b f(x)\mathrm{d}x = \int_\alpha^\beta f[\varphi(t)]\varphi'(t)\mathrm{d}t.$$

应用此换元积分公式时需要注意以下两点.

(1)公式(6.2)从左到右使用，相当于不定积分中的第二换元法. 因此，代换公式的选取可参考不定积分的第二换元法中的公式. 不同的是，利用代换公式进行换元时，积分限也要相应地变换，即**换元必换限**；由 $\varphi(\alpha)=a, \varphi(\beta)=b$，确定的 α,β 可能 $\alpha<\beta$，也可能 $\alpha>\beta$，但对新变量 t 的积分来说一定是 α 对应于 $x=a$ 的位置，β 对应于 $x=b$ 的位置，即**换限必对应原位置**；求出 $f[\varphi(t)]\varphi'(t)$ 的一个原函数后，直接按牛顿-莱布尼茨公式计算即可，不必将换元后的变量再代回原变量，即**换元无须回代**.

(2)公式(6.2)从右到左使用，相当于不定积分中的第一换元法(凑微分法). 此时无须代换公式，因此，**不换元亦不换限**.

例 12 求定积分 $\int_0^{\sqrt{5}} x\mathrm{e}^{x^2}\mathrm{d}x$.

解 $\int_0^{\sqrt{5}} x\mathrm{e}^{x^2}\mathrm{d}x = \frac{1}{2}\int_0^{\sqrt{5}} \mathrm{e}^{x^2}\mathrm{d}x^2 = \frac{1}{2}\mathrm{e}^{x^2}\Big|_0^{\sqrt{5}} = \frac{1}{2}(\mathrm{e}^5 - 1).$

例 13 求定积分$\int_1^4 (1-\sqrt{x})^2 \frac{1}{\sqrt{x}}\mathrm{d}x$.

解 此题刚利用直接积分法求过,除此计算方法外,也可利用换元积分法计算.

$$\int_1^4 (1-\sqrt{x})^2 \frac{1}{\sqrt{x}}\mathrm{d}x = -2\int_1^4 (1-\sqrt{x})^2 \mathrm{d}(1-\sqrt{x}) = -\frac{2}{3}(1-\sqrt{x})^3\Big|_1^4 = \frac{2}{3}.$$

例 14 求定积分$\int_{-1}^0 x\sqrt{1+x}\mathrm{d}x$.

解 **法一**
$$\begin{aligned}\int_{-1}^0 x\sqrt{1+x}\mathrm{d}x &= \int_{-1}^0 (1+x-1)\sqrt{1+x}\mathrm{d}x \\ &= \int_{-1}^0 [(1+x)^{\frac{3}{2}} - (1+x)^{\frac{1}{2}}]\mathrm{d}(1+x) \\ &= \left[\frac{2}{5}(1+x)^{\frac{5}{2}} - \frac{2}{3}(1+x)^{\frac{3}{2}}\right]\Bigg|_{-1}^0 \\ &= -\frac{4}{15}.\end{aligned}$$

法二 令$t=\sqrt{1+x}$,$x=t^2-1$,$\mathrm{d}x=2t\mathrm{d}t$,且$x=-1$时,$t=0$;$x=0$时,$t=1$. 于是有

$$\begin{aligned}\int_{-1}^0 x\sqrt{1+x}\mathrm{d}x &= \int_0^1 (t^2-1)t\cdot 2t\mathrm{d}t = 2\int_0^1 (t^4-t^2)\mathrm{d}t \\ &= 2\left(\frac{1}{5}t^5 - \frac{1}{3}t^3\right)\Bigg|_0^1 = -\frac{4}{15}.\end{aligned}$$

例 15 求定积分$\int_0^r \sqrt{r^2-x^2}\mathrm{d}x \quad (r>0)$.

解 令$x=r\sin t$,$\mathrm{d}x=r\cos t\mathrm{d}t$,且$x=0$时,$t=0$;$x=r$时$t=\frac{\pi}{2}$. 于是

$$\begin{aligned}\int_0^r \sqrt{r^2-x^2}\mathrm{d}x &= r^2\int_0^{\frac{\pi}{2}} \cos^2 t\mathrm{d}t = \frac{r^2}{2}\int_0^{\frac{\pi}{2}} (1+\cos 2t)\mathrm{d}t \\ &= \frac{r^2}{2}\left(t+\frac{1}{2}\sin 2t\right)\Bigg|_0^{\frac{\pi}{2}} = \frac{1}{4}\pi r^2.\end{aligned}$$

本题也可利用其几何意义来做,因为此积分值正是圆$x^2+y^2=r^2$面积的四分之一(图6.10).

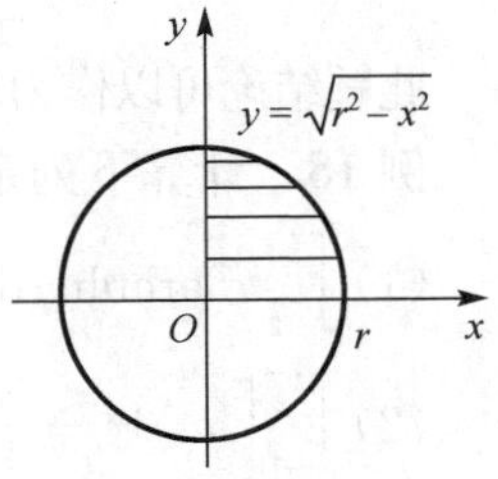

图 6.10

从以上几题可以看出,一道题的解法可能会有多种方法,具体采用何种方法,请读者自己掌握.

例 16 试证:若$f(x)$是周期为T的连续函数,a为任意常数,则有

$$\int_a^{a+T} f(x)\mathrm{d}x = \int_0^T f(x)\mathrm{d}x.$$

证明 根据定积分的区间可加性,有

$$\int_a^{a+T} f(x)\mathrm{d}x = \int_a^0 f(x)\mathrm{d}x + \int_0^T f(x)\mathrm{d}x + \int_T^{a+T} f(x)\mathrm{d}x.$$

令 $x = t + T, \mathrm{d}x = \mathrm{d}t$，且 $x = T$ 时，$t = 0$；$x = a + T$ 时，$t = a$. 则有

$$\int_T^{a+T} f(x)\mathrm{d}x = \int_0^a f(t+T)\mathrm{d}t,$$

根据周期函数性质可知 $f(x+T) = f(x)$，则

$$\int_T^{a+T} f(x)\mathrm{d}x = \int_0^a f(t)\mathrm{d}t = \int_0^a f(x)\mathrm{d}x \quad \text{（积分值与积分变量的选取无关）}.$$

因此，$\int_a^{a+T} f(x)\mathrm{d}x = \int_a^0 f(x)\mathrm{d}x + \int_0^T f(x)\mathrm{d}x + \int_0^a f(x)\mathrm{d}x = \int_0^T f(x)\mathrm{d}x.$

例 17 试证：若 $f(x)$ 在 $[-a,a]$ 上连续，则有

(1) $\int_{-a}^a f(x)\mathrm{d}x = \int_0^a [f(x) + f(-x)]\mathrm{d}x$；

(2) $\int_{-a}^a f(x)\mathrm{d}x = \begin{cases} 2\int_0^a f(x)\mathrm{d}x, & f(x) \text{ 为偶函数}, \\ 0, & f(x) \text{ 为奇函数}. \end{cases}$

证明 (1)根据定积分的区间可加性，有

$$\int_{-a}^a f(x)\mathrm{d}x = \int_{-a}^0 f(x)\mathrm{d}x + \int_0^a f(x)\mathrm{d}x.$$

令 $x = -t, \mathrm{d}x = -\mathrm{d}t$，且 $x = -a$ 时，$t = a$；$x = 0$ 时，$t = 0$，则

$$\int_{-a}^0 f(x)\mathrm{d}x = -\int_a^0 f(-t)\mathrm{d}t = \int_0^a f(-t)\mathrm{d}t = \int_0^a f(-x)\mathrm{d}x,$$

于是有

$$\int_{-a}^a f(x)\mathrm{d}x = \int_0^a f(-x)\mathrm{d}x + \int_0^a f(x)\mathrm{d}x = \int_0^a [f(x) + f(-x)]\mathrm{d}x.$$

(2)若 $f(x)$ 为偶函数，则 $f(x) = f(-x)$. 于是，由(1)得

$$\int_{-a}^a f(x)\mathrm{d}x = \int_0^a [f(x) + f(x)]\mathrm{d}x = 2\int_0^a f(x)\mathrm{d}x;$$

若 $f(x)$ 为奇函数，则 $f(x) = -f(-x)$. 于是，由(1)得

$$\int_{-a}^a f(x)\mathrm{d}x = \int_0^a [f(x) - f(x)]\mathrm{d}x = 0.$$

此题结论可以作为对称区间奇偶函数的积分性质，常常用来简化运算此类定积分.

例 18 计算下列定积分：

(1) $\int_{-2}^2 x^2 \arctan x \mathrm{d}x$；

(2) $\int_{-1}^1 \left[x^4 + \frac{x\cos x}{x^6 + 5x^2 - 1}\right]\mathrm{d}x.$

解 (1)由于被积函数 $x^2\arctan x$ 为连续的奇函数，且 $[-2,2]$ 是对称区间，则 $\int_{-2}^2 x^2\arctan x\mathrm{d}x = 0.$

(2) $$\int_{-1}^{1}\left[x^4+\frac{x\cos x}{x^6+5x^2-1}\right]dx=\int_{-1}^{1}x^4dx+\int_{-1}^{1}\frac{x\cos x}{x^6+5x^2-1}dx$$
$$=2\int_0^1 x^4dx+0=\frac{2}{5}x^5\Big|_0^1=\frac{2}{5}.$$

6.3.3 定积分的分部积分法

定理5 若函数 $u=u(x)$ 和 $v=v(x)$ 均在区间 $[a,b]$ 上具有连续的导数,则有
$$\int_a^b u(x)v'(x)dx=u(x)v(x)\big|_a^b-\int_a^b u'(x)v(x)dx,$$
简记为
$$\int_a^b uv'dx=uv\big|_a^b-\int_a^b u'vdx,$$
即 $\int_a^b udv=uv\big|_a^b-\int_a^b vdu$. 此公式称为定积分的**分部积分公式**.

证明 由 $[u(x)v(x)]'=u'(x)v(x)+u(x)v'(x)$ 可得
$$\int_a^b[u'(x)v(x)+u(x)v'(x)]dx=\int_a^b[u(x)v(x)]'dx=u(x)v(x)\big|_a^b,$$
移项即得
$$\int_a^b u(x)v'(x)dx=u(x)v(x)\big|_a^b-\int_a^b u'(x)v(x)dx.$$
被积函数中的 $u(x)$ 和 $v(x)$ 选取的方法与不定积分的分部积分法一致.

例19 求定积分 $\int_1^2 \ln x dx$.

解 $$\int_1^2\ln xdx=x\ln x\big|_1^2-\int_1^2 xd\ln x=2\ln 2-\int_1^2 x\cdot\frac{1}{x}dx=2\ln 2-1.$$

例20 求定积分 $\int_0^{\pi}e^x\cos xdx$.

解 $$\int_0^{\pi}e^x\cos xdx=\int_0^{\pi}\cos xde^x=e^x\cos x\big|_0^{\pi}-\int_0^{\pi}e^xd\cos x$$
$$=-e^{\pi}-1+\int_0^{\pi}e^x\sin xdx=-e^{\pi}-1+\int_0^{\pi}\sin xde^x$$
$$=-e^{\pi}-1+e^x\sin x\big|_0^{\pi}-\int_0^{\pi}e^xd\sin x$$
$$=-e^{\pi}-1-\int_0^{\pi}e^x\cos xdx,$$
移项得 $\int_0^{\pi}e^x\cos xdx=-\frac{1}{2}(e^{\pi}+1)$.

例21 设 $f'(x)$ 在 $[0,1]$ 上连续,求 $\int_0^1[f(x)+xf'(x)]dx$.

解 $\int_0^1[f(x)+xf'(x)]\mathrm{d}x=\int_0^1 f(x)\mathrm{d}x+\int_0^1 x\mathrm{d}f(x)$

$$=\int_0^1 f(x)\mathrm{d}x+xf(x)\big|_0^1-\int_0^1 f(x)\mathrm{d}x=f(1).$$

6.4 定积分的应用

在自然科学和生产实践中,有很多问题都可归结为定积分的问题.例如,几何学中求平面图形的面积、立体的体积、曲线的弧长;物理学中求功、水压力、重心;经济学中求某些经济总量的改变量等.本节主要从几何学和经济学这两方面介绍定积分的应用.

6.4.1 平面图形的面积

由前面介绍过的定积分的几何意义可知,若 $f(x)$ 在闭区间 $[a,b]$ 上连续,其定积分 $\int_a^b f(x)\mathrm{d}x$ 为曲线 $y=f(x)$,直线 $x=a,x=b$ 及 x 轴所围曲边梯形面积的代数和(图 6.11),即 $\int_a^b f(x)\mathrm{d}x=S_1-S_2+S_3$.

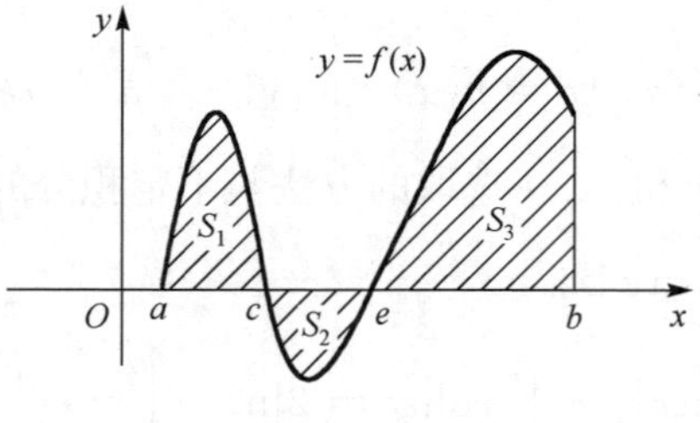

图 6.11

根据其几何意义,可以利用曲边梯形的面积求定积分的值,相反地,也可利用定积分的计算方法求平面图形的面积.下面分以下四种情况来考虑.

(1)由曲线 $y=f(x)$,直线 $x=a,x=b$ 及 x 轴所围成的平面图形面积(图 6.12 和图 6.13).

图 6.12 中:$S=\int_a^b f(x)\mathrm{d}x=\int_a^b|f(x)|\mathrm{d}x$.

图 6.13 中:$S=S_1+S_2=-\int_a^c f(x)\mathrm{d}x+\int_c^b f(x)\mathrm{d}x=\int_a^b|f(x)|\mathrm{d}x$.

介于某一条连续曲线 $y=f(x)$ 和 x 轴,以及两条垂直于 x 轴的直线 $x=a,x=b$ 所围成的平面图形的面积,就是 $f(x)$ 的绝对值在区间 $[a,b]$ 上的定积分值.

(2)由两条曲线 $y=f(x),y=g(x)$ 与直线 $x=a,x=b$ 所围成的平面图形的面积(图 6.14 和图 6.15).

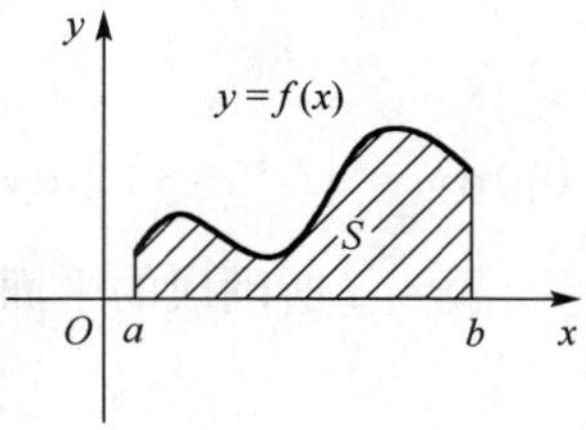

图 6.12

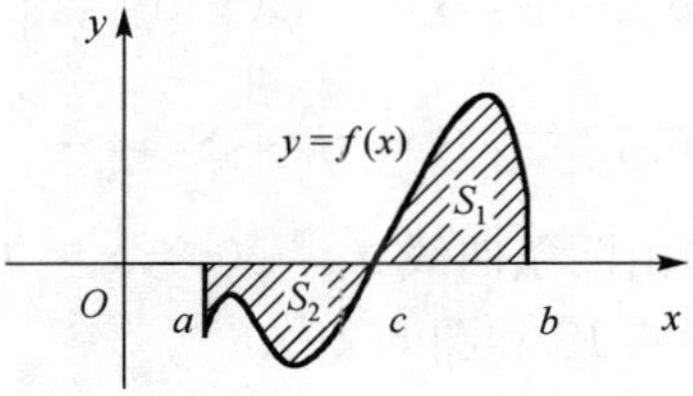

图 6.13

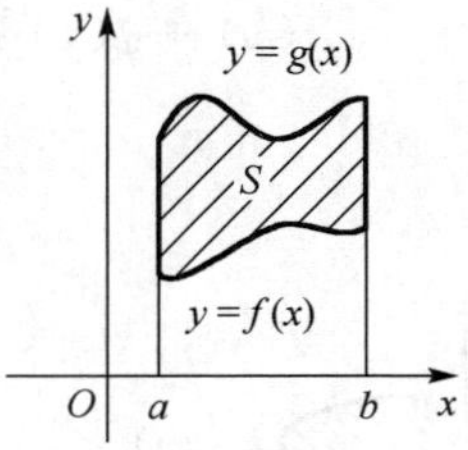

图 6.14

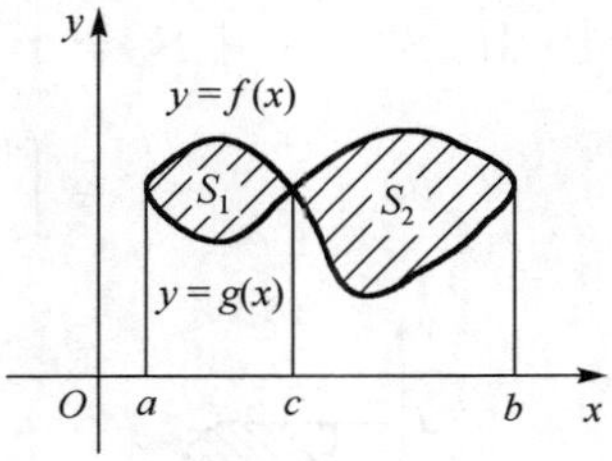

图 6.15

图 6.14 中：$S=\int_a^b[g(x)-f(x)]\mathrm{d}x=\int_a^b|f(x)-g(x)|\mathrm{d}x.$

图 6.15 中：

$$S=S_1+S_2=\int_a^c[f(x)-g(x)]\mathrm{d}x+\int_c^b[g(x)-f(x)]\mathrm{d}x$$

$$=\int_a^b|f(x)-g(x)|\mathrm{d}x.$$

一般地，若平面图形是由两条"一上一下"的连续曲线 $y=f(x)$，$y=g(x)$ 及垂直于 x 轴的两条直线 $x=a$，$x=b$ 所围成，且 $a\leqslant x\leqslant b$，$g(x)\leqslant y\leqslant f(x)$，则称为 **x 型区域**. 其面积值为函数值大的函数（上面的函数）减去函数值小的函数（下面的函数），对 x 在相应积分区间内的定积分值，即 $S=\int_a^b[f(x)-g(x)]\mathrm{d}x$.

(3) 由曲线 $x=\varphi(y)$，直线 $y=c$，$y=d$ 及 y 轴所围平面图形的面积（图 6.16 和图 6.17）.

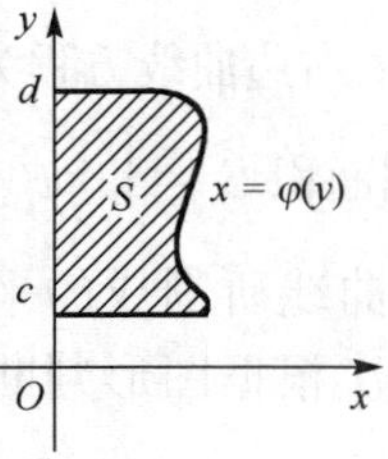

图 6.16

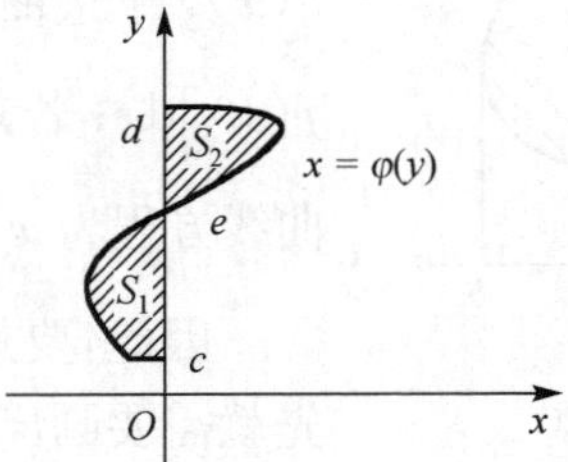

图 6.17

图 6.16 中：$S=\int_c^d \varphi(y)\mathrm{d}y=\int_c^d |\varphi(y)|\mathrm{d}y$.

图 6.17 中：$S=S_1+S_2=-\int_c^e \varphi(y)\mathrm{d}y+\int_e^d \varphi(y)\mathrm{d}y=\int_c^d |\varphi(y)|\mathrm{d}y$.

(4)由两条曲线 $x=\varphi(y)$，$x=\psi(y)$ 与直线 $y=c$，$y=d$ 所围成的平面图形的面积(图 6.18 和图 6.19).

图 6.18 中：$S=\int_c^d [\psi(y)-\varphi(y)]\mathrm{d}y=\int_c^d |\psi(y)-\varphi(y)|\mathrm{d}y$.

图 6.19 中：$S=S_1+S_2=\int_c^e [\psi(y)-\varphi(y)]\mathrm{d}y+\int_e^d [\varphi(y)-\psi(y)]\mathrm{d}y$

$$=\int_c^d |\psi(y)-\varphi(y)|\mathrm{d}y.$$

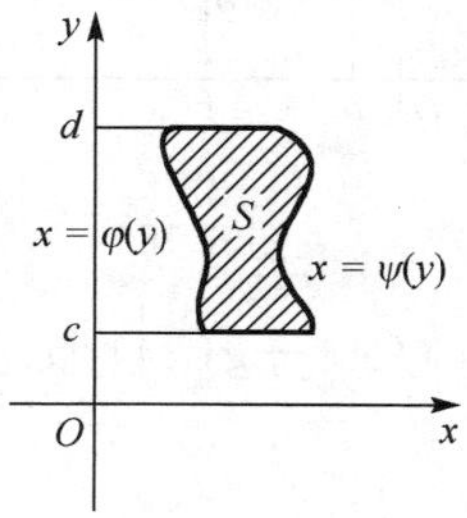

图 6.18

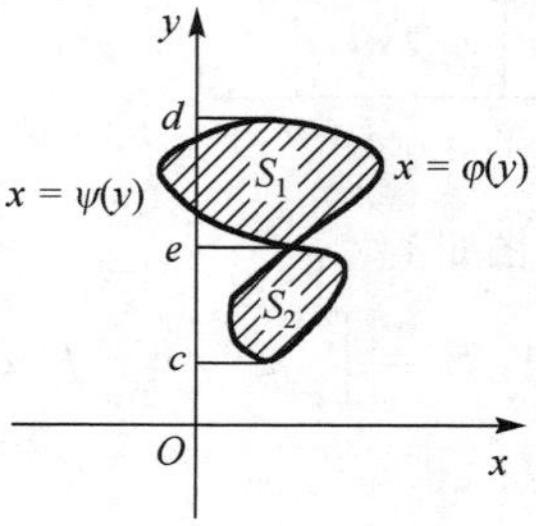

图 6.19

一般地，若平面图形是由两条"一左一右"的连续曲线 $x=\varphi(y)$，$x=\psi(y)$ 及垂直于 y 轴的两条直线 $y=c$，$y=d$ 所围成，且 $c\leqslant y\leqslant d$，$\psi(y)\leqslant x\leqslant\varphi(y)$，则称为 **y 型区域**. 其面积值为函数值大的函数(右边的函数)减去函数值小的函数(左边的函数)，对 y 在相应积分区间内的定积分值，即 $S=\int_c^d [\psi(y)-\varphi(y)]\mathrm{d}y$.

有些平面图形既是 x 型区域又是 y 型区域(图 6.20)，其面积可按 x 型区域去解，也可按 y 型区域去解.

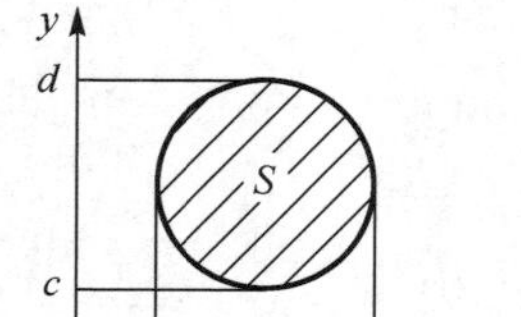

图 6.20

若图 6.20 所示的平面图形的上边曲线方程为 $y=g(x)$，下边曲线方程为 $y=f(x)$，则面积 $S=\int_a^b [g(x)-f(x)]\mathrm{d}x$；若其平面图形的右边曲线方程为 $x=\psi(y)$，左边曲线方程为 $x=\varphi(y)$，则面积 $S=\int_c^d [\psi(y)-\varphi(y)]\mathrm{d}y$.

因此，要想求某两条曲线所围成的平面图形面积，首先就需要画出其草图，其次根据图形判断其区域类型，最后选取积分变量列出定积分并计算.

例 22　求由曲线 $y=4-x^2$ 与 $y=x^2-4x-2$ 所围成的平面图形的面积.

解　由图 6.21 可知，它是 x 型区域，应选 x 为积分变量. 为确定积分区间，先求出两条曲线的交点. 解方程

$$4-x^2=x^2-4x-2,$$

得 $x=-1, x=3$. 于是，所求面积为

$$\begin{aligned}S&=\int_{-1}^{3}[(4-x^2)-(x^2-4x-2)]\mathrm{d}x\\&=\int_{-1}^{3}(6+4x-2x^2)\mathrm{d}x\\&=\left(6x+2x^2-\frac{2}{3}x^3\right)\Big|_{-1}^{3}=21\frac{1}{3}.\end{aligned}$$

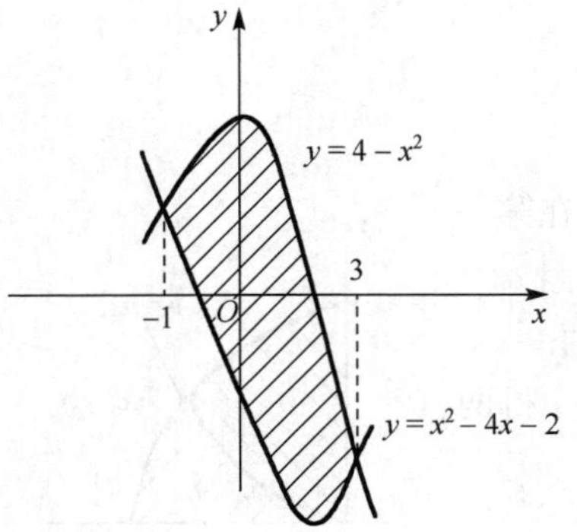

图 6.21

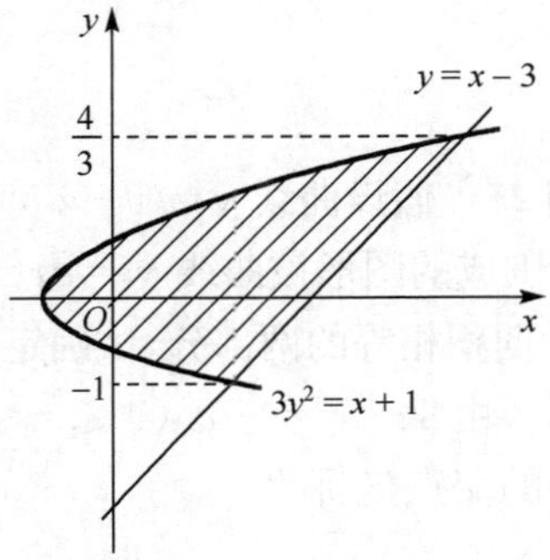

图 6.22

例 23　求由曲线 $3y^2=x+1$ 与 $y=x-3$ 所围成的平面图形的面积.

解　由图 6.22 可知，它是 y 型区域，应选 y 为积分变量. 为确定积分区间，先求出两条曲线的交点. 解方程

$$3y^2-1=y+3,$$

得 $y=-1, y=\frac{4}{3}$. 于是，所求面积为

$$\begin{aligned}S&=\int_{-1}^{\frac{4}{3}}[(y+3)-(3y^2-1)]\mathrm{d}y\\&=\int_{-1}^{\frac{4}{3}}(4+y-3y^2)\mathrm{d}y\\&=\left(4y+\frac{1}{2}y^2-y^3\right)\Big|_{-1}^{\frac{4}{3}}=\frac{343}{54}.\end{aligned}$$

例 24　求由曲线 $y=x^2$ 与 $x=y^2$ 所围成的平面图形的面积.

解　由图 6.23 可知，它既是 x 型区域又是 y 型区域，故积分变量既可为 x 又可为 y，有两种方法可求其面积.

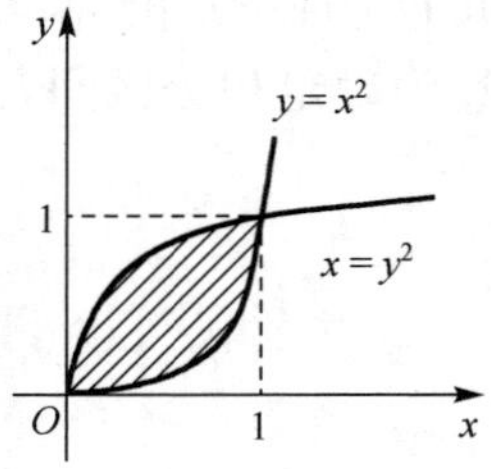

图 6.23

解方程组 $\begin{cases} y = x^2 \\ x = y^2 \end{cases}$ 得交点 (0,0),(1,1). 于是,所求面积为

法一 $$S = \int_0^1 (\sqrt{x} - x^2)\mathrm{d}x = \left(\frac{2}{3}x^{\frac{3}{2}} - \frac{1}{3}x^3\right)\Big|_0^1 = \frac{2}{3} - \frac{1}{3} = \frac{1}{3}.$$

法二 $$S = \int_0^1 (\sqrt{y} - y^2)\mathrm{d}y = \left(\frac{2}{3}y^{\frac{3}{2}} - \frac{1}{3}y^3\right)\Big|_0^1 = \frac{2}{3} - \frac{1}{3} = \frac{1}{3}.$$

例 25 假设曲线 $y = 1 - x^2$,x 轴与 y 轴在第一象限所围成的图形被曲线 $y = ax^2$(a 为常数,且 $a > 0$) 分为面积相等的两部分,试确定常数 a 的值.

解 由 $1 - x^2 = ax^2 (0 \leqslant x \leqslant 1, a > 0)$,得两条曲线的交点坐标为

$$(x_0, y_0) = \left(\frac{1}{\sqrt{1+a}}, \frac{a}{1+a}\right),$$

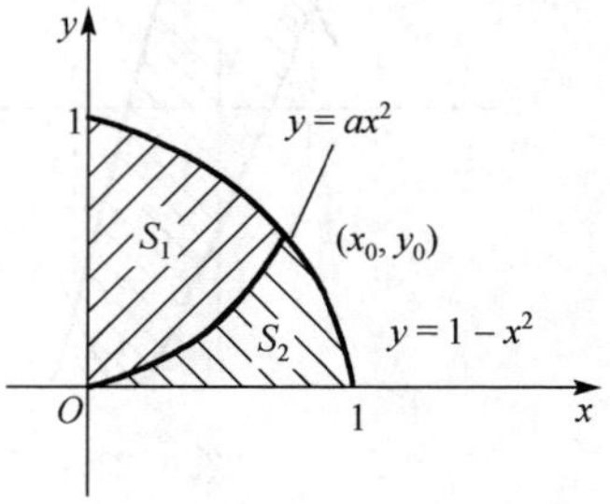

图 6.24

则由图 6.24 得

$$S_1 = \int_0^{x_0} [(1 - x^2) - ax^2]\mathrm{d}x = \int_0^{x_0} [1 - (1+a)x^2]\mathrm{d}x$$
$$= \left[x - \frac{1}{3}(1+a)x^3\right]\Big|_0^{x_0} = x_0 - \frac{1}{3}(1+a)x_0^3 = \frac{2}{3\sqrt{1+a}}.$$

又因为

$$2S_1 = S_1 + S_2 = \int_0^1 (1 - x^2)\mathrm{d}x = \left(x - \frac{1}{3}x^3\right)\Big|_0^1 = 1 - \frac{1}{3} = \frac{2}{3},$$

从而有 $\frac{2}{3\sqrt{1+a}} = S_1 = \frac{1}{3}$,由此得 $a = 3$.

6.4.2 立体的体积

1. 平行截面面积为已知的立体的体积

一般地,立体的体积都是由多重积分来计算的,但若知道立体上垂直于一个定轴的某截面面积,那么,该立体的体积也可用定积分来计算.

设空间某立体由一曲面和垂直于 x 轴(定轴)的两个平面 $x=a$ 和 $x=b$ 围成(图 6.25). 假设过任意点 $x(a\leqslant x\leqslant b)$ 且垂直于 x 轴的平面截立体所得的截面面积 $S(x)$ 为已知连续函数,则取 x 为积分变量,其变化区间即为 $[a,b]$. 在 $[a,b]$ 内任取一个小区间 $[x,x+\Delta x]$, 过点 x 与 $x+\Delta x$ 分别作垂直于 x 轴的平面,它们在立体中截出一个小薄片的立体. 当 Δx 非常微小时,这个小薄片的立体近似可由以 $S(x)$ 为底, Δx 为高的小直柱体来代替,其体积 ΔV 就可由小直柱体的体积近似表示,即

$$\Delta V \approx S(x)\Delta x,$$

于是有

$$\mathrm{d}V = S(x)\mathrm{d}x,$$

从而所求立体的体积为

$$V=\int_a^b \mathrm{d}V=\int_a^b S(x)\mathrm{d}x. \tag{6.3}$$

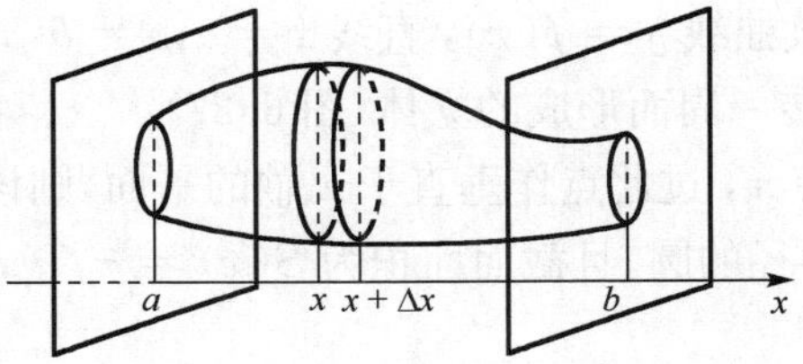

图 6.25

例 26　求椭球体 $\dfrac{x^2}{a^2}+\dfrac{y^2}{b^2}+\dfrac{z^2}{c^2}\leqslant 1$ 的体积.

解　如图 6.26 所示,过点 $(x,0,0)$ 作垂直于 x 轴的平面,截椭球的平面为一椭圆,其方程为

$$\frac{y^2}{b^2}+\frac{z^2}{c^2}=\left(1-\frac{x^2}{a^2}\right),$$

即

$$\frac{y^2}{b^2\left(1-\dfrac{x^2}{a^2}\right)}+\frac{z^2}{c^2\left(1-\dfrac{x^2}{a^2}\right)}=1,\quad |x|<a,$$

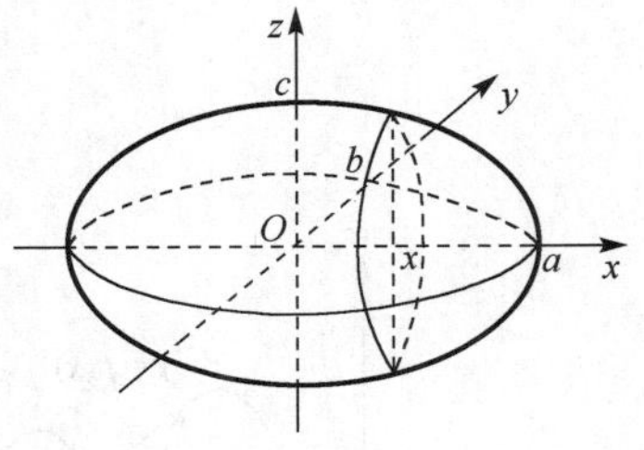

图 6.26

则椭圆的半轴分别为

$$b\sqrt{1-\frac{x^2}{a^2}},\quad c\sqrt{1-\frac{x^2}{a^2}},$$

从而该椭圆的面积为

$$S(x)=\pi\left[b\sqrt{1-\frac{x^2}{a^2}}\right]\left[c\sqrt{1-\frac{x^2}{a^2}}\right]=\pi bc\left(1-\frac{x^2}{a^2}\right),$$

于是,所求椭球的体积为

$$V=\int_{-a}^{a}S(x)\mathrm{d}x=\pi bc\int_{-a}^{a}\left(1-\frac{x^2}{a^2}\right)\mathrm{d}x=\pi bc\left(x-\frac{1}{3a^2}x^3\right)\Bigg|_{-a}^{a}=\frac{4}{3}\pi abc.$$

2. 旋转体的体积

旋转体是由一个平面图形绕这个平面内一条直线旋转一周而形成的立体,这条直线被称为**旋转轴**. 例如,圆柱体可以看成是由矩形绕着其一条边旋转一周而形成的旋转体;圆锥体可以看成是由直角三角形绕着其一条直角边旋转一周而形成的旋转体;球体可以看成是由圆绕着其任意一条直径旋转一周而形成的旋转体等.

其实,旋转体是一种特殊类型的平行截面面积已知的立体,所以,其体积可以利用平行截面面积已知的立体的体积计算公式. 这里只研究以两个坐标轴作为旋转轴的旋转体的体积.

若旋转体是由连续曲线 $y=f(x)$, 直线 $x=a,x=b(a<b)$ 以及 x 轴所围成的平面图形绕 x 轴旋转一周而形成的立体(图 6.27).

在 $[a,b]$ 任取一点 x, 过此点作垂直于 x 轴的平面,则该旋转体被其所截的截面是一个以 $f(x)$ 为半径的圆,且截面面积为 $S(x)=\pi f^2(x)$. 由式(6.3)可知,该旋转体的体积为

$$V_x=\int_a^b S(x)\mathrm{d}x=\pi\int_a^b f^2(x)\mathrm{d}x.$$

类似地,若由连续曲线 $x=\varphi(y)$, 直线 $y=c,y=d(c<d)$ 及 y 轴所围成的平面图形绕 y 轴旋转一周而成的旋转体(图 6.28),则其体积为

$$V_y=\pi\int_c^d \varphi^2(y)\mathrm{d}y.$$

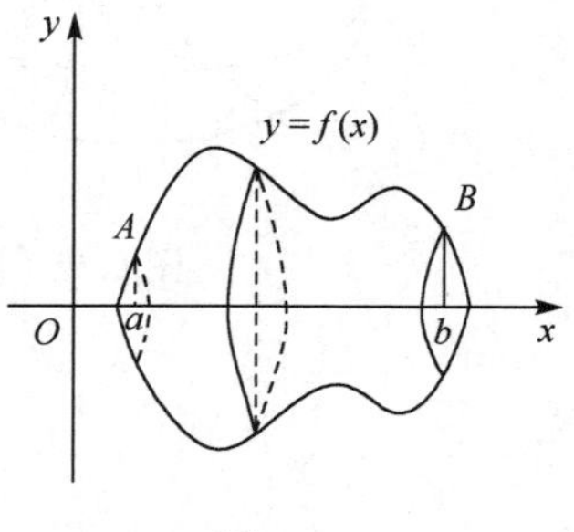

图 6.27

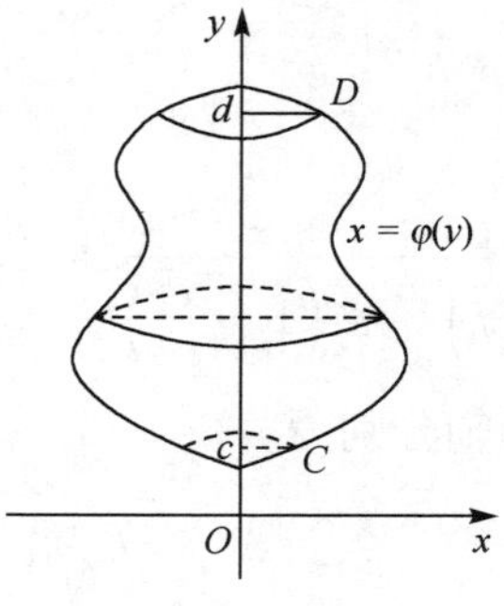

图 6.28

显然,以上两种旋转体中,其平面图形的某一边均在该旋转体的旋转轴上,因此,垂直于旋转轴的任意截面图形都是圆. 但有时平面图形的边未必在其旋转轴

上,则垂直于旋转轴的截面图形就不再是圆,而是圆环,其面积就可由两个圆的面积差来表示.

若由曲线 $y=f(x)$,$y=g(x)$($g(x)\leqslant f(x)$)与直线 $x=a$,$x=b$($a<b$)所围成的平面图形绕 x 轴旋转所得的旋转体(图 6.29)的体积为

$$V_x=\pi\int_a^b[f^2(x)-g^2(x)]\mathrm{d}x.$$

类似地,由曲线 $x=\varphi(y)$,$x=\psi(y)$($\varphi(y)\leqslant\psi(y)$)与直线 $y=c$,$y=d$($c<d$)所围成的平面图形绕 y 轴旋转所得的旋转体(图 6.30)的体积为

$$V_y=\pi\int_c^d[\psi^2(y)-\varphi^2(y)]\mathrm{d}y.$$

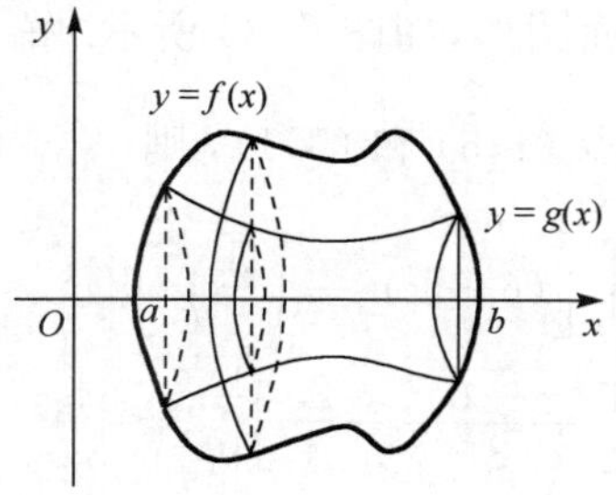

图 6.29

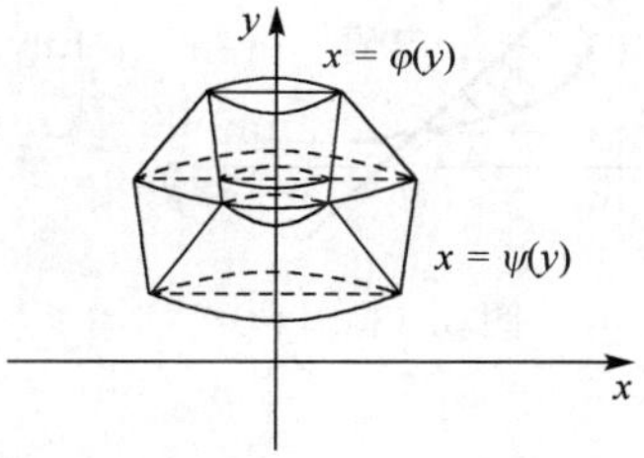

图 6.30

例 27　求椭圆 $\dfrac{x^2}{a^2}+\dfrac{y^2}{b^2}=1$ 分别绕 x 轴与 y 轴旋转产生的旋转体体积.

解　作椭圆的图形如图 6.31 所示,由于图形关于坐标轴对称,故只需考虑第一象限内的曲边梯形绕坐标轴旋转所得的旋转体的体积.

绕 x 轴旋转的旋转体体积为

$$V_x=2\pi\int_0^a y^2\mathrm{d}x=2\pi\int_0^a\frac{b^2}{a^2}(a^2-x^2)\mathrm{d}x$$
$$=\frac{2\pi b^2}{a^2}\left(a^2x-\frac{1}{3}x^3\right)\Big|_0^a=\frac{4}{3}\pi ab^2.$$

绕 y 轴旋转的旋转体体积为

$$V_y=2\pi\int_0^b x^2\mathrm{d}y=2\pi\int_0^b\frac{b^2}{a^2}(b^2-y^2)\mathrm{d}y=\frac{4}{3}\pi a^2b.$$

例 28　求由曲线 $y=\mathrm{e}^x$ 和直线 $y=\mathrm{e}$,$x=0$ 所围成的图形绕 y 轴旋转所得旋转体的体积.

解　作其平面图形,如图 6.32 所示,

$$V_y=\pi\int_1^{\mathrm{e}}(\ln y)^2\mathrm{d}y=\pi\left[y(\ln y)^2\Big|_1^{\mathrm{e}}-\int_1^{\mathrm{e}}y\mathrm{d}(\ln y)^2\right]$$
$$=\pi\left[\mathrm{e}-2y\ln y\Big|_1^{\mathrm{e}}+2\int_1^{\mathrm{e}}\mathrm{d}y\right]=\pi(\mathrm{e}-2).$$

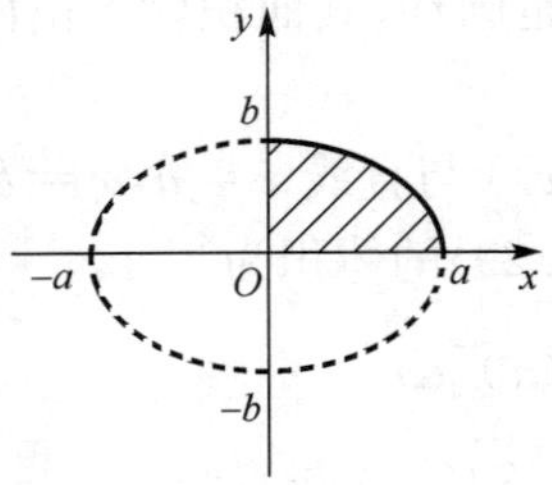

图 6.31

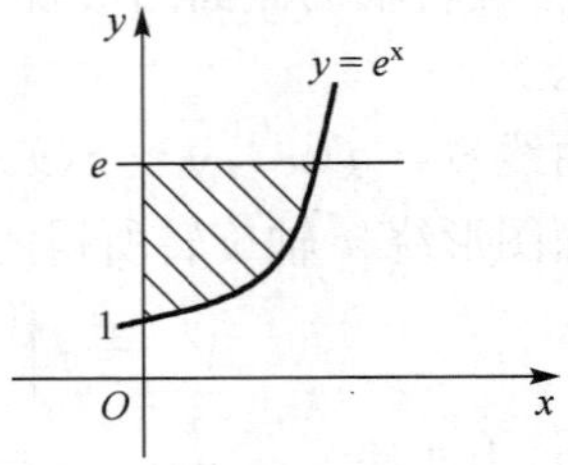

图 6.32

例 29 设平面图形由曲线 $xy=5$ 和 $x+y=6$ 围成,求此图形绕 x 轴旋转所得旋转体的体积.

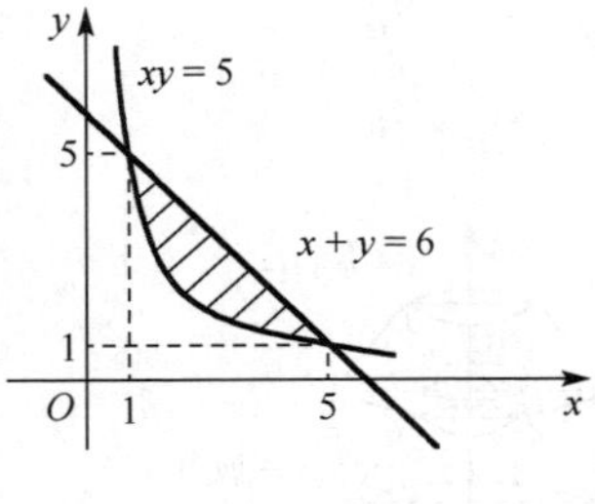

图 6.33

解 作其平面图形,如图 6.33 所示.解方程组 $\begin{cases}xy=5,\\x+y=6\end{cases}$ 得交点 $(1,5)$ 和 $(5,1)$,则

$$V_x=\pi\int_1^5\left[(6-x)^2-\left(\frac{5}{x}\right)^2\right]\mathrm{d}x$$

$$=\pi\left[\frac{(x-6)^3}{3}+\frac{25}{x}\right]\Bigg|_1^5=\frac{64}{3}\pi.$$

例 30 设 D_1 是由抛物线 $y=2x^2$ 和直线 $x=a, x=2$ 及 $y=0$ 所围成的平面区域;D_2 是由抛物线 $y=2x^2$ 和直线 $y=0, x=a$ 所围成的平面区域,其中 $0<a<2$.

(1)试求 D_1 绕 x 轴旋转而成的旋转体的体积 V_1,D_2 绕 y 轴旋转而成的旋转体的体积 V_2;

(2)当 a 为何值时,V_1+V_2 取到最大值?并求此最大值.

解 (1)平面区域如图 6.34 所示,则

$$V_1=\pi\int_a^2(2x^2)^2\mathrm{d}x=\frac{4\pi}{5}x^5\Bigg|_a^2=\frac{4\pi}{5}(32-a^5).$$

$$V_2=\pi\int_0^{2a^2}\left[a^2-\left(\sqrt{\frac{y}{2}}\right)^2\right]\mathrm{d}y=\pi\left(a^2y-\frac{1}{4}y^2\right)\Bigg|_0^{2a^2}$$

$$=\pi a^4.$$

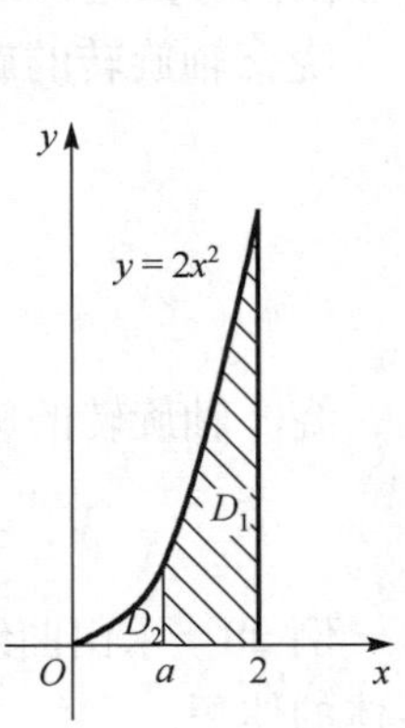

图 6.34

(2)设 $V=V_1+V_2$,即 $V=\frac{4\pi}{5}(32-a^5)+\pi a^4$,则 $\frac{\mathrm{d}V}{\mathrm{d}a}=4\pi a^3(1-a)$,由此可知,$a=1$ 是区间 $(0,2)$ 内的唯一驻点,且是极大值点,即最大值点.因此,当 $a=1$ 时,V 取到最大值,其最大值为 $V=\frac{129}{5}\pi$.

6.4.3 经济应用

1. 已知总产量变化率求总产量

设某产品的总产量 Q 关于时间 t 的变化率为连续函数 $f(t)$，即 $Q'(t)=f(t)$，则该产品的总产量函数为

$$Q(t)=Q(0)+\int_0^t f(x)\mathrm{d}x \quad (t>0).$$

由于刚投产时总产量为零，则 $Q(0)=0$. 因此，总产量函数为

$$Q(t)=\int_0^t f(x)\mathrm{d}x \quad (t>0).$$

若时间从 t_0 时刻改变到 t_1 时刻 $(0\leqslant t_0\leqslant t_1)$，根据定积分的定义可知，则总产量的增量为

$$\Delta Q=Q(t_1)-Q(t_0)=\int_{t_0}^{t_1} f(x)\mathrm{d}x.$$

例 31 设某产品的总产量变化率为

$$f(t)=80+6t-0.3t^2\ (\text{吨/小时})$$

求：(1) 总产量函数 $Q(t)$；

(2) 从 $t_0=1$ 到 $t_1=5$ 这段时间内的总产量.

解 (1) 总产量函数为

$$Q(t)=\int_0^t f(x)\mathrm{d}x=\int_0^t (80+6x-0.3x^2)\mathrm{d}x=(80x+3x^2-0.1x^3)\Big|_0^t$$
$$=80t+3t^2-0.1t^3\ (\text{吨}).$$

(2) 从 $t_0=1$ 到 $t_1=5$ 这段时间内的总产量为

$$Q(5)-Q(1)=\int_0^5 (80+6t-0.3t^2)\mathrm{d}t=(80t+3t^2-0.1t^3)\Big|_1^5=379.6\ (\text{吨}).$$

2. 已知边际函数求总量函数

由第 4 章边际分析的讨论可知，对一个已知的经济函数 $F(x)$（如需求函数 $Q(p)$、总成本函数 $C(x)$、总收益函数 $R(x)$、总利润函数 $L(x)$ 等），它的边际函数就是它的导函数 $F'(x)$，也是原经济函数关于其自变量的变化率.

因此，若已知边际函数 $F'(x)$ 求其总量函数 $F(x)$，参考"已知总产量的变化率求总产量"的方法，再根据定积分的计算可得

$$F(x)=F(x_0)+\int_{x_0}^{x} F'(u)\mathrm{d}u \quad (x>x_0).$$

通常取 $x_0=0$，则

$$F(x)=F(0)+\int_0^x F'(u)\mathrm{d}u \quad (x>0).$$

另外,若要求经济函数从 a 到 b 的增量,则

$$\Delta F=F(b)-F(a)=\int_a^b F'(x)\mathrm{d}x.$$

例 32 已知某商品的需求量 Q 是价格 p 的函数,边际需求为 $Q'(p)=-2p$,且当商品的价格 $p=0$ 时,该商品的需求量为 300 个单位,试求需求量与价格的函数关系.

解 由题意知

$$Q(p)=Q(0)+\int_0^p Q'(u)\mathrm{d}u=300+\int_0^p(-2u)\mathrm{d}u=300-p^2.$$

例 33 已知生产某产品单位 x(百台)的边际成本函数和边际收益函数分别为

$$MC=C'(x)=3+\frac{1}{2}x\,(\text{万元/百台})$$

$$MR=R'(x)=6-x\,(\text{万元/百台})$$

(1)若固定成本 $C(0)=1$(万元),求总成本函数、总收益函数、总利润函数;

(2)当产量从 1 百台增加到 5 百台时,求总成本和总收益;

(3)当产量为多少时,总利润最大? 最大总利润为多少?

解 (1)总成本函数为

$$C(x)=C(0)+\int_0^x C'(u)\mathrm{d}u=1+\int_0^x\left(3+\frac{1}{2}u\right)\mathrm{d}u=1+3x+\frac{1}{4}x^2.$$

由于产量为零时,总收益为零,即 $R(0)=0$. 则总收益函数为

$$R(x)=R(0)+\int_0^x R'(u)\mathrm{d}u=\int_0^x(6-u)\mathrm{d}u=6x-\frac{1}{2}x^2.$$

总利润函数为

$$L(x)=R(x)-C(x)=\left(6x-\frac{1}{2}x^2\right)-\left(1+3x+\frac{1}{4}x^2\right)=-1+3x-\frac{3}{4}x^2.$$

(2) $\Delta C=C(5)-C(1)=\left(1+3\times5+\frac{1}{4}\times5^2\right)-\left(1+3\times1+\frac{1}{4}\times1^2\right)=18$ (万元).

$$\Delta R=R(5)-R(1)=\left(6\times5-\frac{1}{2}\times5^2\right)-\left(6\times1-\frac{1}{2}\times1^2\right)=12\,(\text{万元}).$$

(3)由 $L'(x)=3-\frac{3}{2}x=0$,得唯一的驻点 $x=2$(百台),$L''(2)=-\frac{3}{2}<0$,故当 $x=2$ 时,总利润取到极大值,即最大值,且最大总利润为

$$L(2)=-1+3\times2-\frac{3}{4}\times2^2=2\,(\text{万元}).$$

6.5 广义积分

根据定积分的存在性定理可知，其积分区间 $[a,b]$ 是有限的，并且被积函数 $f(x)$ 在积分区间上是有界的. 但在一些实际问题中，我们会遇到积分区间是无限区间 $[a,+\infty)$，$(-\infty,b]$ 或 $(-\infty,+\infty)$，且 a,b 均为常数，或被积函数是无界的情况. 通常，把无限区间上的积分称为无穷限积分，把无界函数在有限区间的积分称为瑕积分，两者统称为**广义积分**或**反常积分**. 相应地，把前面所讨论的定积分称为**常义积分**.

6.5.1 无限区间上的广义积分(无穷限积分)

无限区间上的广义积分为 $\int_a^{+\infty} f(x)\mathrm{d}x$，$\int_{-\infty}^{b} f(x)\mathrm{d}x$ 和 $\int_{-\infty}^{+\infty} f(x)\mathrm{d}x$($a,b$ 为常数).

定义 3 如果对给定实数 a 和任意实数 $b(b>a)$，函数 $f(x)$ 在 $[a,b]$ 上可积，且极限 $\lim\limits_{b\to+\infty}\int_a^b f(x)\mathrm{d}x$ 存在，则称无限区间上的广义积分 $\int_a^{+\infty} f(x)\mathrm{d}x$ **收敛**，并称此极限值为该无限区间上的广义积分的积分值，记为

$$\int_a^{+\infty} f(x)\mathrm{d}x = \lim_{b\to+\infty}\int_a^b f(x)\mathrm{d}x.$$

如果上式右端极限不存在，则称无限区间上的广义积分 $\int_a^{+\infty} f(x)\mathrm{d}x$ **发散**.

类似地，无限区间上的广义积分 $\int_{-\infty}^{b} f(x)\mathrm{d}x = \lim\limits_{a\to-\infty}\int_a^b f(x)\mathrm{d}x$，若右端极限存在，则称无限区间上的广义积分 $\int_{-\infty}^{b} f(x)\mathrm{d}x$ 收敛，否则为发散.

无限区间上的广义积分 $\int_{-\infty}^{+\infty} f(x)\mathrm{d}x=\int_{-\infty}^{c} f(x)\mathrm{d}x+\int_c^{+\infty} f(x)\mathrm{d}x$，其中 c 为常数(一般令 $c=0$)，若 $\int_{-\infty}^{c} f(x)\mathrm{d}x$ 与 $\int_c^{+\infty} f(x)\mathrm{d}x$ 都收敛，则称无限区间上的广义积分 $\int_{-\infty}^{+\infty} f(x)\mathrm{d}x$ 收敛；反之，若 $\int_{-\infty}^{c} f(x)\mathrm{d}x$ 与 $\int_c^{+\infty} f(x)\mathrm{d}x$ 至少有一个发散，则称无限区间上的广义积分 $\int_{-\infty}^{+\infty} f(x)\mathrm{d}x$ 发散.

从定义可以直接得出无限区间上广义积分的计算公式，即**先求有限区间上的定积分，再取极限**.

若 $F(x)$ 是 $f(x)$ 的一个原函数，根据广义积分的定义和牛顿-莱布尼茨公式可得下列**计算公式**：

$$\int_a^{+\infty} f(x)\mathrm{d}x = F(x)\Big|_a^{+\infty} = \lim_{x\to+\infty} F(x) - F(a);$$

$$\int_{-\infty}^{b} f(x)\mathrm{d}x = F(x)\Big|_{-\infty}^{b} = F(b) - \lim_{x\to-\infty} F(x);$$

$$\int_{-\infty}^{+\infty} f(x)\mathrm{d}x = F(x)\Big|_{-\infty}^{+\infty} = \lim_{x\to+\infty} F(x) - \lim_{x\to-\infty} F(x).$$

等式右端的极限若都存在,则其广义积分收敛,且存在积分值,否则发散.

一般地,被积函数较易求其原函数,都采用上述计算公式进行求解.

例 34 计算下列广义积分:

(1) $\int_1^{+\infty} \frac{1}{x^2}\mathrm{d}x$; (2) $\int_{-\infty}^{0} \mathrm{e}^x\mathrm{d}x$; (3) $\int_{-\infty}^{+\infty} \frac{1}{1+x^2}\mathrm{d}x$.

解 (1) $\int_1^{+\infty} \frac{1}{x^2}\mathrm{d}x = -\frac{1}{x}\Big|_1^{+\infty} = \lim_{x\to+\infty}\left(-\frac{1}{x}\right) - (-1) = 1.$

(2) $\int_{-\infty}^{0} \mathrm{e}^x\mathrm{d}x = \mathrm{e}^x\Big|_{-\infty}^{0} = 1 - \lim_{x\to-\infty}\mathrm{e}^x = 1.$

(3)
$$\int_{-\infty}^{+\infty} \frac{1}{1+x^2}\mathrm{d}x = \arctan x\Big|_{-\infty}^{+\infty} = \lim_{x\to+\infty}\arctan x - \lim_{x\to-\infty}\arctan x$$
$$= \frac{\pi}{2} - \left(-\frac{\pi}{2}\right) = \pi.$$

例 35 讨论广义积分 $\int_1^{+\infty} \frac{1}{x^p}\mathrm{d}x$ 的敛散性.

解 对任意的实数 $b > 1$, 有

$$\int_1^b \frac{1}{x^p}\mathrm{d}x = \begin{cases} \frac{1}{1-p}x^{1-p}\Big|_1^b, & p \neq 1 \\ \ln x\Big|_1^b, & p = 1 \end{cases}$$
$$= \begin{cases} \frac{1}{1-p}(b^{1-p} - 1), & p \neq 1, \\ \ln b, & p = 1, \end{cases}$$

于是有

$$\int_1^{+\infty} \frac{1}{x^p}\mathrm{d}x = \lim_{b\to+\infty}\int_1^b \frac{1}{x^p}\mathrm{d}x = \begin{cases} \frac{1}{p-1}, & p > 1, \\ +\infty, & p \leqslant 1. \end{cases}$$

因此,当 $p > 1$ 时,积分收敛于 $\frac{1}{p-1}$; 当 $p \leqslant 1$ 时,积分发散.

例 36 判断广义积分 $\int_1^{+\infty} \frac{1}{x\sqrt{x-1}}\mathrm{d}x$ 的敛散性,若收敛,求其值.

解 对任意的实数 $b > 1$, 则 $\int_1^{+\infty} \frac{1}{x\sqrt{x-1}}\mathrm{d}x = \lim_{b\to+\infty}\int_1^b \frac{1}{x\sqrt{x-1}}\mathrm{d}x$, 令

$\sqrt{x-1}=t$，则 $x=t^2+1, \mathrm{d}x=2t\mathrm{d}t, x=1$ 时，$t=0$；$x=b$ 时，$t=\sqrt{b-1}$，则

$$\int_1^b \frac{1}{x\sqrt{x-1}}\mathrm{d}x=\int_0^{\sqrt{b-1}}\frac{2t}{(t^2+1)t}\mathrm{d}t=2\int_0^{\sqrt{b-1}}\frac{1}{t^2+1}\mathrm{d}t$$

$$=2\arctan x\Big|_0^{\sqrt{b-1}}=2\arctan\sqrt{b-1}.$$

因此 $\int_1^{+\infty}\frac{1}{x\sqrt{x-1}}\mathrm{d}x=\lim\limits_{b\to+\infty}\int_1^b\frac{1}{x\sqrt{x-1}}\mathrm{d}x=\lim\limits_{b\to+\infty}(2\arctan\sqrt{b-1})=\pi$（收敛）.

6.5.2　无界函数的广义积分(瑕积分)

定义 4　如果被积函数 $f(x)$ 在 $[a,b]$ 上某点(或有限个点)处无界，则称积分 $\int_a^b f(x)\mathrm{d}x$ 为**无界函数的广义积分**，也称为**瑕积分**，并称使被积函数无界的点为**瑕点**(也称**无界间断点**).

定义 5　设函数 $f(x)$ 在区间 $(a,b]$ 上连续，且 $\lim\limits_{x\to a^+}f(x)=\infty$. 如果对任意小的正数 ε，则当极限 $\lim\limits_{\varepsilon\to0^+}\int_{a+\varepsilon}^b f(x)\mathrm{d}x$ 存在时，称瑕积分 $\int_a^b f(x)\mathrm{d}x$ **收敛**，记为

$$\int_a^b f(x)\mathrm{d}x=\lim_{\varepsilon\to0^+}\int_{a+\varepsilon}^b f(x)\mathrm{d}x,$$

如果上式右端极限不存在，则称瑕积分 $\int_a^b f(x)\mathrm{d}x$ **发散**.

类似地，设函数 $f(x)$ 在区间 $[a,b)$ 上连续，且 $\lim\limits_{x\to b^-}f(x)=\infty$. 如果对任意小的正数 ε，则当极限 $\lim\limits_{\varepsilon\to0^+}\int_a^{b-\varepsilon}f(x)\mathrm{d}x$ 存在时，称瑕积分 $\int_a^b f(x)\mathrm{d}x$ 收敛，记为

$$\int_a^b f(x)\mathrm{d}x=\lim_{\varepsilon\to0^+}\int_a^{b-\varepsilon}f(x)\mathrm{d}x,$$

如果上式右端极限不存在，则称瑕积分 $\int_a^b f(x)\mathrm{d}x$ 发散.

设函数 $f(x)$ 在区间 $[a,b]$ 上除 $c(a<c<b)$ 外均连续，且 $\lim\limits_{x\to c}f(x)=\infty$，如果两个瑕积分 $\int_a^c f(x)\mathrm{d}x$ 和 $\int_c^b f(x)\mathrm{d}x$ 都收敛，则瑕积分 $\int_a^b f(x)\mathrm{d}x$ 收敛，且对任意小的正数 $\varepsilon_1,\varepsilon_2$，有

$$\int_a^b f(x)\mathrm{d}x=\int_a^c f(x)\mathrm{d}x+\int_c^b f(x)\mathrm{d}x$$

$$=\lim_{\varepsilon_1\to0^+}\int_a^{c-\varepsilon_1}f(x)\mathrm{d}x+\lim_{\varepsilon_2\to0^+}\int_{c+\varepsilon_2}^b f(x)\mathrm{d}x,$$

如果上式右端极限不存在，则称瑕积分 $\int_a^b f(x)\mathrm{d}x$ 发散.

同样，根据瑕积分的定义和牛顿-莱布尼茨公式也可以得到下列计算公式：如

果 $F(x)$ 是 $f(x)$ 的一个原函数，则

当 $x=a$ 为瑕点时，$\int_a^b f(x)\mathrm{d}x = F(x)\big|_a^b = F(b) - \lim\limits_{x\to a^+}F(x)$；

当 $x=b$ 为瑕点时，$\int_a^b f(x)\mathrm{d}x = F(x)\big|_a^b = \lim\limits_{x\to b^-}F(x) - F(a)$；

当 $x=c(a<c<b)$ 为瑕点时，

$$\begin{aligned}\int_a^b f(x)\mathrm{d}x &= \int_a^c f(x)\mathrm{d}x + \int_c^b f(x)\mathrm{d}x \\ &= F(b) - \lim_{x\to c^+}F(x) + \lim_{x\to c^-}F(x) - F(a).\end{aligned}$$

等式右端的所有极限均存在时，相应的瑕积分收敛；否则，发散.

注　与前面介绍的无穷限积分的计算公式一样，若被积函数较易求其原函数，通常采用上述计算公式计算. 相反地，则采用定义式计算.

例 37　计算广义积分 $\int_0^1 \ln x\mathrm{d}x$.

解　显然，$x=0$ 为瑕点. 由分部积分法有

$$\begin{aligned}\int_0^1 \ln x\mathrm{d}x = \lim_{\varepsilon\to 0^+}\int_\varepsilon^1 \ln x\mathrm{d}x &= \lim_{\varepsilon\to 0^+}\left[x\ln x\big|_\varepsilon^1 - \int_\varepsilon^1\left(x\cdot\frac{1}{x}\right)\mathrm{d}x\right] \\ &= \lim_{\varepsilon\to 0^+}[-\varepsilon\ln\varepsilon - (1-\varepsilon)],\end{aligned}$$

根据洛必达法则可知 $\lim\limits_{\varepsilon\to 0^+}(-\varepsilon\ln\varepsilon)=0$，则

$$\int_0^1 \ln x\mathrm{d}x = -1.$$

例 38　计算广义积分 $\int_0^1 \frac{1}{\sqrt{1-x^2}}\mathrm{d}x$.

解　显然，$x=1$ 为瑕点. 则

$$\int_0^1 \frac{1}{\sqrt{1-x^2}}\mathrm{d}x = \arcsin x\big|_0^1 = \lim_{x\to 1^-}\arcsin x - 0 = \frac{\pi}{2}.$$

例 39　讨论瑕积分 $\int_{-1}^1 \frac{1}{x^2}\mathrm{d}x$ 的敛散性.

解　显然，$x=0$ 为瑕点. 则有

$$\int_{-1}^1 \frac{1}{x^2}\mathrm{d}x = \int_{-1}^0 \frac{1}{x^2}\mathrm{d}x + \int_0^1 \frac{1}{x^2}\mathrm{d}x.$$

由于 $\int_0^1 \frac{1}{x^2}\mathrm{d}x = -\frac{1}{x}\Big|_0^1 = -1 - \lim\limits_{x\to 0^+}\left(-\frac{1}{x}\right) = \infty$ 发散，所以

$$\int_{-1}^1 \frac{1}{x^2}\mathrm{d}x \text{ 发散.}$$

注意　若直接用牛顿—莱布尼茨公式计算会出现如下错误结果

$$\int_{-1}^{1}\frac{1}{x^2}\mathrm{d}x=-\frac{1}{x}\bigg|_{-1}^{1}=-2.$$

瑕积分与定积分的形式是一样的，但是被积函数的有界性是不一样的. 所以，在计算时一定要注意区分，从而选择正确的计算方法.

例 40 讨论广义积分 $\int_a^b\frac{1}{(x-a)^p}\mathrm{d}x$ 的敛散性.

解 显然，$x=a$ 有可能为瑕点.

当 $p=1$ 时，

$$\begin{aligned}\int_a^b\frac{1}{(x-a)^p}\mathrm{d}x&=\int_a^b\frac{1}{x-a}\mathrm{d}x=\ln(x-a)\big|_a^b\\&=\ln(b-a)-\lim_{x\to a^+}\ln(x-a)=+\infty;\end{aligned}$$

当 $p\neq1$ 时，

$$\begin{aligned}\int_a^b\frac{1}{(x-a)^p}\mathrm{d}x&=\frac{1}{1-p}(x-a)^{1-p}\bigg|_a^b\\&=\frac{1}{1-p}(b-a)^{1-p}-\lim_{x\to a^+}\frac{1}{1-p}(x-a)^{1-p}\\&=\begin{cases}\dfrac{1}{1-p}(b-a)^{1-p}, & p<1,\\ +\infty, & p>1.\end{cases}\end{aligned}$$

因此，当 $p<1$ 时，广义积分 $\int_a^b\frac{1}{(x-a)^p}\mathrm{d}x$ 收敛，且积分值为

$$\frac{1}{1-p}(b-a)^{1-p};$$

当 $p\geqslant1$ 时，瑕积分 $\int_a^b\frac{1}{(x-a)^p}\mathrm{d}x$ 发散.

例 41 已知某产品总产量变化率为

$$Q'(t)=\frac{80}{t^2}\mathrm{e}^{-\frac{4}{t}}\ (\text{千吨/年}),$$

求：(1)投产后多少年可使平均年产量达到最大值？且最大值是多少？

(2)在达到最大值之后，再生产两年，这两年的平均年产量为多少？

解 (1)总产量函数为

$$Q(t)=Q(0)+\int_0^t\frac{80}{t^2}\mathrm{e}^{-\frac{4}{t}}\mathrm{d}t,$$

由于 $Q(0)=0$，则

$$Q(t)=20\int_0^t\mathrm{e}^{-\frac{4}{t}}\mathrm{d}\left(-\frac{4}{t}\right)=20\,\mathrm{e}^{-\frac{4}{t}}\big|_0^t=20\left(\mathrm{e}^{-\frac{4}{t}}-\lim_{t\to0^+}\mathrm{e}^{-\frac{4}{t}}\right)=20\mathrm{e}^{-\frac{4}{t}}\ (\text{千吨}),$$

则平均年产量为 $\bar{Q}(t)=\frac{Q(t)}{t}=\frac{20}{t}\mathrm{e}^{-\frac{4}{t}}$.

令 $\overline{Q}'(t)=\dfrac{20(4-t)}{t^3}e^{-\frac{4}{t}}=0$，则 $t=4$（年）. 又因为 $\overline{Q}''(4)=-\dfrac{5}{16}e^{-1}<0$，所以 $\overline{Q}(4)$ 为极大值，亦最大值，且 $\overline{Q}(4)=5e^{-1}\approx 1.839$（千吨）. 即投产后 4 年，平均年产量达到最大值，且最大值约为 1.839 千吨.

(2)再生产两年的平均年产量为

$$\frac{1}{2}\int_4^6 \frac{80}{t^2}e^{-\frac{4}{t}}dt=10e^{-\frac{4}{t}}\Big|_4^6=10(e^{-\frac{2}{3}}-e^{-1})\approx 1.455\text{（千吨）}.$$

*6.5.3 Γ 函数

定义 6 广义积分 $\Gamma(t)=\int_0^{+\infty}x^{t-1}e^{-x}dx\,(t>0)$ 是参变量 t 的函数，称为 **Γ 函数**.

当 $t>0$ 时，这个广义积分是收敛的，在此不作证明.

Γ 函数有如下的重要性质.

(1) $\Gamma(t+1)=t\Gamma(t)\quad(t>0)$.

证明 由分部积分公式有

$$\Gamma(t+1)=\int_0^{+\infty}x^te^{-x}dx=-\int_0^{+\infty}x^tde^{-x}=-x^te^{-x}\Big|_0^{+\infty}+t\int_0^{+\infty}x^{t-1}e^{-x}dx$$
$$=t\Gamma(t).$$

特别地，当 $t=n$ 为时，有

$$\Gamma(n+1)=n!\quad(n\in\mathbf{Z}^+).$$

证明 $\Gamma(n+1)=n\Gamma(n)=n(n-1)\Gamma(n-1)=\cdots=n(n-1)\cdots2\cdot1\cdot\Gamma(1)$

$$=n!\,\Gamma(1).$$

而 $\Gamma(1)=\int_0^{+\infty}e^{-x}dx=\lim\limits_{x\to+\infty}(-e^{-x})+e^0=1$，所以

$$\Gamma(n+1)=n!.$$

应用此性质，可以简化 Γ 函数的计算.

(2) $\Gamma(t)\cdot\Gamma(1-t)=\dfrac{\pi}{\sin(\pi t)}(0<t<1)$.

上式称为**余元公式**，在此不作证明.

当 $t=\dfrac{1}{2}$ 时，由余元公式可得，$\Gamma\left(\dfrac{1}{2}\right)=\sqrt{\pi}$.

(3) 在 $\Gamma(t)=\int_0^{+\infty}x^{t-1}e^{-x}dx$ 中，作代换 $x=u^2$ 有

$$\Gamma(t)=2\int_0^{+\infty}u^{2t-1}e^{-u^2}du.$$

令 $t=\dfrac{1}{2}$，则 $\Gamma\left(\dfrac{1}{2}\right)=2\int_0^{+\infty}u^{2\cdot\frac{1}{2}-1}e^{-u^2}du=2\int_0^{+\infty}e^{-u^2}du=\sqrt{\pi}$. 因此，

$$\int_0^{+\infty}e^{-u^2}du=\frac{1}{2}\sqrt{\pi}.$$

上式左端的积分是在概率中常用的积分.

例 42　计算下列各值：

(1) $\dfrac{\Gamma(7)}{\Gamma(3)\Gamma(4)}$；　　(2) $\Gamma\left(\dfrac{5}{2}\right)$.

解　(1) $\dfrac{\Gamma(7)}{\Gamma(3)\Gamma(4)}=\dfrac{6!}{2!\cdot 3!}=60$；

(2) $\Gamma\left(\dfrac{5}{2}\right)=\Gamma\left(\dfrac{3}{2}+1\right)=\dfrac{3}{2}\Gamma\left(\dfrac{3}{2}\right)=\dfrac{3}{2}\Gamma\left(\dfrac{1}{2}+1\right)=\dfrac{3}{2}\cdot\dfrac{1}{2}\Gamma\left(\dfrac{1}{2}\right)=\dfrac{3}{4}\sqrt{\pi}$.

例 43　计算下列积分：

(1) $\int_0^{+\infty}x^3e^{-x}dx$；　　(2) $\int_0^{+\infty}x^{-\frac{1}{2}}e^{-x}dx$；　　(3) $\int_0^{+\infty}x^3e^{-x^2}dx$.

解　(1) $\int_0^{+\infty}x^3e^{-x}dx=\int_0^{+\infty}x^{4-1}e^{-x}dx=\Gamma(4)=3!=6$；

(2) $\int_0^{+\infty}x^{-\frac{1}{2}}e^{-x}dx=\int_0^{+\infty}x^{\frac{1}{2}-1}e^{-x}dx=\Gamma\left(\dfrac{1}{2}\right)=\sqrt{\pi}$；

(3)令 $u=x^2$，则 $dx=\dfrac{1}{2\sqrt{u}}du$. 于是，有

$$\int_0^{+\infty}x^3e^{-x^2}dx=\int_0^{+\infty}u^{\frac{3}{2}}e^{-u}\frac{1}{2\sqrt{u}}du=\frac{1}{2}\int_0^{+\infty}ue^{-u}du=\frac{1}{2}\Gamma(2)=\frac{1}{2}.$$

习　题　6

1. 不计算定积分值，比较下列定积分的大小：

(1) $\int_0^1 xdx$ 与 $\int_0^1 x^2dx$；　　(2) $\int_0^5 e^xdx$ 与 $\int_0^5 e^{x^2}dx$；

(3) $\int_{\frac{\pi}{4}}^{\pi}\cos xdx$ 与 $\int_{\frac{\pi}{4}}^{\pi}\sin xdx$；　　(4) $\int_{-1}^0\arctan xdx$ 与 $\int_0^1\arctan xdx$.

2. 估计定积分 $\int_0^{\pi}\dfrac{1}{2+\cos^3x}dx$ 值.

3. 求下列函数的导数：

(1) $\int_0^x x\sin tdt$；　　(2) $\int_{e^x}^{x^2}\sqrt{t^2+1}dt$；

4. 求下列极限：

(1) $\lim\limits_{x\to 0}\dfrac{\int_0^x\sin tdt}{x}$；　　(2) $\lim\limits_{x\to 0^+}\dfrac{\int_0^{\sin x}tdt}{\int_0^x\tan tdt}$；

5. 用直接积分法计算下列定积分：

(1) $\int_0^1 (x^2-3x+5)\mathrm{d}x$；　(2) $\int_0^{\frac{\pi}{4}} \tan^2 x\mathrm{d}x$；

(3) $\int_{-1}^1 \frac{x^2}{1+x^2}\mathrm{d}x$；　(4) $\int_0^4 |x-3|\mathrm{d}x$.

6. 用换元积分法计算下列定积分：

(1) $\int_{-\frac{\pi}{2}}^{\pi} \cos\left(x+\frac{\pi}{2}\right)\mathrm{d}x$；　(2) $\int_0^{\frac{\pi}{4}} \sin^2 x\mathrm{d}x$；

(3) $\int_0^1 \frac{x^3}{1+x^4}\mathrm{d}x$；　(4) $\int_1^{e^3} \frac{1}{x(1+\ln x)}\mathrm{d}x$；

(5) $\int_{-1}^1 \frac{1}{x^2+2x+5}\mathrm{d}x$；　(6) $\int_0^{\frac{\pi}{2}} \frac{2\cos x+3\sin x}{(2\sin x-3\cos x)^2}\mathrm{d}x$；

(7) $\int_1^4 \frac{1}{1+\sqrt{x}}\mathrm{d}x$；　(8) $\int_{\ln 3}^{3\ln 2} \sqrt{e^x+1}\mathrm{d}x$；

(9) $\int_{\frac{\sqrt{2}}{2}}^1 \frac{\sqrt{1-x^2}}{x}\mathrm{d}x$；　(10) $\int_{\frac{1}{3}}^1 \frac{1}{x^2\sqrt{1+x^2}}\mathrm{d}x$.

7. 用分部积分法计算下列积分：

(1) $\int_1^e \ln^2 x\mathrm{d}x$；　(2) $\int_0^2 xe^{2x}\mathrm{d}x$；

(3) $\int_0^1 \arctan x\mathrm{d}x$；　(4) $\int_0^1 e^{\sqrt{x}}\mathrm{d}x$.

8. 设 $f(x)$ 是连续函数，证明：$\int_0^a x^3 f(x^2)\mathrm{d}x = \frac{1}{2}\int_0^{a^2} xf(x)\mathrm{d}x\,(a>0)$.

9. 设 $f(x)$ 是连续函数，且满足 $\int_1^{2x} f(t)\mathrm{d}t = \cos x - \cos\frac{1}{2}$，求 $\int_0^{\pi} f(x)\mathrm{d}x$.

10. 设 $f(x)=\begin{cases} x+1, & x\leqslant 0, \\ x^2, & x>0, \end{cases}$ 求 $\int_{-2}^0 f(x+1)\mathrm{d}x$.

11. 设 $f''(x)$ 在 $[0,2]$ 上连续，且 $f(0)=1, f(2)=3, f'(2)=5$，求 $\int_0^1 xf''(2x)\mathrm{d}x$.

12. 计算下列曲线围成的平面图形的面积：

(1) $y=2x^2+3x-5, y=1-x^2$；

(2) $xy=1, y=2, y=x$；

(3) $y=\ln x, x=0, y=\ln a, y=\ln b\,(1<a<b)$；

(4) $y=2x, y=\frac{x}{2}, x+y=2$.

13. 确定正数 k 值，使曲线 $y^2=x$ 与 $y=kx$ 围成面积为 $\frac{1}{6}$.

14. 求曲线 $y=e^x$ 在区间 $(0,3)$ 内的一点，使该点的切线与直线 $x=0, x=3$ 以及 $y=e^x$ 所围成的平面图形面积最小.

15. 求由下列已知曲线围成的图形分别绕 x 轴和 y 轴旋转而形成的旋转体的体积：

(1) $y=x^3, y=0, x=2$；

(2) $y=x^2, x=y^2$.

16. 过曲线 $y=x^2(x>0)$ 上某点 A 作切线，使该切线与曲线 $y=x^2$ 及 x 轴所围图形的面积为 $\frac{1}{12}$.

(1)求切点 A 的坐标及过点 A 的切线方程；

(2)求上述平面图形绕 x 轴旋转的旋转体体积.

17. 某商品的边际成本 $C'(x)=3x^2-4x+7$ 且固定成本为 50，求总成本函数；当产品从 2 个单位增到 4 个单位时，求总成本的增量.

18. 已知某产品的边际成本和边际收益函数分别为

$$C'(Q)=Q^2-4Q+6,\quad R'(Q)=105-2Q,$$

且固定成本为 100，其中 Q 为销售量，$C(Q)$ 为总成本，$R(Q)$ 为总收益，求最大利润.

19. 判断下列广义积分的敛散性；若收敛，计算广义积分的值：

(1) $\int_0^{+\infty}\cos x\,\mathrm{d}x$；　(2) $\int_{-\infty}^0 \mathrm{e}^x\sin x\,\mathrm{d}x$；

(3) $\int_{-\infty}^{+\infty}\frac{1}{x^2+4x+5}\mathrm{d}x$；　(4) $\int_e^{+\infty}\frac{1}{x}(\ln x)^\alpha\mathrm{d}x$；

(5) $\int_0^1\frac{1}{\sqrt{x}}\mathrm{d}x$；　(6) $\int_0^1\frac{1}{(2-x)(x-1)}\mathrm{d}x$；

(7) $\int_0^2\frac{1}{x^2-4x+3}\mathrm{d}x$；　(8) $\int_a^{2a}(x-a)^\alpha\mathrm{d}x\,(a>0)$.

* 20. 利用 Γ 函数计算下列各题：

(1) $\frac{\Gamma(10)\Gamma(8)}{7\Gamma(9)\Gamma(6)\Gamma(4)}$；

(2) $\frac{\Gamma(3)\Gamma\left(\frac{3}{2}\right)}{\Gamma\left(\frac{7}{2}\right)}$；

(3) $\int_0^{+\infty}x^{2n}\mathrm{e}^{-x^2}\mathrm{d}x\left(n>-\frac{1}{2}\right)$.

选做题 6

1. 若函数 $f(x)$ 满足方程 $f''(x)+f'(x)-2f(x)=0, f''(x)+f(x)=2\mathrm{e}^x$.

(1)求 $f(x)$ 的表达式；

(2)求曲线 $y=f(x^2)\int_0^x f(-t^2)\mathrm{d}t$ 的拐点.

2. 设 $f(x)=\int_0^x\frac{\sin t}{\pi-t}\mathrm{d}t$，计算 $\int_0^\pi f(x)\mathrm{d}x$.

3. 设函数 $f(x)$ 在 $[0,1]$ 上可导，$G(x)=\int_0^x t^2f(t)\mathrm{d}t$ 且 $G(1)=f(1)$，试证：至少存在一点 $\xi\in(0,1)$，使 $f'(\xi)=-\frac{2f(\xi)}{\xi}$.

4. 设函数 $f(x),g(x)$ 在闭区间 $[0,1]$ 上的导数连续，并且 $f(0)=0, f'(x)\geqslant 0, g'(x)\geqslant 0$.

证明:对任何 $a\in[0,1]$，有

$$\int_0^a g(x)f'(x)\mathrm{d}x+\int_0^1 f(x)g'(x)\mathrm{d}x\geqslant f(a)g(1).$$

5. 设 $f(x)$ 在 $[a,b]$ 上有二阶连续导数，且 $f(a)=f'(a)=0$，证明：

$$\int_a^b f(x)\mathrm{d}x=\frac{1}{2}\int_a^b f''(x)\,(x-b)^2\mathrm{d}x.$$

6. 设 $f(t)$ 是连续函数，证明：$\int_0^x (x-t)f(t)\mathrm{d}t=\int_0^x\left(\int_0^t f(u)\mathrm{d}u\right)\mathrm{d}t$.

7. 已知抛物线 $y=px^2+qx$ (其中 $p<0,q>0$) 在第一象限内与直线 $x+y=5$ 相切，且此抛物线与 x 轴所围成的平面图形的面积为 S.

(1)问 p 和 q 为何值时，S 达到最大值；

(2)求出此最大值.

8. 设位于曲线 $y=\dfrac{1}{\sqrt{x(1+\ln^2 x)}}(\mathrm{e}\leqslant x<+\infty)$ 下方，x 轴上方的无界区域 G，求 G 绕 x 轴旋转一周所得空间区域的体积.

9. 设抛物线 $y=ax^2+bx+c$ 通过原点 $(0,0)$，且当 $x\in[0,1]$ 时，$y\geqslant 0$. 试确定 a,b,c 的值，使得抛物线 $y=ax^2+bx+c$ 与直线 $x=1,y=0$ 所围成图形的面积为 $\dfrac{4}{9}$，且使图形绕 x 轴旋转而成的旋转体体积最小.

10. 讨论广义积分 $\int_0^{+\infty}\dfrac{x\mathrm{e}^{-x}}{(1+\mathrm{e}^{-x})^2}\mathrm{d}x$ 的敛散性；若收敛，求其值.

第 7 章　无 穷 级 数

无穷级数是数与函数的一种重要表达形式，也是微积分理论研究与实际应用中极其有力的工具，无穷级数在表达函数、研究函数性质、计算函数值以及求解微分方程等方面都有着重要的应用. 本章重点介绍常数项级数和幂级数.

7.1　常数项无穷级数的概念

设给定数列 $\{u_n\}$：$u_1, u_2, u_3, \cdots, u_n, \cdots$，则

$$u_1 + u_2 + u_3 + \cdots + u_n + \cdots$$

称为**(常数项)无穷级数**，简称**级数**记为 $\sum\limits_{n=1}^{\infty} u_n$，即

$$\sum_{n=1}^{\infty} u_n = u_1 + u_2 + u_3 + \cdots + u_n + \cdots, \tag{7.1}$$

其中第 n 项 u_n 称为级数(7.1)的**通项或一般项**；级数(7.1)的前 n 项的和

$$S_n = u_1 + u_2 + u_3 + \cdots + u_n \tag{7.2}$$

称为级数的**部分和**；由部分和构成一个新的数列 $\{S_n\}$：

$$S_1 = u_1, S_2 = u_1 + u_2, S_3 = u_1 + u_2 + u_3, \cdots, S_n = u_1 + u_2 + u_3 + \cdots + u_n, \cdots$$

称为级数 $\sum\limits_{n=1}^{\infty} u_n$ 的**部分和数列.**

对于级数(7.1)是否存在"和"，以及"和"的含义可以转化为其部分和数列的敛散性问题.

定义 1　对于给定的级数 $\sum\limits_{n=1}^{\infty} u_n$，如果其部分和数列 $\{S_n\}$ 有极限 S，即 $\lim\limits_{n\to\infty} S_n = S$，则称级数 $\sum\limits_{n=1}^{\infty} u_n$ **收敛**，这时极限 S 称为级数 $\sum\limits_{n=1}^{\infty} u_n$ 的**和**，记为 $\sum\limits_{n=1}^{\infty} u_n = S$；如果其部分和数列 $\{S_n\}$ 没有极限，则称级数 $\sum\limits_{n=1}^{\infty} u_n$ **发散.**

当级数 $\sum\limits_{n=1}^{\infty} u_n$ 收敛时，部分和 S_n 是级数的和 S 的近似值，它们之间的差可表示为

$$R_n = S - S_n = u_{n+1} + u_{n+2} + \cdots,$$

R_n 称为**级数的余项**，显然余项 R_n 也是级数，且 $\lim\limits_{n\to\infty} R_n = 0$；用 S_n 作为 S 的近似值

所产生的误差，就是余项的绝对值，即 $|R_n|$.

根据上述定义，级数 $\sum_{n=1}^{\infty} u_n$ 与其部分和数列 $\{S_n\}$ 同时收敛或同时发散，且收敛时，有 $\sum_{n=1}^{\infty} u_n = \lim_{n\to\infty} S_n = \lim_{n\to\infty}\sum_{i=1}^{n} u_i$.

例 1　判别级数

$$\sum_{n=1}^{\infty} \frac{1}{n(n+1)} = \frac{1}{1\cdot 2} + \frac{1}{2\cdot 3} + \frac{1}{3\cdot 4} + \cdots + \frac{1}{n(n+1)} + \cdots$$

的敛散性，若级数收敛求其和.

解　由 $\frac{1}{n(n+1)} = \frac{1}{n} - \frac{1}{n+1} (n=1,2,\cdots)$ 得

$$\begin{aligned} S_n &= \frac{1}{1\cdot 2} + \frac{1}{2\cdot 3} + \cdots + \frac{1}{n(n+1)} \\ &= \left(1-\frac{1}{2}\right) + \left(\frac{1}{2}-\frac{1}{3}\right) + \cdots + \left(\frac{1}{n}-\frac{1}{n+1}\right) \\ &= 1-\frac{1}{n+1}, \end{aligned}$$

从而 $\lim_{n\to\infty} S_n = \lim_{n\to\infty}\left(1-\frac{1}{n+1}\right) = 1$. 所以级数 $\sum_{n=1}^{\infty} \frac{1}{n(n+1)}$ 收敛，其级数和

$$\sum_{n=1}^{\infty} \frac{1}{n(n+1)} = 1.$$

例 2　证明级数 $\sum_{n=1}^{\infty} u_n = 1+2+3+\cdots+n+\cdots$ 是发散的.

证明　题设级数的部分和为 $S_n = 1+2+3+\cdots+n = \frac{n(n+1)}{2}$.

因为，$\lim_{n\to\infty} S_n = \lim_{n\to\infty} \frac{n(n+1)}{2} = \infty$，所以，级数 $\sum_{n=1}^{\infty} n$ 发散.

例 3　讨论几何级数(又称为等比级数)

$$\sum_{n=1}^{\infty} aq^{n-1} = a + aq + aq^2 + \cdots + aq^{n-1} + \cdots \quad (a \neq 0) \tag{7.3}$$

的敛散性.

证明　(1)当 $|q| \neq 1$ 时，其前 n 项部分和为

$$S_n = a + aq + aq^2 + \cdots + aq^{n-1} = \frac{a(1-q^n)}{1-q} = \frac{a}{1-q} - \frac{aq^n}{1-q}.$$

若 $|q| < 1$，则 $\lim_{n\to\infty} q^n = 0$，从而 $\lim_{n\to\infty} S_n = \frac{a}{1-q}$，即当 $|q| < 1$ 时，几何级数 $\sum_{n=1}^{\infty} aq^{n-1}$ 收敛，且其和为 $\frac{a}{1-q}$；

若 $|q|>1$，则 $\lim\limits_{n\to\infty}S_n=\infty$，所以级数 $\sum\limits_{n=1}^{\infty}aq^{n-1}$ 发散.

(2)当 $q=1$，则几何级数成为 $a+a+a+\cdots$，于是 $S_n=na$，这时 $\lim\limits_{n\to\infty}S_n=\infty$，所以级数 $\sum\limits_{n=1}^{\infty}aq^{n-1}$ 发散.

(3)当 $q=-1$，则级数成为 $a-a+a-a+\cdots$，显然

$$S_n=\begin{cases}a, & n\text{ 为奇数},\\ 0, & n\text{ 为偶数}.\end{cases}$$

从而 $\{S_n\}$ 无极限，所以级数 $\sum\limits_{n=1}^{\infty}aq^{n-1}$ 发散.

综上讨论可知，对于几何级数 $\sum\limits_{n=1}^{\infty}aq^{n-1}$，当 $|q|<1$ 时，级数收敛，且其和为 $\frac{a}{1-q}$；当 $|q|\geqslant 1$ 时，级数发散.

例 4 判别调和级数

$$\sum_{n=1}^{\infty}\frac{1}{n}=1+\frac{1}{2}+\frac{1}{3}+\cdots+\frac{1}{n}+\cdots \tag{7.4}$$

的敛散性.

证明 由拉格朗日中值定理知

$$\ln(n+1)-\ln n=\frac{1}{n+\theta}<\frac{1}{n}\quad(0<\theta<1)$$

从而

$$\begin{aligned}S_n&=1+\frac{1}{2}+\cdots+\frac{1}{n}\\&>(\ln 2-\ln 1)+(\ln 3-\ln 2)+\cdots+[\ln(n+1)-\ln n]\\&=\ln(n+1).\end{aligned}$$

因此 $\lim\limits_{n\to\infty}S_n=+\infty$，所以调和级数 $\sum\limits_{n=1}^{\infty}\frac{1}{n}$ 发散.

7.2 常数项级数的基本性质

性质 1 若级数 $\sum\limits_{n=1}^{\infty}u_n$ 与 $\sum\limits_{n=1}^{\infty}v_n$ 分别收敛于 S 和 W，则级数

$$\sum_{n=1}^{\infty}(u_n\pm v_n)=(u_1\pm v_1)+(u_2\pm v_2)+\cdots+(u_n\pm v_n)+\cdots$$

也收敛，且其和为 $S \pm W$.

证明 设级数 $\sum_{n=1}^{\infty} u_n$、$\sum_{n=1}^{\infty} v_n$ 及 $\sum_{n=1}^{\infty} (u_n \pm v_n)$ 的部分和分别为 S_n、W_n 及T_n，则

$$
\begin{aligned}
S_n &= u_1 + u_2 + \cdots + u_n, \quad W_n = v_1 + v_2 + \cdots + v_n, \\
T_n &= (u_1 \pm v_1) + (u_2 \pm v_2) + \cdots + (u_n \pm v_n) \\
&= (u_1 + u_2 + \cdots + u_n) \pm (v_1 + v_2 + \cdots + v_n) \\
&= S_n \pm W_n.
\end{aligned}
$$

因为级数 $\sum_{n=1}^{\infty} u_n$ 与 $\sum_{n=1}^{\infty} v_n$ 分别收敛于 S 和 W，所以有

$$\lim_{n\to\infty} S_n = S, \quad \lim_{n\to\infty} W_n = W,$$

从而有 $\lim_{n\to\infty} T_n = \lim_{n\to\infty}(S_n \pm W_n) = \lim_{n\to\infty} S_n \pm \lim_{n\to\infty} W_n = S \pm W$，即级数 $\sum_{n=1}^{\infty} (u_n \pm v_n)$ 收敛，且和为 $S \pm W$. 定理得证.

性质 2 设 k 为非零常数，若级数 $\sum_{n=1}^{\infty} u_n$ 收敛于 S，则级数 $\sum_{n=1}^{\infty} ku_n$ 也收敛，且其和为 kS.

证明 设级数 $\sum_{n=1}^{\infty} u_n$ 和级数 $\sum_{n=1}^{\infty} ku_n$ 的部分和分别为 S_n 和 W_n，则

$$
\begin{aligned}
S_n &= u_1 + u_2 + \cdots + u_n, \\
W_n &= ku_1 + ku_2 + \cdots + ku_n \\
&= k(u_1 + u_2 + \cdots + u_n) = kS_n.
\end{aligned}
$$

由级数 $\sum_{n=1}^{\infty} u_n$ 收敛于 S，有 $\lim_{n\to\infty} S_n = S$，从而有

$$\lim_{n\to\infty} W_n = \lim_{n\to\infty} kS_n = k \lim_{n\to\infty} S_n = kS,$$

所以级数 $\sum_{n=1}^{\infty} ku_n$ 收敛，其和为 kS. 如果 $\{S_n\}$ 发散，则 $\{W_n\} = \{kS_n\}$ 也发散.

因此可得如下结论：级数的每一项同乘以非零常数 k，所得的新级数与原级数敛散性相同.

性质 3 在级数中去掉、加上或改变有限项，不改变级数的敛散性.

在这里只需证明"在级数的前面部分去掉或加上有限项，不会改变级数的敛散性"，因为其他情形（即在级数中任意去掉、加上或改变有限项的情形）都可以看成在级数的前面部分先去掉有限项，然后再加上有限项的结果.

证明 设下面两个级数

$$u_1 + u_2 + \cdots + u_k + u_{k+1} + u_{k+2} + \cdots + u_{k+n} + \cdots, \tag{7.5}$$

$$u_{k+1}+u_{k+2}+\cdots+u_{k+n}+\cdots. \tag{7.6}$$

显然级数(7.5)是级数(7.6)的前面加上 k 项(或级数(7.6)是级数(7.5)的前面去掉 k 项)后形成的级数,记

$$A_k=u_1+u_2+\cdots+u_k.$$

级数(7.6)的前 n 项部分和记为

$$W_n=u_{k+1}+u_{k+2}+\cdots+u_{k+n}.$$

级数(7.5)的前 $k+n$ 项部分和记为

$$S_{k+n}=u_1+u_2+\cdots+u_k+u_{k+1}+u_{k+2}+\cdots+u_{k+n}=A_k+W_n.$$

因此,数列 $\{S_{k+n}\}$ 与数列 $\{W_n\}$ 有相同的敛散性. 所以级数(7.5)与级数(7.6)同时收敛或同时发散.

性质 4 如果一个级数收敛,则任意加括号后所成的级数也收敛,且收敛于原级数的和.

证明 设级数 $\sum\limits_{n=1}^{\infty}u_n$ 收敛于 S,其部分和为 S_n,即

$$S=u_1+u_2+u_3+\cdots+u_n+\cdots.$$

设级数 $\sum\limits_{n=1}^{\infty}u_n$ 按照某一规律加括号后所成的新级数为 $\sum\limits_{n=1}^{\infty}v_n$,其中

$$\begin{aligned}
v_1&=u_1+u_2+u_3+\cdots+u_{i_1} \quad (\text{共 } i_1 \text{ 项}),\\
v_2&=u_{i_1+1}+u_{i_1+2}+\cdots+u_{i_2} \quad (\text{共 } i_2-i_1 \text{ 项}),\\
&\cdots\cdots\\
v_n&=u_{i_{n-1}+1}+u_{i_{n-1}+2}+\cdots+u_{i_n} \quad (\text{共 } i_n-i_{n-1} \text{ 项}),\\
&\cdots\cdots
\end{aligned}$$

于是,$\sum\limits_{n=1}^{\infty}v_n$ 的部分和为:$\overline{S_n}=v_1+v_2+\cdots+v_n=S_{i_n}$ ($n<i_n$)因此有 $\lim\limits_{n\to\infty}\overline{S}_n=\lim\limits_{i_n\to\infty}S_{i_n}=S$,所以级数 $\sum\limits_{n=1}^{\infty}v_n$ 收敛于 S. 定理得证.

由性质 4 知,收敛级数加括号后仍收敛,且和不变. 这里应注意定理的逆命题不成立,即收敛级数去括号后未必收敛.

例如:级数 $(1-1)+(1-1)+(1-1)+\cdots$ 收敛于 0,但是级数

$$1-1+1-1+1-1+\cdots$$

却发散.

性质 5(级数收敛的必要条件) 如果级数 $\sum\limits_{n=1}^{\infty}u_n$ 收敛,则其一般项收敛于零,即 $\lim\limits_{n\to\infty}u_n=0$.

证明 设级数 $\sum\limits_{n=1}^{\infty}u_n$ 收敛于 S,其部分和为 S_n,即 $\lim\limits_{n\to\infty}S_n=S$,所以

$$\lim_{n\to\infty}u_n=\lim_{n\to\infty}(S_n-S_{n-1})=\lim_{n\to\infty}S_n-\lim_{n\to\infty}S_{n-1}=S-S=0.$$

可得结论:(1)如果级数 $\sum_{n=1}^{\infty}u_n$ 的通项 u_n 不趋于零($n\to\infty$ 时),则此级数必发散.

(2)通项趋于零的级数,不一定收敛.

例如,调和级数 $\sum_{n=1}^{\infty}\frac{1}{n}$ 满足条件 $\lim_{n\to\infty}u_n=\lim_{n\to\infty}\frac{1}{n}=0$,但是调和级数 $\sum_{n=1}^{\infty}\frac{1}{n}$ 是发散的.

例 5 判别下列级数的敛散性:

(1) $\sum_{n=1}^{\infty}\frac{1}{\sqrt[n]{n}}$; (2) $\sum_{n=1}^{\infty}\frac{1}{\left(1+\frac{1}{n}\right)^n}$.

解 (1)由于 $\lim_{n\to\infty}\frac{1}{\sqrt[n]{n}}=1\neq0$. 由级数收敛的必要条件,级数 $\sum_{n=1}^{\infty}\frac{1}{\sqrt[n]{n}}$ 发散.

(2) 由于 $\lim_{n\to\infty}\frac{1}{\left(1+\frac{1}{n}\right)^n}=\frac{1}{\mathrm{e}}\neq0$, 因此级数 $\sum_{n=1}^{\infty}\frac{1}{\left(1+\frac{1}{n}\right)^n}$ 发散.

例 6 判别级数 $\sum_{n=1}^{\infty}\left(\frac{1}{3^n}+\frac{2}{5^n}\right)$ 的敛散性.

解 因几何级数 $\sum_{n=1}^{\infty}\frac{1}{3^n}$ 与 $\sum_{n=1}^{\infty}\frac{2}{5^n}$ 均收敛,且和均为 $\frac{1}{2}$,所以由性质有 $\sum_{n=1}^{\infty}\left(\frac{1}{3^n}+\frac{2}{5^n}\right)$ 也收敛,且和为 1,即

$$\sum_{n=1}^{\infty}\left(\frac{1}{3^n}+\frac{2}{5^n}\right)=1.$$

例 7 设级数 $\sum_{n=1}^{\infty}u_n$ 的前 n 项部分和 $S_n=\frac{n}{2n-1}$,判定级数 $\sum_{n=1}^{\infty}u_{n+2}$ 的敛散性. 若级数收敛,求其和.

解 因为 $\lim_{n\to\infty}S_n=\lim_{n\to\infty}\frac{n}{2n-1}=\frac{1}{2}$,所以级数 $\sum_{n=1}^{\infty}u_n$ 收敛,其和为 $S=\frac{1}{2}$.

又级数 $\sum_{n=1}^{\infty}u_{n+2}=u_3+u_4+\cdots=\sum_{n=1}^{\infty}u_n-(u_1+u_2)$, 由性质 3 知, 级数 $\sum_{n=1}^{\infty}u_{n+2}$ 收敛,其和为 $S-(u_1+u_2)$, 而

$$u_1=S_1=1,\quad u_2=S_2-u_1=\frac{2}{3}-1=-\frac{1}{3},$$

所以 $\sum_{n=1}^{\infty}u_{n+2}=S-(u_1+u_2)=\frac{1}{2}-\left(1-\frac{1}{3}\right)=-\frac{1}{6}$.

7.3　常数项级数敛散性判别法

7.3.1　正项级数敛散性判别

一般的常数项级数,它的各项可以是正数、负数和零,下面先讨论各项都是正数或零的级数.

如果级数 $\sum_{n=1}^{\infty} u_n$ 满足条件 $u_n \geqslant 0\ (n=1,2,\cdots)$,则称该级数为**正项级数**. 由于级数的敛散性的判别,大多可归结为正项级数敛散性的判别,故下面专门讨论正项级数的敛散性,并介绍几个常用的敛散性判别法.

定理 1　正项级数 $\sum_{n=1}^{\infty} u_n$ 收敛的充分必要条件是,它的部分和数列 $\{S_n\}$ 有上界.

证明　由 $u_n \geqslant 0\ (n=1,2,\cdots)$ 可知

$$S_{n+1} = S_n + u_{n+1} \geqslant S_n \geqslant 0, \quad n = 1,2,\cdots,$$

可见 $\{S_n\}$ 是单调增加数列.

(1)若 $\{S_n\}$ 有上界,由数列极限的存在准则可知,极限 $\lim\limits_{n\to\infty} S_n$ 存在,从而级数 $\sum_{n=1}^{\infty} u_n$ 收敛;

(2)若正项级数 $\sum_{n=1}^{\infty} u_n$ 收敛于 S,即 $\lim\limits_{n\to\infty} S_n = S$,根据有极限的数列是有界数列的性质可知 $\{S_n\}$ 有界. 定理得证.

下面介绍判别正项级数敛散性的几个常用判别法.

定理 2(比较判别法)　设级数 $\sum_{n=1}^{\infty} u_n$ 和 $\sum_{n=1}^{\infty} v_n$ 都是正项级数,且

$$u_n \leqslant v_n \quad (n = 1,2,3,\cdots).$$

(1)若级数 $\sum_{n=1}^{\infty} v_n$ 收敛时,则级数 $\sum_{n=1}^{\infty} u_n$ 也收敛;

(2)若级数 $\sum_{n=1}^{\infty} u_n$ 发散时,则级数 $\sum_{n=1}^{\infty} v_n$ 也发散.

证明　设级数 $\sum_{n=1}^{\infty} u_n$ 和 $\sum_{n=1}^{\infty} v_n$ 的部分和分别为 S_n 和 W_n,即

$$S_n = u_1 + u_2 + u_3 + \cdots + u_n,$$

$$W_n = v_1 + v_2 + v_3 + \cdots + v_n.$$

因为 $u_n \leqslant v_n (n = 1,2,3,\cdots)$,所以 $S_n \leqslant W_n$.

由定理 1 可知：

(1)若级数 $\sum_{n=1}^{\infty} v_n$ 收敛，则 $\{W_n\}$ 有上界，从而 $\{S_n\}$ 也有上界，所以级数 $\sum_{n=1}^{\infty} u_n$ 收敛；

(2)若级数 $\sum_{n=1}^{\infty} u_n$ 发散，则 $\{S_n\}$ 无上界，从而 $\{W_n\}$ 也无上界，所以级数 $\sum_{n=1}^{\infty} v_n$ 发散.

例 8 讨论 p - 级数

$$\sum_{n=1}^{\infty} \frac{1}{n^p} = 1 + \frac{1}{2^p} + \frac{1}{3^p} + \cdots + \frac{1}{n^p} + \cdots \tag{7.7}$$

的敛散性，其中常数 $p > 0$.

解 (1)当 $p \leqslant 1$ 时，$\frac{1}{n^p} \geqslant \frac{1}{n}$，而已知调和级数 $\sum_{n=1}^{\infty} \frac{1}{n}$ 发散，所以由比较判别法知级数 $\sum_{n=1}^{\infty} \frac{1}{n^p}$ 发散；

(2)当 $p > 1$ 时，由于当 $m-1 \leqslant x \leqslant m$ 时，有 $\frac{1}{m^p} \leqslant \frac{1}{x^p}$，所以

$$0 < \frac{1}{m^p} = \int_{m-1}^{m} \frac{1}{m^p} \mathrm{d}x \leqslant \int_{m-1}^{m} \frac{1}{x^p} \mathrm{d}x \quad (m = 2, 3, \cdots),$$

从而级数 $\sum_{n=1}^{\infty} \frac{1}{n^p}$ 的部分和

$$\begin{aligned} S_n &= 1 + \sum_{m=2}^{n} \frac{1}{m^p} \leqslant 1 + \sum_{m=2}^{n} \int_{m-1}^{m} \frac{1}{x^p} \mathrm{d}x \\ &= 1 + \int_{1}^{n} \frac{1}{x^p} \mathrm{d}x \\ &= 1 + \frac{1}{p-1} - \frac{n^{1-p}}{p-1} < 1 + \frac{1}{p-1} = \frac{p}{p-1}. \end{aligned}$$

这表明数列 $\{S_n\}$ 有界，因此级数 $\sum_{n=1}^{\infty} \frac{1}{n^p}$ 收敛.

综上所述，p - 级数 $\sum_{n=1}^{\infty} \frac{1}{n^p}$，(1)当 $p \leqslant 1$ 时发散；(2)当 $p > 1$ 时收敛.

注 注意到级数的每一项同乘不为零的常数 k，以及去掉级数前面的有限项不改变级数的敛散性，可知定理的条件可以减弱.

推论 设 $\sum_{n=1}^{\infty} u_n$ 和 $\sum_{n=1}^{\infty} v_n$ 均为正项级数，

(1)若 $\sum_{n=1}^{\infty} v_n$ 收敛，且存在正整数 N，使得当 $n \geqslant N$ 时有 $u_n \leqslant k v_n (k > 0)$ 成

立，则级数 $\sum_{n=1}^{\infty} u_n$ 收敛；

(2)若 $\sum_{n=1}^{\infty} v_n$ 发散，且存在正整数 N，使得当 $n \geqslant N$ 时有 $u_n \geqslant kv_n (k > 0)$ 成立，则级数 $\sum_{n=1}^{\infty} u_n$ 发散.

由性质 2、性质 3 和定理 2 不难证明此推论的正确性.

在应用比较判别法判断正项级数敛散性时，常常将级数与几何级数和 p- 级数进行比较. 因此，希望读者能够熟记几何级数和 p- 级数敛散性的结论.

在应用比较判别法判断正项级数敛散性时，大体要经过这样一个过程：

(1)要证 $\sum_{n=1}^{\infty} u_n$ 收敛，则通过对 $u_n (n \in \mathbf{N}^+)$ 适度放大，即 $u_n \leqslant v_n (n \in \mathbf{N}^+)$ 寻找到已知收敛级数 $\sum_{n=1}^{\infty} v_n$.

(2)要证 $\sum_{n=1}^{\infty} u_n$ 发散，则通过对 $u_n (n \in \mathbf{N}^+)$ 适度缩小，即 $u_n \geqslant v_n (n \in \mathbf{N}^+)$ 寻找到已知发散级数 $\sum_{n=1}^{\infty} v_n$.

例 9　判别下列级数的敛散性：

(1) $\sum_{n=1}^{\infty} \frac{1}{\sqrt{3n^2+n}}$；　　(2) $\sum_{n=1}^{\infty} 2^n \sin\frac{\pi}{3^n}$；　　(3) $\sum_{n=1}^{\infty} \ln\left(1+\frac{1}{n^2}\right)$.

解　(1)因 $\frac{1}{\sqrt{3n^2+n}} \geqslant \frac{1}{\sqrt{3n^2+n^2}} = \frac{1}{2n} (n=1,2,\cdots)$，而调和级数 $\sum_{n=1}^{\infty} \frac{1}{n}$ 发散，所以级数 $\sum_{n=1}^{\infty} \frac{1}{2n}$ 也发散，由比较判别法知所给级数发散.

(2)由于 $x > 0$ 时，$0 < \sin x < x$，所以有

$$0 < 2^n \sin\frac{\pi}{3^n} < 2^n \cdot \frac{\pi}{3^n} = \pi\left(\frac{2}{3}\right)^n, \quad n = 1,2,3,\cdots,$$

而几何级数 $\sum_{n=1}^{\infty} \pi\left(\frac{2}{3}\right)^n$ 的公比 $q = \frac{2}{3} < 1$，所以该几何级数收敛. 于是，由正项级数比较判别法可知，级数 $\sum_{n=1}^{\infty} 2^n \sin\frac{\pi}{3^n}$ 收敛.

(3)由于 $x > 0$ 时，有不等式 $\ln(1+x) < x$，所以有

$$\ln\left(1+\frac{1}{n^2}\right) < \frac{1}{n^2}, \quad n = 1,2,\cdots,$$

而 p- 级数 $\sum_{n=1}^{\infty} \frac{1}{n^2}$ 收敛，由正项级数比较判别法可知，$\sum_{n=1}^{\infty} \ln\left(1+\frac{1}{n^2}\right)$ 收敛.

事实上，在实际使用中，建立上面例子这种不等式关系，有时会有一定的难度，为实际应用的方便，下面给出比较判别法的极限形式.

定理 3(比较判别法的极限形式)　设级数 $\sum_{n=1}^{\infty} u_n$ 和 $\sum_{n=1}^{\infty} v_n$ 都是正项级数，且 $\lim_{n\to\infty}\frac{u_n}{v_n}=A$.

(1)若 $0<A<+\infty$，则 $\sum_{n=1}^{\infty} u_n$ 与 $\sum_{n=1}^{\infty} v_n$ 同时收敛或同时发散；

(2)若 $A=0$，且 $\sum_{n=1}^{\infty} v_n$ 收敛，则 $\sum_{n=1}^{\infty} u_n$ 收敛；

(3)若 $A=+\infty$，且 $\sum_{n=1}^{\infty} v_n$ 发散，则 $\sum_{n=1}^{\infty} u_n$ 发散.

证明　(1)由于 $\lim_{n\to\infty}\frac{u_n}{v_n}=A$，根据极限定义，对于 $\varepsilon=\frac{A}{2}>0$，存在正整数 N，使当 $n>N$ 时，有

$$\left|\frac{u_n}{v_n}-A\right|<\varepsilon=\frac{A}{2},$$

即

$$\frac{1}{2}Av_n<u_n<\frac{3}{2}Av_n,$$

由正项级数比较判别法可得结论.

类似地可证(2)与(3)的结论.

比较判别法的极限形式，是两个一般项以零为极限的正项级数 $\sum_{n=1}^{\infty} u_n$ 和 $\sum_{n=1}^{\infty} v_n$，当级数 $\sum_{n=1}^{\infty} v_n$ 的敛散性已知，并以 $\sum_{n=1}^{\infty} v_n$ 作为基准级数，通过比较无穷小 u_n 和 v_n 的阶(即趋向于零的速度的快慢)以判别 $\sum_{n=1}^{\infty} u_n$ 的敛散性的方法，定理表明：

(1)当 u_n 是 v_n 的同阶无穷小时，$\sum_{n=1}^{\infty} u_n$ 和 $\sum_{n=1}^{\infty} v_n$ 的敛散性相同；

(2)当 u_n 是 v_n 的高阶无穷小时，则由 $\sum_{n=1}^{\infty} v_n$ 收敛可推得 $\sum_{n=1}^{\infty} u_n$ 收敛；

(3)当 u_n 是 v_n 的低阶无穷小时，则由 $\sum_{n=1}^{\infty} v_n$ 发散可推得 $\sum_{n=1}^{\infty} u_n$ 发散.

应用该判别法的关键在于掌握无穷小量之间的比较.

例 10　判别下列正项级数的敛散性：

(1) $\sum_{n=1}^{\infty}\tan\frac{1}{n^2}$；　　(2) $\sum_{n=1}^{\infty}\left(1-\cos\frac{1}{\sqrt{n}}\right)$；

(3) $\sum_{n=1}^{\infty}\ln\left(1+\frac{1}{n^2}\right)$；　　(4) $\sum_{n=1}^{\infty}\frac{\ln(1+n)}{n}$.

解 (1)当 $n\to\infty$ 时，$\tan\frac{1}{n^2}\sim\frac{1}{n^2}$，即 $\lim_{n\to\infty}\frac{\tan\frac{1}{n^2}}{\frac{1}{n^2}}=1$，而 p-级数 $\sum_{n=1}^{\infty}\frac{1}{n^2}$ 收敛，所以由定理 7.10 得级数 $\sum_{n=1}^{\infty}\tan\frac{1}{n^2}$ 收敛.

(2)当 $n\to\infty$ 时，$1-\cos\frac{1}{\sqrt{n}}\sim\frac{1}{2n}$，即 $\lim_{n\to\infty}\frac{1-\cos\frac{1}{\sqrt{n}}}{\frac{1}{2n}}=1$，而调和级数 $\sum_{n=1}^{\infty}\frac{1}{n}$ 发散，故级数 $\sum_{n=1}^{\infty}\left(1-\cos\frac{1}{\sqrt{n}}\right)$ 发散.

(3)当 $n\to\infty$ 时，$\ln\left(1+\frac{1}{n^2}\right)\sim\frac{1}{n^2}$，即 $\lim_{n\to\infty}\frac{\ln\left(1+\frac{1}{n^2}\right)}{\frac{1}{n^2}}=1$，而 p-级数 $\sum_{n=1}^{\infty}\frac{1}{n^2}$ 收敛，所以级数 $\sum_{n=1}^{\infty}\ln\left(1+\frac{1}{n^2}\right)$ 收敛.

(4)因为 $\lim_{n\to\infty}\frac{\frac{\ln(1+n)}{n}}{\frac{1}{n}}=\lim_{n\to\infty}\ln(1+n)=+\infty$，而调和级数 $\sum_{n=1}^{\infty}\frac{1}{n}$ 发散，故级数 $\sum_{n=1}^{\infty}\frac{\ln(1+n)}{n}$ 发散.

利用比较判别法及其极限形式，在判别当前级数的敛散性时，需要借助一个敛散性已知的基准级数，但是有的时候寻找这样的基准级数有一定的困难，下面要介绍的判别法，不必去寻找基准级数，只是根据级数自身项的变化规律就可以判别其敛散性.

定理 4(比值判别法，达朗贝尔(D' Alembert)判别法)　设 $\sum_{n=1}^{\infty}u_n$ 为正项级数，且

$$\lim_{n\to\infty}\frac{u_{n+1}}{u_n}=\rho,$$

(1)若 $\rho<1$，则级数 $\sum_{n=1}^{\infty}u_n$ 收敛；

(2)若 $\rho>1$(包括 $\rho=+\infty$)，则级数 $\sum_{n=1}^{\infty}u_n$ 发散；

(3)若 $\rho=1$，则级数 $\sum_{n=1}^{\infty}u_n$ 可能收敛也可能发散.

证明 (1)若 $\lim\limits_{n\to\infty}\frac{u_{n+1}}{u_n}=\rho<1$，则对给定的 $\varepsilon=\frac{1-\rho}{2}>0$，依极限定义，存在正整数 N，使 $n\geqslant N$ 时，有

$$\left|\frac{u_{n+1}}{u_n}-\rho\right|<\varepsilon=\frac{1-\rho}{2},$$

于是有

$$\frac{u_{n+1}}{u_n}<\rho+\varepsilon=\frac{1+\rho}{2}=q<1,\quad n\geqslant N.$$

因此，

$$u_{N+1}<qu_N,u_{N+2}<qu_{N+1}<q^2u_N,u_{N+3}<qu_{N+2}<q^3u_N,\cdots.$$

这样，级数 $u_{N+1}+u_{N+2}+u_{N+3}+\cdots$ 各项小于收敛的等比级数

$$qu_N+q^2u_N+q^3u_N+\cdots\quad(q<1)$$

的各对应项，由比较判别法知 $\sum_{m=1}^{\infty}u_{N+m}$ 收敛. 从而，由级数的性质知 $\sum_{n=1}^{\infty}u_n$ 也收敛.

(2)若 $\lim\limits_{n\to\infty}\frac{u_{n+1}}{u_n}=\rho>1$，则对给定的 $\varepsilon=\frac{\rho-1}{2}>0$，依极限定义，存在正整数 N，使 $n\geqslant N$ 时，有

$$\left|\frac{u_{n+1}}{u_n}-\rho\right|<\varepsilon=\frac{\rho-1}{2},$$

于是有

$$\frac{u_{n+1}}{u_n}>\rho-\varepsilon=\frac{1+\rho}{2}=q>1,\quad n\geqslant N.$$

因此，

$$u_{N+1}>qu_N,u_{N+2}>qu_{N+1}>q^2u_N,u_{N+3}>qu_{N+2}>q^3u_N,\cdots,$$

而 $qu_N+q^2u_N+q^3u_N+\cdots(q>1)$ 是发散的等比级数，所以由比较判别法知 $\sum_{m=1}^{\infty}u_{N+m}$ 也发散. 从而级数 $\sum_{n=1}^{\infty}u_n$ 发散.

(3)若 $\lim\limits_{n\to\infty}\frac{u_{n+1}}{u_n}=\rho=1$，则级数可能收敛也可能发散.

如 p-级数 $\sum_{n=1}^{\infty}\frac{1}{n^p}$，总有 $\lim\limits_{n\to\infty}\frac{u_{n+1}}{u_n}=1$，但它当 $p\leqslant 1$ 时，发散；当 $p>1$ 时，收敛.

例 11 判别下列级数的敛散性：

(1) $\sum_{n=1}^{\infty}\frac{1}{n!}$； (2) $\sum_{n=1}^{\infty}\frac{n!}{10^n}$； (3) $\sum_{n=1}^{\infty}\frac{2^n\cdot n!}{n^n}$；

(4) $\sum_{n=1}^{\infty}\frac{x^n}{n}\quad(x>0)$；　　(5) $\sum_{n=1}^{\infty}\frac{n\cos^2\frac{n}{3}\pi}{2^n}$.

解　(1) $u_n=\frac{1}{n!}$，因为 $\frac{u_{n+1}}{u_n}=\frac{\frac{1}{(n+1)!}}{\frac{1}{n!}}=\frac{1}{n+1}\to 0(n\to\infty)$，所以，由比值判别法知，级数 $\sum_{n=1}^{\infty}\frac{1}{n!}$ 收敛.

(2) $u_n=\frac{n!}{10^n}$，因为 $\frac{u_{n+1}}{u_n}=\frac{(n+1)!}{10^{n+1}}\cdot\frac{10^n}{n!}=\frac{n+1}{10}\to+\infty(n\to\infty)$，所以，由比值判别法知，级数 $\sum_{n=1}^{\infty}\frac{n!}{10^n}$ 发散.

(3) $u_n=\frac{2^n\cdot n!}{n^n}$，因为

$$\frac{u_{n+1}}{u_n}=\frac{2^{n+1}\cdot(n+1)!}{(n+1)^{n+1}}\cdot\frac{n^n}{2^n\cdot n!}=2\cdot\left(\frac{n}{n+1}\right)^n=2\cdot\frac{1}{\left(1+\frac{1}{n}\right)^n},$$

所以 $\lim_{n\to\infty}\frac{u_{n+1}}{u_n}=\lim_{n\to\infty}\frac{2}{\left(1+\frac{1}{n}\right)^n}=\frac{2}{\mathrm{e}}<1$，故级数 $\sum_{n=1}^{\infty}\frac{2^n\cdot n!}{n^n}$ 收敛.

(4) $u_n=\frac{x^n}{n}\ (x>0)$，因为

$$\lim_{n\to\infty}\frac{u_{n+1}}{u_n}=\lim_{n\to\infty}\frac{\frac{x^{n+1}}{n+1}}{\frac{x^n}{n}}=\lim_{n\to\infty}\frac{n}{n+1}x=x,$$

所以，当 $0<x<1$ 时级数 $\sum_{n=1}^{\infty}\frac{x^n}{n}$ 收敛；当 $x\geqslant 1$ 时级数 $\sum_{n=1}^{\infty}\frac{x^n}{n}$ 发散（$x=1$ 时级数成为调和级数）.

(5)由于 $\frac{n\cos^2\frac{n}{3}\pi}{2^n}\leqslant\frac{n}{2^n}$（因 $\cos^2\frac{n}{3}\pi\leqslant 1$）而级数 $\sum_{n=1}^{\infty}\frac{n}{2^n}$ 满足

$$\lim_{n\to\infty}\frac{u_{n+1}}{u_n}=\lim_{n\to\infty}\frac{\frac{n+1}{2^{n+1}}}{\frac{n}{2^n}}=\lim_{n\to\infty}\frac{1}{2}\cdot\frac{n+1}{n}=\frac{1}{2},$$

所以级数 $\sum_{n=1}^{\infty}\frac{n}{2^n}$ 收敛，再根据比较判别法知，级数 $\sum_{n=1}^{\infty}\frac{n\cos^2\frac{n}{3}\pi}{2^n}$ 收敛.

定理 5(根值判别法,柯西判别法) 设 $\sum_{n=1}^{\infty} u_n$ 为正项级数,且

$$\lim_{n\to\infty}\sqrt[n]{u_n}=\rho,$$

(1)当 $\rho<1$ 时,级数收敛;

(2)当 $\rho>1$(包括 $\rho=+\infty$) 时级数发散;

(3) $\rho=1$ 时级数可能收敛也可能发散.

证明 (1)当 $\rho<1$ 时,令 $q=\frac{1+r}{2}$,则 $r<q<1$,由条件可知,对给定的 $\varepsilon=\frac{1-r}{2}>0$,存在正整数 N,使当 $n>N$ 时,有 $\left|\sqrt[n]{u_n}-r\right|<\varepsilon$,即有

$$\sqrt[n]{u_n}<r+\varepsilon=r+\frac{1-r}{2}=q<1,\quad n>N,$$

从而有 $u_n<q^n, n>N$. 于是,由几何级数 $\sum_{n=1}^{\infty} q^n\left(q=\frac{1+r}{2}<1\right)$ 收敛及定理 7.2 的推论可知级数 $\sum_{n=1}^{\infty} u_n$ 收敛.

类似地,可证(2) $\rho>1$ 时级数 $\sum_{n=1}^{\infty} u_n$ 发散.

(3) $\rho=1$ 时级数可能收敛也可能发散.

例如,对于级数 $\sum_{n=1}^{\infty}\frac{1}{n}$ 和 $\sum_{n=1}^{\infty}\frac{1}{n^2}$,分别有 $\lim_{n\to\infty}\sqrt[n]{\frac{1}{n}}=1$ 和 $\lim_{n\to\infty}\sqrt[n]{\frac{1}{n^2}}=1$,但级数 $\sum_{n=1}^{\infty}\frac{1}{n}$ 发散,而级数 $\sum_{n=1}^{\infty}\frac{1}{n^2}$ 收敛.

例 12 判别下列级数的敛散性:

(1) $\sum_{n=1}^{\infty}\left(1-\frac{1}{n}\right)^{n^2}$; (2) $\sum_{n=1}^{\infty}\left(\frac{na}{n+1}\right)^n (a>0)$.

解 (1)因为 $\lim_{n\to\infty}\sqrt[n]{u_n}=\lim_{n\to\infty}\sqrt[n]{\left(1-\frac{1}{n}\right)^{n^2}}=\lim_{n\to\infty}\left(1-\frac{1}{n}\right)^n=\frac{1}{\mathrm{e}}<1$,所以,级数 $\sum_{n=1}^{\infty}\left(1-\frac{1}{n}\right)^{n^2}$ 收敛.

(2)因为 $\lim_{n\to\infty}\sqrt[n]{u_n}=\lim_{n\to\infty}\frac{na}{n+1}=a$,所以当 $0<a<1$ 时,级数收敛;当 $a>1$ 时,级数发散;当 $a=1$ 时,级数可能收敛也可能发散,但此时有

$$\lim_{n\to\infty}u_n=\lim_{n\to\infty}\left(\frac{n}{n+1}\right)^n=\lim_{n\to\infty}\frac{1}{\left(1+\frac{1}{n}\right)^n}=\frac{1}{\mathrm{e}}\neq 0,$$

所以当 $a=1$ 时, 级数发散.

以上介绍了判别正项级数敛散性的几种常用方法.实际运用时,可根据级数一般项的特点,选择适当的判别方法.

7.3.2 交错级数审敛法

正负项相间的级数称为**交错级数**.

定义 2 若 $u_n>0\ (n=1,2,3,\cdots)$,则形如

$$\sum_{n=1}^{\infty}(-1)^{n-1}u_n=u_1-u_2+u_3-u_4+\cdots+(-1)^{n-1}u_n+\cdots$$

或

$$\sum_{n=1}^{\infty}(-1)^{n}u_n=-u_1+u_2-u_3+\cdots+(-1)^{n}u_n+\cdots$$

的级数,称为**交错级数**.

对于交错级数的敛散性我们有如下的判别法.

定理 6(莱布尼茨判别法) 如果交错级数

$$\sum_{n=1}^{\infty}(-1)^{n-1}u_n=u_1-u_2+u_3-u_4+\cdots+(-1)^{n-1}u_n+\cdots$$

满足条件:

(1) $u_n\geqslant u_{n+1}(n=1,2,\cdots)$;

(2) $\lim\limits_{n\to\infty}u_n=0$.

则级数 $\sum\limits_{n=1}^{\infty}(-1)^{n-1}u_n$ 收敛,且和 $S\leqslant u_1$,其余项 R_n 的绝对值 $|R_n|\leqslant u_{n+1}$.

证明 设 $\{S_n\}$ 为级数 $\sum\limits_{n=1}^{\infty}(-1)^{n-1}u_n(u_n>0)$ 的部分和数列.下证 $\{S_n\}$ 的极限存在.

先考虑数列 $\{S_{2n}\}$ 的极限.将 S_{2n} 写成下面两种形式,且由条件(1)有

$$S_{2n}=(u_1-u_2)+(u_3-u_4)+\cdots+(u_{2n-1}-u_{2n})\geqslant 0$$

及

$$S_{2n}=u_1-(u_2-u_3)-(u_4-u_5)-\cdots-(u_{2n-2}-u_{2n-1})-u_{2n}\leqslant u_1,$$

这表明,下标为偶数的部分和数列 $\{S_{2n}\}$ 单调增加且有界,故极限 $\lim\limits_{n\to\infty}S_{2n}$ 存在,设

$$\lim_{n\to\infty}S_{2n}=S\leqslant u_1.$$

再看数列 $\{S_{2n+1}\}$ 的极限.由于 $\lim\limits_{n\to\infty}u_n=0,s_{2n+1}=s_{2n}+u_{2n+1}$,所以

$$\lim_{n\to\infty}S_{2n+1}=\lim_{n\to\infty}(S_{2n}+u_{2n+1})=\lim_{n\to\infty}S_{2n}+\lim_{n\to\infty}u_{2n+1}=S.$$

综上,有 $\lim\limits_{n\to\infty}S_{2n}=\lim\limits_{n\to\infty}S_{2n+1}=S$,从而 $\lim\limits_{n\to\infty}S_n=S$.即交错级数收敛于和 S,且 $S<u_1$.

最后,不难看出,余项 R_n 可以写成

$$R_n = \pm(u_{n+1} - u_{n+2} + \cdots),$$

其绝对值

$$|R_n| = u_{n+1} - u_{n+2} + \cdots,$$

显然，$|R_n|$ 也是一个交错级数，且满足莱布尼茨定理的两个条件，所以其和不超过其首项，即 $|R_n| \leqslant u_{n+1}$. 定理得证.

例 13 判别交错级数 $\sum\limits_{n=1}^{\infty} \dfrac{(-1)^{n-1}}{n}$ 的敛散性.

解 由于 $u_n = \dfrac{1}{n} > \dfrac{1}{n+1} = u_{n+1}(n=1,2,\cdots)$；及 $\lim\limits_{n\to\infty} u_n = \lim\limits_{n\to\infty} \dfrac{1}{n} = 0$，故由莱布尼茨判别法知，交错级数 $\sum\limits_{n=1}^{\infty} \dfrac{(-1)^{n-1}}{n}$ 收敛.

注 判断交错级数 $\sum\limits_{n=1}^{\infty} (-1)^{n-1} f(n)$（其中 $f(n) > 0$）的敛散性时，如果数列 $\{f(n)\}$ 单调递减不容易判断，也可通过验证当 x 充分大时 $f'(x) \leqslant 0$ 或 $f'(x) \geqslant 0$，来判断数列 $\{f(n)\}$ 是否单调递减；如果直接求 $\lim\limits_{n\to\infty} f(n)$ 有困难，也可通过求极限 $\lim\limits_{x\to\infty} f(x)$（假定极限存在）来求 $\lim\limits_{n\to\infty} f(n)$.

例 14 判别交错级数 $\sum\limits_{n=3}^{\infty} (-1)^{n-1} \dfrac{\ln n}{n}$ 的敛散性.

解 令 $f(x) = \dfrac{\ln x}{x}(x \geqslant 3)$，则 $f'(x) = \dfrac{1-\ln x}{x^2} < 0(x \geqslant 3)$，即得 $n > 3$ 时，$\left\{\dfrac{\ln n}{n}\right\}$ 是递减数列，再根据洛必达法则，有 $\lim\limits_{n\to\infty} \dfrac{\ln n}{n} = \lim\limits_{x\to\infty} \dfrac{\ln x}{x} = \lim\limits_{x\to\infty} \dfrac{1}{x} = 0$，故由莱布尼茨判别法知该级数收敛.

7.3.3 任意项级数敛散性判别

对于一般的常数项级数 $\sum\limits_{n=1}^{\infty} u_n$，如果对一般项 u_n 的符号不加以限制，则称 $\sum\limits_{n=1}^{\infty} u_n$ 为**任一项级数**.

对任意项级数 $\sum\limits_{n=1}^{\infty} u_n$ 敛散性的判别，可以构造一个正项级数 $\sum\limits_{n=1}^{\infty} |u_n|$，将其转化为判别正项级数 $\sum\limits_{n=1}^{\infty} |u_n|$ 敛散性的问题，而任意项级数 $\sum\limits_{n=1}^{\infty} u_n$ 和正项级数 $\sum\limits_{n=1}^{\infty} |u_n|$ 的敛散性有如下关系.

定理 7 如果任意项级数 $\sum\limits_{n=1}^{\infty} u_n$ 的各项取绝对值后构成的正项级数

$\sum\limits_{n=1}^{\infty}|u_n|$ 收敛,则原级数 $\sum\limits_{n=1}^{\infty}u_n$ 也收敛.

证明　令 $v_n=\dfrac{1}{2}(|u_n|+u_n)$,则 $0\leqslant v_n\leqslant|u_n|$,即 $\sum\limits_{n=1}^{\infty}v_n$ 是正项级数.

又由于级数 $\sum\limits_{n=1}^{\infty}|u_n|$ 收敛,则由正项级数比较判别法知 $\sum\limits_{n=1}^{\infty}v_n$ 也收敛,而 $u_n=2v_n-|u_n|$,所以由无穷级数的性质知,级数 $\sum\limits_{n=1}^{\infty}u_n$ 收敛.

根据定理 7,可以借助于级数 $\sum\limits_{n=1}^{\infty}|u_n|$ 收敛,来判断任意项级数 $\sum\limits_{n=1}^{\infty}u_n$ 收敛,对于级数的这种收敛性,我们给出以下定义.

定义 3　如果级数 $\sum\limits_{n=1}^{\infty}|u_n|$ 收敛,则称任意项级数 $\sum\limits_{n=1}^{\infty}u_n$ 为绝对收敛;如果级数 $\sum\limits_{n=1}^{\infty}u_n$ 收敛,而 $\sum\limits_{n=1}^{\infty}|u_n|$ 发散,则称级数 $\sum\limits_{n=1}^{\infty}u_n$ 为条件收敛.

注　(1)定理 7 的逆命题不成立.

例如,交错级数 $\sum\limits_{n=1}^{\infty}(-1)^{n-1}\dfrac{1}{n}$ 收敛,但是 $\sum\limits_{n=1}^{\infty}\left|(-1)^{n-1}\dfrac{1}{n}\right|=\sum\limits_{n=1}^{\infty}\dfrac{1}{n}$ 发散.

(2)若用比较判别法判断:①若 $\sum\limits_{n=1}^{\infty}|u_n|$ 收敛,则 $\sum\limits_{n=1}^{\infty}u_n$ 收敛;②但是若用比较判别法判别 $\sum\limits_{n=1}^{\infty}|u_n|$ 发散,却不能判定原级数 $\sum\limits_{n=1}^{\infty}u_n$ 的敛散性,这时应选择其他的方法判断 $\sum\limits_{n=1}^{\infty}u_n$ 的敛散性.

(3)若用比值或根值判别法判断:①若 $\sum\limits_{n=1}^{\infty}|u_n|$ 收敛(即 $\rho<1$),则 $\sum\limits_{n=1}^{\infty}u_n$ 绝对收敛;②若 $\sum\limits_{n=1}^{\infty}|u_n|$ 发散(即 $\rho>1$),则由于此时 $\lim\limits_{n\to\infty}|u_n|=+\infty$,因此 $\lim\limits_{n\to\infty}u_n\neq0$,得 $\sum\limits_{n=1}^{\infty}u_n$ 发散.

例 15　判别下列级数的敛散性,若收敛,是绝对收敛还是条件收敛.

(1) $\sum\limits_{n=1}^{\infty}\dfrac{(-1)^{n-1}}{n^p}(p>0)$;　　(2) $\sum\limits_{n=1}^{\infty}\dfrac{x^n}{n}$;　　(3) $\sum\limits_{n=1}^{\infty}\dfrac{\sin n}{n^2}$.

解　(1)由 $\sum\limits_{n=1}^{\infty}\left|\dfrac{(-1)^{n-1}}{n^p}\right|=\sum\limits_{n=1}^{\infty}\dfrac{1}{n^p}$,得当 $p>1$ 时,级数 $\sum\limits_{n=1}^{\infty}\dfrac{(-1)^{n-1}}{n^p}(p>0)$ 绝对收敛;当 $0<p\leqslant1$ 时,由莱布尼茨判别法知级数 $\sum\limits_{n=1}^{\infty}\dfrac{(-1)^{n-1}}{n^p}(p>0)$ 收敛,

但是 $\sum\limits_{n=1}^{\infty}\frac{1}{n^p}$ 发散，所以级数 $\sum\limits_{n=1}^{\infty}\frac{(-1)^{n-1}}{n^p}(p>0)$ 条件收敛.

(2)因为

$$\lim_{n\to\infty}\left|\frac{u_{n+1}}{u_n}\right|=\lim_{n\to\infty}\frac{\dfrac{|x|^{n+1}}{n+1}}{\dfrac{|x|^n}{n}}=\lim_{n\to\infty}\frac{n}{n+1}|x|=|x|,$$

所以，当 $|x|<1$ 时，级数 $\sum\limits_{n=1}^{\infty}\left|\frac{x^n}{n}\right|$ 收敛，从而 $\sum\limits_{n=1}^{\infty}\frac{x^n}{n}$ 收敛，且绝对收敛；当 $|x|>1$ 时，级数 $\sum\limits_{n=1}^{\infty}\left|\frac{x^n}{n}\right|$ 发散，所以 $\sum\limits_{n=1}^{\infty}\frac{x^n}{n}$ 发散；当 $x=1$ 时，级数成为调和级数 $\sum\limits_{n=1}^{\infty}\frac{1}{n}$ 发散，所以 $\sum\limits_{n=1}^{\infty}\frac{x^n}{n}$ 发散；当 $x=-1$ 时，级数成为 $\sum\limits_{n=1}^{\infty}\frac{(-1)^n}{n}$，条件收敛.

(3)由于 $|u_n|=\left|\frac{\sin n}{n^2}\right|\leqslant\frac{1}{n^2}$，且 p- 级数 $\sum\limits_{n=1}^{\infty}\frac{1}{n^2}$ 收敛，所以 $\sum\limits_{n=1}^{\infty}\left|\frac{\sin n}{n^2}\right|$ 收敛. 从而级数 $\sum\limits_{n=1}^{\infty}\frac{\sin n}{n^2}$ 收敛，且为绝对收敛.

综合以上讨论，可得判别任意项级数 $\sum\limits_{n=1}^{\infty}u_n$ 的敛散性的一般步骤.

(1)检查 $\lim\limits_{n\to\infty}u_n=0$ 是否成立，若不成立，则该级数发散；若成立，转入下一步.

(2)利用正项级数判别法，判别级数 $\sum\limits_{n=1}^{\infty}|u_n|$ 的敛散性. 若 $\sum\limits_{n=1}^{\infty}|u_n|$ 收敛，则 $\sum\limits_{n=1}^{\infty}u_n$ 绝对收敛；若 $\sum\limits_{n=1}^{\infty}|u_n|$ 发散，则转入下一步.

(3)若 $\sum\limits_{n=1}^{\infty}|u_n|$ 发散，且此结论是由比值判别法或根植判别法得出的，则 $\sum\limits_{n=1}^{\infty}u_n$ 发散；若 $\sum\limits_{n=1}^{\infty}|u_n|$ 发散不是上述方法得出的，则需要直接判别 $\sum\limits_{n=1}^{\infty}u_n$ 的敛散性，若收敛则为条件收敛.

7.4 幂 级 数

7.4.1 函数项级数的概念

前面讨论的常数项级数的一般项都是常数，下面在常数项级数的基本理论的基础上，来讨论一般项均为函数的级数，即函数项级数.

定义 4 设有定义在同一数集 X 上的函数序列 $\{u_n(x)\}$：

$$u_0(x), u_1(x), \cdots, u_n(x), \cdots,$$

则

$$\sum_{n=0}^{\infty} u_n(x) = u_0(x) + u_1(x) + \cdots + u_n(x) + \cdots$$

称为定义在数集 X 上的函数项无穷级数,简称为函数项级数.

对于定义在数集 X 上的函数项级数 $\sum_{n=0}^{\infty} u_n(x)$,对任意的 $x_0 \in X$,都对应着一个常数项级数 $\sum_{n=0}^{\infty} u_n(x_0)$,若常数项级数 $\sum_{n=0}^{\infty} u_n(x_0)$ 收敛,则称函数项级数 $\sum_{n=0}^{\infty} u_n(x)$ 在点 x_0 处收敛,此时 x_0 为函数项级数 $\sum_{n=0}^{\infty} u_n(x)$ 的收敛点;若常数项级数 $\sum_{n=0}^{\infty} u_n(x_0)$ 发散,则称函数项级数 $\sum_{n=0}^{\infty} u_n(x)$ 在点 x_0 处发散,此时 x_0 为函数项级数 $\sum_{n=0}^{\infty} u_n(x)$ 的发散点. 函数项级数 $\sum_{n=0}^{\infty} u_n(x)$ 的所有收敛点构成的集合 D 称为该函数项级数的收敛域;函数项级数 $\sum_{n=0}^{\infty} u_n(x)$ 的所有发散点构成的集合 E 称为该函数项级数的发散域. 对每一个 $x \in D$,函数项级数 $\sum_{n=0}^{\infty} u_n(x)$ 都有唯一的和 $S(x)$ 与之对应,显然,$S(x)$ 是定义在收敛域 D 上的函数,称为函数项级数 $\sum_{n=0}^{\infty} u_n(x)$ 的和函数,记作

$$S(x) = \sum_{n=0}^{\infty} u_n(x) = u_0(x) + u_1(x) + \cdots + u_n(x) + \cdots \quad (x \in D),$$

并称函数项级数 $\sum_{n=0}^{\infty} u_n(x)$ 的前 n 项和

$$S_n(x) = \sum_{i=0}^{n} u_n(x) = u_0(x) + u_1(x) + \cdots + u_n(x)$$

为函数项级数 $\sum_{n=0}^{\infty} u_n(x)$ 的部分和. 则对于任意的 $x \in D$,有

$$S(x) = \lim_{n \to \infty} S_n(x).$$

因此,函数项级数 $\sum_{n=0}^{\infty} u_n(x)$ 的收敛性的问题可完全归结为讨论其部分和函数序列 $\{S_n(x)\}$ 的敛散性问题.

记 $R_n(x) = S(x) - S_n(x) = u_{n-1}(x) + u_{n-2}(x) + \cdots$,则称 $R_n(x)$ 为函数项级数 $\sum_{n=0}^{\infty} u_n(x)$ 的余项,显然,对任意的 $x \in D$,有 $\lim_{n \to \infty} R_n(x) = 0$.

由定义 4 可知，函数项级数在某区域的收敛性问题，可以看成是函数项级数在该区间内任意一点的收敛性问题，而函数项级数在某点 x 处的敛散性，仍可利用常数项级数敛散性的判别方法来判断.

例 16 求函数项级数 $\sum\limits_{n=0}^{\infty} x^n = 1+x+x^2+\cdots+x^n+\cdots$ 的收敛域及和函数 $S(x)$.

解 此函数项级数是公比为 x 的几何级数，$|x| \neq 1$ 时，它的部分和函数

$$S_n(x) = \frac{1-x^n}{1-x}.$$

(1)当 $|x|<1$ 时，其和函数

$$S(x) = \lim_{n\to\infty} S_n(x) = \lim_{n\to\infty} \frac{1-x^n}{1-x} = \frac{1}{1-x};$$

(2)当 $|x|>1$ 时，该级数发散；

(3)当 $x=\pm 1$ 时，级数分别为 $1+1+1+\cdots$ 和 $1-1+1-1+\cdots$，都是发散的.

综上所述，该级数的收敛域为区间 $(-1,1)$，其和函数为 $\frac{1}{1-x}$，即

$$\sum_{n=0}^{\infty} x^n = 1+x+x^2+\cdots+x^n+\cdots = \frac{1}{1-x}, \quad x \in (-1,1).$$

7.4.2 幂级数的概念

各项都是幂函数的函数项级数称为**幂级数**，幂级数是最简单、最常见的一类函数项级数，它的形式为

$$\sum_{n=0}^{\infty} a_n (x-x_0)^n = a_0 + a_1(x-x_0) + a_2 (x-x_0)^2 + \cdots + a_n (x-x_0)^n + \cdots,$$

称为 $(x-x_0)$ 的幂级数，其中常数 $a_0, a_1, a_2, \cdots, a_n, \cdots$ 称为**幂级数的系数**.

当 $x_0=0$ 时，上述级数成为

$$\sum_{n=0}^{\infty} a_n x^n = a_0 + a_1 x + a_2 x^2 + \cdots + a_n x^n + \cdots,$$

称为 x 的幂级数，它的每一项都是 x 的幂函数.

将级数 $\sum\limits_{n=0}^{\infty} a_n (x-x_0)^n$ 作代换：令 $y=x-x_0$，则此级数可化为

$$\sum_{n=0}^{\infty} a_n y^n = a_0 + a_1 y + a_2 y^2 + \cdots + a_n y^n + \cdots$$

的形式，因此，以后主要讨论形如 $\sum\limits_{n=0}^{\infty} a_n x^n$ 的幂级数. 其结论，通过变换自然转成幂级数 $\sum\limits_{n=0}^{\infty} a_n (x-x_0)^n$ 的相应结论.

对于给定的幂级数,它的收敛域是怎样的呢?

显然,幂级数 $\sum_{n=0}^{\infty} a_n x^n$ 在 $x=0$ 点总是收敛于 a_0 的,说明幂级数的收敛域总是非空的. 讨论过的函数项级 $\sum_{n=0}^{\infty} x^n$ 就是幂级数,它的收敛域是区间 $(-1,1)$. 事实上,对于一般的幂级数收敛域都是区间,称为收敛区间.

定理 8(阿贝尔定理) (1)如果幂级数 $\sum_{n=0}^{\infty} a_n x^n$ 在 $x_0 \neq 0$ 处收敛,则在满足不等式 $|x|<|x_0|$ 的一切点 x 处绝对收敛;(2)如果幂级数 $\sum_{n=0}^{\infty} a_n x^n$ 在 $x_0 \neq 0$ 处发散,则在满足不等式 $|x|>|x_0|$ 的一切点 x 处发散.

证明 (1)设幂级数 $\sum_{n=0}^{\infty} a_n x^n$ 在 $x_0 \neq 0$ 处收敛,根据级数收敛的必要条件,有 $\lim\limits_{n\to\infty} a_n x_0^n = 0$, 从而数列 $\{a_n x_0^n\}$ 有界,即存在正数 M, 使得

$$|a_n x_0{}^n| \leqslant M \quad (n=0,1,2,\cdots),$$

于是,对于满足不等式 $|x|<|x_0|$ 的所有 x, 都有

$$|a_n x^n| = |a_n x_0{}^n| \left|\frac{x}{x_0}\right|^n < Mq^n \quad (n=0,1,2,\cdots),$$

其中 $q=\left|\dfrac{x}{x_0}\right|<1$. 又因为几何级数 $\sum_{n=0}^{\infty} Mq^n (q<1)$ 收敛,所以,根据比较判别法知级数 $\sum_{n=0}^{\infty} |a_n x^n|$ 收敛,即级数 $\sum_{n=0}^{\infty} a_n x^n$ 绝对收敛.

(2)采用反证法证明第二部分,假设幂级数 $\sum_{n=0}^{\infty} a_n x^n$ 在 $x_0 \neq 0$ 处发散,则对于满足不等式 $|x|>|x_0|$ 的一切点 x 皆发散. 若不然,至少有一个 x_1, 满足 $|x_1|>|x_0|$, 且 $\sum_{n=0}^{\infty} a_n x_1^n$ 收敛,则由上面的讨论知,级数 $\sum_{n=0}^{\infty} a_n x_0^n$ 必收敛,与假设矛盾. 定理得证.

由阿贝尔定理可知

(1)如果幂级数 $\sum_{n=0}^{\infty} a_n x^n$ 在 $x_0 \neq 0$ 处收敛,则可断定对于开区间 $(-|x_0|, |x_0|)$ 内的任何 x, 幂级数 $\sum_{n=0}^{\infty} a_n x^n$ 必收敛;

(2)如果幂级数 $\sum_{n=0}^{\infty} a_n x^n$ 在 x_1 处发散,则可断定对于闭区间 $[-|x_1|, |x_1|]$ 外的任何 x, 幂级数 $\sum_{n=0}^{\infty} a_n x^n$ 必发散.

这样,如果幂级数 $\sum_{n=0}^{\infty}a_nx^n$ 在数轴上既有收敛点(不仅是原点)也有发散点,则从数轴的原点出发沿正向走去,最初只遇到收敛点,越过一个分界点后,就只遇到发散点,这个分界点可能是收敛点也可能是发散点.从原点出发沿负向走去的情形也是如此,且两个界点 P 与 P' 关于原点对称(图 7.1).根据上述分析,可得到以下重要结论:

如果幂级数 $\sum_{n=0}^{\infty}a_nx^n$ 不是仅在 $x=0$ 一点收敛,也不是在整个数轴上都收敛,则存在一个确定的正实数 R,使得

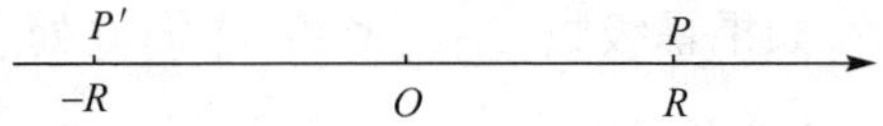

图 7.1

(1)当 $|x|<R$ 时,幂级数 $\sum_{n=0}^{\infty}a_nx^n$ 绝对收敛;

(2)当 $|x|>R$ 时,幂级数 $\sum_{n=0}^{\infty}a_nx^n$ 发散;

(3)当 $x=R$ 与 $x=-R$ 时,幂级数 $\sum_{n=0}^{\infty}a_nx^n$ 可能收敛也可能发散.

这里的正实数 R 称为幂级数的收敛半径,$(-R,R)$ 称为幂级数的收敛区间,所以,幂级数的收敛域 D 是收敛区间 $(-R,R)$ 与收敛端点的并集. 为明确起见,我们规定,当幂级数 $\sum_{n=0}^{\infty}a_nx^n$ 在一切 $x\neq 0$ 处皆发散时,$R=0$,此时幂级数仅在 $x=0$ 处收敛;当幂级数 $\sum_{n=0}^{\infty}a_nx^n$ 对一切 x 皆收敛时,收敛半径 $R=+\infty$,这时收敛区间为 $(-\infty,+\infty)$,收敛域也为 $(-\infty,+\infty)$.

关于幂级数收敛半径的求法有下面的定理.

定理 9　设幂级数 $\sum_{n=0}^{\infty}a_nx^n(a_n\neq 0,n=1,2,\cdots)$ 满足:

$$\lim_{n\to\infty}\left|\frac{a_{n+1}}{a_n}\right|=\rho.$$

(1)若 $0<\rho<+\infty$,则 $R=\dfrac{1}{\rho}$;

(2)若 $\rho=0$,则 $R=+\infty$;

(3)若 $\rho=+\infty$,则 $R=0$.

证明　将幂级数 $\sum_{n=0}^{\infty}a_nx^n$ 的各项取绝对值得:$\sum_{n=0}^{\infty}|a_nx^n|$,则

$$\lim_{n\to\infty}\left|\frac{a_{n+1}x^{n+1}}{a_nx^n}\right|=\lim_{n\to\infty}\left|\frac{a_{n+1}}{a_n}\right|\cdot|x|=\rho\cdot|x|.$$

(1)若 $0<\rho<+\infty$，由比值判别法知，当 $\rho|x|<1$，即 $|x|<\dfrac{1}{\rho}$ 时，幂级数 $\sum\limits_{n=0}^{\infty}a_nx^n$ 绝对收敛；当 $\rho|x|>1$，即 $|x|>\dfrac{1}{\rho}$ 时，幂级数 $\sum\limits_{n=0}^{\infty}a_nx^n$ 发散. 因此 $R=\dfrac{1}{\rho}$.

(2)当 $\rho=0$ 时，对任意 $x\neq0$，上式极限均为零，故幂级数 $\sum\limits_{n=0}^{\infty}a_nx^n$ 绝对收敛，所以 $R=+\infty$.

(3)若 $\rho=+\infty$，则对任意 $x\neq0$，上式极限均为 $+\infty$（即大于1），故幂级数 $\sum\limits_{n=0}^{\infty}a_nx^n$ 发散. 因此 $R=0$.

注 (1)当幂级数的收敛半径 $0<R<+\infty$ 时，只能得出幂级数的收敛区间为 $(-R,R)$，这时还需另行判别 $x=\pm R$ 时幂级数的敛散性，最终得出幂级数的收敛域.

(2)根据幂级数 $\sum\limits_{n=0}^{\infty}a_nx^n$ 的系数形式，有时也可以用根值判别法来求收敛半径，此时，有 $\lim\limits_{n\to\infty}\sqrt[n]{|a_n|}=\rho$.

综上，可给出求幂级数 $\sum\limits_{n=0}^{\infty}a_nx^n$ 收敛域的一般步骤：

(1)求收敛半径 R；

(2)判别常数项级数 $\sum\limits_{n=0}^{\infty}a_nR^n$ 和 $\sum\limits_{n=0}^{\infty}a_n(-R)^n$ 的敛散性；

(3)确定幂级数的收敛域.

例 17 求下列幂级数的收敛半径与收敛域.

(1) $\sum\limits_{n=1}^{\infty}\dfrac{x^n}{n}$；　(2) $\sum\limits_{n=1}^{\infty}\dfrac{x^n}{n^2 3^n}$；　(3) $\sum\limits_{n=1}^{\infty}n^nx^n$；

(4) $\sum\limits_{n=0}^{\infty}\dfrac{x^n}{n!}$；　(5) $\sum\limits_{n=1}^{\infty}\dfrac{x^{2n-1}}{2^n}$；　(6) $\sum\limits_{n=1}^{\infty}\dfrac{1}{n^2}(x-2)^n$.

解 (1)由于 $\rho=\lim\limits_{n\to\infty}\left|\dfrac{a_{n+1}}{a_n}\right|=1$，所以收敛半径 $R=1$，收敛区间为$(-1,1)$. 而当 $x=-1$ 时，级数 $\sum\limits_{n=1}^{\infty}\dfrac{(-1)^n}{n}$ 收敛；当 $x=1$ 时，级数 $\sum\limits_{n=1}^{\infty}\dfrac{1}{n}$ 发散. 从而收敛域为 $[-1,1)$.

(2)由于 $\rho=\lim\limits_{n\to\infty}\left|\dfrac{a_{n+1}}{a_n}\right|=\lim\limits_{n\to\infty}\dfrac{n^2 3^n}{(n+1)^2 3^{n+1}}=\lim\limits_{n\to\infty}\dfrac{n^2}{3(n+1)^2}=\dfrac{1}{3}$，所以收敛半径为 $R=3$，收敛区间为$(-3,3)$，而当 $x=\pm3$ 时，级数为 $\sum\limits_{n=1}^{\infty}\dfrac{1}{n^2}$ 和 $\sum\limits_{n=1}^{\infty}\dfrac{(-1)^n}{n^2}$

均收敛,从而收敛域为$[-3,3]$.

(3)由于$\rho=\lim\limits_{n\to\infty}\left|\dfrac{a_{n+1}}{a_n}\right|=\lim\limits_{n\to\infty}\dfrac{(n+1)^{n+1}}{n^n}=\lim\limits_{n\to\infty}(n+1)\left(1+\dfrac{1}{n}\right)^n=+\infty$于是,收敛半径$R=0$,收敛域为$\{0\}$.

(4)由于$\rho=\lim\limits_{n\to\infty}\left|\dfrac{a_{n+1}}{a_n}\right|=\lim\limits_{n\to\infty}\dfrac{1}{n+1}=0$,于是,收敛半径$R=+\infty$,收敛域为$(-\infty,+\infty)$.

(5)所给级数缺少偶数次幂,属于缺项级数,定理 7.4.2 不能直接应用,此时可以用比值判别法来求收敛半径:

$$\lim_{n\to\infty}\left|\frac{u_{n+1}(x)}{u_n(x)}\right|=\lim_{n\to\infty}\frac{x^{2n+1}}{2^{n+1}}\cdot\frac{2^n}{x^{2n-1}}=\frac{1}{2}|x|^2.$$

当$\dfrac{1}{2}|x|^2<1$即$|x|<\sqrt{2}$时,级数收敛;当$\dfrac{1}{2}|x|^2>1$即$|x|>\sqrt{2}$时,级数发散,所以收敛半径$R=\sqrt{2}$.

当$x=\sqrt{2}$时,级数成为常数项级数$\sum\limits_{n=1}^{\infty}\dfrac{1}{\sqrt{2}}$,该级数发散;当$x=-\sqrt{2}$时,级数成为常数项级数$\sum\limits_{n=1}^{\infty}\dfrac{-1}{\sqrt{2}}$,该级数发散.

综上讨论可知,该级数的收敛域为$(-\sqrt{2},\sqrt{2})$.

(6)设$t=x-2$,则$\sum\limits_{n=1}^{\infty}\dfrac{1}{n^2}(x-2)^n=\sum\limits_{n=1}^{\infty}\dfrac{t^n}{n^2}$. 由于

$$\rho=\lim_{n\to\infty}\left|\frac{a_{n+1}}{a_n}\right|=\lim_{n\to\infty}\frac{\dfrac{1}{(n+1)^2}}{\dfrac{1}{n^2}}=\lim_{n\to\infty}\frac{n^2}{(n+1)^2}=1,$$

所以幂级数$\sum\limits_{n=1}^{\infty}\dfrac{t^n}{n^2}$的收敛半径为1,当$t=\pm1$时,幂级数$\sum\limits_{n=1}^{\infty}\dfrac{t^n}{n^2}$都收敛. 因此幂级数$\sum\limits_{n=1}^{\infty}\dfrac{t^n}{n^2}$的收敛域为$(-1,1)$. 从而幂级数$\sum\limits_{n=1}^{\infty}\dfrac{1}{n^2}(x-2)^n$的收敛域为$[1,3]$.

7.4.3 幂级数的运算性质

1. 代数运算性质

设幂级数$\sum\limits_{n=0}^{\infty}a_nx^n$和$\sum\limits_{n=0}^{\infty}b_nx^n$的收敛区间分别为$(-R_1,R_1)$和$(-R_2,R_2)$,取$R=\min\{R_1,R_2\}$,则可以定义下面的运算:

(1)加减法

$$\sum_{n=0}^{\infty} a_n x^n \pm \sum_{n=0}^{\infty} b_n x^n = \sum_{n=0}^{\infty} (a_n \pm b_n) x^n, \quad x \in (-R,R).$$

(2)乘法

$$\begin{aligned} &\sum_{n=0}^{\infty} a_n x^n \cdot \sum_{n=0}^{\infty} b_n x^n \\ &= a_0 b_0 + (a_0 b_1 + a_1 b_0) x + (a_0 b_2 + a_1 b_1 + a_2 b_0) x^2 + \cdots \\ &+ (a_0 b_n + a_1 b_{n-1} + \cdots + a_n b_0) x^n + \cdots, \quad x \in (-R,R). \end{aligned}$$

2. 分析运算性质

定理 10　设幂级数 $\sum_{n=0}^{\infty} a_n x^n$ 的收敛半径为 $R > 0$，和函数为 $S(x)$，则

(1)和函数 $S(x)$ 在 $(-R,R)$ 内连续;如果幂级数 $\sum_{n=0}^{\infty} a_n x^n$ 在 $x = R$（或 $x = -R$）处收敛,则 $S(x)$ 在 $x = R$ 处左连续(在 $x = -R$ 处右连续).

(2)和函数 $S(x)$ 在 $(-R,R)$ 内可导,且有逐项求导公式:

$$S'(x) = \left(\sum_{n=0}^{\infty} a_n x^n\right)' = \sum_{n=0}^{\infty} (a_n x^n)' = \sum_{n=0}^{\infty} n a_n x^{n-1}, \quad x \in (-R,R),$$

逐项求导后所得到的幂级数和原级数有相同的收敛半径,从而有相同的收敛区间 $(-R,R)$，但是在端点 $x = \pm R$ 处敛散性可能改变.

反复应用上述结论可得:幂级数 $\sum_{n=0}^{\infty} a_n x^n$ 的和函数 $S(x)$ 在其收敛区间 $(-R, R)$ 内具有任意阶导数.

(3)和函数 $S(x)$ 在 $(-R,R)$ 内可积,且有逐项积分公式:

$$\int_0^x S(t)\,\mathrm{d}t = \int_0^x \left(\sum_{n=0}^{\infty} a_n t^n\right) \mathrm{d}t = \sum_{n=0}^{\infty} \int_0^x a_n t^n \,\mathrm{d}t = \sum_{n=0}^{\infty} \frac{a_n}{n+1} x^{n+1}, \quad x \in (-R,R),$$

逐项积分后所得到的幂级数和原级数有相同的收敛半径,从而有相同的收敛区间 $(-R,R)$，但是在端点 $x = \pm R$ 处敛散性可能改变.

证明　略.

7.4.4　幂级数的和函数

将幂级数的这些运算性质和等比级数相结合,可以求一些幂级数在收敛区间内的和函数. 下面通过例题来介绍如何利用性质求幂级数的和函数.

例 18　求幂级数 $\sum_{n=1}^{\infty} \frac{x^n}{n}$ 的和函数 $S(x)$.

解　显然,该级数的收敛半径 $R = 1$，收敛域为 $[-1,1)$，设

$$S(x)=\sum_{n=1}^{\infty}\frac{x^n}{n},\quad x\in[-1,1).$$

利用逐项求导公式,对所给幂级数在收敛区间内逐项求导,得

$$S'(x)=\sum_{n=1}^{\infty}\left(\frac{x^n}{n}\right)'=\sum_{n=0}^{\infty}x^n=\frac{1}{1-x},\quad x\in(-1,1),$$

两边从 0 到 x 积分,由积分公式 $\int_0^x S(x)'\mathrm{d}x=S(x)-S(0)$,得

$$S(x)=S(0)+\int_0^x\frac{1}{1-x}\mathrm{d}x=-\ln(1-x).$$

因为题设级数在 $x=-1$ 时收敛,所以

$$S(x)=\int_0^x\frac{1}{1-x}\mathrm{d}x=-\ln(1-x),\quad x\in[-1,1)$$

例 19 求幂级数 $\sum\limits_{n=1}^{\infty}nx^{n-1}$ 的收敛域及和函数 $S(x)$,并求级数 $\sum\limits_{n=1}^{\infty}\frac{n}{2^n}$ 的和.

解 由 $\rho=\lim\limits_{n\to\infty}\left|\frac{a_{n+1}}{a_n}\right|=\lim\limits_{n\to\infty}\frac{n+1}{n}=1$,得收敛半径 $R=1$,收敛域为 $(-1,1)$.

设和函数

$$S(x)=\sum_{n=1}^{\infty}nx^{n-1}=1+2x+3x^2+\cdots+nx^{n-1}+\cdots,\quad(-1,1).$$

利用逐项积分公式,对所给幂级数在收敛区间内逐项积分,得

$$\int_0^x S(t)\mathrm{d}t=x+x^2+x^3+\cdots+x^n+\cdots=\frac{x}{1-x}=\frac{1}{1-x}-1,\quad(-1,1),$$

两边对 x 求导,即得 $S(x)=\left(\frac{1}{1-x}-1\right)'=\frac{1}{(1-x)^2},(-1,1)$.

取 $x=\frac{1}{2}$ 代入和函数,得 $S\left(\frac{1}{2}\right)=\sum\limits_{n=1}^{\infty}\frac{n}{2^{n-1}}=2\sum\limits_{n=1}^{\infty}\frac{n}{2^n}=\frac{2}{\left(1-\frac{1}{2}\right)^2}=4$,所以,$\sum\limits_{n=1}^{\infty}\frac{n}{2^n}=2$.

例 20 求幂级数 $\sum\limits_{n=1}^{\infty}n^2x^n$ 的收敛域及和函数 $S(x)$.

解 由 $\rho=\lim\limits_{n\to\infty}\left|\frac{a_{n+1}}{a_n}\right|=\lim\limits_{n\to\infty}\frac{(n+1)^2}{n^2}=1$,所以收敛半径 $R=1$,又当 $x=\pm1$ 时,级数 $\sum\limits_{n=1}^{\infty}n^2$ 及 $\sum\limits_{n=1}^{\infty}(-1)^n n^2$ 均是发散的,所以幂级数的收敛域为 $(-1,1)$.

设和函数 $S(x)=\sum\limits_{n=1}^{\infty}n^2x^n,x\in(-1,1)$,则

$$S(x)=x\sum_{n=1}^{\infty}n^2x^{n-1}=x\sum_{n=1}^{\infty}(nx^n)'=x\left(\sum_{n=1}^{\infty}nx^n\right)',$$

又记 $S_1(x)=\sum\limits_{n=1}^{\infty}nx^n$，则

$$S_1(x)=x\sum_{n=1}^{\infty}nx^{n-1}=x\sum_{n=1}^{\infty}(x^n)'=x\Big(\sum_{n=1}^{\infty}x^n\Big)'=x\Big(\frac{x}{1-x}\Big)'=\frac{x}{(1-x)^2}.$$

故 $S(x)=xS_1{}'(x)=\dfrac{x(1+x)}{(1-x)^3}$，所以得 $S(x)=\sum\limits_{n=1}^{\infty}n^2x^n=\dfrac{x(1+x)}{(1-x)^3},x\in(-1,1)$.

7.5 函数的幂级数展开

7.4 节讨论了幂级数的收敛域以及幂级数在收敛域上的和函数. 但在实际应用中也常常会遇到相反的问题，即对给定的函数，确定它能否在某一区间上表示成幂级数，如果能找到这样的幂级数，就称函数在该区间内能展成幂级数，那么，一个函数满足什么条件可以表示成幂级数？这个幂级数的形式又是怎样的？下面就来讨论这几个问题.

7.5.1 泰勒级数

定理 11 设函数 $f(x)$ 在点 x_0 的某邻域内有直至 $n+1$ 阶的连续导数. 令

$$f(x)=\sum_{k=0}^{n}\frac{f^{(k)}(x_0)}{k!}(x-x_0)^k+R_n(x),\tag{7.8}$$

则对该邻域内任意一点 x，有

$$R_n(x)=\frac{f^{(n+1)}(\xi)}{(n+1)!}(x-x_0)^{n+1}\quad(\xi\text{ 在 }x\text{ 与 }x_0\text{ 之间}).\tag{7.9}$$

（注：约定 $0!=1,f^{(0)}(x)=f(x)$）

证明 作辅助函数

$$\varphi(t)=f(x)-\sum_{k=0}^{n}\frac{f^{(k)}(t)}{k!}(x-t)^k,$$

$$\psi(t)=(x-t)^{n+1},$$

易知 $\varphi(t)$ 和 $\psi(t)$ 在 $[x_0,x]$ 或 $[x,x_0]$ 上连续，在 (x_0,x) 或 (x,x_0) 内可导，且有

$$\varphi(x_0)=R_n(x),\varphi(x)=0,$$

$$\begin{aligned}\varphi'(t)&=-\sum_{k=0}^{n}\frac{1}{k!}[f^{(k+1)}(t)(x-t)^k-kf^{(k)}(t)(x-t)^{k-1}]\\&=-\sum_{k=0}^{n}\frac{1}{k!}f^{(k+1)}(t)(x-t)^k+\sum_{k=1}^{n}\frac{1}{(k-1)!}f^{(k)}(t)(x-t)^{k-1}\\&=-\frac{1}{n!}f^{(n+1)}(t)(x-t)^n,\end{aligned}$$

$$\psi'(t)=-(n+1)(x-t)^n.$$

由于 $\varphi(t)$ 和 $\psi(t)$ 满足柯西中值定理的条件,故在 x 与 x_0 之间至少存在一点 ξ, 使得

$$\frac{\varphi(x)-\varphi(x_0)}{\psi(x)-\psi(x_0)}=\frac{\varphi'(\xi)}{\psi'(\xi)}=\frac{1}{n!}f^{(n+1)}(\xi)(x-\xi)^n\cdot\frac{1}{(n+1)(x-\xi)^n}$$
$$=\frac{1}{(n+1)!}f^{(n+1)}(\xi),$$

即有

$$R_n(x)=\frac{f^{(n+1)}(\xi)}{(n+1)!}(x-x_0)^{n+1}\quad(\xi\text{在}x\text{与}x_0\text{之间}).$$

公式(7.8)称为函数 $f(x)$ 在点 x_0 处的 n 阶泰勒(Taylor)公式,简称为 **n 阶泰勒公式**. 其中由式(7.9)确定的 $R_n(x)$ 称为**拉格朗日余项**.

实际上,当 $n=0$ 时,泰勒公式(7.8)就成为拉格朗日中值公式:

$$f(x)=f(x_0)+f'(\xi)(x-x_0),$$

其中拉格朗日余项 $R_0(x)=f'(\xi)(x-x_0)$. 所以,泰勒公式也可以看成是拉格朗日中值定理的推广.

当 $n=1$ 时,有近似公式

$$f(x)\approx f(x_0)+f'(x_0)(x-x_0),$$

其误差为

$$R_1(x)=\frac{f''(\xi)}{2!}(x-x_0)^2\quad(\xi\text{介于}x\text{与}x_0\text{之间}).$$

特别地,当 $x_0=0$ 时,泰勒公式(7.8)化为

$$f(x)=\sum_{k=0}^{n}\frac{f^{(k)}(0)}{k!}x^k+R_n(x),\tag{7.10}$$

其余项为

$$R_n(x)=\frac{f^{(n+1)}(\xi)}{(n+1)!}x^{n+1}\quad(\xi\text{在}x\text{与}0\text{之间}).\tag{7.11}$$

这里式(7.10)称为 $f(x)$ 的**麦克劳林(Maclaurin)公式**.

$f(x)$ 的泰勒公式(7.8)表明, $f(x)$ 可近似地表示为

$$f(x)\approx\sum_{k=0}^{n}\frac{f^{(k)}(x_0)}{k!}(x-x_0)^k,$$

其误差由余项 $R_n(x)$ 估计.

如果函数 $f(x)$ 在含有 x_0 点的某区间 (a,b) 内存在各阶导数,则对于任意的正整数 n, 泰勒公式(7.8)都成立. 当 $n\to\infty$ 时,如果 $R_n(x)\to 0$, 则有

$$f(x)=\lim_{n\to\infty}\left[f(x_0)+f'(x_0)(x-x_0)+\frac{f''(x_0)}{2!}(x-x_0)^2+\cdots+\frac{f^{(n)}(x_0)}{n!}(x-x_0)^n\right]$$

由于上式右端方括号内的式子是级数

$$\sum_{n=0}^{\infty} \frac{f^{(n)}(x_0)}{n!}(x-x_0)^n$$

的前 $n+1$ 项部分和，所以此级数收敛，且以 $f(x)$ 为其和. 因此，函数 $f(x)$ 可以写成

$$f(x)=\sum_{n=0}^{\infty} \frac{f^{(n)}(x_0)}{n!}(x-x_0)^n. \tag{7.12}$$

式(7.12)称为函数 $f(x)$ 的**泰勒级数**.

特别地，当 $x_0=0$ 时，泰勒级数(7.12)成为

$$f(x)=\sum_{n=0}^{\infty} \frac{f^{(n)}(0)}{n!}x^n \tag{7.13}$$

式(7.13)称为函数 $f(x)$ 的**麦克劳林级数**.

显然，当 $x=x_0$ 时，$f(x)$ 的泰勒级数(7.12)收敛于 $f(x_0)$. 但是在点 x_0 的某空心邻域内 $f(x)$ 的泰勒级数(7.12)是否收敛；若收敛，是否收敛于 $f(x)$. 下面的定理可以回答这个问题.

定理 12 设函数 $f(x)$ 在点 x_0 的某邻域内具有任意阶导数，则 $f(x)$ 在该邻域内可展成泰勒级数的充分必要条件是：$f(x)$ 的泰勒公式中的余项 $R_n(x)$ 的极限为零，即在该邻域内有

$$\lim_{n\to\infty} R_n(x)=0.$$

证明 先证必要性. 若 $f(x)$ 在点 x_0 的某邻域内可展开为泰勒级数，即对该邻域内的任意 x 有

$$\begin{aligned} f(x)&=\sum_{n=0}^{\infty} \frac{f^{(n)}(x_0)}{n!}(x-x_0)^n \\ &=f(x_0)+f'(x_0)(x-x_0)+\frac{f''(x_0)}{2!}(x-x_0)^2+\cdots \\ &\quad+\frac{f^{(n)}(x_0)}{n!}(x-x_0)^n+\cdots. \end{aligned} \tag{7.14}$$

将 n 阶泰勒公式(7.8)记成

$$f(x)=S_{n+1}(x)+R_n(x),$$

其中 $S_{n+1}(x)$ 是 $f(x)$ 的泰勒级数(7.12)的前 $n+1$ 项和. 由式(7.14)知

$$f(x)=\lim_{n\to\infty} S_{n+1}(x),$$

从而

$$\lim_{n\to\infty} R_n(x)=\lim_{n\to\infty}[f(x)-S_{n+1}(x)]=f(x)-f(x)=0.$$

这样，必要性得证.

再证充分性. 若 $\lim\limits_{n\to\infty} R_n(x)=0$ 对点 x_0 的某邻域内任意 x 都成立，由 $f(x)$ 的 n

阶泰勒公式有 $S_{n+1}(x)=f(x)-R_n(x)$，从而，对该邻域内的任意 x，有

$$\lim_{n\to\infty}S_{n+1}(x)=\lim_{n\to\infty}[f(x)-R_n(x)]=f(x)-0=f(x).$$

因此，$f(x)$ 的泰勒级数(7.12)就在该邻域内收敛，且其和是 $f(x)$. 充分性得证.

7.5.2 函数的泰勒级数展开

由前面的讨论可知，一个函数 $f(x)$ 在某一区间的某一点 x_0 处可以展成幂级数的条件是，它在点 x_0 处存在各阶导数，且当 $n\to\infty$ 时，余项 $R_n\to 0$.

函数的麦克劳林级数是 x 的幂级数，可以证明，如果 $f(x)$ 能展开成 x 的幂级数，则这种展开式是唯一的，它一定等于 $f(x)$ 的麦克劳林级数，通常利用麦克劳林公式将函数 $f(x)$ 展开成为 x 的幂级数(即麦克劳林级数).

下面将具体的讨论把已知函数 $f(x)$ 展开成 x 幂级数的方法.

1. 直接展开法

一般地，将 $f(x)$ 展成麦克劳林级数，可按下列步骤进行：

(1)求 $f(x)$ 在点 $x=0$ 的各阶导数值 $f^{(n)}(0)$，$n=0,1,2,\cdots$；

(2)写出对应的麦克劳林级数(7.13)，并求出其收敛半径 R；

(3)在收敛区间 $(-R,R)$ 内考察余项 R_n 的极限

$$\lim_{n\to\infty}R_n(x)=\lim_{n\to\infty}\frac{f^{(n+1)}(\theta x)}{(n+1)!}x^{n+1}\quad(0<\theta<1)$$

是否为零. 如为零，则函数 $f(x)$ 在区间 $(-R,R)$ 内的幂级数展开式为

$$\begin{aligned}f(x)&=\sum_{n=0}^{\infty}\frac{f^{(n)}(0)}{n!}x^n\\&=f(0)+f'(0)x+\frac{f''(0)}{2!}x^2+\cdots+\frac{f^{(n)}(0)}{n!}x^n+\cdots,\quad x\in(-R,R).\end{aligned}$$

例 21 将函数 $f(x)=\mathrm{e}^x$ 展开成麦克劳林级数.

解 由 $f^{(n)}(x)=\mathrm{e}^x$，得 $f^{(n)}(0)=1(n=0,1,2,\cdots)$，于是 $f(x)$ 的麦克劳林级数为

$$\sum_{n=0}^{\infty}\frac{f^{(n)}(0)}{n!}x^n=\sum_{n=0}^{\infty}\frac{x^n}{n!}=1+x+\frac{x^2}{2!}+\cdots+\frac{x^n}{n!}+\cdots,$$

其收敛半径 $R=+\infty$.

再考察余项，对于任何有限的数 x 有

$$\lim_{n\to\infty}|R_n(x)|=\lim_{n\to\infty}\left|\frac{x^{n+1}}{(n+1)!}\mathrm{e}^{\theta x}\right|<\lim_{n\to\infty}\frac{|x|^{n+1}}{(n+1)!}\mathrm{e}^{|x|}\quad(0<\theta<1).$$

因为 $\mathrm{e}^{|x|}$ 是有限数，$\dfrac{|x|^{n+1}}{(n+1)!}$ 是收敛级数 $\sum\limits_{n=0}^{\infty}\dfrac{|x|^{n+1}}{(n+1)!}$ 的一般项，所以

$\lim\limits_{n\to\infty}\dfrac{|x|^{n+1}}{(n+1)!}e^{|x|}=0$，即有对任意 x，$\lim\limits_{n\to\infty}R_n(x)=0$ 都成立，于是有

$$e^x=\sum_{n=0}^{\infty}\frac{x^n}{n!}=1+x+\frac{x^2}{2!}+\cdots+\frac{x^n}{n!}+\cdots\quad(-\infty<x<+\infty).$$

例 22 将函数 $f(x)=\sin x$ 展开成麦克劳林级数.

解 因为 $f^{(n)}(x)=\sin\left(x+\dfrac{n\pi}{2}\right)(n=1,2,\cdots)$，$f^{(n)}(0)(n=0,1,2,3,\cdots)$ 顺序循环地取 $0,1,0,-1,\cdots$，于是 $f(x)$ 的麦克劳林级数为

$$\sum_{n=0}^{\infty}\frac{f^{(n)}(0)}{n!}x^n=x-\frac{x^3}{3!}+\frac{x^5}{5!}-\cdots+(-1)^n\frac{x^{2n+1}}{(2n+1)!}+\cdots,$$

其收敛半径 $R=+\infty$.

再考察余项，对于任何有限的数 x 有

$$|R_n(x)|=\left|\frac{x^{2n+3}}{(2n+3)!}\sin\left[\theta x+\frac{(2n+3)\pi}{2}\right]\right|\leqslant\frac{|x|^{2n+3}}{(2n+3)!}\quad(0<\theta<1),$$

而 $\lim\limits_{n\to\infty}\dfrac{x^{2n+1}}{(2n+1)!}=0$，所以对任意的 x，$\lim\limits_{n\to\infty}R_n(x)=0$ 都成立，于是有

$$\sin x=x-\frac{x^3}{3!}+\frac{x^5}{5!}-\cdots+(-1)^n\frac{x^{2n+1}}{(2n+1)!}+\cdots\quad(-\infty<x<+\infty).$$

上述的直接展开法，是直接按公式 $a_n=\dfrac{f^{(n)}(0)}{n!}$ 计算麦克劳林级数的系数，然后再考察余项 $R_n(x)$ 的极限是否为零. 直接展开法的计算量较大，研究余项也比较复杂，下面介绍用间接展开法将函数展开成幂级数.

2. 间接展开法

所谓间接展开法是指利用已知函数的幂级数展开式，通过变量代换以及运用幂级数的运算性质等工具，求出函数的幂级数展开的方法. 根据函数展开成幂级数的唯一性可以断定，间接展开法与直接展开法的结果相同.

例 23 将函数 $f(x)=\cos x$ 展开成麦克劳林级数.

解 由于 $\cos x=(\sin x)'$，以及

$$\sin x=x-\frac{x^3}{3!}+\frac{x^5}{5!}-\cdots+(-1)^n\frac{x^{2n+1}}{(2n+1)!}+\cdots\quad(-\infty<x<+\infty).$$

根据 $\sin x$ 的幂级数展开式及逐项求导公式可得

$$\begin{aligned}\cos x&=(\sin x)'=\left[x-\frac{x^3}{3!}+\frac{x^5}{5!}-\cdots+(-1)^n\frac{x^{2n+1}}{(2n+1)!}+\cdots\right]'\\&=1-\frac{1}{2!}x^2+\frac{1}{4!}x^4-\cdots+(-1)^n\frac{1}{(2n)!}x^{2n}+\cdots\quad(-\infty<x<+\infty).\end{aligned}$$

例 24 将函数 $f(x)=\ln(1+x)$ 展开成麦克劳林级数.

解 由于 $f'(x)=\dfrac{1}{1+x}=\sum\limits_{n=0}^{\infty}(-1)^n x^n, x\in(-1,1)$，再对该式从 0 到 x 逐项积分，得

$$\ln(1+x)=\int_0^x \frac{1}{1+t}\mathrm{d}t=\sum_{n=0}^{\infty}(-1)^n\int_0^x t^n\mathrm{d}t$$

$$=\sum_{n=0}^{\infty}\frac{(-1)^n}{n+1}x^{n+1}=\sum_{n=1}^{\infty}\frac{(-1)^{n-1}}{n}x^n,\quad x\in(-1,1].$$

上式展开式对 $x=1$ 也成立. 因为上式右端的幂级数当 $x=1$ 时收敛，而 $\ln(1+x)$ 在 $x=1$ 处有定义且连续.

例 25 将函数 $f(x)=\dfrac{1}{1+x^2}$ 展开成麦克劳林级数.

解 由于 $\dfrac{1}{1-x}=\sum\limits_{n=0}^{\infty}x^n=1+x+x^2+\cdots+x^n+\cdots(-1<x<1)$. 把 x 换成 $-x^2$，得

$$\frac{1}{1+x^2}=\sum_{n=0}^{\infty}(-1)^n x^{2n}.$$

例 26 将函数 $f(x)=\arctan x$ 展开成麦克劳林级数.

解 因为 $\arctan x=\displaystyle\int_0^x\frac{1}{1+x^2}\mathrm{d}x$，而 $\dfrac{1}{1+x^2}$ 的幂级数展开式为

$$\frac{1}{1+x^2}=\sum_{n=0}^{\infty}(-1)^n x^{2n}\quad(-1<x<1),$$

再对该式从 0 到 x 逐项积分，得

$$\arctan x=\sum_{n=0}^{\infty}(-1)^n\frac{x^{2n+1}}{2n+1}$$

$$=x-\frac{x^3}{3}+\frac{x^5}{5}-\cdots+(-1)^n\frac{x^{2n+1}}{2n+1}+\cdots\quad(-1\leqslant x\leqslant 1).$$

因为上式积分后的幂级数在 $x=\pm1$ 处收敛，且函数 $\arctan x$ 在 $x=\pm1$ 处连续，所以展开式在 $x=\pm1$ 处也成立.

二项式函数 $f(x)=(1+x)^\alpha$（α 为任意常数）的麦克劳林级数可由直接展开法和间接展开法相结合而得到，这里直接给出：

$$(1+x)^\alpha=1+\alpha x+\frac{\alpha(\alpha-1)}{2!}x^2+\cdots+\frac{\alpha(\alpha-1)\cdots(\alpha-n+1)}{n!}x^n+\cdots$$

$$=1+\sum_{n=1}^{\infty}\frac{\alpha(\alpha-1)\cdots(\alpha-n+1)}{n!}x^n.$$

该级数的收敛区间为 $(-1,1)$，在区间端点 $x=\pm1$ 处的收敛情况由 α 的取值决定：①当 $\alpha\leqslant-1$ 时，收敛域为 $(-1,1)$；②当 $-1<\alpha<0$ 时，收敛域为 $(-1,1]$；

③当 $\alpha>0$ 时，收敛域为 $[-1,1]$. 通常称此展开式为**牛顿二项式展开式**.

例如，当 $\alpha=-\frac{1}{2}$ 时，得到

$$\begin{aligned}\frac{1}{\sqrt{1+x}}&=1-\frac{1}{2}x+\sum_{n=2}^{\infty}(-1)^n\frac{(2n-1)!!}{(2n)!!}x^n\\&=1-\frac{1}{2}x+\frac{1\cdot 3}{2\cdot 4}x^2-\frac{1\cdot 3\cdot 5}{2\cdot 4\cdot 6}x^3+\cdots\\&=(-1)^n\frac{1\cdot 3\cdot\cdots\cdot(2n-1)}{2\cdot 4\cdot\cdots\cdot(2n)}x^n+\cdots\quad(-1<x\leqslant 1).\end{aligned}$$

又当 $\alpha=\frac{1}{2}$ 时，得到

$$\begin{aligned}\sqrt{1+x}&=1+\frac{1}{2}x+\sum_{n=2}^{\infty}(-1)^{n-1}\frac{(2n-3)!!}{(2n)!!}x^n\\&=1+\frac{1}{2}x-\frac{1}{2\cdot 4}x^2+\frac{1\cdot 3}{2\cdot 4\cdot 6}x^3-\cdots\\&=(-1)^{n-1}\frac{1\cdot 3\cdot\cdots\cdot(2n-3)}{2\cdot 4\cdot\cdots\cdot(2n)}x^n+\cdots\quad(-1\leqslant x\leqslant 1).\end{aligned}$$

为了便于读者熟练应用，现将几个常用函数的幂级数(即麦克劳林级数)展开式归纳如下：

(1) $e^x=\sum_{n=0}^{\infty}\frac{x^n}{n!}=1+x+\frac{x^2}{2!}+\cdots+\frac{x^n}{n!}+\cdots\quad(-\infty<x<+\infty)$；

(2) $\sin x=x-\frac{x^3}{3!}+\frac{x^5}{5!}-\cdots+(-1)^n\frac{x^{2n+1}}{(2n+1)!}+\cdots\quad(-\infty<x<+\infty)$；

(3) $\cos x=1-\frac{1}{2!}x^2+\frac{1}{4!}x^4-\cdots+(-1)^n\frac{1}{(2n)!}x^{2n}+\cdots\quad(-\infty<x<+\infty)$；

(4) $\frac{1}{1-x}=1+x+x^2+x^3+\cdots+x^n+\cdots\quad(-1<x<1)$；

(5) $\frac{1}{1+x}=1-x+x^2-x^3+\cdots+(-1)^nx^n+\cdots\quad(-1<x<1)$；

(6) $\frac{1}{1+x^2}=1-x^2+x^4-\cdots+(-1)^nx^{2n}+\cdots\quad(-1<x<1)$；

(7) $\ln(1+x)=x-\frac{x^2}{2}+\frac{x^3}{3}-\cdots+\frac{(-1)^n}{n+1}x^{n+1}+\cdots\quad(-1,1]$；

(8) $\arctan x=x-\frac{x^3}{3}+\frac{x^5}{5}-\cdots+(-1)^n\frac{x^{2n+1}}{2n+1}+\cdots\quad[-1,1]$；

(9) $(1+x)^\alpha=1+\alpha x+\frac{\alpha(\alpha-1)}{2!}x^2+\cdots+\frac{\alpha(\alpha-1)\cdots(\alpha-n+1)}{n!}x^n+\cdots$，

其收敛区间为 $(-1,1)$，而收敛域由 α 的取值决定.

习 题 7

1. 写出下列级数的前五项：

(1) $\sum_{n=1}^{\infty}\frac{(-1)^{n-1}}{3^n}$；　(2) $\sum_{n=1}^{\infty}\frac{n!}{n^n}$；

(3) $\sum_{n=1}^{\infty}(-1)^n\frac{x^{2n-1}}{(2n-1)!}$；　(4) $\sum_{n=1}^{\infty}\frac{2\cdot4\cdot\cdots\cdot2n}{1\cdot3\cdot\cdots\cdot(2n-1)}$.

2. 写出下列级数的一般项：

(1) $1-\frac{1}{3}+\frac{1}{9}-\frac{1}{27}+\cdots$；　(2) $\frac{2}{1}-\frac{3}{2}+\frac{4}{3}-\frac{5}{4}+\cdots$；

(3) $\frac{a^2}{3}-\frac{a^3}{5}+\frac{a^4}{7}-\frac{a^5}{9}+\cdots$；　(4) $1+\frac{1}{2}+3+\frac{1}{4}+5+\frac{1}{6}+\cdots$.

3. 设级数 $\sum_{n=1}^{\infty}u_n$ 的部分和为 $S_n=\frac{2n}{2n+1}$，求 u_1,u_2 和 u_n.

4. 证明下列级数收敛，并求其和.

(1) $\sum_{n=1}^{\infty}\frac{1}{n(n+1)}$；　(2) $\sum_{n=1}^{\infty}\frac{1}{(2n-1)(2n+1)}$；

(3) $\sum_{n=1}^{\infty}\frac{n}{(n+1)!}$；　(4) $\sum_{n=1}^{\infty}\frac{\sqrt{n+1}-\sqrt{n}}{\sqrt{n(n+1)}}$.

5. 利用无穷级数收敛的必要条件、定义及性质判别下列级数的敛散性：

(1) $\sum_{n=1}^{\infty}\frac{1}{\left(1+\frac{1}{n}\right)^n}$；　(2) $\sum_{n=1}^{\infty}\frac{1}{\sqrt{n+1}+\sqrt{n}}$；

(3) $\sum_{n=1}^{\infty}\cos\frac{n\pi}{2}$；　(4) $\sum_{n=1}^{\infty}\left(\frac{1}{\sqrt{n}}+\frac{1}{2^n}\right)$；

(5) $\sum_{n=1}^{\infty}(-1)^n\frac{8^n}{9^n}$；　(6) $\sum_{n=1}^{\infty}\left(\frac{\ln^n 2}{2^n}+\frac{1}{3^n}\right)$；

(7) $\sum_{n=1}^{\infty}\frac{3^n+(-1)^n n^2}{n^2\cdot3^n}$.

6. 利用正项级数比较判别法或其极限形式，判别下列级数的敛散性：

(1) $\sum_{n=1}^{\infty}\frac{1}{2n}$；　(2) $\sum_{n=1}^{\infty}n\sin\frac{1}{n^3}$；

(3) $\sum_{n=1}^{\infty}\left(1-\cos\frac{x}{n}\right)$（$x$ 为任意常数）；　(4) $\sum_{n=1}^{\infty}\frac{1}{\sqrt{n^2+1}}$；

(5) $\sum_{n=1}^{\infty}\sin\frac{\pi}{3^n}$；　(6) $\sum_{n=2}^{\infty}\frac{1}{n^3+n^2}$；

(7) $\sum_{n=1}^{\infty}\frac{n^2+1}{n^3+n}$；　(8) $\sum_{n=1}^{\infty}2^n\sin\frac{\pi}{3^n}$；

(9) $\sum_{n=1}^{\infty}\frac{\ln(n+1)}{n}$；　(10) $\sum_{n=1}^{\infty}\frac{1}{\ln(n+1)}$；

(11) $\sum_{n=3}^{\infty}\frac{2^n}{3^n-2^n}$；　　(12) $\sum_{n=1}^{\infty}\frac{1}{1+a^n}\ (a>0)$.

7. 利用比值判别法判别下列级数的敛散性：

(1) $\frac{1}{3}+\frac{3}{3^2}+\frac{5}{3^3}+\frac{7}{3^4}+\cdots$；　　(2) $1+\frac{5}{2!}+\frac{5^2}{3!}+\frac{5^3}{4!}+\cdots$；

(3) $\sum_{n=1}^{\infty}\frac{(n!)^2}{(2n)!}$；　　(4) $\sum_{n=1}^{\infty}3^n\sin\frac{\pi}{4^n}$；

(5) $\sum_{n=1}^{\infty}\frac{(2n+1)!}{2^{n+1}}$；　　(6) $\sum_{n=1}^{\infty}\frac{n\cdot 4^n}{3^n}$；

(7) $\sum_{n=1}^{\infty}\frac{5^n}{(2n+1)!}$；　　(8) $\sum_{n=1}^{\infty}\frac{3^n n!}{n^n}$；

(9) $\sum_{n=1}^{\infty}n\tan\frac{\pi}{2^{n+1}}$；　　(10) $\sum_{n=1}^{\infty}\frac{3^n}{\sqrt{n^n}}$.

8. 利用根值判别法判别下列级数的敛散性：

(1) $\sum_{n=1}^{\infty}\left(\frac{3n}{2n+1}\right)^n$；　　(2) $\sum_{n=1}^{\infty}2^n\left(\frac{n}{n+1}\right)^{n^2}$；

(3) $\sum_{n=1}^{\infty}\frac{3^{2n}}{2^n(\arctan n)^n}$；　　(4) $\sum_{n=1}^{\infty}\frac{1}{n^2}x^n\quad(x>0)$.

9. 判别下列级数是绝对收敛、条件收敛还是发散？

(1) $1-\frac{2}{3}+\frac{3}{5}-\frac{4}{7}+\cdots$；　　(2) $1-\frac{1}{2!}+\frac{1}{3!}-\frac{1}{4!}+\cdots$；

(3) $\sum_{n=1}^{\infty}(-1)^{n+1}\frac{n}{n+1}$；　　(4) $\sum_{n=1}^{\infty}(-1)^{n+1}\frac{n}{n^2+1}$；

(5) $\sum_{n=1}^{\infty}(-1)^{n+1}\frac{n}{3^{n-1}}$；　　(6) $\sum_{n=1}^{\infty}\frac{\sin na}{(n+1)^2}$；

(7) $\sum_{n=1}^{\infty}(-1)^{n-1}\ln\left(1+\frac{1}{n}\right)$；　　(8) $\frac{1}{2}-\frac{3}{10}+\frac{1}{2^2}-\frac{3}{10^2}+\frac{1}{2^3}-\frac{3}{10^3}+\cdots$；

(9) $\sum_{n=1}^{\infty}(-1)^{n+1}(\sqrt[n]{e}-1)$；　　(10) $\sum_{n=2}^{\infty}\int_n^{n+1}(-1)^{n+1}\frac{1}{\ln x}dx$.

10. 求下列幂级数的收敛域：

(1) $\sum_{n=1}^{\infty}(-1)^n\frac{5^n}{\sqrt{n}}x^n$；　　(2) $\sum_{n=1}^{\infty}(-1)^n\frac{1}{n!}x^n$；

(3) $\sum_{n=0}^{\infty}n!x^n$；　　(4) $\sum_{n=0}^{\infty}\frac{n^2x^n}{n^3+1}$；

(5) $\sum_{n=1}^{\infty}\frac{1}{3^n}x^{2n+1}$；　　(6) $\sum_{n=1}^{\infty}\frac{(x-3)^n}{n^2}$；

(7) $\sum_{n=1}^{\infty}\frac{(-1)^n}{\sqrt{n}}x^n$；　　(8) $\sum_{n=0}^{\infty}q^{n^2}x^n\,(0<q<1)$；

(9) $\sum_{n=1}^{\infty}\frac{1}{1+n^2}(3x)^n$；　　(10) $\sum_{n=0}^{\infty}5^nx^n$；

(11) $\sum_{n=1}^{\infty}\frac{3^n+(-2)^n}{n}(x+1)^n$；　　(12) $\sum_{n=1}^{\infty}\frac{(3x+1)^{2n+1}}{9^n n}$.

11. 求下列幂级数的收敛域,并求在收敛域内的和函数 $S(x)$:

(1) $\sum_{n=1}^{\infty}\frac{1}{n}x^n$; (2) $\sum_{n=0}^{\infty}(2n+1)x^n$;

(3) $\sum_{n=1}^{\infty}n(n+1)x^n$; (4) $\sum_{n=0}^{\infty}\frac{(2n+1)x^{2n}}{n!}$.

12. 将下列函数展开成麦克劳林级数,并求其收敛域:

(1) $f(x)=a^x(a>0)$; (2) $f(x)=\sin\frac{x}{2}$;

(3) $f(x)=\sin^2 x$; (4) $f(x)=\mathrm{e}^{-x^2}$;

(5) $f(x)=\frac{1}{\sqrt{1-x^2}}$; (6) $f(x)=x^3\mathrm{e}^{-x}$;

(7) $f(x)=\frac{1}{3-x}$; (8) $f(x)=\frac{x}{x^2-2x-3}$.

选 做 题 7

1. 数项级数敛散性的判定:

(1)若级数 $\sum_{n=1}^{\infty}a_n$ 收敛,则级数(　　).

(A) $\sum_{n=1}^{\infty}|a_n|$ 收敛. (B) $\sum_{n=1}^{\infty}(-1)^n a_n$ 收敛.

(C) $\sum_{n=1}^{\infty}a_n a_{n+1}$ 收敛. (D) $\sum_{n=1}^{\infty}\frac{a_n+a_{n+1}}{2}$ 收敛.

(2)设 $a_n>0, n=1,2,\cdots$, 若 $\sum_{n=1}^{\infty}a_n$ 发散, $\sum_{n=1}^{\infty}(-1)^{n-1}a_n$ 收敛, 则下列正确的是(　　).

(A) $\sum_{n=1}^{\infty}a_{2n-1}$ 收敛, $\sum_{n=1}^{\infty}a_{2n}$ 发散. (B) $\sum_{n=1}^{\infty}a_{2n}$ 收敛, $\sum_{n=1}^{\infty}a_{2n-1}$ 发散.

(C) $\sum_{n=1}^{\infty}(a_{2n-1}+a_{2n})$ 收敛. (D) $\sum_{n=1}^{\infty}(a_{2n-1}-a_{2n})$ 收敛.

(3)设有两个数列 $\{a_n\}$, $\{b_n\}$, 若 $\lim_{n\to\infty}a_n=0$, 则(　　).

(A)当 $\sum_{n=1}^{\infty}b_n$ 收敛时, $\sum_{n=1}^{\infty}a_n b_n$ 收敛. (B)当 $\sum_{n=1}^{\infty}b_n$ 发散时, $\sum_{n=1}^{\infty}a_n b_n$ 发散.

(C)当 $\sum_{n=1}^{\infty}|b_n|$ 收敛时, $\sum_{n=1}^{\infty}a_n^2 b_n^2$ 收敛. (D)当 $\sum_{n=1}^{\infty}|b_n|$ 发散时, $\sum_{n=1}^{\infty}a_n^2 b_n^2$ 发散.

(4)设 $\{u_n\}$ 是数列,则下列命题正确的是(　　).

(A)若 $\sum_{n=1}^{\infty}u_n$ 收敛,则 $\sum_{n=1}^{\infty}(u_{2n-1}+u_{2n})$ 收敛.

(B)若 $\sum_{n=1}^{\infty}(u_{2n-1}+u_{2n})$ 收敛,则 $\sum_{n=1}^{\infty}u_n$ 发散.

(C)若 $\sum_{n=1}^{\infty}u_n$ 收敛,则 $\sum_{n=1}^{\infty}(u_{2n-1}-u_{2n})$ 收敛.

(D)若 $\sum_{n=1}^{\infty}(u_{2n-1}-u_{2n})$ 收敛,则 $\sum_{n=1}^{\infty}u_n$ 收敛.

(5)已知级数 $\sum_{n=1}^{\infty}(-1)\sqrt[n]{n}\sin\frac{1}{n^{\alpha}}$ 绝对收敛,级数 $\sum_{n=1}^{\infty}\frac{(-1)^n}{n^{2-\alpha}}$ 条件收敛,则(　　).

(A) $0<\alpha\leqslant\frac{1}{2}$.　　(B) $\frac{1}{2}<\alpha\leqslant 1$.

(C) $1<\alpha\leqslant\frac{3}{2}$.　　(D) $\frac{3}{2}<\alpha\leqslant 2$.

(6)设 $\sum_{n=1}^{\infty}a_n$ 为正项级数,下列结论中正确的是(　　).

(A)若 $\lim_{n\to\infty}na_n=0$,则级数 $\sum_{n=1}^{\infty}a_n$ 收敛.

(B)若存在非零常数 λ,使得 $\lim_{n\to\infty}na_n=\lambda$,则级数 $\sum_{n=1}^{\infty}a_n$ 发散.

(C)若级数 $\sum_{n=1}^{\infty}a_n$ 收敛,则 $\lim_{n\to\infty}n^2a_n=0$.

(D)若级数 $\sum_{n=1}^{\infty}a_n$ 发散,则存在非零常数 λ,使得 $\lim_{n\to\infty}na_n=\lambda$.

2. 求幂级数的收敛半径、收敛区间及收敛域:

(1)已知幂级数 $\sum_{n=1}^{\infty}a_n(x+2)^n$ 在 $x=0$ 处收敛,在 $x=-4$ 处发散,则幂级数 $\sum_{n=1}^{\infty}a_n(x-3)^n$ 的收敛域为________;

(2)设数列 $\{a_n\}$ 单调减少,$\lim_{n\to\infty}a_n=0$,$S_n=\sum_{k=1}^{n}a_k(n=1,2,\cdots)$ 无界,故 $\sum_{n=1}^{\infty}a_n(x-1)^n$ 的收敛域是(　　);

(A)$(-1,1]$.　　(B)$[-1,1)$.　　(C)$[0,2)$.　　(D)$(0,2]$.

(3)幂级数 $\sum_{n=1}^{\infty}\frac{e^n-(-1)^n}{n^2}x^n$ 的收敛半径为________.

3. 求幂级数的和函数及数项级数的和:

(1)求幂级数 $\sum_{n=1}^{n}(-1)^{n-1}\left(1+\frac{1}{n(2n-1)}\right)x^{2n}$ 的收敛区间与和函数 $f(x)$.

(2)求幂级数 $\sum_{n=1}^{n}\left(\frac{1}{2n+1}-1\right)x^{2n}$ 在区间 $(-1,1)$ 内的和函数 $S(x)$.

(3)求幂级数 $\sum_{n=1}^{n}\frac{(-1)^{n-1}x^{2n+1}}{n(2n-1)}$ 的收敛域及和函数 $S(x)$.

(4)银行存款的年利率为 $r=0.05$,并依年复利计算. 某基金会希望通过存款 A 万元,实现第一年提取 19 万元,第二年提取 28 万元,…,第 n 年提取 $(10+9n)$ 万元,并能按此规律一直提取下去,问 A 至少应为多少万元?

(5)设 a_n 为曲线 $y=x^n$ 与 $y=x^{n+1}(n=1,2\cdots)$ 所围成区域的面积,记 $S_1=\sum_{n=1}^{\infty}a_n$,$S_2=\sum_{n=1}^{\infty}a_{2n-1}$,求 S_1 与 S_2 的值.

(6)求幂级数 $\sum_{n=1}^{\infty}\frac{(-1)^{n-1}}{2n-1}x^{2n}$ 的收敛域及和函数.

(7)求幂级数 $\sum_{n=0}^{\infty}\frac{4n^2+4n+3}{2n+1}x^{2n}$ 的收敛域及和函数.

4. 函数的幂级数展开：

(1)将函数 $f(x)=\frac{x}{2+x-x^2}$ 展成 x 的幂级数.

(2)将函数 $f(x)=\arctan\frac{1-2x}{1+2x}$ 展开成 x 的幂级数，并求级数 $\sum_{n=0}^{\infty}\frac{(-1)^n}{2n+1}$ 的和.

(3)将函数 $f(x)=\frac{1}{x^2-3x-4}$ 展开成 $x-1$ 的幂级数，并指出其收敛区间.

(4)设 $x^2=\sum_{n=0}^{\infty}a_n\cos nx\,(-\pi\leqslant x\leqslant\pi)$，则 $a_2=$ ________.

第 8 章　多元函数微积分学

前面几章学习的都是一元函数的微积分,即只依赖于一个自变量的函数. 但经常会遇到函数涉及多个自变量的情形,这就需要引入多元函数的概念.

本章介绍多元函数微积分. 多元函数在处理问题的思路和方法上和一元函数有许多类似之处. 但由于变量增多,问题更复杂,因而也有不少差别. 本章主要介绍二元函数微积分,然后把二元函数的这些概念和方法推广更加广泛的多元函数中.

8.1　预备知识

8.1.1　空间直角坐标系与空间的点

实数 x 与一维坐标系即数轴上的点 x 是一一对应的,二元数组 (x,y) 与二维平面坐标系上的点 (x,y) 是一一对应的. 类似地,建立三维空间直角坐标系,可以把三元数组 (x,y,z) 与空间中的点建立一一对应关系.

在空间中取定一点 O, 过点 O 作三条相互垂直的数轴 Ox,Oy,Oz, 取定正方向,各轴的正方向按右手规则确定,各轴上再规定一个共同的长度单位,这就构成了一个空间直角坐标系,记为 $Oxyz$ 坐标系,并称 O 为坐标原点,称数轴 Ox,Oy,Oz 为坐标轴,分别记为 x 轴, y 轴, z 轴. 如图 8.1 所示.

坐标系中的每两个坐标轴可以确定一个平面,这样可以得到三个坐标面,分别记为 xOy 面, yOz 面, zOx 面. 三个坐标面把空间分成八个部分,每一个部分叫一个卦限.

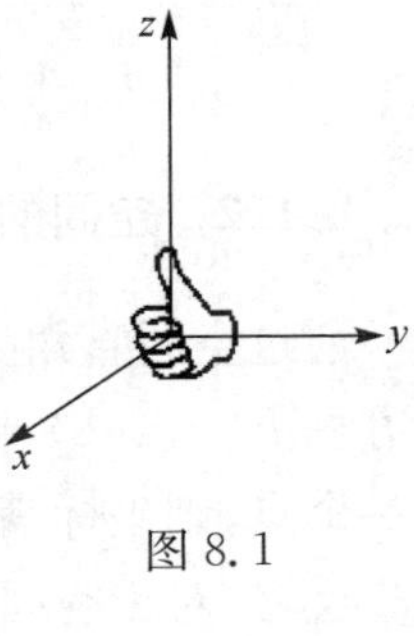

图 8.1

建立三维空间直角坐标系后,就可以用一组有序数组 (x,y,z) 来确定空间点的位置. 设 M 为空间任意一点,过 M 分别作垂直于 x 轴, y 轴, z 轴的平面,与之交 x 轴, y 轴, z 轴于 P,Q,R 三点,设 $OP=x$,$OQ=y$,$OR=z$, 则点 M 就确定了一有序数组 (x,y,z). 反之,对给定的有序实数 x,y,z, 就可以在三坐标轴上先找到相应的点,过这三点分别作垂直于坐标轴的平面,这三张平面的交点就是 (x,y,z) 所对应的点,如图 8.2 所示,于是空间任意一点和一个三元有序数组 (x,y,z) 建立了一一对应的关系,称 (x,y,z) 是点 M 的坐标,记点为 $M(x,y,z)$. 这样就确定了三维空间中的点和三元数组的一一对应关系.

可以看出,坐标原点的坐标为 $(0,0,0)$, x 轴上点的坐标为 $(x,0,0)$, y 轴与 z

轴上点的坐标分别为 $(0,y,0)$ 和 $(0,0,z)$. xOy 平面上点的坐标为 $(x,y,0)$, yOz 平面与 zOx 平面上点的坐标分别为 $(0,y,z)$ 和 $(x,0,z)$.

对于给定的空间两点 $M_1(x_1,y_1,z_1)$, $M_2(x_2,y_2,z_2)$, 过 M_1, M_2 各作三个平面分别垂直于三个坐标轴,这六个平面构成一个以线段 M_1M_2 为一条对角线的长方体,如图 8.3 所示,由图可知

$$\begin{aligned}|M_1M_2|^2 &= |M_1P|^2 + |PM_2|^2\\ &= |M_1N|^2 + |NP|^2 + |PM_2|^2\\ &= (x_2-x_1)^2 + (y_2-y_1)^2 + (z_2-z_1)^2,\end{aligned}$$

于是得空间两点间的距离公式

$$|M_1M_2| = \sqrt{(x_2-x_1)^2 + (y_2-y_1)^2 + (z_2-z_1)^2}.$$

特别地,点 $M(x,y,z)$ 到原点 O 的距离为

$$|OM| = \sqrt{x^2+y^2+z^2}.$$

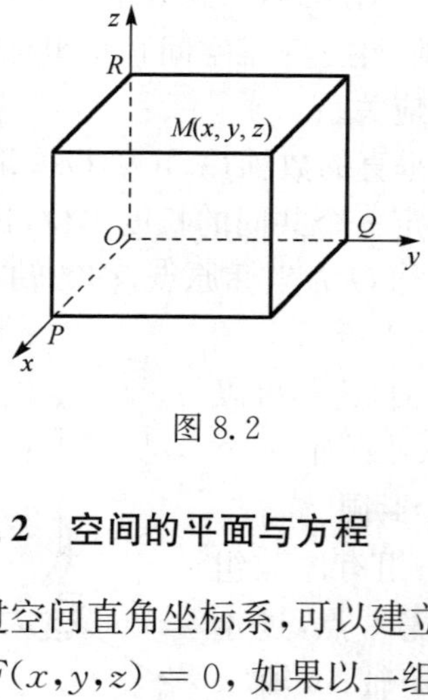

图 8.2

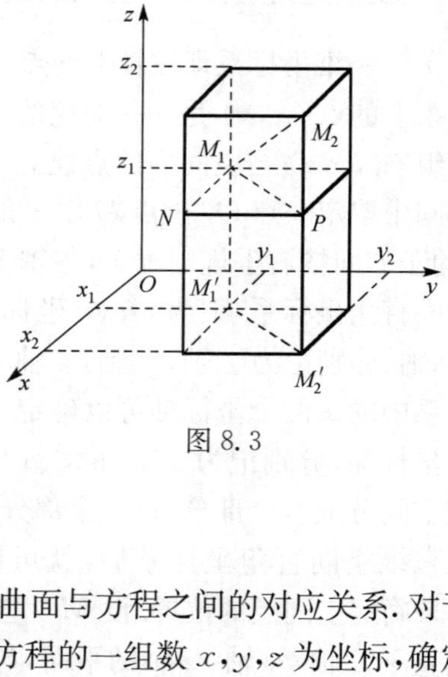

图 8.3

8.1.2 空间的平面与方程

通过空间直角坐标系,可以建立空间曲面与方程之间的对应关系.对于一个三元方程 $F(x,y,z)=0$, 如果以一组满足方程的一组数 x,y,z 为坐标,确定空间中的一个点,则坐标满足方程的所有点的集合就可以构成空间中的一个空间曲面.

反之,对于空间的一个曲面的所有点的坐标 x,y,z 所满足的关系确定出来,就得到了该曲面的方程 $F(x,y,z)=0$.

称方程 $F(x,y,z)=0$ 为**曲面的方程**.曲面的几何图形称为**方程 $F(x,y,z)=0$ 的图形**.

应该注意的是,对于一元方程或二元方程

$$F(x)=0 \text{ 或 } F(x,y)=0.$$

平面是比较简单和比较常见的曲面. 空间平面方程的一般形式为

$$Ax+By+Cz+D=0,$$

其中 A,B,C,D 为常数,且 A,B,C 不全为零.

特殊平面

平行于 x 轴的平面方程 $By+Cz+D=0$, B,C 不全为零.
平行于 y 轴的平面方程 $Ax+Cz+D=0$, A,C 不全为零.
平行于 z 轴的平面方程 $Ax+By+D=0$, A,B 不全为零.
平行于 xOy 面的平面方程 $Cz+D=0$, C 不为零.
平行于 yOz 面的平面方程 $Ax+D=0$, A 不为零.
平行于 zOx 面的平面方程 $By+D=0$, B 不为零.
xOy 面的方程 $z=0$.
yOz 面的方程 $x=0$.
zOx 面的方程 $y=0$.

8.1.3 空间的曲面与方程

1. 柱面

设 L 是空间中的一条曲线,与某一给定直线平行的动直线 l 沿曲线 L 移动所得的空间曲面称为**柱面**(图 8.4), L 称为柱面的**准线**,动直线 l 称为柱面的**母线**.

例如, $x^2+y^2=R^2$ 表示空间的一个圆柱面(图 8.5),它的母线平行于 z 轴,准线是 xOy 平面上的圆.

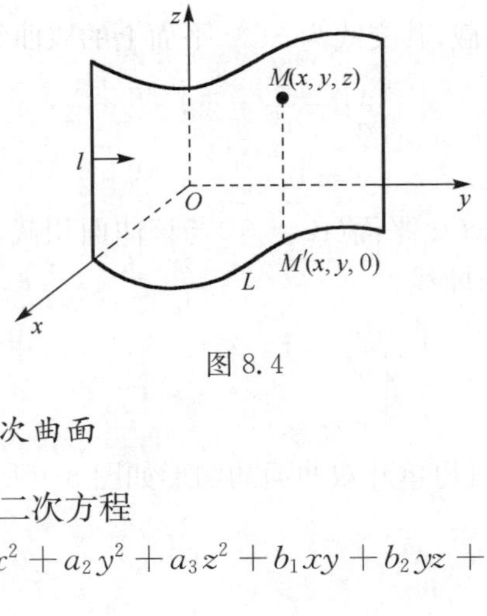

图 8.4

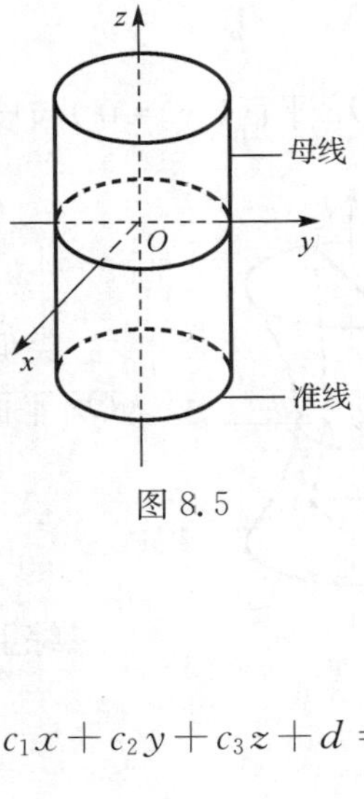

图 8.5

2. 二次曲面

三元二次方程

$$a_1x^2+a_2y^2+a_3z^2+b_1xy+b_2yz+b_3zx+c_1x+c_2y+c_3z+d=0$$

所表示的空间曲面称为**二次曲面**,其中 $a_i,b_i,c_i(i=1,2,3)$ 和 d 均为常数,且 a_i,b_i 不全为零.

常见的二次曲面有:

球面 $x^2+y^2+z^2=R^2\ (R>0)$;

椭球面 $\frac{x^2}{a^2}+\frac{y^2}{b^2}+\frac{z^2}{c^2}=1\ (a,b,c>0)$;

单叶双曲面 $\frac{x^2}{a^2}+\frac{y^2}{b^2}-\frac{z^2}{c^2}=1\ (a,b,c>0)$;

双叶双曲面 $\frac{x^2}{a^2}+\frac{y^2}{b^2}-\frac{z^2}{c^2}=-1\ (a,b,c>0)$;

二次锥面 $\frac{x^2}{a^2}+\frac{y^2}{b^2}-\frac{z^2}{c^2}=0\ (a,b,c>0)$;

椭圆抛物面 $\frac{x^2}{a^2}+\frac{y^2}{b^2}-2z=0\ (a,b>0)$;

双曲抛物面(马鞍面) $\frac{x^2}{a^2}-\frac{y^2}{b^2}+2z=0\ (a,b>0)$.

例1　用截痕法作单叶双曲面 $\frac{x^2}{a^2}+\frac{y^2}{b^2}-\frac{z^2}{c^2}=1(a,b,c>0)$ 的图形.

解　用 xOy 平面($z=0$)与该曲面相截,其交线为 xOy 平面上的椭圆:

$$\begin{cases}\frac{x^2}{a^2}+\frac{y^2}{b^2}=1,\\ z=0.\end{cases}$$

用平面 $z=d\ (d\neq 0)$ 与该曲面相截,其交线为平面 $z=d$ 上的椭圆:

$$\begin{cases}\frac{x^2}{a^2}+\frac{y^2}{b^2}=1+\frac{d^2}{c^2},\\ z=d.\end{cases}$$

用 zOx 平面($y=0$)与该曲面相截,其交线为 zOx 平面上的双曲线:

$$\begin{cases}\frac{x^2}{a^2}-\frac{z^2}{c^2}=1,\\ y=0.\end{cases}$$

类似地,用 yOz 平面($x=0$)与该曲面相截,其交线为 yOz 平面上的双曲线:

$$\begin{cases}\frac{y^2}{b^2}-\frac{z^2}{c^2}=1,\\ x=0.\end{cases}$$

综上所述,可得单叶双曲面的图形如图 8.6 所示.

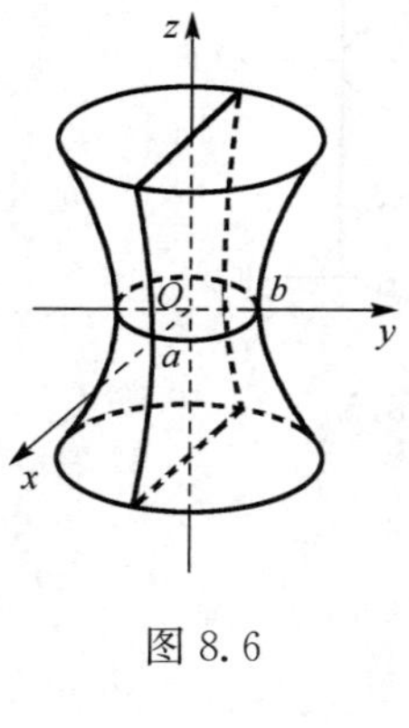

图 8.6

8.2 多元函数

8.2.1 多元函数的定义

一元函数研究一个自变量对因变量的影响,但在许多问题中,往往要研究多个自变量对因变量的影响,这时就需要引入多元函数的概念.

定义 1 设 D 是 xOy 平面上的一个点集,若对 D 中任意点 (x,y), 按照某一确定的对应法则 f, 都有唯一确定的实数 z 与之对应,则称变量 z 是 x,y 的二元函数,记为

$$z=f(x,y),\quad (x,y)\in D,$$

其中 x 和 y 称为**自变量**, z 称为**因变量**,点集 D 称为函数的**定义域**.

与一元函数一样,定义域 D 和对应法则 f 是二元函数的两个决定性因素.

类似地,可以定义三元、四元、…、n 元函数,通常 n 元函数记为

$$y=f(x_1,x_2,\cdots,x_n),\quad (x_1,x_2,\cdots,x_n)\in D,$$

其中 $x_1,x_2,\cdots,x_n$ 为自变量, y 为因变量, f 为对应法则, D 为定义域.

例 2 设矩形的长、宽分别为 x,y, 则矩形的面积 $S=xy(x>0,y>0)$, 当 x,y 的值分别给定时,按这个公式, S 就有一个确定的值与之相对应,这时就称 S 是 x,y 的二元函数.

例 3 在西方经济学中,著名的柯布-道格拉斯生产函数为 $y=cK^{\alpha}L^{\beta}$, 这里 c,α,β 为常数, $L>0,K>0$ 分别表示投入的劳动力数量和资本数量, y 表示产量. 当 K,L 的值给定时, y 就有一确定值与之对应,因此称 y 是 K,L 的二元函数.

二元函数能代表多元函数的本质,即依赖多个自变量的函数关系. 因此,下面重点讨论二元函数.

8.2.2 平面区域及二元函数的几何意义

1. 平面区域

设 $P_0(x_0,y_0)$ 是平面 xOy 上的一定点, $\delta>0$ 为一实数,以 P_0 为圆心,以 δ 为半径的圆型区域

$$\{(x,y)\,|\,(x-x_0)^2+(y-y_0)^2<\delta^2\}$$

称为点 P_0 的 δ 邻域.

而把区域

$$\{(x,y)\,|\,0<(x-x_0)^2+(y-y_0)^2<\delta^2\}$$

称为点 P_0 的 δ 空心邻域.

内点、开集 设 D 为 xOy 平面上一点集,点 $P_0(x_0,y_0)\in D$,若存在 $\delta>0$,使得 $D_\delta(P_0)\subset D$,则称 P_0 为 D 的内点;若 D 的点都是内点,则称 D 为开集.

边界点、边界 设 $P_0(x_0,y_0)$ 为 xOy 平面上一点,若对任意 $\delta>0$,总存在点 $P_1,P_2\in D_\delta(p_0)$,使得 $P_1\in D,P_2\notin D$,则称点 P_0 为 D 的边界点;D 的全体边界点的集合,称为 D 的边界.

开区域、闭区域 设 D 为一开集,P_1 和 P_2 为 D 内任意两点,若在 D 内存在一条或由有限条直线段组成的折线将 P_1 和 P_2 连接起来,则称 D 为连通区域,简称为区域或开区域;区域与区域的边界点构成的集合称为闭区域.

有界区域、无界区域 若存在正数 R,使得 $D\subset D_R(O)$,则称 D 为有界区域;否则,称 D 为无界区域. 这里 $D_R(O)$ 表示以原点 $O(0,0)$ 为圆心,R 为半径的开圆,即

$$D_R(O)=\{(x,y)\,|\,x^2+y^2<R^2\}.$$

例 4 求下列函数的定义域:

(1) $z=\sqrt{y-x}$;　　(2) $z=\arcsin(1-x^2-y^2)$;

(3) $z=\ln(y+x)+\dfrac{1}{\sqrt{x^2+y^2-4}}$.

解 (1)由 $y-x\geqslant 0$ 得 $y>x$,函数的定义域为

$$D=\{(x,y)\,|\,y\geqslant x\}.$$

(2)由 $-1\leqslant 1-x^2+y^2\leqslant 1$,得 $0\leqslant x^2+y^2\leqslant 2$,函数 $z=\arcsin(x^2+y^2)$ 的定义域为

$$D=\{(x,y)\,|\,x^2+y^2\leqslant 2\}.$$

(3)由函数的解析式有 $x+y>0,x^2+y^2-4>0$ 得函数定义域 $D=\{(x,y)\,|\,y+x>0,x^2+y^2-4>0\}$.

2. 二元函数的几何意义

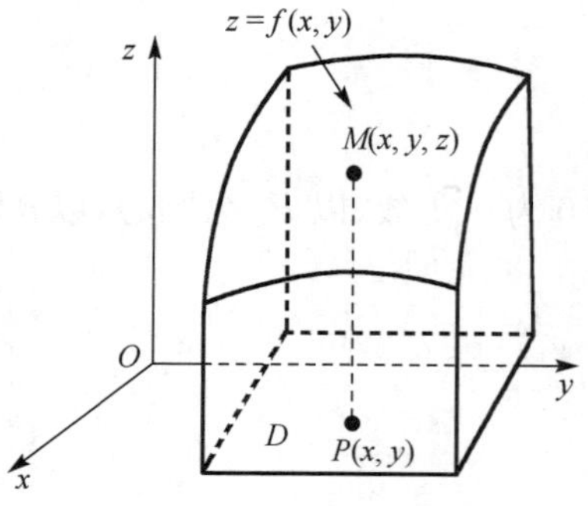

图 8.7

设函数 $z=f(x,y)$ 的定义域为 D,对于 D 中的每一点 $P(x,y)$,对应的函数值是 $z=f(x,y)$,在空间中就确定了一点 $M(x,y,z)$. 当 $P(x,y)$ 取遍整个定义域 D,点 M 在空间中的轨迹描绘出一个曲面 S,这个曲面 S 就是二元函数 $z=f(x,y)$ 的图形,也就是说二元函数的几何意义是表示三维空间中的一个曲面,其定义域 D 为该曲面在 xOy 平面上的投影(图 8.7).

8.2.3　二元函数的极限

对于一元函数,函数的极限和连续性刻画了自变量变化时,函数的变化趋势及性质.同样,对于二元函数,自然也要研究当自变量 $x \to x_0, y \to y_0$,即点 $P(x,y) \to P_0(x_0,y_0)$ 时,函数 $z=f(x,y)$ 的变化趋势,这就是二元函数的极限问题.

定义 2　设函数 $z=f(x,y)$ 在点 $P_0(x_0,y_0)$ 的某空心邻域内有定义.如果当 $P(x,y)$ 无限趋近于 $P_0(x_0,y_0)$ 时,函数 $f(x,y)$ 无限趋近于一个常数 A,则称当 $P(x,y)$ 趋近于 $P_0(x_0,y_0)$ 时,$f(x,y)$ 以 A 为极限,记作

$$\lim_{\substack{x\to x_0\\ y\to y_0}} f(x,y)=A$$

或

$$\lim_{(x,y)\to(x_0,y_0)} f(x,y)=A.$$

由定义可知,点 $P(x,y)$ 趋于点 $P_0(x_0,y_0)$ 的方式是任意的,因此,如果二元函数的极限存在,应在任何趋近方式下,函数 $f(x,y)$ 都无限趋近于同一个常数.

例 5　判断下列极限是否存在,若存在求出其值.

(1) $\displaystyle\lim_{(x,y)\to(0,2)} \frac{\sin xy^2}{x}$;

(2) $\displaystyle\lim_{(x,y)\to(0,0)} \frac{x^2 y}{x^2+y^2}$;

(3) $\displaystyle\lim_{(x,y)\to(0,0)} \frac{xy}{x^2+y^2}$.

解　(1) $\displaystyle\lim_{(x,y)\to(0,2)} \frac{\sin xy^2}{x}=\lim_{(x,y)\to(0,2)} \frac{\sin xy^2}{xy^2}\lim_{(x,y)\to(0,2)} y^2=4$,

(2)对于任意的 $(x,y)\neq(0,0)$ 总有 $0\leqslant \dfrac{x^2}{x^2+y^2}\leqslant 1$,故 $(x,y)\to(0,0)$ 时,$\dfrac{x^2}{x^2+y^2}$ 为有界变量;又因 $\displaystyle\lim_{(x,y)\to(0,0)} y=0$,故当 $(x,y)\to(0,0)$ 时,y 为无穷小量.因此有

$$\lim_{(x,y)\to(0,0)} \frac{x^2 y}{x^2+y^2}=0.$$

(3)设点 (x,y) 沿斜率为 k 的直线趋于 $(0,0)$ 时,即 $y=kx, x\to 0$,

$$\lim_{\substack{(x,y)\to(0,0)\\ y=kx}} f(x,y)=\lim_{\substack{(x,y)\to(0,0)\\ y=kx}} \frac{xy}{x^2+y^2}=\lim_{x\to 0}\frac{kx^2}{x^2+k^2x^2}=\frac{k}{1+k^2},$$

随着 k 取值的不同,极限也就不同,因此,$\displaystyle\lim_{(x,y)\to(0,0)} \frac{xy}{x^2+y^2}$ 不存在.

8.2.4 二元函数的连续性

有了二元函数的极限,可以定义二元函数的连续性.

定义 3 设二元函数 $z=f(x,y)$ 在点 $P_0(x_0,y_0)$ 的某个邻域内有定义,极限

$$\lim_{(x,y)\to(x_0,y_0)} f(x,y)=f(x_0,y_0),$$

则称 $z=f(x,y)$ **在** (x_0,y_0) **处连续**,否则称 $f(x,y)$ **在** (x_0,y_0) **处间断**.

例如,由例 5(2)知,函数

$$f(x,y)=\begin{cases}\dfrac{x^2y}{x^2+y^2}, & (x,y)\neq(0,0),\\ 0, & (x,y)=(0,0)\end{cases}$$

在点 $(0,0)$ 处连续,而由例 5(3)知,函数

$$f(x,y)=\begin{cases}\dfrac{xy}{x^2+y^2}, & (x,y)\neq(0,0),\\ 0, & (x,y)=(0,0)\end{cases}$$

在点 $(0,0)$ 处不连续.

若二元函数 $f(x,y)$ 在定义域 D 内每一点都连续,则称 $f(x,y)$ 在 D 内连续,区域 D 上的连续函数几何图形.

对于二元连续函数有以下性质.

(1)若 $f(x,y)$ 和 $g(x,y)$ 为区域 D 上的连续函数,则

$$f(x,y)\pm g(x,y),\quad f(x,y)g(x,y),\quad f(x,y)/g(x,y)\ (g(x,y)\neq 0)$$

均为区域 D 上的连续函数.

(2)连续函数的复合函数仍为连续函数.

(3)**最值定理** 定义在有界闭区域 D 上的二元连续函数,在定义域 D 上必能取到最大值和最小值.

(4)**介值定理** 定义在有界闭区域 D 上的二元连续函数,如果其最大值与最小值不相等,则该函数在区域 D 上至少有一次取得介于最小值与最大值之间的任何数值.

8.3 偏导数与全微分

8.3.1 偏导数的定义

在一元函数微分学中,我们由函数的变化率引入了导数的概念. 对于多元函数同样需要讨论函数的变化率,但由于自变量不止一个,使得自变量与因变量的关系比一元函数要复杂得多. 在本节将分别讨论因变量对每一个自变量的变化率.

定义 4　设函数 $z=f(x,y)$ 在点 $p_0(x_0,y_0)$ 的某一邻域内有定义,将 y 固定为 y_0,函数 $z=f(x,y)$ 变成一元函数 $z=f(x,y_0)$. 若此时极限

$$\lim_{\Delta x\to 0}\frac{\Delta z}{\Delta x}=\lim_{\Delta x\to 0}\frac{f(x_0+\Delta x,y_0)-f(x_0,y_0)}{\Delta x}$$

存在,则称此极限值为函数 $z=f(x,y)$在点 $p_0(x_0,y_0)$ 处对 x 的**偏导数**,记作

$$f'_x(x_0,y_0),\text{或}\frac{\partial f(x_0,y_0)}{\partial x},\text{或}z'_x\big|_{(x_0,y_0)},\text{或}\left.\frac{\partial z}{\partial x}\right|_{(x_0,y_0)}.$$

类似地,可以定义函数 $z=f(x,y)$ 在点 $p_0(x_0,y_0)$ 关于 y 的偏导数,并将极限 $\lim\limits_{\Delta y\to 0}\frac{\Delta z}{\Delta y}=\lim\limits_{\Delta y\to 0}\frac{f(x_0,y_0+\Delta y)-f(x_0,y_0)}{\Delta y}$ 称为函数 $z=f(x,y)$在点 $p_0(x_0,y_0)$ 处对 y 的**偏导数**,记作

$$f'_y(x_0,y_0),\text{或}\frac{\partial f(x_0,y_0)}{\partial y},\text{或}z'_y\big|_{(x_0,y_0)},\text{或}\left.\frac{\partial z}{\partial y}\right|_{(x_0,y_0)}.$$

由定义可以看到,$f'_x(x_0,y_0)$ 实际上就是 x 的一元函数 $f(x,y_0)$ 在 x_0 点的导数,$f'_y(x_0,y_0)$ 也是 y 的一元函数 $f(x_0,y)$ 在 y_0 点的导数.

如果函数 $z=f(x,y)$ 在区域 D 中的每一点 (x,y) 对 x 的偏导数 $f'_x(x,y)$ 都存在,则 $f'_x(x,y)$ 也是 x,y 的函数,称为函数 $f(x,y)$ 对 x 的**偏导函数**,同样可以定义 $f(x,y)$ 对 y 的偏导函数 $f'_y(x,y)$,它们可以分别记为

$$z'_x,f'_x,\frac{\partial f}{\partial x}\text{或}\frac{\partial z}{\partial x}\text{和}z'_y,f'_y,\frac{\partial f}{\partial y}\text{或}\frac{\partial z}{\partial y}.$$

偏导函数常简称为**偏导数**.

由定义可知,$f(x,y)$ 对于 x(y)的偏导数 $f'_x(x,y)(f'_y(x,y))$ 就是把 $f(x,y)$ 中的 y(x)看成常数,并对 x(y)求导,因而可以利用一元函数的求导公式、四则运算求导法则、复合函数求导法则等,对二元函数偏导数进行运算.

二元函数的偏导数概念可以推广到多元函数.

例 6　求函数 $z=\sin xy$ 的偏导数 z'_x, z'_y.

解　求 z'_x 时,将 y 看作常量,可得

$$z'_x=y\cos xy.$$

求 z'_y 时,将 x 看作常量,可得

$$z'_y=x\cos xy.$$

例 7　函数 $z=x^y+y^x$,求 $\frac{\partial z}{\partial x},\frac{\partial z}{\partial y}$.

解　$\frac{\partial z}{\partial x}=yx^{y-1}+y^x\ln y,\frac{\partial z}{\partial y}=x^y\ln x+xy^{x-1}$.

例 8　求函数 $u=\frac{x}{y}\sin z$ 的偏导数.

解 $\frac{\partial u}{\partial x}=\frac{1}{y}\sin z$,　$\frac{\partial u}{\partial y}=-\frac{x}{y^2}\sin z$, $\frac{\partial u}{\partial z}=\frac{x}{y}\cos z$.

例 9 设 $z=f(x^2+y^2)$ 且 $f(u)$ 是可导函数,求 $\frac{\partial z}{\partial x},\frac{\partial z}{\partial y}$.

解 $\frac{\partial z}{\partial x}=2xf'(x^2+y^2)$, $\frac{\partial z}{\partial y}=2yf'(x^2+y^2)$.

例 10 讨论函数

$$f(x,y)=\begin{cases}\frac{xy}{x^2+y^2}, & x^2+y^2\neq 0,\\ 0, & x^2+y^2=0\end{cases}$$

在 $(0,0)$ 的偏导数与连续性的关系.

解 由偏导数的定义有

$$f'_x(0,0)=\lim_{\Delta x\to 0}\frac{f(\Delta x,0)-f(0,0)}{\Delta x}=0,$$

$$f'_y(0,0)=\lim_{\Delta y\to 0}\frac{f(0,\Delta y)-f(0,0)}{\Delta y}=0,$$

从而 $f(x,y)$ 在 $(0,0)$ 点的偏导数都存在. 但由例 5 知道, $f(x,y)$ 在 $(0,0)$ 点极限不存在,故在该点不连续.

此例说明 $f(x,y)$ 在某一点的偏导数存在不能得到函数在该点连续,这与一元函数的可导一定连续的结论是不一样的. 这是因为偏导数只是刻画了函数在某点处沿 x 轴或 y 轴这两个特定的方向变化时的变化情况,而不是函数在对应点处发生变化时的任意方向的变化情况.

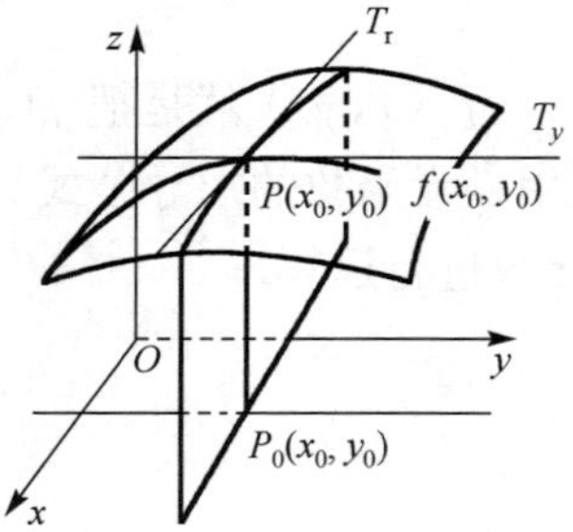

图 8.8

8.3.2 偏导数的几何意义

偏导数的几何意义是: $f'_x(x_0,y_0)$ 表示曲面 $z=f(x,y)$ 与平面 $y=y_0$ 的交线在空间点 $P(x_0,y_0,f(x_0,y_0))$ 处的切线 T_x 的斜率; $f'_y(x_0,y_0)$ 表示 $z=f(x,y)$ 与平面 $x=x_0$ 的交线在点 $P(x_0,y_0,f(x_0,y_0))$ 处的切线 T_y 的斜率,如图 8.8 所示.

8.3.3 全微分

多元函数的偏导数只描述了某个自变量变化而其他自变量保持不变时的变化情况. 为了研究所有自变量同时发生变化时,多元函数的整体变化情况,我们引入全微分的概念. 多元函数的全微分和一元函数的微分有很多相似之处.

设一矩形长为 x, 宽为 y, 则其面积 $S=xy$, 长和宽分别增加了 Δx 和 Δy, 即当 (x,y) 变到 $(x+\Delta x,y+\Delta y)$ 时,函数 S 的改变量为

$$\Delta S=(x+\Delta x)(y+\Delta y)-xy=y\Delta x+x\Delta y+\Delta x\Delta y. \tag{8.1}$$

式(8.1)由两部分组成,第一部分 $y\Delta x+x\Delta y$ 是关于 $\Delta x,\Delta y$ 的线性函数,称为线性主部;第二部分 $\Delta x\Delta y$ 是当 $\Delta x\to 0,\Delta y\to 0$ 时较 $\rho=\sqrt{(\Delta x)^2+(\Delta y)^2}$ 高阶的无穷小,通常记作 $o(\rho)$, 于是式(8.1)可写为

$$\Delta S=y\Delta x+x\Delta y+o(\rho),$$

当 $|\Delta x|$ 和 $|\Delta y|$ 很小时,面积的改变量 ΔS 可近似地用式(8.1)的线性主部来表示,即

$$\Delta S\approx y\Delta x+x\Delta y.$$

通过这个例子,当自变量发生变化时, 对一般的多元函数,可以用自变量改变量的线性主部近似表示函数的相应改变量.

定义 5　设函数 $z=f(x,y)$ 在点 (x_0,y_0) 的某邻域内有定义,若函数的改变量 Δz 可以表示为

$$\Delta z=f(x_0+\Delta x,y_0+\Delta y)-f(x_0,y_0)=A\Delta x+B\Delta y+o(\rho),$$

其中 A,B 仅与点 (x_0,y_0) 有关,而与 $\Delta x,\Delta y$ 无关,$\rho=\sqrt{(\Delta x)^2+(\Delta y)^2}$,则称函数 $f(x,y)$ 在点 (x_0,y_0) 处可微;并称线性主部 $A\Delta x+B\Delta y$ 为函数 $f(x,y)$ 在点 (x_0,y_0) 处的**全微分**,记作 $\mathrm{d}z$, 即

$$\mathrm{d}z=A\Delta x+B\Delta y.$$

关于多元函数的全微分、偏导数和连续性之间的关系,有以下三个基本定理.

定理 1　若函数 $z=f(x,y)$ 在点 (x_0,y_0) 可微,则函数在该点的偏导数 $f'_x(x_0,y_0),f'_y(x_0,y_0)$ 存在,且

$$A=f'_x(x_0,y_0),\quad B=f'_y(x_0,y_0).$$

证明　由于 $f(x,y)$ 在点 (x_0,y_0) 可微,则对任意 $\Delta x,\Delta y$ 有

$$\Delta z=A\Delta x+B\Delta y+o(\rho).$$

令 $\Delta y=0$, 则有

$$\Delta z=f(x_0+\Delta x,y_0)-f(x_0,y_0)=A\Delta x+o(\sqrt{(\Delta x)^2})=A\Delta x+o(|\Delta x|),$$

两边除以 Δx, 并令 $\Delta x\to 0$ 取极限,有

$$\lim_{\Delta x\to 0}\frac{\Delta z}{\Delta x}=\lim_{\Delta x\to 0}\frac{A\Delta x+o(|\Delta x|)}{\Delta x}=A,$$

从而 $f'_x(x_0,y_0)$ 存在,且等于 A.

同理可证 $B=f'_y(x_0,y_0)$.

令 $z=x$, 可得 $\mathrm{d}z=\mathrm{d}x=\Delta x$, 即 $\Delta x=\mathrm{d}x$, 同理可得 $\Delta y=\mathrm{d}y$, 则函数 $z=f(x,y)$ 在点 (x_0,y_0) 的全微分可记作

$$\mathrm{d}z|_{(x_0,y_0)}=f'_x(x_0,y_0)\mathrm{d}x+f'_y(x_0,y_0)\mathrm{d}y.$$

若函数在区域 D 内可微,则对区域 D 内任意点 (x,y) 的全微分记作

$$\mathrm{d}z=f'_x(x,y)\mathrm{d}x+f'_y(x,y)\mathrm{d}y$$

或

$$dz=\frac{\partial z}{\partial x}dx+\frac{\partial z}{\partial y}dy.$$

定理 2　若函数 $z=f(x,y)$ 在点 (x_0,y_0) 处可微,则该函数在点 (x_0,y_0) 处连续.

证明　由于 $z=f(x,y)$ 在点 (x_0,y_0) 可微,即有

$$\Delta z=A\Delta x+B\Delta y+o(\rho),$$

从而

$$\lim_{\substack{\Delta x\to 0\\ \Delta y\to 0}}\Delta z=\lim_{\substack{\Delta x\to 0\\ \Delta y\to 0}}(A\Delta x+B\Delta y+o(\rho))=0,$$

所以

$$\lim_{\substack{\Delta x\to 0\\ \Delta y\to 0}}f(x_0+\Delta x,y_0+\Delta y)=f(x_0,y_0),$$

由此可得 $z=f(x,y)$ 在点 (x_0,y_0) 连续.

定理 3(可微的充分条件)　若函数 $z=f(x,y)$ 在点 (x_0,y_0) 的某邻域内偏导数存在且连续,则该函数在点 (x_0,y_0) 处可微.

证明　略.

由定理 1～定理 3 可知,多元函数的可微、偏导数存在与连续之间有如下关系:

偏导数存在且连续⟹可微 ⇗ 偏导数存在；可微 ⇘ 连续

但反之不成立.

例 11　求函数 $z=\arctan\dfrac{x}{y}$ 在点 $(1,1)$ 处的全微分.

解　因为 $\dfrac{\partial z}{\partial x}=\dfrac{\frac{1}{y}}{1+\left(\frac{x}{y}\right)^2}=\dfrac{y}{x^2+y^2}$, $\dfrac{\partial z}{\partial y}=\dfrac{-x}{x^2+y^2}$, 则有

$$dz|_{(1,1)}=\left(\frac{y}{x^2+y^2}dx-\frac{x}{x^2+y^2}dy\right)\bigg|_{(1,1)}=-\frac{1}{2}dx+\frac{1}{2}dy.$$

例 12　求函数 $u=z\ln\dfrac{y}{x}$ 的全微分.

解　$u'_x=-\dfrac{z}{x}$, $u'_y=\dfrac{z}{y}$, $u'_z=\ln\dfrac{y}{x}$, 则

$$du=-\frac{z}{x}dx+\frac{z}{y}dy+\ln\frac{y}{x}dz.$$

8.3.4　全微分的近似计算

若函数 $z=f(x,y)$ 在点 (x_0,y_0) 处可微，即

$$\begin{aligned}\Delta z&=f(x_0+\Delta x,y_0+\Delta y)-f(x_0,y_0)\\&=f'_x(x_0,y_0)\Delta x+f'_y(x_0,y_0)\Delta y+o(\rho)\quad(\rho\to 0).\end{aligned}$$

当 $|\Delta x|,|\Delta y|$ 充分小时，

$$\Delta z\approx \mathrm{d}z=f'_x(x_0,y_0)\Delta x+f'_y(x_0,y_0)\Delta y \tag{8.2}$$

或

$$f(x_0+\Delta x,y_0+\Delta y)\approx f(x_0,y_0)+f'_x(x_0,y_0)\Delta x+f'_y(x_0,y_0)\Delta y. \tag{8.3}$$

例 13　求 $\sqrt{3.01^2+3.98^2}$ 的近似值.

解　令 $z=f(x,y)=\sqrt{x^2+y^2},(x_0,y_0)=(3,4)$,

$$\Delta x=0.01,\quad \Delta y=-0.02,$$

$$f'_x(3,4)=\left.\frac{x}{\sqrt{x^2+y^2}}\right|_{(3,4)}=\frac{3}{5},\quad f'_y(3,4)=\left.\frac{y}{\sqrt{x^2+y^2}}\right|_{(3,4)}=\frac{4}{5},$$

有 $f(3,4)=5$，所以由近似公式得

$$\begin{aligned}\sqrt{3.01^2+3.98^2}&\approx f(3,4)+f'_x(3,4)\times(0.01)+f'_y(3,4)\times(-0.02)\\&=5+\frac{3}{5}\times(0.01)+\frac{4}{5}\times 0.01=5-0.002=4.998.\end{aligned}$$

8.4　多元复合函数与隐函数微分法

8.4.1　多元复合函数微分法

定理 4　设函数 $z=f(u,v)$ 可微；函数 $u=u(x,y),v=v(x,y)$ 有偏导数，则它们的复合函数 $z=f[u(x,y),v(x,y)]$ 作为 x,y 的函数有偏导数，且

$$\frac{\partial z}{\partial x}=\frac{\partial z}{\partial u}\cdot\frac{\partial u}{\partial x}+\frac{\partial z}{\partial v}\cdot\frac{\partial v}{\partial x},\quad \frac{\partial z}{\partial y}=\frac{\partial z}{\partial u}\cdot\frac{\partial u}{\partial y}+\frac{\partial z}{\partial v}\cdot\frac{\partial v}{\partial y}. \tag{8.4}$$

该公式称为多元复合函数求导的**链式法则**.

证明　对于任意固定的 y，给 x 一个改变量 Δx，则 u,v 有相应的改变量 Δu 和 Δv，

$$\Delta u=u(x+\Delta x,y)-u(x,y),\quad \Delta v=v(x+\Delta x,y)-v(x,y),$$

从而得到 $z=f(u,v)$ 的改变量

$$\Delta z=f(u+\Delta u,v+\Delta v)-f(u,v).$$

由于函数 $z=f(u,v)$ 可微，所以

$$\Delta z=\frac{\partial z}{\partial u}\Delta u+\frac{\partial z}{\partial v}\Delta v+o(\rho),\tag{8.5}$$

其中 $\rho=\sqrt{(\Delta u)^2+(\Delta v)^2}$，当 $\rho\to0$ 时，即 $(\Delta u,\Delta v)\to(0,0)$ 时，$\frac{o(\rho)}{\rho}\to0$.

在式(8.5)两端除以 Δx，得

$$\frac{\Delta z}{\Delta x}=\frac{\partial z}{\partial u}\cdot\frac{\Delta u}{\Delta x}+\frac{\partial z}{\partial v}\cdot\frac{\Delta v}{\Delta x}+\frac{o(\rho)}{\Delta x}.$$

由题设 $u(x,y)$，$v(x,y)$ 都有偏导数，故

$$\lim_{\Delta x\to0}\frac{\Delta u}{\Delta x}=\frac{\partial u}{\partial x},\quad \lim_{\Delta x\to0}\frac{\Delta v}{\Delta x}=\frac{\partial v}{\partial x}.$$

又 $\frac{o(\rho)}{\Delta x}=\frac{o(\rho)}{\rho}\cdot\frac{\rho}{\Delta x}$，而

$$\lim_{\Delta x\to0}\frac{\rho}{|\Delta x|}=\lim_{\Delta x\to0}\frac{\sqrt{(\Delta u)^2+(\Delta v)^2}}{|\Delta x|}=\lim_{\Delta x\to0}\sqrt{\left(\frac{\Delta u}{\Delta x}\right)^2+\left(\frac{\Delta v}{\Delta x}\right)^2}=\sqrt{\left(\frac{\partial u}{\partial x}\right)^2+\left(\frac{\partial v}{\partial x}\right)^2},$$

故当 $\Delta x\to0$ 时，$\frac{\rho}{|\Delta x|}$ 是一个有界变量；另一方面，$\Delta x\to0$ 时，$\Delta u\to0$，$\Delta v\to0$，故 $\rho\to0$，从而 $\frac{o(\rho)}{\rho}\to0$，即 $\frac{o(\rho)}{\rho}$ 是一个无穷小量. 由无穷小量的性质知

$$\lim_{\Delta x\to0}\frac{o(\rho)}{\Delta x}=\lim_{\Delta x\to0}\frac{o(\rho)}{\rho}\cdot\frac{\rho}{\Delta x}=0,$$

所以

$$\lim_{\Delta x\to0}\frac{\Delta z}{\Delta x}=\frac{\partial z}{\partial u}\cdot\frac{\partial u}{\partial x}+\frac{\partial z}{\partial v}\cdot\frac{\partial v}{\partial x},$$

从而偏导数存在，且

$$\frac{\partial z}{\partial x}=\frac{\partial z}{\partial u}\cdot\frac{\partial u}{\partial x}+\frac{\partial z}{\partial v}\cdot\frac{\partial v}{\partial x}.$$

同理可得

$$\frac{\partial z}{\partial y}=\frac{\partial z}{\partial u}\cdot\frac{\partial u}{\partial y}+\frac{\partial z}{\partial v}\cdot\frac{\partial v}{\partial y}.$$

使用链式法则求偏导数时，要注意以下三点.

(1)弄清复合函数的构成层次，即分清哪些是自变量，哪些是中间变量，以及每一个中间变量又是哪些自变量的函数.

(2)函数 z 对某个自变量求偏导数时，必须由 z 逐个对中间变量求偏导数，并相应乘以该中间变量对自变量的偏导数，再把所有的乘积项相加.

(3)一般地说，有几个中间变量，求导公式右端就应含有几项；有几次复合，每一项就有几个因子相乘.

这个法则可以推广到更一般的情况.

例如，设 $z=f(u,v)$，$u=u(x)$，$v=v(x)$，则 $z=f[u(x),v(x)]$ 有链式法则

$$\frac{\mathrm{d}z}{\mathrm{d}x}=\frac{\partial z}{\partial u}\cdot\frac{\mathrm{d}u}{\mathrm{d}x}+\frac{\partial z}{\partial v}\cdot\frac{\mathrm{d}v}{\mathrm{d}x}.$$

设 $z=f(u)$，$u=u(x,y)$，则 $z=f[u(x,y)]$ 有链式法则

$$\frac{\partial z}{\partial x}=\frac{\mathrm{d}z}{\mathrm{d}u}\cdot\frac{\partial u}{\partial x},$$

$$\frac{\partial z}{\partial y}=\frac{\mathrm{d}z}{\mathrm{d}u}\cdot\frac{\partial u}{\partial y}.$$

设 $z=f(x,v)$，$v=v(x,y)$，则 $z=f[x,v(x,y)]$ 有链式法则

$$\frac{\partial z}{\partial x}=\frac{\partial f}{\partial x}+\frac{\partial f}{\partial v}\cdot\frac{\partial v}{\partial x},$$

$$\frac{\partial z}{\partial y}=\frac{\partial f}{\partial v}\cdot\frac{\partial v}{\partial y}.$$

例 14　设 $z=\mathrm{e}^u\sin v$，$u=xy$，$v=x+y$，求 $\frac{\partial z}{\partial x},\frac{\partial z}{\partial y}$.

解　由链式法则有

$$\begin{aligned}\frac{\partial z}{\partial x}&=\frac{\partial z}{\partial u}\cdot\frac{\partial u}{\partial x}+\frac{\partial z}{\partial v}\cdot\frac{\partial v}{\partial x}=\mathrm{e}^u\sin v\cdot y+\mathrm{e}^u\cos v\\&=\mathrm{e}^{xy}[y\sin(x+y)+\cos(x+y)],\\\frac{\partial z}{\partial y}&=\frac{\partial z}{\partial u}\cdot\frac{\partial u}{\partial y}+\frac{\partial z}{\partial v}\cdot\frac{\partial v}{\partial y}=\mathrm{e}^u\sin v\cdot x+\mathrm{e}^u\cos v\\&=\mathrm{e}^{xy}[x\sin(x+y)+\cos(x+y)].\end{aligned}$$

例 15　设 $z=\arcsin(xy)$，$y=\mathrm{e}^{-x}$，求 $\frac{\mathrm{d}z}{\mathrm{d}x}$.

解　令 $z=\arcsin u$，$u=xy$，由链式法则有

$$\begin{aligned}\frac{\mathrm{d}z}{\mathrm{d}x}&=\frac{\mathrm{d}z}{\mathrm{d}u}\cdot\frac{\partial u}{\partial x}+\frac{\mathrm{d}z}{\mathrm{d}u}\cdot\frac{\partial u}{\partial y}\cdot\frac{\mathrm{d}y}{\mathrm{d}x}\\&=\frac{1}{\sqrt{1-u^2}}\cdot y-\frac{1}{\sqrt{1-u^2}}\cdot x\cdot\mathrm{e}^{-x}\\&=\frac{y}{\sqrt{1-(xy)^2}}-\frac{x\mathrm{e}^{-x}}{\sqrt{1-(xy)^2}}=\frac{(1-x)\mathrm{e}^{-x}}{\sqrt{1-(x\mathrm{e}^{-x})^2}}.\end{aligned}$$

例 16　设 $u=f(x,y,z)=xy\mathrm{e}^z$，$f$ 具有连续的一阶偏导数，而 $z=\arctan(xy)$，求 $\frac{\partial u}{\partial x}$ 和 $\frac{\partial u}{\partial y}$.

解　由链式法则有

$$\begin{aligned}\frac{\partial u}{\partial x}&=\frac{\partial f}{\partial x}+\frac{\partial f}{\partial z}\cdot\frac{\partial z}{\partial x}=y\mathrm{e}^z+xy\mathrm{e}^z\cdot\frac{y}{1+(xy)^2}\\&=y\mathrm{e}^{\arctan(xy)}+xy\mathrm{e}^{\arctan(xy)}\cdot\frac{y}{1+(xy)^2}=y\mathrm{e}^{\arctan(xy)}\left(1+\frac{xy}{1+(xy)^2}\right),\end{aligned}$$

$$\frac{\partial u}{\partial y}=\frac{\partial f}{\partial y}+\frac{\partial f}{\partial z}\cdot\frac{\partial z}{\partial y}=xe^{z}+xye^{z}\cdot\frac{x}{1+(xy)^2}$$
$$=xe^{\arctan(xy)}+xye^{\arctan(xy)}\cdot\frac{x}{1+(xy)^2}=xe^{\arctan(xy)}\left(1+\frac{xy}{1+(xy)^2}\right).$$

例 17　设 $z=\varphi(x^2-y^2)$，且 φ 具有一阶连续偏导数，求 $y\frac{\partial z}{\partial x}+x\frac{\partial z}{\partial y}$.

解　令 $u=x^2-y^2$，由链式法则有

$$\frac{\partial z}{\partial x}=\frac{d\varphi}{du}\cdot\frac{\partial u}{\partial x}=\varphi'(u)\cdot 2x,$$
$$\frac{\partial z}{\partial y}=\frac{d\varphi}{du}\cdot\frac{\partial u}{\partial y}=-\varphi'(u)\cdot 2y,$$
$$y\frac{\partial z}{\partial x}+x\frac{\partial z}{\partial y}=y\cdot\varphi'(u)\cdot 2x-x\cdot\varphi'(u)\cdot 2y=0.$$

例 18　设 $z=f(xy,x^2+y^2)$，其中 f 可微，求 $\frac{\partial z}{\partial x},\frac{\partial z}{\partial y}$.

解　令 $u=xy,v=x^2+y^2$，由链式法则有

$$\begin{aligned}\frac{\partial z}{\partial x}&=\frac{\partial f}{\partial u}\cdot\frac{\partial u}{\partial x}+\frac{\partial f}{\partial v}\cdot\frac{\partial v}{\partial x}\\&=f'_u\cdot y+f'_v\cdot 2x\\&=yf'_u+2xf'_v,\\\frac{\partial z}{\partial y}&=\frac{\partial f}{\partial u}\cdot\frac{\partial u}{\partial y}+\frac{\partial f}{\partial v}\cdot\frac{\partial v}{\partial y}\\&=f'_u\cdot x+f'_v\cdot 2y\\&=xf'_u+2yf'_v.\end{aligned}$$

有时为了书写方便，将 $\frac{\partial f}{\partial u}$ 记作 f'_1，$\frac{\partial f}{\partial v}$ 记作 f'_2. 1,2 分别表示对第一个和第二个中间变量求导. 因而上式可写成

$$\frac{\partial z}{\partial x}=yf'_1+2xf'_2,$$
$$\frac{\partial z}{\partial y}=xf'_1+2yf'_2.$$

8.4.2　全微分形式的不变性

利用多元复合函数求导法则，可以证明多元函数的**全微分形式不变性**，即设函数 $z=f(x,y)$ 可微，当 x,y 为自变量时，有全微分公式

$$dz=\frac{\partial z}{\partial x}dx+\frac{\partial z}{\partial y}dy$$

而当 $x=x(s,t),y=y(s,t)$ 为可微函数时，对复合函数 $z=f[x(s,t),y(s,t)]$ 仍

有全微分公式

$$dz=\frac{\partial z}{\partial x}dx+\frac{\partial z}{\partial y}dy.$$

证明　由链式法则有

$$\frac{\partial z}{\partial s}=\frac{\partial z}{\partial x}\cdot\frac{\partial x}{\partial s}+\frac{\partial z}{\partial y}\cdot\frac{\partial y}{\partial s},$$

$$\frac{\partial z}{\partial t}=\frac{\partial z}{\partial x}\cdot\frac{\partial x}{\partial t}+\frac{\partial z}{\partial y}\cdot\frac{\partial y}{\partial t}.$$

于是由全微分的定义,有

$$\begin{aligned}dz&=\frac{\partial z}{\partial s}ds+\frac{\partial z}{\partial t}dt\\&=\left(\frac{\partial z}{\partial x}\cdot\frac{\partial x}{\partial s}+\frac{\partial z}{\partial y}\cdot\frac{\partial y}{\partial s}\right)ds+\left(\frac{\partial z}{\partial x}\cdot\frac{\partial x}{\partial t}+\frac{\partial z}{\partial y}\cdot\frac{\partial y}{\partial t}\right)dt\\&=\frac{\partial z}{\partial x}\left(\frac{\partial x}{\partial s}ds+\frac{\partial x}{\partial t}dt\right)+\frac{\partial z}{\partial y}\left(\frac{\partial y}{\partial s}ds+\frac{\partial y}{\partial t}dt\right)\\&=\frac{\partial z}{\partial x}dx+\frac{\partial z}{\partial y}dy.\end{aligned}$$

例 19　求三元函数 $u=(x+y)z+e^{xyz}$ 的全微分.

解　由全微分形式不变性得

$$\begin{aligned}du&=d(xz+yz)+de^{xyz}=zdx+xdz+ydz+zdy+e^{xyz}d(xyz)\\&=(z+ye^{xyz})dx+(z+xze^{xyz})dy+(x+y+xye^{xyz})dz.\end{aligned}$$

例 20　设 $z=f\left(x+y,\frac{y}{x}\right)$ 且可微,求全微分 dz,并由此求 $\frac{\partial z}{\partial x},\frac{\partial z}{\partial y}$.

解　令 $u=x+y,v=\frac{y}{x}$,则 $z=f(u,v)$,由全微分形式不变性得

$$dz=\frac{\partial f}{\partial u}du+\frac{\partial f}{\partial v}dv,$$

而

$$du=dx+dy,\quad dv=-\frac{y}{x^2}dx+\frac{1}{x}dy,$$

所以

$$\begin{aligned}dz&=f_1'(dx+dy)+f_2'\left(-\frac{y}{x^2}dx+\frac{1}{x}dy\right)\\&=\left(f_1'-\frac{y}{x^2}f_2'\right)dx+\left(f_1'+\frac{1}{x}f_2'\right)dy,\end{aligned}$$

由此可得

$$\frac{\partial z}{\partial x}=f_1'-\frac{y}{x^2}f_2',\quad\frac{\partial z}{\partial y}=f_1'+\frac{1}{x}f_2'.$$

8.4.3 多元隐函数微分法

一般说来,能用 $y=f(x)$,$z=f(x,y)$ 等形式给出的函数,称为显函数;而由方程 $F(x,y)=0$,$F(x,y,z)=0$ 所确定的函数 $y=f(x)$,$z=f(x,y)$ 等,称为隐函数.

定理 5 设方程 $F(x,y)=0$ 确定隐函数 $y=f(x)$,且函数 $F(x,y)$ 存在连续偏导数,则当 $\frac{\partial F}{\partial y}\neq 0$ 时,有隐函数求导公式

$$\frac{\mathrm{d}y}{\mathrm{d}x}=-\frac{F'_x}{F'_y}=-\frac{\partial F}{\partial x}\Big/\frac{\partial F}{\partial y}. \tag{8.6}$$

证明 因为 $y=f(x)$ 是由 $F(x,y)=0$ 确定的隐函数,故有恒等式

$$F(x,f(x))=0,$$

此等式两边对 x 求导,可得

$$\frac{\partial F}{\partial x}+\frac{\partial F}{\partial y}\cdot\frac{\mathrm{d}y}{\mathrm{d}x}=0.$$

由于 $\frac{\partial F}{\partial y}\neq 0$,所以

$$\frac{\mathrm{d}y}{\mathrm{d}x}=-\frac{F'_x}{F'_y}=-\frac{\partial F}{\partial x}\Big/\frac{\partial F}{\partial y}.$$

类似可以证明,对于由方程 $F(x,y,z)=0$ 所确定的二元函数 $z=f(x,y)$ 有下述定理.

定理 6 设方程 $F(x,y,z)=0$ 确定隐函数 $z=f(x,y)$,且函数 $F(x,y,z)$ 存在连续偏导数,则当 $\frac{\partial F}{\partial z}\neq 0$ 时,有隐函数求导公式

$$\frac{\partial z}{\partial x}=-\frac{F'_x}{F'_z}=-\frac{\partial F}{\partial x}\Big/\frac{\partial F}{\partial z},$$
$$\frac{\partial z}{\partial y}=-\frac{F'_y}{F'_z}=-\frac{\partial F}{\partial y}\Big/\frac{\partial F}{\partial z}. \tag{8.7}$$

例 21 求由方程 $\cos y+\mathrm{e}^x-xy=0$ 所确定的隐函数 $y=f(x)$ 的导数 $\frac{\mathrm{d}y}{\mathrm{d}x}$.

解 设 $F(x,y)=\cos y+\mathrm{e}^x-xy$,则有

$$\frac{\partial F}{\partial x}=\mathrm{e}^x-y,\quad \frac{\partial F}{\partial y}=-\sin y-x,$$

于是有

$$\frac{\mathrm{d}y}{\mathrm{d}x}=-\frac{\partial F}{\partial x}\Big/\frac{\partial F}{\partial y}=\frac{\mathrm{e}^x-y}{\sin y+x}.$$

例 22 设函数 $z=f(x,y)$ 由方程 $\mathrm{e}^z=xyz$ 确定,求 $\frac{\partial z}{\partial x},\frac{\partial z}{\partial y}$.

解　**法一**　设 $F(x,y,z)=\mathrm{e}^z-xyz$，则有

$$\frac{\partial F}{\partial x}=-yz,$$

$$\frac{\partial F}{\partial y}=-xz,$$

$$\frac{\partial F}{\partial z}=\mathrm{e}^z-xy.$$

于是有

$$\frac{\partial z}{\partial x}=-\frac{\partial F}{\partial x}\Big/\frac{\partial F}{\partial z}=\frac{yz}{\mathrm{e}^z-xy},$$

$$\frac{\partial z}{\partial y}=-\frac{\partial F}{\partial y}\Big/\frac{\partial F}{\partial z}=\frac{xz}{\mathrm{e}^z-xy}.$$

法二　对方程 $\mathrm{e}^z=xyz$ 两边直接求导. 对 x 求偏导，有

$$\mathrm{e}^z\frac{\partial z}{\partial x}=yz+xy\frac{\partial z}{\partial x},$$

解出 $\frac{\partial z}{\partial x}$，得

$$\frac{\partial z}{\partial x}=\frac{yz}{\mathrm{e}^z-xy}.$$

同理可得

$$\frac{\partial z}{\partial y}=\frac{xz}{\mathrm{e}^z-xy}.$$

例 23　设 $x^2+z^2=x\varphi\left(\frac{z}{y}\right)$，其中函数 φ 可微，求 $\frac{\partial z}{\partial x},\frac{\partial z}{\partial y}$.

解　设 $F(x,y,z)=x^2+z^2-x\varphi\left(\frac{z}{y}\right)$，因

$$\frac{\partial F}{\partial x}=2x-\varphi\left(\frac{z}{y}\right),$$

$$\frac{\partial F}{\partial y}=-x\varphi'\left(\frac{z}{y}\right)\left(-\frac{z}{y^2}\right)=\frac{xz}{y^2}\varphi'\left(\frac{z}{y}\right),$$

$$\frac{\partial F}{\partial z}=2z-x\varphi'\left(\frac{z}{y}\right)\cdot\frac{1}{y}=2z-\frac{x}{y}\varphi'\left(\frac{z}{y}\right).$$

所以

$$\frac{\partial z}{\partial x}=-\frac{F'_x}{F'_z}=\frac{y\left[\varphi\left(\frac{z}{y}\right)-2x\right]}{2yz-x\varphi'\left(\frac{z}{y}\right)},$$

$$\frac{\partial z}{\partial y}=-\frac{F'_y}{F'_z}=\frac{xz\varphi'\left(\frac{z}{y}\right)}{y\left[x\varphi'\left(\frac{z}{y}\right)-2yz\right]}.$$

例 24 设由方程 $F\left(\frac{x}{y},\frac{z}{y}\right)=0$ 确定隐函数 $z=f(x,y)$，其中 F 具有一阶连续的偏导数，求证：$x\frac{\partial z}{\partial x}+y\frac{\partial z}{\partial y}=z(1-x)$.

证明 由隐函数偏导数公式. 方程左端分别对 x,y,z 求偏导数.

$$F'_x=F'_1\cdot\left(\frac{1}{y}\right)=\frac{1}{y}F'_1,$$

$$F'_y=F'_1\left(-\frac{x}{y^2}\right)+F'_2\left(-\frac{z}{y^2}\right)=-\frac{x}{y^2}F'_1-\frac{z}{y^2}F'_2,$$

$$F'_z=F'_2\cdot\frac{1}{y},$$

故

$$\frac{\partial z}{\partial x}=-\frac{F'_x}{F'_z}=-\frac{F'_1}{F'_2},\quad \frac{\partial z}{\partial y}=-\frac{F'_y}{F'_z}=\frac{xF'_1+zF'_2}{yF'_2}$$

从而

$$x\frac{\partial z}{\partial x}+y\frac{\partial z}{\partial y}=-x\cdot\frac{F'_1}{F'_2}+y\frac{xF'_1+zF'_2}{yF'_2}=z.$$

8.5 高阶偏导数

与一元函数高阶导数类似地可定义多元函数的高阶偏导数.

设二元函数 $z=f(x,y)$ 在区域 D 内有偏导数

$$z'_x=f'_x(x,y),\quad z'_y=f'_y(x,y).$$

它们仍然都是关于 x,y 的二元函数，如果这些函数的偏导数存在，则称之为 $z=f(x,y)$ 的二阶偏导数.

根据对二元函数的自变量求导的先后顺序，共可得到四个二阶偏导数：

$$\frac{\partial}{\partial x}\left(\frac{\partial z}{\partial x}\right)=\frac{\partial^2 z}{\partial x^2}=z''_{xx}=f''_{xx}(x,y),$$

$$\frac{\partial}{\partial y}\left(\frac{\partial z}{\partial x}\right)=\frac{\partial^2 z}{\partial x\partial y}=z''_{xy}=f''_{xy}(x,y),$$

$$\frac{\partial}{\partial x}\left(\frac{\partial z}{\partial y}\right)=\frac{\partial^2 z}{\partial y\partial x}=z''_{yx}=f''_{yx}(x,y),$$

$$\frac{\partial}{\partial y}\left(\frac{\partial z}{\partial y}\right)=\frac{\partial^2 z}{\partial y^2}=z''_{yy}=f''_{yy}(x,y).$$

z''_{xy} 和 z''_{yx} 称为**二阶混合偏导数**.

类似地可以定义更高阶的偏导数，二阶和二阶以上的偏导数统称为高阶偏导数.

例 25　求函数 $z=\ln(x^2+y^2)$ 的二阶偏导数.

解
$$\frac{\partial z}{\partial x}=\frac{2x}{x^2+y^2},\quad \frac{\partial z}{\partial y}=\frac{2y}{x^2+y^2},$$
$$\frac{\partial^2 z}{\partial x^2}=\frac{2(y^2-x^2)}{(x^2+y^2)^2},\quad \frac{\partial^2 z}{\partial x\partial y}=\frac{-4xy}{(x^2+y^2)^2},$$
$$\frac{\partial^2 z}{\partial y\partial x}=\frac{-4xy}{(x^2+y^2)^2},\quad \frac{\partial^2 z}{\partial y^2}=\frac{2(x^2-y^2)}{(x^2+y^2)^2}.$$

此例中两个混合偏导数相等,即 $\frac{\partial^2 z}{\partial x\partial y}=\frac{\partial^2 z}{\partial y\partial x}$,这不是偶然,事实上,可以证明,当二阶混合偏导数 z''_{xy} 和 z''_{yx} 均连续时,必有 $z''_{xy}=z''_{yx}$. 此结论对更高阶的混合偏导数也成立.

例 26　已知 $u+e^u=xy$,求 $\frac{\partial^2 u}{\partial x\partial y}$.

解　设 $F(x,y,u)=u+e^u-xy$,则
$$F'_x=-y,\quad F'_y=-x,\quad F'_u=1+e^u,$$
所以
$$\frac{\partial u}{\partial x}=-\frac{-y}{1+e^u}=\frac{y}{1+e^u},\quad \frac{\partial u}{\partial y}=\frac{x}{1+e^u},$$
$$\frac{\partial^2 u}{\partial x\partial y}=\frac{\partial}{\partial y}\left(\frac{\partial u}{\partial x}\right)=\frac{\partial}{\partial y}\left(\frac{y}{1+e^u}\right)=\frac{1+e^u-ye^u\frac{\partial u}{\partial y}}{(1+e^u)^2}$$
$$=\frac{1+e^u-ye^u\frac{x}{1+e^u}}{(1+e^u)^2}=\frac{1}{1+e^u}-\frac{xye^u}{(1+e^u)^3}.$$

例 27　设 $w=f(x^2+y^2+z^2,xyz)$,其中 f 具有二阶连续偏导数,求 $\frac{\partial^2 w}{\partial z\partial x}$.

证明　令 $u=x^2+y^2+z^2$,$v=xyz$,则
$$\frac{\partial w}{\partial z}=\frac{\partial f}{\partial u}\frac{\partial u}{\partial z}+\frac{\partial f}{\partial v}\frac{\partial v}{\partial z}=f'_1\cdot 2z+f'_2\cdot xy,$$
注意 $f'_1=f'_1(x^2+y^2+z^2,xyz)$ 和 $f'_2=f'_2(x^2+y^2+z^2,xyz)$ 仍是复合函数,则有
$$\frac{\partial^2 w}{\partial z\partial x}=\frac{\partial}{\partial x}\left(\frac{\partial w}{\partial z}\right)=\frac{\partial}{\partial x}(f'_1\cdot 2z+f'_2\cdot xy)$$
$$=2z(f''_{11}\cdot 2x+f''_{12}\cdot yz)+y[f'_2+x(f''_{21}\cdot 2x+f''_{22}yz)].$$
由于 f 具有二阶连续偏导数,则 $f''_{12}=f''_{21}$,所以
$$\frac{\partial^2 w}{\partial z\partial x}=4xzf''_{11}+2y(x^2+z^2)f''_{12}+yf'_2+xy^2zf''_{22}.$$

8.6　多元函数的极值与最值

8.6.1　无条件极值

前面已经借助一元函数微分学,讨论了一元函数的极值和最值问题.但许多问题往往受到多个因素的影响和制约,因此有必要讨论多元函数的极值和最值问题.首先引入多元函数的极值概念.

定义 6　设函数 $z=f(x,y)$ 在点 (x_0,y_0) 的某邻域内有定义,如果对于该邻域内任意异于 (x_0,y_0) 的点 (x,y),恒有不等式

$$f(x_0,y_0)\geqslant f(x,y)\quad(\text{或 } f(x_0,y_0)\leqslant f(x,y))$$

成立,则称 $f(x_0,y_0)$ 是 $f(x,y)$ 的一个**极大值**(**极小值**),并称 (x_0,y_0) 是 $f(x,y)$ 的一个**极大值点**(**极小值点**).极大值和极小值统称为**极值**.极大值点和极小值点统称为**极值点**.

例 28　函数 $f(x,y)=x^2+y^4$ 在 $(0,0)$ 点取到极小值 0,这是因为在任何点处都有 $x^2+y^4\geqslant 0$ 成立.

例 29　函数 $f(x,y)=xy$ 在 $(0,0)$ 点处既不取到极大值,也不取到极小值.因为 $f(0,0)=0$,而在 $(0,0)$ 点的任何邻域上,总是有使 f 的函数值为正的点(第一、三象限的点),也有使 f 的函数值为负的点(第二、四象限的点).

定理 7(极值存在的必要条件)　设函数 $z=f(x,y)$ 在点 (x_0,y_0) 处的一阶偏导数存在,若点 (x_0,y_0) 是 $z=f(x,y)$ 的极值点,则必有

$$f'_x(x_0,y_0)=0,\quad f'_y(x_0,y_0)=0.$$

证明　不妨设 $z=f(x,y)$ 在点 (x_0,y_0) 处取到极大值,依定义,对点 (x_0,y_0) 的某邻域内异于 (x_0,y_0) 的任何点,恒有

$$f(x,y)\leqslant f(x_0,y_0),$$

特别对该邻域内的点 $(x,y_0)\neq(x_0,y_0)$,有

$$f(x,y_0)\leqslant f(x_0,y_0),$$

这表明一元函数 $f(x,y_0)$ 在 $x=x_0$ 处取到极大值,由一元函数极值的必要条件可知

$$f'_x(x_0,y_0)=0.$$

类似地可证 $f'_y(x_0,y_0)=0$.

和一元函数一样,能使 $f'_x(x_0,y_0)=0,f'_y(x_0,y_0)=0$ 同时成立的点 (x_0,y_0) 称为函数 $z=f(x,y)$ 的驻点,由上述定理可知具有一阶偏导数的函数 $z=f(x,y)$ 的极值点必定是驻点,但函数的驻点未必一定是极值点.

因此函数的极值点一定包含在驻点或偏导数不存在的点之中.对于驻点是否是极值点,有下面的定理.

定理 8（极值的充分条件）　设 $z=f(x,y)$ 在点 (x_0,y_0) 的某邻域内有二阶连续偏导数，且 $f'_x(x_0,y_0)=f'_y(x_0,y_0)=0$. 记

$$A=f''_{xx}(x_0,y_0),\quad B=f''_{xy}(x_0,y_0),\quad C=f''_{yy}(x_0,y_0),$$

则有下列结论成立：

(1)当 $B^2-AC<0$ 时，(x_0,y_0) 是 $f(x,y)$ 的极值点，且 $A>0$（或 $C>0$）时，$f(x_0,y_0)$ 是极小值，$A<0$（或 $C<0$）时，$f(x_0,y_0)$ 是极大值.

(2)当 $B^2-AC>0$ 时，(x_0,y_0) 不是 $f(x,y)$ 极值点.

(3)当 $B^2-AC=0$ 时，(x_0,y_0) 是否是极值点，本定理无法确定.

例 30　求函数 $f(x,y)=x^3+y^3-6xy$ 的极值.

解　解方程组

$$\begin{cases}f'_x(x,y)=3(x^2-2y)=0,\\ f'_y(x,y)=3(y^2-2x)=0,\end{cases}$$

得出驻点为 $(0,0)$ 和 $(2,2)$.

由于 $f''_{xx}(x,y)=6x$，$f''_{xy}(x,y)=-6$，$f''_{yy}(x,y)=6y$，对于点 $(0,0)$：

$$A=f''_{xx}(0,0)=0,\quad B=f''_{xy}(0,0)=-6,\quad C=f''_{yy}(0,0)=0,$$

从而

$$B^2-AC=36>0,$$

故点 $(0,0)$ 不是极值点.

对于点 $(2,2)$：

$$A=f''_{xx}(2,2)=12,\quad B=f''_{xy}(2,2)=-6,\quad C=f''_{yy}(2,2)=12,$$

从而

$$B^2-AC=-108<0,$$

故点 $(2,2)$ 是极值点，又有 $A>0$，所以是极小值点，极小值 $f(2,2)=-8$.

在二元连续函数的性质中，已经知道，如果函数 $f(x,y)$ 在有界区域 D 上连续，则 $f(x,y)$ 在 D 上必定能取到最大值和最小值，而最大值和最小值点可能在 D 的内部，也可能在 D 的边界上. 因此，求在有界闭区域 D 上的连续函数的最大值与最小值的一般方法是：将函数 $f(x,y)$ 在 D 内所有驻点处和偏导数不存在的点处的函数值及在 D 边界上的最大值和最小值加以比较，这些数值中的最大者和最小者就是所求函数的最大值和最小值. 在求解实际问题的最值时，如果从问题的实际意义知道所求函数的最值存在，且只有一个驻点，则该驻点就是所求函数的最值点，可以不再判别.

例 31　设某企业在两个市场上出售同一种产品，两个市场的需求函数分别是

$$p_1=120-5Q_1,\quad p_2=200-20Q_2,$$

其中 p_1 和 p_2 分别表示该产品在两个市场的价格，Q_1，Q_2 分别表示在两个市场的销售量，并且企业生产这种产品的总成本函数是

$$C = 40Q + 35,$$

其中 Q 表示该产品在两个市场的销售总量，即 $Q = Q_1 + Q_2$.

如果该企业实行价格差别策略，试确定两个市场上的该产品的销售量和价格，使该企业获得最大利润，并求出最大利润.

解 依题意，总利润函数为

$$\begin{aligned} L &= R - C = p_1Q_1 + p_2Q_2 - (40Q + 35) \\ &= (120 - 5Q_1)Q_1 + (200 - 20Q_2)Q_2 - 40(Q_1 + Q_2) - 35 \\ &= -5Q_1^2 - 20Q_2^2 + 80Q_1 + 160Q_2 - 35, \end{aligned}$$

令

$$\begin{cases} L'_{Q_1} = -10Q_1 + 80 = 0, \\ L'_{Q_2} = -40Q_2 + 160 = 0, \end{cases}$$

解得 $Q_1 = 8, Q_2 = 4$，则 $p_1 = 80$，$p_2 = 120$.

因驻点唯一，且实际问题中一定存在最大利润，所以当 $Q_1 = 8, Q_2 = 4$，价格 $p_1 = 80$，$p_2 = 120$ 时利润最大，最大利润为 $L = 605$.

例 32 已知某产品的需求函数为

$$Q = 200000p^{-1.5}x^{0.1}y^{0.3},$$

其中 Q 为需求量，p 为价格，x 为广告费用，y 为推销费用，如果生产企业的可变成本为每件产品 25 元，固定成本（不含广告和推销费用）为 8000 元. 求最佳经营时的价格、广告费和推销费.

解 生产 Q 件产品的收入为 $R = pQ$，总成本为 $C = 8000 + 25Q + x + y$，故利润函数为

$$\begin{aligned} L &= R - C = pQ - (8000 + 25Q + x + y) \\ &= (p - 25)Q - x - y - 8000 \\ &= 200000(p - 25)p^{-1.5}x^{0.1}y^{0.3} - x - y - 8000. \end{aligned}$$

最佳经营时应使总利润取最大值. 由极值必要条件

$$\begin{aligned} L'_p &= 100000p^{-2.5}x^{0.1}y^{0.3}(75 - p) = 0, \\ L'_x &= 20000(p - 25)p^{-1.5}x^{-0.9}y^{0.3} - 1 = 0, \\ L'_y &= 60000(p - 25)p^{-1.5}x^{0.1}y^{-0.7} - 1 = 0, \end{aligned}$$

由 $L'_p = 0$ 解得 $p_0 = 75$，由 $L'_x = 0$ 和 $L'_y = 0$ 有 $y = 3x$. 将 $p_0 = 75$ 和 $y = 3x$ 代入 $L'_x = 0$，可得

$$x^{0.6} = 50 \times 20000 \times 75^{-1.5} \times 3^{0.3} \approx 2140.64.$$

由此可得 $x_0 \approx 355554$（元），$y_0 = 3x_0 \approx 1066662$（元）

最佳经营时的产量为

$$\begin{aligned} Q_0 &= 200000 p_0^{-1.5} x_0^{0.1} y_0^{0.3} \\ &\approx 200000 \times 75^{-1.5} \times 355554^{0.1} \times 1066662^{0.3} \\ &\approx 71111(\text{件}). \end{aligned}$$

此时企业获得的最大利润为

$$L(p_0, x_0, y_0) = (p_0 - 25)Q_0 - x_0 - y_0 - 8000 \approx 2053333(\text{元}).$$

8.6.2 条件极值

前面讨论的极值问题,自变量在定义域内可以任意取值,通常称为无条件极值. 但在实际问题中常常遇到这样的问题:求 $z = f(x,y)$ 在条件 $\varphi(x,y) = 0$ 下的极值,这种有条件的极值称为**条件极值**.

求解条件极值问题一般有两种方法:方法一,若从 $\varphi(x,y) = 0$ 中能解出 $y = y(x)$ (或 $x = x(y)$),将其代入 $f(x,y)$ 中,就变成一元函数 $z = f(x, y(x))$,从而化解成求解一元函数极值问题(降元法). 方法二,就是下面要介绍的拉格朗日乘数法(升元法).

拉格朗日乘数法

设 $f(x,y)$,$\varphi(x,y)$ 在区域 D 内有二阶连续偏导数,求 $z = f(x,y)$ 在 D 内满足条件 $\varphi(x,y) = 0$ 的极值,可按下述方法进行.

(1)设拉格朗日函数为三元函数

$$F(x,y,\lambda) = f(x,y) + \lambda\varphi(x,y),$$

其中 λ 是待定常数.

(2)求 $F(x,y,\lambda)$ 的驻点,即求 $F(x,y,\lambda) = 0$ 的偏导数,建立方程组

$$\begin{cases} F'_x(x,y,\lambda) = f'_x(x,y) + \lambda\varphi'_x(x,y) = 0, \\ F'_y(x,y,\lambda) = f'_y(x,y) + \lambda\varphi'_y(x,y) = 0, \\ F'_\lambda(x,y,\lambda) = \varphi(x,y) = 0, \end{cases}$$

求解方程组,得到可能取极值的点. 一般解法是消去 λ, 解出 x_0 和 y_0, 则点 (x_0, y_0) 就可能是条件极值的极值点.

(3)判断 (x_0, y_0) 为何种极值点,可以根据实际问题的具体情况来判定. 即若是实际问题中有极大(小)值点,而求得了可能取条件极值的唯一点 (x_0, y_0), 则点 (x_0, y_0) 就是条件极值的极大(小)值点.

这种求条件极值的方法可以推广到三元和三元以上的情形.

例 33　设某工厂生产 A 和 B 二种产品,产量分别为 x 和 y (单位:千件),总利润函数(单位:万元)为

$$L(x,y) = 6x - x^2 + 16y - 4y^2 - 2$$

已知生产这两种产品时,每千件产品均需消耗某种原料 2000 千克,现有该原料 5000 千克,问两种产品生产多少千件时,总利润最大? 最大利润为多少?

解　约束条件为 $2000x+2000y=5000$, 即 $x+y=2.5$. 因此,问题是在 $x+y=2.5$ 的条件下,求总利润函数 $L(x,y)$ 的最大值.

得拉格朗日函数为

$$F(x,y,\lambda)=6x-x^2+16y-4y^2-2+\lambda(x+y-2.5).$$

令

$$\begin{cases}F'_x(x,y,\lambda)=6-2x+\lambda=0,\\F'_y(x,y,\lambda)=16-8y+\lambda=0,\\F'_\lambda(x,y,\lambda)=x+y-2.5=0,\end{cases}$$

消去 λ, 得方程组

$$\begin{cases}-x+4y=5,\\x+y=2.5,\end{cases}$$

解得 $x=1, y=1.5$.

因为只有唯一一个驻点 $(1,1.5)$, 且实际问题的最大值是存在的,所以驻点 $(1,1.5)$ 是 $L(x,y)$ 的最大值点,其最大值为 $L(1,1.5)=18$ (万元).

即当 A 种产品的产量为 1 千件, B 种产品的产量为 1.5 千件时,总利润最大,最大利润为 18 万元.

例 34　求表面积为 a^2 而体积为最大的长方体的体积.

解　设长方体的三个边长分别为 x,y,z, 则有条件 $2xy+2yz+2zx=a^2$, 体积为 $V=xyz(x>0,y>0,z>0)$, 由此可得到拉格朗日函数为

$$L(x,y,z,\lambda)=xyz+\lambda(2xy+2yz+2zx-a^2).$$

求其偏导,并使之为零,得

$$\begin{cases}yz+2\lambda(y+z)=0,\\xz+2\lambda(x+z)=0,\\xy+2\lambda(x+y)=0,\\2xy+2yz+2zx-a^2=0,\end{cases}$$

得 $x=y=z=\dfrac{\sqrt{6}}{6}a$, 这是唯一可能的极值点,因为最大值一定存在,所以当三个边长相等的时候,表面积为 a^2 的长方体体积最大.

例 35　求旋转抛物面 $z=x^2+y^2$ 与平面 $x+2y-2z=2$ 之间的最短距离.

解　设 $P(x,y,z)$ 为抛物面 $z=x^2+y^2$ 上任一点,则 P 到平面 $x+2y-2z=2$ 的距离为 d,

(定点 $(\bar{x},\bar{y},\bar{z})$ 到平面 $Ax+By+Cz+D=0$ 的距离为 $\dfrac{|A\bar{x}+B\bar{y}+C\bar{z}+D|}{\sqrt{A^2+B^2+C^2}}$)

$$d=\frac{1}{3}|x+2y-2z-2|.$$

本题变为求一点 $P(x,y,z)$，使得 x,y,z 满足 $x^2+y^2-z=0$ 且使 d（或 d^2）最小. 令

$$F(x,y,z)=\frac{1}{9}(x+2y-2z-2)^2+\lambda(z-x^2-y^2)$$

解方程组

$$\begin{cases}F'_x=\dfrac{2}{9}(x+2y-2z-2)-2\lambda x=0,\\ F'_y=\dfrac{4}{9}(x+2y-2z-2)-2\lambda y=0,\\ F'_z=\dfrac{-4}{9}(x+2y-2z-2)+\lambda=0,\\ F'_\lambda=z-x^2-y^2=0,\end{cases}$$

得 $x=\dfrac{1}{4},y=\dfrac{1}{2},z=\dfrac{5}{16}$. 即得唯一驻点 $\left(\dfrac{1}{4},\dfrac{1}{2},\dfrac{5}{16}\right)$. 由题意知，在点 $\left(\dfrac{1}{4},\dfrac{1}{2},\dfrac{5}{16}\right)$ 处距离取到最小值.

$$d_{\min}=\frac{1}{3}\left|\frac{1}{4}+1-\frac{5}{8}-2\right|=\frac{11}{24}.$$

例 36　求二元函数 $f(x,y)=x^2-y^2+2$ 在椭圆域

$$D=\left\{(x,y)\,\middle|\,x^2+\frac{y^2}{4}\leqslant 1\right\}$$

上的最大值和最小值.

解　令

$$\begin{cases}\dfrac{\partial f}{\partial x}=2x=0,\\ \dfrac{\partial f}{\partial y}=-2y=0,\end{cases}$$

得驻点 $(0,0)$. 且

$$A=\left.\frac{\partial^2 f}{\partial x^2}\right|_{(0,0)}=2,\quad B=\left.\frac{\partial^2 f}{\partial x\partial y}\right|_{(0,0)}=0,\quad C=\left.\frac{\partial^2 f}{\partial y^2}\right|_{(0,0)}=-2.$$

对于点 $(0,0)$：$B^2-AC>0$，故点 $(0,0)$ 不是极值点，从而也非最值点.

再考虑其在边界曲线 $x^2+\dfrac{y^2}{4}=1$ 上的情形：

令拉格朗日函数为

$$F(x,y,\lambda)=f(x,y)+\lambda\left(x^2+\frac{y^2}{4}-1\right).$$

解方程组

$$\begin{cases}F'_x = f'_x + 2\lambda x = 2(1+\lambda)x = 0,\\ F'_y = f'_y + \dfrac{\lambda y}{2} = -2y + \dfrac{1}{2}\lambda y = 0,\\ F'_\lambda = x^2 + \dfrac{y^2}{4} - 1 = 0,\end{cases}$$

得

$$\begin{cases}x = 0,\\ y = 2,\\ \lambda = 4,\end{cases}\quad \begin{cases}x = 0,\\ y = -2,\\ \lambda = 4,\end{cases}\quad \begin{cases}x = -1,\\ y = 0,\\ \lambda = -1,\end{cases}\quad \begin{cases}x = 1,\\ y = 0,\\ \lambda = -1,\end{cases}$$

代入 $f(x,y)$ 得 $f(0,\pm 2) = -2, f(\pm 1,0) = 3$.

可见, $f(x,y)$ 在区域 $D = \left\{(x,y) \mid x^2 + \dfrac{y^2}{4} \leqslant 1\right\}$ 内的最大值为 3, 最小值为 -2.

8.7 二重积分

8.7.1 二重积分的概念与性质

本节将通过计算曲顶柱体的体积,得到二重积分的定义.

1. 曲顶柱体的体积

设二元函数 $z = f(x,y) \geqslant 0$ 是定义在有界闭区域 D 上的连续非负函数,则函数图形为 xOy 面上方的连续曲面,该图形在 xOy 面的投影为平面区域 D. 以 xOy 面上的平面区域 D 为底,以空间曲面 $z = f(x,y)$ 为顶,以区域 D 的边界为准线,母线平行于 z 轴的柱体形成一个立体图形(图 8.9)称为**曲顶柱体**.

以下为求该曲顶柱体的体积的方法.

(1)**分割** 将区域 D 任意划分成 n 个小区域 $\Delta\sigma_1, \Delta\sigma_2, \cdots, \Delta\sigma_n$, 且以 $\Delta\sigma_i$ 表示第 i 个小区域的面积(图 8.10). 相应地就把曲顶柱体分割成了 n 个小曲顶柱体. 以 V 表示曲顶柱体的体积, ΔV_i 表示以 $\Delta\sigma_i$ 为底的第 i 个小曲顶柱体的体积,则有

$$V = \sum_{i=1}^{n} \Delta V_i.$$

(2)**近似** 在每个小区域 $\Delta\sigma_i (i = 1,2,\cdots,n)$ 内任取一点 (ξ_i, η_i), 把以 $f(\xi_i, \eta_i)$ 为高、$\Delta\sigma_i$ 为底的平顶柱体的体积 $f(\xi_i,\eta_i)\Delta\sigma_i$ 作为 ΔV_i 的近似值,得

$$\Delta V_i \approx f(\xi_i, \eta_i)\Delta\sigma_i \quad (i = 1,2,\cdots,n).$$

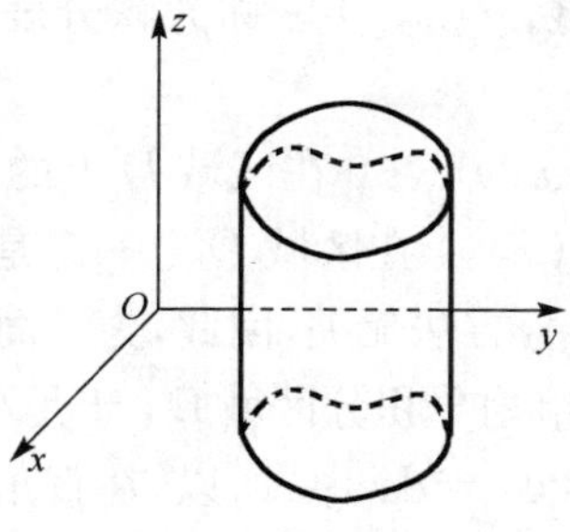

图 8.9

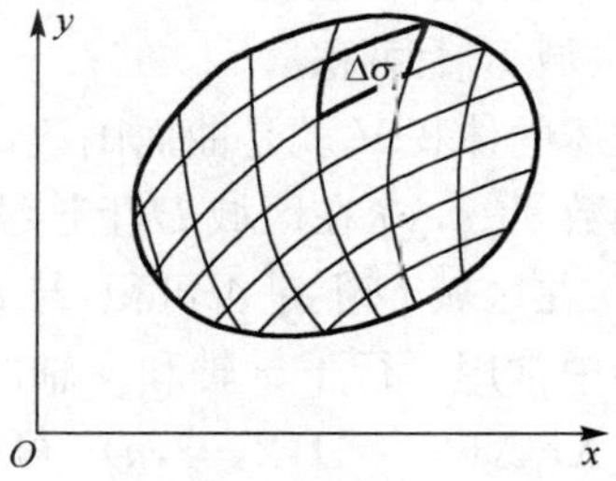

图 8.10

(3)**求和**　可得 $V=\sum_{i=1}^{n}\Delta V_i=\sum_{i=1}^{n}f(\xi_i,\eta_i)\Delta\sigma_i$.

(4)**取极限**　记 λ_i 为第 i 个小区域内任意两点的最大距离 ($i=1,2,\cdots,n$), 并记

$$\lambda=\max\{\lambda_1,\lambda_2,\cdots,\lambda_n\}.$$

当 $\lambda\to 0$ 时即有

$$V=\lim_{\lambda\to 0}\sum_{i=1}^{n}\Delta V_i=\lim_{\lambda\to 0}\sum_{i=1}^{n}f(\xi_i,\eta_i)\Delta\sigma_i$$

2. 二重积分的定义

上面通过分割、近似、求和、取极限的方法得到了曲顶柱体的体积,把这一方法抽象出来,给出二重积分的定义.

定义 7　设 $f(x,y)$ 是定义在有界闭区域 D 上的二元函数,将 D 任意分割成 n 个小区域

$$\Delta\sigma_1,\Delta\sigma_2,\cdots,\Delta\sigma_n,$$

在每个小区域 $\Delta\sigma_i(i=1,2,\cdots,n)$ 内任取一点 (ξ_i,η_i), 作积分和

$$\sum_{i=1}^{n}f(\xi_i,\eta_i)\Delta\sigma_i.$$

记 λ_i 为第 i 个小区域内任意两点的最大距离 ($i=1,2,\cdots,n$), 并记

$$\lambda=\max\{\lambda_1,\lambda_2,\cdots,\lambda_n\}.$$

当 λ 趋于 0 时,如果积分和的极限

$$\lim_{\lambda\to 0}\sum_{i=1}^{n}f(\xi_i,\eta_i)\Delta\sigma_i$$

存在,则称此极限为函数 $f(x,y)$ 在区域 D 中的**二重积分**,记作 $\iint\limits_D f(x,y)\mathrm{d}\sigma$, 即

$$\iint\limits_D f(x,y)\mathrm{d}\sigma=\lim_{\lambda\to 0}\sum_{i=1}^{n}f(\xi_i,\eta_i)\Delta\sigma_i, \tag{8.8}$$

其中 $f(x,y)$ 称为**被积函数**，D 称为**积分区域**，$f(x,y)\mathrm{d}\sigma$ 称为**积分表达式**，并称 $f(x,y)$ 在区域 D 上**可积**.

曲顶柱体的体积 V 就是曲面函数 $z=f(x,y)\geqslant 0$ 在区域 D 上的二重积分.

如果函数 $f(x,y)$ 在区域 D 上连续，则 $f(x,y)$ 在区域 D 上一定是可积的.

$f(x,y)$ 在区域 D 上是否可积，与 D 的划分方法无关，因此，为了简化运算，在直角坐标系中常用平行于 x 轴和 y 轴的直线组划分积分区域 D，于是小区域的面积为 $\Delta\sigma_i=\Delta x_i\Delta y_i(i=1,2,\cdots,n)$. 可以得到 $\mathrm{d}\sigma=\mathrm{d}x\mathrm{d}y$，所以，在直角坐标系中，二重积分可记为

$$\iint_D f(x,y)\mathrm{d}\sigma=\iint_D f(x,y)\mathrm{d}x\mathrm{d}y.$$

3. 二重积分的性质

通过二重积分的定义，可以得到二重积分以下的性质.

性质 1 $\iint_D kf(x,y)\mathrm{d}\sigma=k\iint_D f(x,y)\mathrm{d}\sigma$（$k$ 为常数）.

性质 2 $\iint_D [f(x,y)\pm g(x,y)]\mathrm{d}\sigma=\iint_D f(x,y)\mathrm{d}\sigma\pm\iint_D g(x,y)\mathrm{d}\sigma.$

性质 3 如果积分区域 D 被一曲线划分成两个区域 D_1 和 D_2，如图 8.11 所示，则

$$\iint_D f(x,y)\mathrm{d}\sigma=\iint_{D_1} f(x,y)\mathrm{d}\sigma+\iint_{D_2} f(x,y)\mathrm{d}\sigma.$$

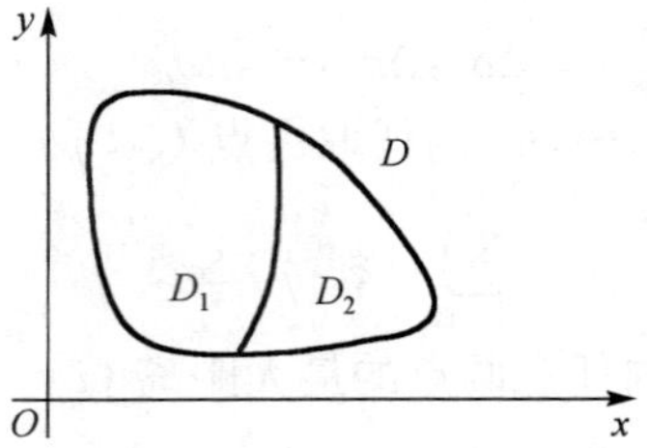

图 8.11

性质 4 如果在区域 D 上总有 $f(x,y)\leqslant g(x,y)$，则

$$\iint_D f(x,y)\mathrm{d}\sigma\leqslant\iint_D g(x,y)\mathrm{d}\sigma,$$

特别地

$$\left|\iint_D f(x,y)\mathrm{d}\sigma\right|\leqslant\iint_D |f(x,y)|\mathrm{d}\sigma.$$

性质 5　如果在区域 D 上恒有 $f(x,y)=1$, S_D 表示区域 D 的面积,则

$$\iint\limits_D f(x,y)\mathrm{d}\sigma=\iint\limits_D \mathrm{d}\sigma=S_D.$$

性质 6　设 M 与 m 分别是函数 $z=f(x,y)$ 在区域 D 上的最大值和最小值, S_D 表示区域 D 的面积,则

$$mS_D\leqslant\iint\limits_D f(x,y)\mathrm{d}\sigma\leqslant MS_D.$$

性质 7(二重积分的中值定理)　设函数 $z=f(x,y)$ 在区域 D 上连续, S_D 表示区域 D 的面积,则至少存在一点 $(\xi,\eta)\in D$, 使得

$$\iint\limits_D f(x,y)\mathrm{d}\sigma=f(\xi,\eta)S_D.$$

例 37　设区域 $D=\{(x,y)\mid 1\leqslant x^2+y^2\leqslant \mathrm{e}\}$, 比较二重积分 $\iint\limits_D \ln(x^2+y^2)\mathrm{d}\sigma$, $\iint\limits_D (x^2+y^2)\mathrm{d}\sigma$, $\iint\limits_D (x^2+y^2)^2\mathrm{d}\sigma$ 的大小关系.

解　因为 $1\leqslant x^2+y^2\leqslant \mathrm{e}$, 所以

$$\ln(x^2+y^2)\leqslant x^2+y^2\leqslant(x^2+y^2)^2.$$

根据性质 4,就有

$$\iint\limits_D \ln(x^2+y^2)\mathrm{d}\sigma\leqslant\iint\limits_D (x^2+y^2)\mathrm{d}\sigma\leqslant\iint\limits_D (x^2+y^2)^2\mathrm{d}\sigma.$$

例 38　设区域 $D=\{(x,y)\mid x+y\leqslant 1, x>0, y>0\}$, 计算二重积分 $\iint\limits_D 5\mathrm{d}\sigma$.

解　区域 D 的面积为 $S_D=\dfrac{1}{2}$, 于是 $\iint\limits_D 5\mathrm{d}\sigma=\dfrac{5}{2}$.

8.7.2　直角坐标系下二重积分的计算

根据积分区域及被积函数的特点,二重积分的计算分为直角坐标系和极坐标系两种情况,计算二重积分的主要方法是将它化成两次定积分来进行计算.

1. 积分区域为 x 型区域时二重积分的计算

(1) **x 型区域**　由曲线 $y=\phi_1(x)$, $y=\phi_2(x)$ $(\phi_1(x)\leqslant\phi_2(x))$ 及直线 $x=a$, $x=b(a<b)$ 所围成的平面区域 $D=\{(x,y)\mid a\leqslant x\leqslant b, \phi_1(x)\leqslant y\leqslant\phi_2(x)\}$ 称为 x 型区域,如图 8.12 所示.

(2)**化为累次积分**　不妨设 $f(x,y)\geqslant 0$, 并且 $y=f(x,y)$ 的图形为连续曲面,则由二重积分的几何意义可知, $\iint\limits_D f(x,y)\mathrm{d}x\mathrm{d}y$ 表示以区域 D 为底,曲面 $z=$

$f(x,y)$ 为顶的曲顶柱体的体积 V，如图 8.13 所示. 下面通过计算体积 V，说明区域 D 为 x 型区域时二重积分的计算方法.

为了确定曲顶柱体的体积，对任意取定的 $x \in [a,b]$，过点 $(x,0,0)$ 作垂直于 x 轴的平面，该平面截曲顶柱体得一截面，设该截面的面积为 $S(x)$，则可得曲顶柱体的体积

$$V = \iint_D f(x,y)\mathrm{d}x\mathrm{d}y = \int_a^b S(x)\mathrm{d}x. \tag{8.9}$$

而截面面积 $S(x)$ 是一个曲边梯形的面积，对于固定的 $x \in [a,b]$，此曲边梯形的曲边是由方程 $z = f(x,y)$ 确定的 y 的一元函数的曲线，而底边是沿着 y 轴方向的区间从 $\phi_1(x)$ 变到 $\phi_2(x)$，因此，曲边梯形的面积为

$$S(x) = \int_{\phi_1(x)}^{\phi_2(x)} f(x,y)\mathrm{d}y.$$

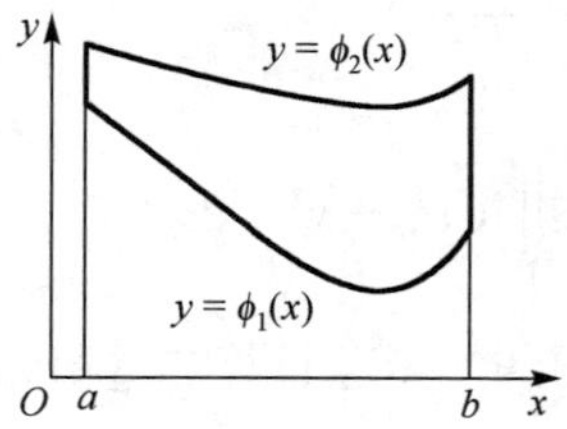

图 8.12

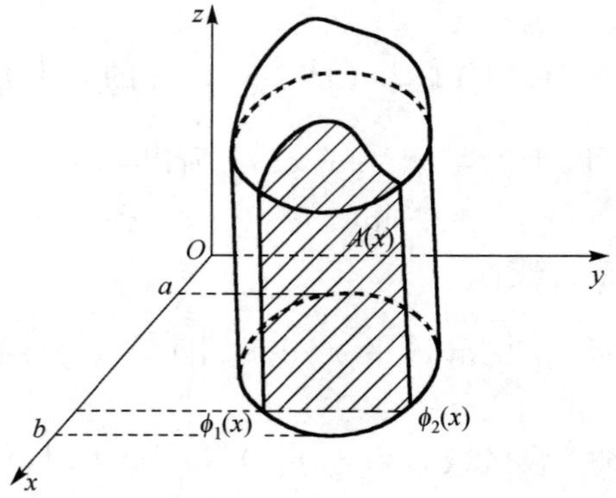

图 8.13

代入式(8.8)中得

$$\iint_D f(x,y)\mathrm{d}x\mathrm{d}y = \int_a^b \left[\int_{\phi_1(x)}^{\phi_2(x)} f(x,y)\mathrm{d}y\right]\mathrm{d}x. \tag{8.10}$$

也可记成

$$\iint_D f(x,y)\mathrm{d}x\mathrm{d}y = \int_a^b \mathrm{d}x \int_{\phi_1(x)}^{\phi_2(x)} f(x,y)\mathrm{d}y. \tag{8.11}$$

上面是假定 $f(x,y) \geqslant 0$，并且 $y = f(x,y)$ 的图形为连续曲面时，推出的二重积分运算公式，可以证明，对于一般的被积函数 $f(x,y)$，公式(8.10)和式(8.11)也成立.

2. 积分区域为 y 型区域时二重积分的计算

(1) **y 型区域** 由曲线 $x = \varphi_1(y)$，$x = \varphi_2(y)$ $(\varphi_1(y) \leqslant \varphi_2(y))$ 及直线 $y = c$，$y = d(c < d)$ 所围成的平面区域 $D = \{(x,y) \mid \varphi_1(y) \leqslant x \leqslant \varphi_2(y), c \leqslant y \leqslant d\}$

称为 y 型区域,如图 8.14 所示.

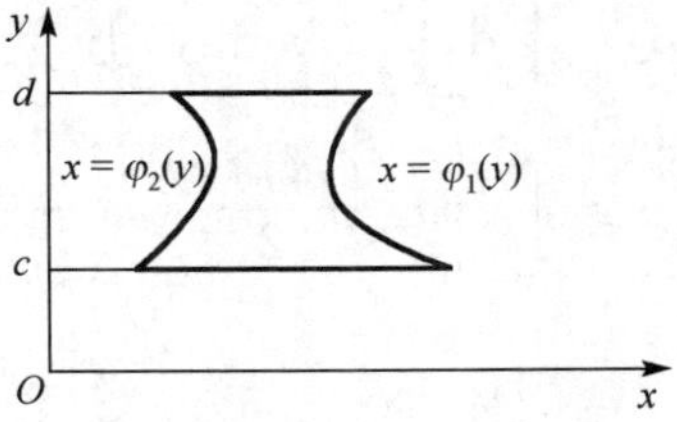

图 8.14

同理可得,当区域 D 为 y 型区域时

$$\iint_D f(x,y)\mathrm{d}x\mathrm{d}y=\int_c^d \mathrm{d}y\int_{\varphi_1(y)}^{\varphi_2(y)} f(x,y)\mathrm{d}x, \tag{8.12}$$

即将二重积分化成先对 x,后对 y 的累次积分.

3. 积分区域为 x-y 型区域时二重积分的计算

当积分区域 D 既是 x 型区域又是 y 型区域时,既可以化成先对 y,后对 x 的累次积分,又可以化成先对 x,后对 y 的累次积分,有时需要考虑被积函数 $f(x,y)$ 的情况来决定积分顺序.

例 39　计算 $\iint_D xy\mathrm{d}x\mathrm{d}y$,其中 D 是由直线 $x=0,x=2,y=1,y=2$ 围成的.

解　画出区域 D 的图形(图 8.15),由图形可知 D 既是 x 型区域,也是 y 型区域,所以

$$\iint_D xy\mathrm{d}x\mathrm{d}y=\int_0^2\mathrm{d}x\int_1^2 xy\mathrm{d}y=\int_1^2\mathrm{d}y\int_0^2 xy\mathrm{d}x=3.$$

例 40　计算 $\iint_D (6x+y)\mathrm{d}x\mathrm{d}y$,其中 D 是由直线 $y=x^2,y=\sqrt{x}$ 围成的.

解　画出区域 D 的图形(图 8.16),由图形可知 D 既是 x 型区域,也是 y 型区域,所以

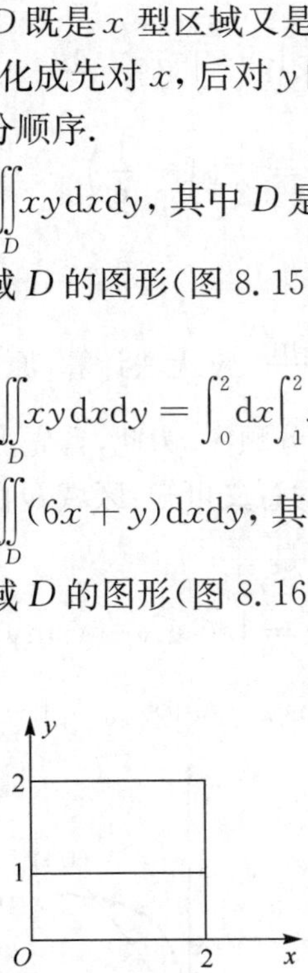

图 8.15

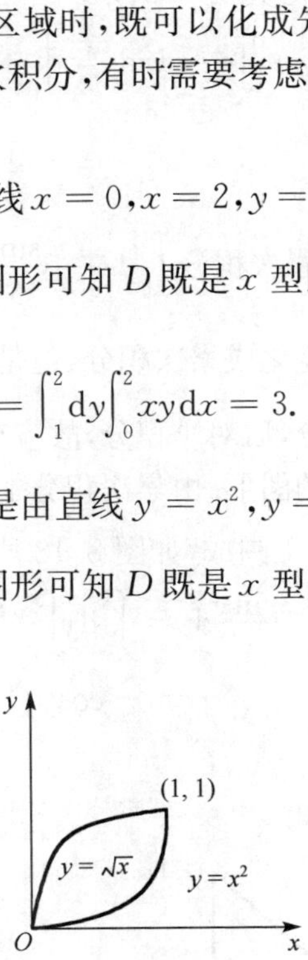

图 8.16

法一

$$\iint\limits_D (6x+y)\mathrm{d}x\mathrm{d}y = \int_0^1 \mathrm{d}x \int_{x^2}^{\sqrt{x}} (6x+y)\mathrm{d}y$$

$$= \int_0^1 \left(6x^{\frac{3}{2}} + \frac{x}{2} - 6x^3 - \frac{x^4}{2}\right)\mathrm{d}x = \frac{21}{20}.$$

法二

$$\iint\limits_D (6x+y)\mathrm{d}x\mathrm{d}y = \int_0^1 \mathrm{d}y \int_{y^2}^{\sqrt{y}} (6x+y)\mathrm{d}x$$

$$= \int_0^1 (3y + y^{\frac{3}{2}} - 3y^4 - y^3)\mathrm{d}y = \frac{21}{20}.$$

例 41 计算 $\iint\limits_D \mathrm{e}^{-x^2}\mathrm{d}x\mathrm{d}y$，其中 $D = \{(x,y) \mid 0 \leqslant y \leqslant x, 0 \leqslant x \leqslant 1\}$.

解 画出区域 D 的图形(图 8.17)，由图形可知 D 既是 x 型区域，也是 y 型区域，但是，函数 e^{-x^2} 将 x 作为自变量时的原函数是求不出来的(原函数不能用初等函数表示)，所以，应先对 y 积分，

$$\iint\limits_D \mathrm{e}^{-x^2}\mathrm{d}x\mathrm{d}y = \int_0^1 \mathrm{d}x \int_0^x \mathrm{e}^{-x^2}\mathrm{d}y = \int_0^1 x\mathrm{e}^{-x^2}\mathrm{d}x$$

$$= -\frac{1}{2}\mathrm{e}^{-x^2}\Big|_0^1 = \frac{1}{2}\left(1 - \frac{1}{\mathrm{e}}\right).$$

例 42 计算累次积分 $\int_0^1 \mathrm{d}x \int_x^{\sqrt{x}} \frac{\sin y}{y}\mathrm{d}y$.

解 虽然已经化成累次积分，但是，$\int_x^{\sqrt{x}} \frac{\sin y}{y}\mathrm{d}y$ 无法计算，原函数为超越函数，所以应先对 x 积分，后对 y 积分，故应交换积分顺序. 为此，首先由积分的两组上下限画出积分区域的图形. 由累次积分上下限的意义可知：区域 D 由曲线 $y = x$，$y = \sqrt{x}$ 及 $x = 0$，$x = 1$ 围成，如图 8.18 所示. 于是

$$\int_0^1 \mathrm{d}x \int_x^{\sqrt{x}} \frac{\sin y}{y}\mathrm{d}y = \int_0^1 \mathrm{d}y \int_{y^2}^{y} \frac{\sin y}{y}\mathrm{d}x = \int_0^1 (\sin y - y\sin y)\mathrm{d}y$$

$$= -\cos y\Big|_0^1 + (y\cos y - \sin y)\Big|_0^1 = 1 - \sin 1.$$

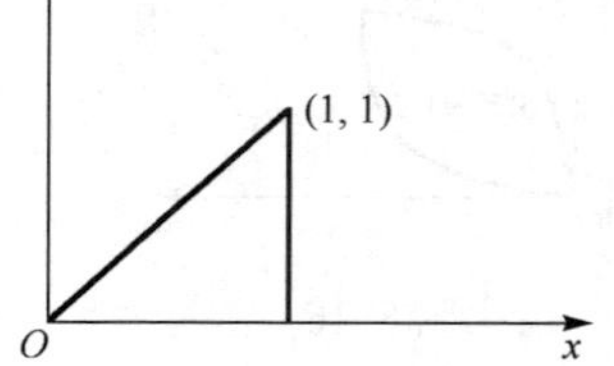

图 8.17

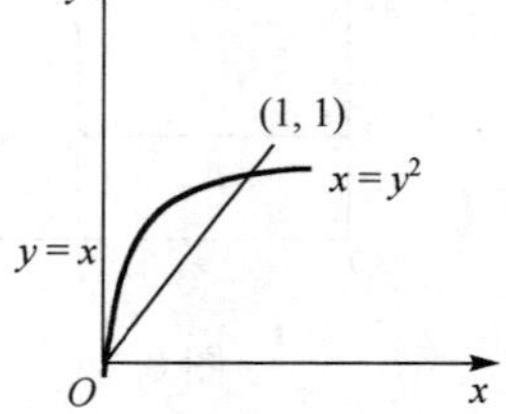

图 8.18

例 43　交换二重积分 $\int_0^2 \mathrm{d}x\int_x^{2x} f(x,y)\mathrm{d}y$ 的积分次序.

解　由二重积分的上下限可得积分区域:

$$D=\{(x,y)\mid 0\leqslant x\leqslant 2,x\leqslant y\leqslant 2x\}.$$

不难画出积分区域 D 的图形(图 8.19). 所以

$$\int_0^2 \mathrm{d}x\int_x^{2x} f(x,y)\mathrm{d}y=\int_0^2 \mathrm{d}y\int_{\frac{y}{2}}^{y} f(x,y)\mathrm{d}x+\int_2^4 \mathrm{d}y\int_{\frac{y}{2}}^{2} f(x,y)\mathrm{d}x.$$

8.7.3　极坐标系下二重积分的计算

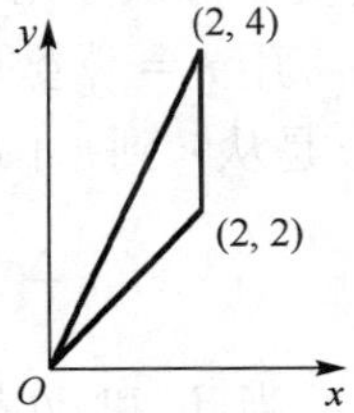

图 8.19

一般来说,当积分区域为圆、圆环或者圆的一部分,或被积函数中含有 x^2+y^2, $\frac{x}{y}$ 等形式时,我们通常将直角坐标系的二重积分化为极坐标系下的二重积分.

1. 极坐标系、极坐标系与直角坐标系的转换

在直角坐标系 xOy 中,取原点作为极坐标系的极点,取 x 轴正向为极轴,就建立了一个极坐标系. 在直角坐标系 xOy 中,任意一点 P 的位置用横坐标 x 和纵坐标 y 来表示,记为 (x,y); 在极坐标系中,点 P 的位置则用该点到极点的距离 r 及该点与极点的连线与极轴的夹角 θ 来表示,记为 (r,θ), 如图 8.20 所示. 点 P 的直角坐标 (x,y) 与极坐 (r,θ) 之间有关系式

$$\begin{cases}x=r\cos\theta,\\ y=r\sin\theta,\end{cases}\quad \begin{cases}r=\sqrt{x^2+y^2},\\ \tan\theta=\dfrac{y}{x}.\end{cases}\tag{8.13}$$

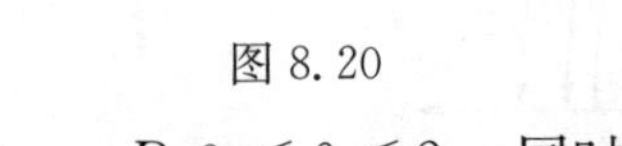

图 8.20

直角坐标系中的曲线方程 $f(x,y)=0$ 可以通过式(8.13)转换成极坐标系中的曲线方程 $r=r(\theta)$, 同样地,极坐标系中的曲线方程 $r=r(\theta)$ 也可以转换成直角坐标系中的曲线方程 $f(x,y)=0$.

例 44　写出圆 $x^2+y^2=R^2$ 的极坐标方程.

解　将关系式 $x=r\cos\theta,y=r\sin\theta$ 直接代入圆方程得 $r^2=R^2$, 因为 $r\geqslant 0$, 所以,圆的极坐标方程为 $r=R,0\leqslant\theta\leqslant 2\pi$, 同时可得到

$$D=\{(x,y)\mid x^2+y^2\leqslant R^2\}=\{(r,\theta)\mid 0\leqslant r\leqslant R,0\leqslant\theta\leqslant 2\pi\}.$$

例 45　写出圆 $x^2+y^2=2x$ 的极坐标方程.

解　将关系式 $x=r\cos\theta,y=r\sin\theta$ 直接代入圆方程得 $r^2=2r\cos\theta$, 因为 $r\geqslant 0$, 所以,圆的极坐标方程为 $r=2\cos\theta$, $-\frac{\pi}{2}\leqslant\theta\leqslant\frac{\pi}{2}$.

2. 二重积分的转换

把直角坐标系下的二重积分 $\iint\limits_D f(x,y)\mathrm{d}x\mathrm{d}y$ 转化为极坐标系下的二重积分，首先对被积函数进行转换得到

$$f(x,y)=f(r\cos\theta,r\sin\theta),$$

其次要将积分元素 $\mathrm{d}\sigma$ 进行转换.

用 $r=$ 常数(以 O 为圆心的圆)和 $\theta=$ 常数(以 O 为起点的射线)去分割 D. 设 $\Delta\sigma$ 是从 r 到 $r+\mathrm{d}r$ 和从 θ 到 $\theta+\mathrm{d}\theta$ 之间的小区域(图 8.21 中阴影部分)，其面积为

$$\Delta\sigma=\frac{1}{2}(r+\mathrm{d}r)^2\mathrm{d}\theta-\frac{1}{2}r^2\mathrm{d}\theta=r\mathrm{d}r\mathrm{d}\theta+\frac{1}{2}(\mathrm{d}r)^2\mathrm{d}\theta.$$

当 $\mathrm{d}r$ 和 $\mathrm{d}\theta$ 都充分小时，$\frac{1}{2}(\mathrm{d}r)^2\mathrm{d}\theta$ 是比 $r\mathrm{d}r\mathrm{d}\theta$ 更高阶的无穷小量，从而得到 $\Delta\sigma$ 的近似公式

$$\Delta\sigma\approx r\mathrm{d}r\mathrm{d}\theta,$$

可以得到极坐标系下的积分元素

$$\mathrm{d}\sigma=r\mathrm{d}r\mathrm{d}\theta,$$

于是有直角坐标系下的二重积分转化为极坐标系下的二重积分

$$\iint\limits_D f(x,y)\mathrm{d}x\mathrm{d}y=\iint\limits_D f(r\cos\theta,r\sin\theta)r\mathrm{d}r\mathrm{d}\theta.$$

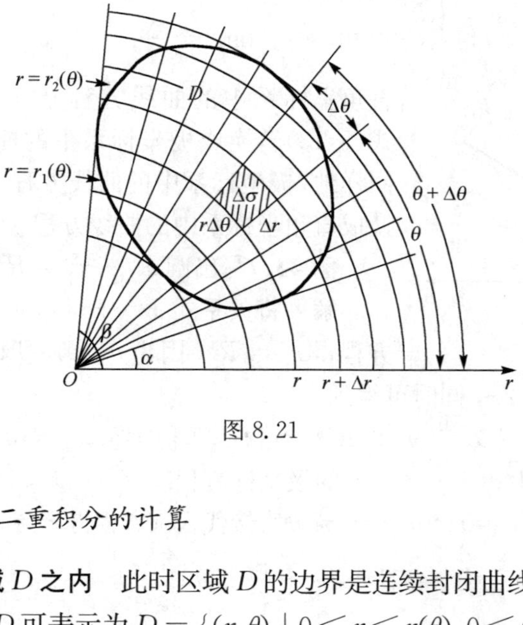

图 8.21

3. 极坐标系下二重积分的计算

(1)**极点在区域 D 之内** 此时区域 D 的边界是连续封闭曲线 $r=r(\theta)$，$0\leqslant\theta\leqslant 2\pi$ (图 8.22)，区域 D 可表示为 $D=\{(r,\theta)\mid 0\leqslant r\leqslant r(\theta),0\leqslant\theta\leqslant 2\pi\}$，从而有

$$\iint_D f(r\cos\theta, r\sin\theta) r\mathrm{d}r\mathrm{d}\theta = \int_0^{2\pi}\mathrm{d}\theta\int_0^{r(\theta)} f(r\cos\theta, r\sin\theta) r\mathrm{d}r. \tag{8.14}$$

例 46　计算 $\iint_D \sqrt{x^2+y^2}\mathrm{d}\sigma$，其中 $D=\{(x,y) \mid 1\leqslant x^2+y^2\leqslant 4\}$.

解　积分区域 D 如图 8.23 所示，作极坐标变换

$$x = r\cos\theta,\quad y = r\sin\theta,$$

积分区域 D 的极坐标表示形式为

$$D=\{(r,\theta) \mid 1\leqslant r\leqslant 2, 0\leqslant\theta\leqslant 2\pi\}.$$

故有

$$\iint_D \sqrt{x^2+y^2}\mathrm{d}\sigma = \int_0^{2\pi}\mathrm{d}\theta\int_1^2 r^2\mathrm{d}r = 2\pi\times\frac{r^3}{3}\Big|_1^2 = \frac{14\pi}{3}.$$

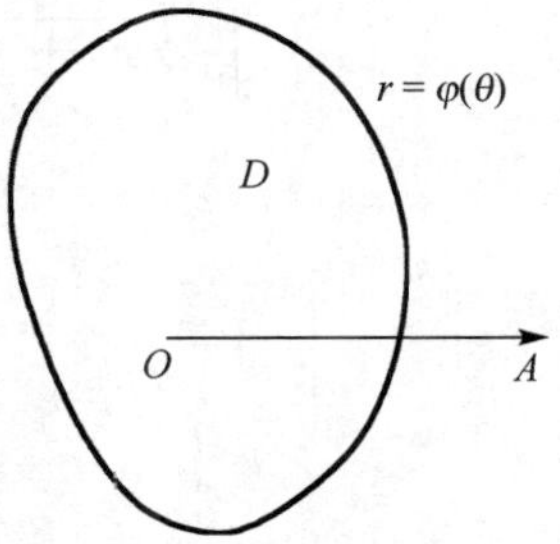

图 8.22

(2)**极点在区域 D 之外**　此时区域 D 在 $\theta=\alpha$ 与 $\theta=\beta$ 两条射线之间，这两条射线与区域 D 的边界的交点把区域边界分成两部分(图 8.24)，它们的极坐标方程分别为 $r=r_1(\theta), \alpha\leqslant\theta\leqslant\beta$ 和 $r=r_2(\theta), \alpha\leqslant\theta\leqslant\beta$，此时区域 D 可表示为

$$D=\{(r,\theta) \mid r_1(\theta)\leqslant r\leqslant r_2(\theta), \alpha\leqslant\theta\leqslant\beta\},$$

从而有

$$\iint_D f(r\cos\theta, r\sin\theta) r\mathrm{d}r\mathrm{d}\theta = \int_\alpha^\beta\mathrm{d}\theta\int_{r_1(\theta)}^{r_2(\theta)} f(r\cos\theta, r\sin\theta) r\mathrm{d}r. \tag{8.15}$$

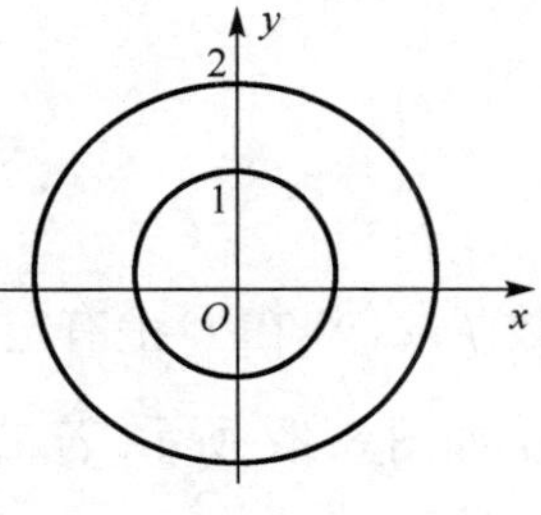

图 8.23

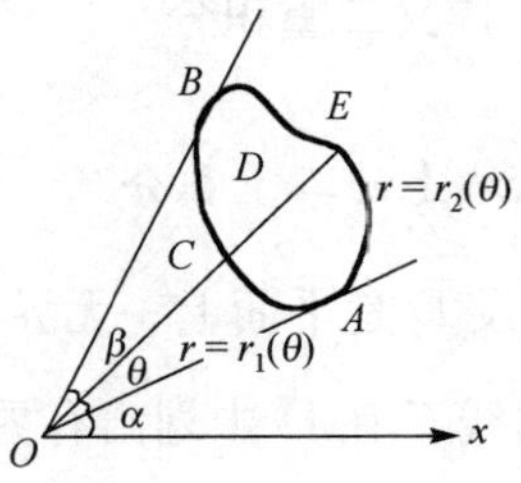

图 8.24

(3)**极点在区域 D 的边界上**　如图 8.25 所示，如果区域 D 的边界方程为 $r=r(\theta)$，则区域 D 可表示为

$$D=\{(r,\theta) \mid 0\leqslant r\leqslant r(\theta), \alpha\leqslant\theta\leqslant\beta\},$$

从而有

$$\iint_D f(r\cos\theta, r\sin\theta) r\mathrm{d}r\mathrm{d}\theta = \int_\alpha^\beta\mathrm{d}\theta\int_0^{r(\theta)} f(r\cos\theta, r\sin\theta) r\mathrm{d}r. \tag{8.16}$$

例 47 计算二重积分$\iint\limits_D \sqrt{x^2+y^2}\mathrm{d}\sigma$，其中 D：$(x-a)^2+y^2 \leqslant a^2(a>0)$.

解 积分区域 D(图 8.26)，D 的边界曲线 $(x-a)^2+y^2 \leqslant a^2(a>0)$ 的极坐标方程为 $r=2a\cos\theta(a>0)$. 属于第三种情况，于是

$$\begin{aligned}\iint\limits_D \sqrt{x^2+y^2}\mathrm{d}\sigma &= \int_{-\frac{\pi}{2}}^{\frac{\pi}{2}}\mathrm{d}\theta\int_0^{2a\cos\theta} r^2\mathrm{d}r = \frac{8a^3}{3}\int_{-\frac{\pi}{2}}^{\frac{\pi}{2}}\cos^3\theta\mathrm{d}\theta \\ &= \frac{8a^3}{3}\int_{-\frac{\pi}{2}}^{\frac{\pi}{2}}(1-\sin^2\theta)\cos\theta\mathrm{d}\theta \\ &= \frac{8a^3}{3}\int_{-\frac{\pi}{2}}^{\frac{\pi}{2}}(1-\sin^2\theta)\mathrm{d}\sin\theta \\ &= \frac{8a^3}{3}\left(\sin\theta-\frac{1}{3}\sin^3\theta\right)\Bigg|_{-\frac{\pi}{2}}^{\frac{\pi}{2}} = \frac{32}{9}a^3.\end{aligned}$$

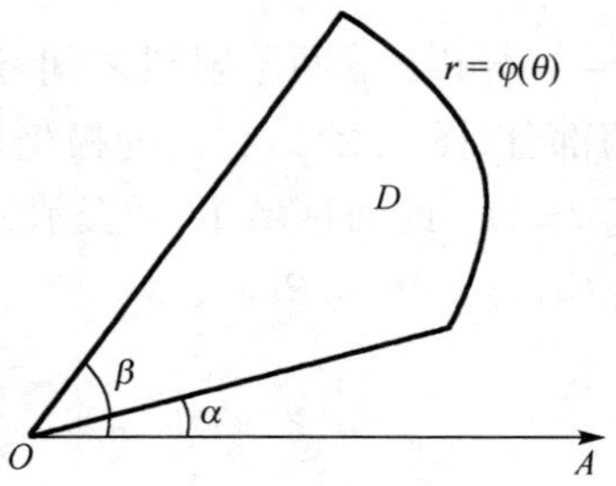

图 8.25

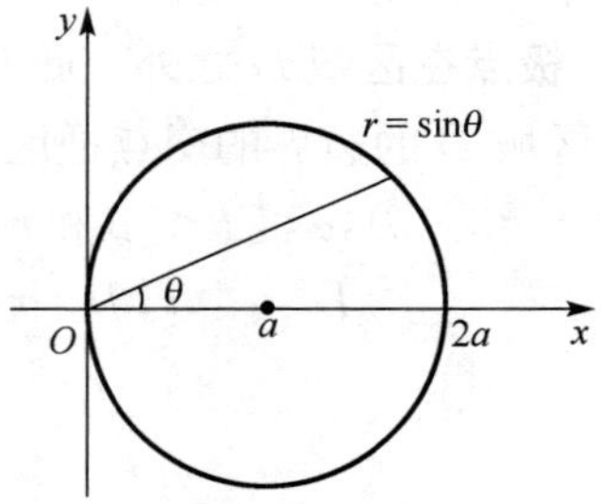

图 8.26

*8.7.4 广义二重积分

1. 无界区域上的二重积分

定义 8 设 D 是平面上一无界区域，函数 $f(x,y)$ 在 D 上有定义，用任意光滑或分段光滑曲线 C 在 D 中划出有界区域 D_C，如图 8.27 所示. 若二重积分$\iint\limits_{D_C} f(x,y)\mathrm{d}\sigma$ 存在，且当曲线 C 连续变动，使区域 D_C 以任意过程无限扩展而趋于区域 D 时，极限

$$\lim_{D_C\to D}\iint\limits_{D_C} f(x,y)\mathrm{d}\sigma,$$

都存在且取相同的值 I，则称反常二重积分$\iint\limits_D f(x,y)\mathrm{d}\sigma$ 收敛于 I，即

$$\iint\limits_D f(x,y)\mathrm{d}\sigma = \lim_{D_C\to D}\iint\limits_{D_C} f(x,y)\mathrm{d}\sigma = I, \tag{8.17}$$

否则,称$\iint\limits_D f(x,y)\mathrm{d}\sigma$发散.

例 48　计算二重积分$\iint\limits_D x\mathrm{e}^{-y^2}\mathrm{d}x\mathrm{d}y$,其中$D$是由曲线$y=4x^2$,$y=9x^2$在第一象限所围成的区域(图 8.28).

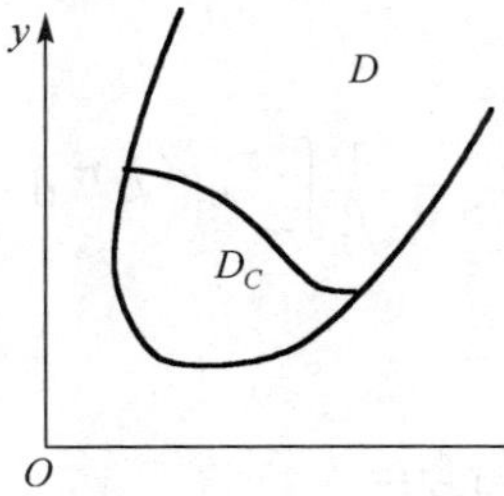

图 8.27

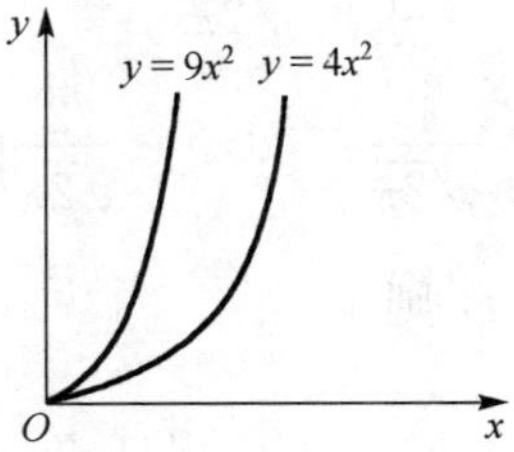

图 8.28

解　$D=\left\{(x,y)\mid \frac{\sqrt{y}}{3}\leqslant x\leqslant\frac{\sqrt{y}}{2},0\leqslant y\leqslant+\infty\right\}$,

$$\begin{aligned}\iint\limits_D x\mathrm{e}^{-y^2}\mathrm{d}x\mathrm{d}y&=\lim_{\lambda\to+\infty}\int_0^\lambda\mathrm{d}y\int_{\frac{\sqrt{y}}{3}}^{\frac{\sqrt{y}}{2}}x\mathrm{e}^{-y^2}\mathrm{d}x\\&=\frac{1}{2}\lim_{\lambda\to+\infty}\int_0^\lambda\left(\frac{1}{4}y-\frac{1}{9}y\right)\mathrm{e}^{-y^2}\mathrm{d}y\\&=-\frac{5}{144}\mathrm{e}^{-y^2}\Big|_0^{+\infty}=\frac{5}{144}.\end{aligned}$$

2. 泊松积分

在概率论中要用到一种重要的广义积分—泊松积分$\int_{-\infty}^{+\infty}\mathrm{e}^{-x^2}\mathrm{d}x$,就可以利用无界区域上的反常二重积分求出.

例 49　设D为全平面,计算$\iint\limits_D \mathrm{e}^{-(x^2+y^2)}\mathrm{d}\sigma$.

解　设D_R是以原点为圆心,半径为R的圆域,则有

$$\begin{aligned}\iint\limits_D \mathrm{e}^{-(x^2+y^2)}\mathrm{d}\sigma&=\lim_{R\to+\infty}\iint\limits_{D_R}\mathrm{e}^{-(x^2+y^2)}\mathrm{d}\sigma=\lim_{R\to+\infty}\int_0^{2\pi}\mathrm{d}\theta\int_0^R\mathrm{e}^{-r^2}r\mathrm{d}r\\&=\lim_{R\to+\infty}\pi(1-\mathrm{e}^{-R^2})=\pi.\end{aligned}$$

$$\begin{aligned}\int_{-\infty}^{+\infty}\mathrm{e}^{-x^2}\mathrm{d}x&=\sqrt{\int_{-\infty}^{+\infty}\mathrm{e}^{-x^2}\mathrm{d}x\int_{-\infty}^{+\infty}\mathrm{e}^{-y^2}\mathrm{d}y}=\sqrt{\int_{-\infty}^{+\infty}\int_{-\infty}^{+\infty}\mathrm{e}^{-(x^2+y^2)}\mathrm{d}x\mathrm{d}y}\\&=\sqrt{\iint\limits_D\mathrm{e}^{-(x^2+y^2)}\mathrm{d}\sigma}=\sqrt{\pi},\end{aligned}$$

得到

$$\int_{-\infty}^{+\infty} e^{-x^2}\,dx = \sqrt{\pi}. \tag{8.18}$$

称 $\int_{-\infty}^{+\infty} e^{-x^2}\,dx = \sqrt{\pi}$ 为泊松积分(也称为概率积分).

例 50　计算 $\int_{-\infty}^{+\infty} \frac{1}{\sqrt{2\pi}} e^{-\frac{x^2}{2}}\,dx$.

解　$\int_{-\infty}^{+\infty} \frac{1}{\sqrt{2\pi}} e^{-\frac{x^2}{2}}\,dx = \frac{\sqrt{2}}{\sqrt{2\pi}}\int_{-\infty}^{+\infty} e^{-\left(\frac{x}{\sqrt{2}}\right)^2} d\,\frac{x}{\sqrt{2}} = \frac{1}{\sqrt{\pi}}\int_{-\infty}^{+\infty} e^{-\left(\frac{x}{\sqrt{2}}\right)^2} d\,\frac{x}{\sqrt{2}}.$

令 $\frac{x}{\sqrt{2}} = t$, 则

$$\int_{-\infty}^{+\infty} \frac{1}{\sqrt{2\pi}} e^{-\frac{x^2}{2}}\,dx = \frac{\sqrt{2}}{\sqrt{2\pi}}\int_{-\infty}^{+\infty} e^{-\left(\frac{x}{\sqrt{2}}\right)^2} d\,\frac{x}{\sqrt{2}} = \frac{1}{\sqrt{\pi}}\int_{-\infty}^{+\infty} e^{-t^2}\,dt = \frac{1}{\sqrt{\pi}}\cdot\sqrt{\pi} = 1.$$

8.7.5　利用二重积分求体积

由二重积分的几何意义知,曲顶柱体的体积可表示为二重积分

$$V = \iint_D |f(x,y)|\,dx dy,$$

其中 $z = f(x,y)$ 为曲顶柱体的曲顶方程,D 为曲面在 xOy 平面上的投影.

例 51　求由两个圆柱面 $x^2 + y^2 = a^2$ 和 $x^2 + z^2 = a^2$ 相交所形成的立体的体积.

解　先画出立体的图形(八分之一部分如图 8.29 所示)

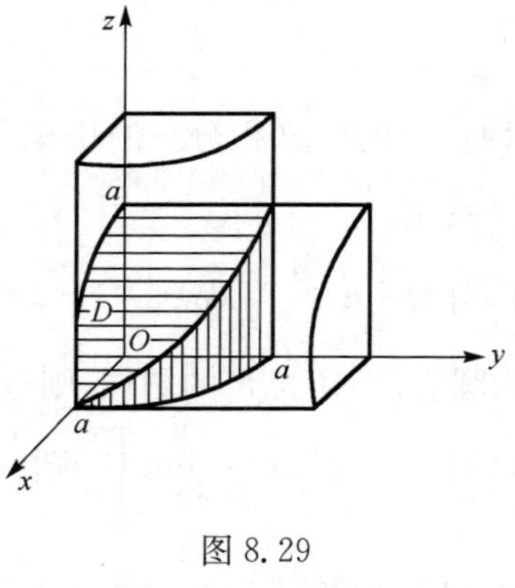

图 8.29

根据图形的对称性,所求的体积是图中所画出的第一卦限中的体积的八倍. 它可看成一个曲顶住体. 曲顶是圆柱面 $z = \sqrt{a^2 - x^2}$,底是 xOy 平面上圆 $x^2 + y^2 = a^2$ 在第一象限内的部分,表示为

$$D: 0 \leqslant x \leqslant a, 0 \leqslant y \leqslant \sqrt{a^2 - x^2}.$$

于是所求体积为

$$V = 8\iint_D \sqrt{a^2 - x^2}\,\mathrm{d}x\mathrm{d}y = 8\int_0^a \mathrm{d}x \int_0^{\sqrt{a^2-x^2}} \sqrt{a^2 - x^2}\,\mathrm{d}y$$

$$= 8\int_0^a \left(\sqrt{a^2 - x^2} \cdot y\Big|_0^{\sqrt{a^2-x^2}}\right)\mathrm{d}x = 8\int_0^a (a^2 - x^2)\,\mathrm{d}x$$

$$= 8\left[a^2 x - \frac{1}{3}x^3\right]\Big|_0^a = \frac{16}{3}a^3.$$

习　题　8

1. 求下列各函数的定义域：

(1) $u = \frac{1}{\sqrt{x}} + \frac{1}{\sqrt{y}} + \frac{1}{\sqrt{z}}$；　　(2) $z = \frac{1}{\sqrt{x+y}} + \frac{1}{\sqrt{x-y}}$；

(3) $u = \sqrt{R^2 - x^2 - y^2 - z^2} + \frac{1}{\sqrt{x^2 + y^2 + z^2 - r^2}} (R > r > 0)$；

(4) $z = \sqrt{y + \sqrt{x}}$；　　(5) $z = \arcsin(x^2 + y^2)$.

2. 已知函数 $f(x,y) = x^2 + y^2 - xy\tan\frac{x}{y}$，试求 $f(tx,ty)$.

3. 已知函数 $f(u,v,w) = u^w + w^{u+v}$，试求 $f(x+y, x-y, xy)$.

4. 设函数 $z = x^2 - xy + y$，

(1)求函数在点 (x_0, y_0) 处的偏增量 $\Delta_x z, \Delta_y z$ 和全增量 Δz；

(2)当 x 从 2 变到 2.1，y 从 2 变到 1.9 时，求 $\Delta_x z, \Delta_y z$ 与 Δz 的值各为多少？

5. 设 $z = (1 + xy)^y$，求 $\left.\frac{\partial z}{\partial x}\right|_{\substack{x=1\\y=1}}$ 及 $\left.\frac{\partial z}{\partial y}\right|_{\substack{x=1\\y=1}}$.

6. 设 $f(x,y) = x + y - \sqrt{x^2 + y^2}$，求 $f'_x(2,4)$.

7. 设 $z = \ln\left(x + \frac{y}{2x}\right)$，求 $\left.\frac{\partial z}{\partial x}\right|_{\substack{x=1\\y=0}}$.

8. 设 $f(x,y) = \mathrm{e}^{-x}\sin(x + 2y)$，求 $f'_x\left(0, \frac{\pi}{4}\right)$ 及 $f'_y\left(0, \frac{\pi}{4}\right)$.

9. 设 $u = \ln(1 + x + y^2 + z^3)$，当 $x = y = z = 1$ 时，求 $u'_x + u'_y + u'_z$.

10. 求下列函数的偏导数：

(1) $z = \ln\tan\frac{x}{y}$；　　(2) $z = \arcsin(y\sqrt{x})$；

(3) $z = \sin\frac{x}{y} \cdot \cos\frac{y}{x}$；　　(4) $z = \left(\frac{1}{3}\right)^{-y/x}$；

(5) $z = xy\mathrm{e}^{\sin\pi xy}$；　　(6) $z = \ln(x + \ln y)$；

(7) $z = \sqrt{x}\sin\frac{y}{x}$.

11. 求下列函数的全微分：

(1) $z = e^{xy} + \ln(x+y)$；　(2) $z = \arctan\dfrac{x+y}{1-xy}$；

(3) $z = \sin(xy)$；　(4) $z = \dfrac{x^2+y^2}{x^2-y^2}$；

(5) $z = 2xe^{-y} - \sqrt{3x}$；　(6) $u = e^{x(x^2+y^2+z^2)}$；

(7) $u = x^{yz}$；　(8) $u = \ln(3x-2y+z)$；

(9) $u = \arctan(x-y)^2$.

12. 求下列函数在给定点处的全微分：

(1) $z = x^4 + y^4 - 4x^2y^2, \mathrm{d}z\Big|_{x=1,y=1}$；

(2) $z = x\sin(x+y) + e^{x-y}, (x,y) = \left(\dfrac{\pi}{2}, \dfrac{\pi}{2}\right)$.

13. 试求当 $x=2, y=-1, \Delta x = 0.02, \Delta y = -0.01$ 时，函数 $z = x^2y^3$ 的全微分及全增量的值.

14. 求下列复合函数的一阶偏导数：

(1)设 $z = u^2v - uv^2, u = x\cos y, v = x\sin y$，求 $\dfrac{\partial z}{\partial x}, \dfrac{\partial z}{\partial y}$；

(2)设 $z = u^2\ln v, u = \dfrac{x}{y}, v = 3x-2y$，求 $\dfrac{\partial z}{\partial x}, \dfrac{\partial z}{\partial y}$；

(3)设 $z = \dfrac{x^2}{y}, x = u-2v, y = v+2u$，求 $\dfrac{\partial z}{\partial u}, \dfrac{\partial z}{\partial v}$；

(4)设 $z = (2x+y)^{2x+y}$，求 $\dfrac{\partial z}{\partial x}, \dfrac{\partial z}{\partial y}$.

15. 设 $z = \arctan\dfrac{x}{y}, x = u+v, y = u-v$，证明 $\dfrac{\partial z}{\partial u} + \dfrac{\partial z}{\partial v} = \dfrac{u-v}{u^2+v^2}$.

16. 设 $z = \dfrac{y}{f(x^2-y^2)}$，其中 f 可微函数，证明

$$\frac{1}{x}\frac{\partial z}{\partial x} + \frac{1}{y}\frac{\partial z}{\partial y} = \frac{z}{y^2}.$$

17. 设 $z = F(x,y), x = r\cos\theta, y = r\sin\theta$，求 $\dfrac{\partial z}{\partial r}, \dfrac{\partial z}{\partial \theta}$.

18. 求下列函数的全导数：

(1)设 $z = \dfrac{y}{x}, x = e^t, y = 1 - e^{2t}$，求 $\dfrac{\mathrm{d}z}{\mathrm{d}t}$；

(2)设 $z = e^{x-2y}, x = \sin t, y = t^3$，求 $\dfrac{\mathrm{d}z}{\mathrm{d}t}$；

(3)设 $z = \arcsin(x-y), x = 3t, y = 4t^3$，求 $\dfrac{\mathrm{d}z}{\mathrm{d}t}$；

(4)设 $z = \arctan(xy), y = e^x$，求 $\dfrac{\mathrm{d}z}{\mathrm{d}x}$；

(5)设 $z = \tan(3t + 2x^2 - y), x = \dfrac{1}{t}, y = \sqrt{t}$，求 $\dfrac{\mathrm{d}z}{\mathrm{d}t}$.

19. 设 $z = \ln\dfrac{x + \sqrt{x^2+y^2}}{y}, x = \cos t, y = \sin t$，在 $t = \dfrac{\pi}{2}$ 处，求全导数的值.

20. 设 $z=\frac{1}{2}\ln\frac{x+y}{x-y}, x=\sec t, y=2\sin t$，在 $t=\pi$ 处，求全导数的值.

21. 设 $z=\arctan\frac{y}{x}, y=x^2$，求 $\frac{\partial z}{\partial x}, \frac{dz}{dx}$.

22. 设 $z=x^y, y=\varphi(x)$，求 $\frac{\partial z}{\partial x}, \frac{dz}{dx}$.

23. 求下列隐函数的导数：

(1) 设 $\frac{x^2}{a^2}+\frac{y^2}{b^2}=1$，求 $\frac{dy}{dx}$；

(2) 设 $\sin(xy)-e^{xy}-x^2y=0$，求 $\frac{dy}{dx}$；

(3) 设 $\ln\sqrt{x^2+y^2}=\arctan\frac{y}{x}$，求 $\frac{dy}{dx}$；

(4) 设 $x+2y+z-2\sqrt{xyz}=0$，求 $\frac{\partial z}{\partial x}, \frac{\partial z}{\partial y}$；

(5) 设 $e^z-xyz=0$，求 $\frac{\partial z}{\partial x}$ 和 $\frac{\partial z}{\partial y}$；

(6) 设 $x^2+y^2+z^2-2axyz=0$，求 $\frac{\partial z}{\partial x}$ 和 $\frac{\partial z}{\partial y}$；

(7) 设 $\frac{x}{z}=\ln\frac{z}{y}$，求 $\frac{\partial z}{\partial x}$ 和 $\frac{\partial z}{\partial y}$.

24. 求由方程 $2xz-2xyz+\ln(xyz)=0$ 所确定的函数 $z=z(x,y)$ 的全微分.

25. 求由方程组

$$\begin{cases} z=x^2+y^2, \\ x^2+2y^2+3z^2=20 \end{cases}$$

所确定的隐函数的导数 $\frac{dy}{dx}$ 和 $\frac{dz}{dx}$.

26. 求下列函数的二阶偏导数：

(1) $z=\sin(ax+by)$；　(2) $z=\arcsin(xy)$；　(3) $z=x^{2y}$；

(4) $z=y^{\ln x}$；　(5) $x+y+z=e^{-(x+y+z)}$.

27. 设 $z=e^x(\cos y+x\sin y)$，验证 $\frac{\partial^2 z}{\partial x\partial y}=\frac{\partial^2 z}{\partial y\partial x}$.

28. 设 $f(x,y,z)=xy^2+yz^2+zx^2$，求 $f''_{xx}(0,0,1), f''_{xz}(1,0,2)$，及 $f'''_{zxy}(2,0,1)$.

29. 求下列函数的极值：

(1) $f(x,y)=4(x-y)-x^2-y^2$；

(2) $f(x,y)=(2ax-x^2)(2by-y^2)$，其中，$ab\neq 0$；

(3) $f(x,y)=e^{2x}(x+y^2+2y)$.

30. 求下列已知函数在指定条件下的极值：

(1) $z=xy$，若 $x+y=1$；

(2) $z=x^2+y^2$，若 $\frac{x}{a}+\frac{y}{b}=1$，

(3) $u=x+y+z$，若 $\frac{1}{x}+\frac{1}{y}+\frac{1}{z}, x>0, y>0, z>0$.

31. 在半径为 a 的半球内求一个体积最大的内接长方体.

32. 某公司通过电台和报纸两种方式做销售其产品的广告，根据统计资料分析可知，销售收入 R（万元）与电台广告费 x（万元），报纸广告费 y（万元）有如下的经验公式：

$$R = 15 + 14x + 32y - 8xy - 2x^2 - 10y^2.$$

(1)在广告费用不限的情况下，求总利润最大的广告策略；

(2)若提供的广告费用为 1.5 万元，求相应的最优广告策略.

33. 设某工厂生产甲、乙两种产品，甲产品每千克获利 0.6 元，乙产品每千克获利 0.4 元，生产 x 千克甲产品和 y 千克乙产品的成本函数为

$$C(x,y) = 10000 + x + \frac{x^2}{6000} + y,$$

而该工厂成本总预算为 20000 元，应如何分配甲乙两种产品的产量，才能使得总利润最大.

34. 计算二重积分：

(1) $\iint\limits_D x e^{xy}\,dxdy$，其中，$D = \{(x,y) \mid 0 \leqslant x \leqslant 1, -1 \leqslant y \leqslant 0\}$；

(2) $\iint\limits_D \frac{dxdy}{(x-y)^2}$，其中，$D = \{(x,y) \mid 1 \leqslant x \leqslant 2, 3 \leqslant y \leqslant 4\}$；

(3) $\iint\limits_D e^{x+y}\,dxdy$，其中，$D = \{(x,y) \mid 0 \leqslant x \leqslant 1, 0 \leqslant y \leqslant 1\}$.

35. 按照下列指定的区域 D 将二重积分 $\iint\limits_D f(x,y)\,dxdy$ 化为累次积分：

(1) D：$x + y = 1, x - y = 1, x = 0$ 所围成的区域；

(2) D：$y = x, y = 3x, x = 1, x = 3$ 所围成的区域；

(3) D：$y - 2x = 0, 2y - x = 0, xy = 2$ 在第一象限中所围成的区域；

(4) D：$x = 3, x = 5, 3x - 2y + 4 = 0, 3x - 2y + 1 = 0$ 所围成的区域.

36. 改变下列累次积分的积分次序：

(1) $\int_0^1 dy \int_y^{\sqrt{y}} f(x,y)\,dx$；

(2) $\int_1^e dx \int_0^{\ln x} f(x,y)\,dy$；

(3) $\int_{-1}^1 dx \int_0^{\sqrt{1-x^2}} f(x,y)\,dy$；

(4) $\int_0^1 dx \int_0^{x^2} f(x,y)\,dy + \int_1^3 dx \int_0^{\frac{1}{2}(3-x)} f(x,y)\,dy$；

(5) $\int_{-1}^1 dx \int_{-\sqrt{1-x^2}}^{1-x^2} f(x,y)\,dy$；

(6) $\int_0^{2a} dx \int_{\sqrt{2ax-x^2}}^{\sqrt{2ax}} f(x,y)\,dy$.

37. 计算下列二重积分：

(1) $\iint\limits_D (x + 6y)\,dxdy$，$D$：$y = x, y = 5x, x = 1$ 所围成的区域；

(2) $\iint\limits_D \frac{y}{x}\,dxdy$，$D$：$y = 2x, y = x, x = 4, x = 2$ 所围成的区域；

(3) $\iint\limits_D \frac{y}{x}\mathrm{d}x\mathrm{d}y, D: y=2, y=x, xy=1$ 所围成的区域；

(4) $\iint\limits_D (x^2+y^2)\mathrm{d}x\mathrm{d}y, D: y=x, y=x+a, y=a, y=3a(a>0)$ 所围成的区域.

38. 把下列直角坐标形式的累次积分变为极坐标形式的累次积分：

(1) $\int_0^{2R}\mathrm{d}y\int_0^{\sqrt{2Ry-y^2}} f(x,y)\mathrm{d}x$；

(2) $\int_0^R \mathrm{d}x\int_0^{\sqrt{R^2-x^2}} f(x^2+y^2)\mathrm{d}y$；

(3) $\int_0^{\frac{R}{\sqrt{1+R^2}}}\mathrm{d}x\int_0^{Rx} f\left(\frac{y}{x}\right)\mathrm{d}y+\int_{\frac{R}{\sqrt{1+R^2}}}^{R}\mathrm{d}x\int_0^{\sqrt{R^2-x^2}} f\left(\frac{y}{x}\right)\mathrm{d}y$.

39. 将下列二重积分变成极坐标形式，并计算其值.

(1) $\iint\limits_D \ln(1+x^2+y^2)\mathrm{d}x\mathrm{d}y$，$D$ 为圆 $x^2+y^2=1$ 所围在第一象限中的区域；

(2) $\iint\limits_D \sqrt{R^2-x^2-y^2}\mathrm{d}x\mathrm{d}y$，$D$ 为圆 $x^2+y^2=Rx$ 所围在第一象限中的区域；

(3) $\iint\limits_D \arctan\frac{y}{x}\mathrm{d}x\mathrm{d}y$，$D$ 为圆 $x^2+y^2=4, x^2+y^2=1$ 及直线 $y=x, y=0$ 围成的第一象限内的区域；

(4) $\iint\limits_D \sin\sqrt{x^2+y^2}\mathrm{d}x\mathrm{d}y, D: x^2+y^2\leqslant 4\pi^2, x^2+y^2\geqslant \pi^2$.

40. 计算曲面所围成的体积 $z=x^2+y^2, z=0, x=y^2, x=1$.

选 做 题 8

1. 设 $f(u,v)$ 二阶连续可导，且 $f''_{11}+f''_{22}=1$，求证：函数 $z=f(x^2-y^2, 2xy)$ 在 $x^2+y^2=1$ 上满足 $\frac{\partial^2 z}{\partial^2 x}+\frac{\partial^2 z}{\partial^2 y}=4$.

2. 设函数 $u=f(x,y,z)$ 有连续的偏导数，且 $z=z(x,y)$ 由方程 $xe^x-ye^y=ze^z$ 所确定，求 $\mathrm{d}u$.

3. 设 $z=\frac{x}{y}+yf(xy)$，其中 $f(u)$ 为可微函数，求证：$x\frac{\partial z}{\partial x}-y\frac{\partial z}{\partial y}=\frac{3x}{y}-z$.

4. 求二元函数 $z=f(x,y)=x^2y(4-x-y)$ 在由直线 $x+y=6$，x 轴和 y 轴所围成的闭区域 D 上的极值、最大值与最小值.

5. 计算 $\iint\limits_D e^{x^2}\mathrm{d}x\mathrm{d}y$，其中 D 是由 $y=x, y=x^3$ 围成的.

6. 计算 $\int_0^{\frac{\pi}{6}}\mathrm{d}y\int_y^{\frac{\pi}{6}}\frac{\cos x}{x}\mathrm{d}x$.

7. 计算 $\iint\limits_D x[1+yf(x^2+y^2)]\mathrm{d}x\mathrm{d}y$，其中 D 是由 $y=x^3, y=1, x=-1$ 围成的.

8. 计算$\iint\limits_{d}\frac{\sqrt{x^2+y^2}}{\sqrt{4-x^2-y^2}}\mathrm{d}x\mathrm{d}y$，其中$D$是由$y=\sqrt{1-(x-1)^2}$和$y=x$围成的.

9. 设函数$f(x)$在$[0,a]$上连续，证明：

$$2\left[\int_0^a f(x)\mathrm{d}x\int_x^a f(y)\mathrm{d}y\right]=\left[\int_0^a f(x)\mathrm{d}x\right]^2.$$

10. 计算$\iint\limits_{D}|y-\cos x|\mathrm{d}x\mathrm{d}y$，其中$D=\left\{(x,y)\,\middle|\,-\frac{\pi}{2}\leqslant x\leqslant\frac{\pi}{2},0\leqslant y\leqslant 1\right\}$.

11. 利用泊松积分计算由曲线$y=\int_0^x \mathrm{e}^{-t^2}\mathrm{d}t$与直线$y=\frac{\sqrt{\pi}}{2}$及$y$轴围成的面积.

第 9 章　微分方程与差分方程简介

在现实生活实际问题中,需要寻找变量之间的函数关系,但得到一些变量之间的直接方程关系一般很难,有时往往可以得到一个自变量、未知函数与它的导数之间的方程关系式. 因此,利用已知的函数与它的导数或微分之间的关系式建立数学模型成为可能,再考虑到变量有连续和离散,则可用建立微分方程及差分方程及差分方程的方法求出函数关系.

本章简单介绍微分方程及差分方程的基本概念、求解方法以及简单应用.

9.1　微分方程的基本概念

9.1.1　微分方程的定义

在许多实际和理论问题中,需要寻找变量之间的函数关系. 一般来说,变量之间的函数关系很难直接求出,然而,根据以知条件,往往可以得到一个自变量、未知函数与它的导数之间的关系式. 因此,希望利用以知的函数与它的导数之间的关系式,去求出这个函数本身. 为此,给出下列描述性的定义.

定义 1　含有未知函数和未知函数各阶导数或微分的等式称为微分方程. 在该等式中,若未知函数及其导数是一元函数,就称该微分方程是常微分方程. 若未知函数是多元函数,且该等式中所含的导数是偏导数,则称该微分方程是偏微分方程.

本章仅介绍常微分方程. 在下面,"微分方程"一词,均是指常微分方程.

微分方程的一般形式是

$$F(x,y,y',\cdots,y^{(n)})=0,$$

其中,x 是自变量,y 是 x 的函数,$y',\cdots,y^{(n)}$ 是 y 对 x 的各阶导数.

9.1.2　微分方程的解、通解、特解和初始条件

若函数(可以是显函数,也可以是隐函数) $y=y(x)$ 满足该微分方程,即将

$$y=y(x),y'=y'(x),\cdots,y^{(n)}=y^{(n)}(x)$$

代入到微分方程 $F(x,y,y',\cdots,y^{(n)})=0$, 能使等式成为恒等式,则称这个函数 $y=y(x)$ 是这个微分方程的解.

例 1　曲线 y 在点 x 处的切线斜率是 $2x$, 求满足这一条件的所有曲线.

解　根据导数的几何意义,有

$$y' = 2x,$$

这是一个一阶微分方程. 两边同时积分,有

$$\int y'\mathrm{d}x = \int 2x\mathrm{d}x = x^2 + c,$$

所以,该微分方程的解是

$$y = x^2 + c.$$

由于一个函数对应平面上的一条曲线,故也常常称微分方程的积分曲线.

$F(x,y,y',\cdots,y^{(n)}) = 0$ 的解 $y = y(x)$ 是该微分方程的积分曲线. 例1的积分曲线如图9.1所示. 从图中可以看到,该微分方程有无穷多条积分曲线,并且,所有的积分曲线都可以通过其中的某一条积分曲线沿纵轴平行移动而得到. 一般来说,若一个微分方程有解,则它有无穷多个解,且这些解的图像互相平行.

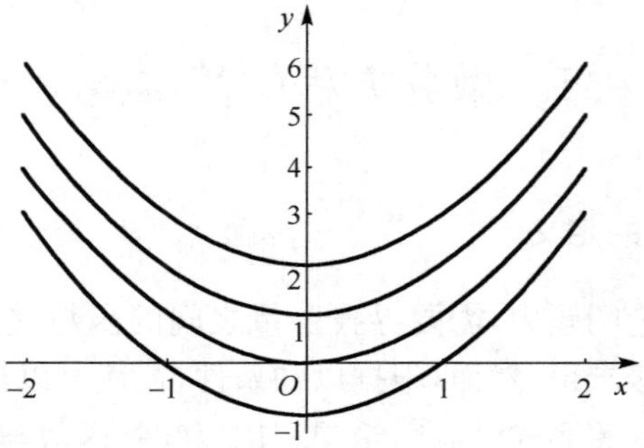

图 9.1

从例1可以看出微分方程有无穷多个解的原因. 从本质上讲,求一个微分方程的解,就是要设法进行积分; n 阶微分方程就要进行 n 次积分. 积分一次就会出现一个常数. 因此, n 阶微分方程的一般解应含有 n 个任意常数,微分方程有无穷多解. 为此,给出下列定义.

定义 2 若一个 n 阶微分方程的解含有 n 个独立的任意常数,就称这个解是该微分方程的**通解**.

这样, n 阶微分方程通解的一般形式是

$$y(x,y,C_1,\cdots,C_n) = 0.$$

一般来说,不能通过合并同类项、变量代换等变换将其合并的常数才是独立的.

定义 3 在微分方程的通解中,若指定其中的任意常数为一组固定的数值,则所得到的解称为该微分方程的一个**特解**. 例如, $y = x^2$ 就是在例1中,令 $c = 0$ 的特解.

在许多问题中,通常需要去求微分方程的一个满足某种条件的特解. 对于不同的条件,求对应特解的方法不同,一般方法是首先求出微分方程的通解,再根据所给的条件,去设法确定通解中的常数的适当值.

定义 4　对于一个 n 阶微分方程，求其某个特解的最常见的条件是给出在 $x=x_0$ 处，未知函数在该点的函数值以及直到 $n-1$ 阶的导数值. 这种条件称为微分方程的**初始条件**，记为

$$y\big|_{x=x_0}=y_0,y'\big|_{x=x_0}=y_0',\cdots,y^{(n-1)}\big|_{x=x_0}=y_0^{(n-1)},$$

其中，$y_0,y_0',\cdots,y_0^{(n-1)}$ 是已知常数. 给定初始条件，求对应特解的问题称为微分方程的**初值问题**.

求解初值问题的常见方法是：

(1)求出微分方程的通解；

(2)求出通解的直到 $n-1$ 阶的导数；

(3)代入初始条件，得到含有 n 个常数 $c_1,c_2,\cdots,c_n$ 的 n 个方程；解这组方程，得到 $c_1,c_2,\cdots,c_n$ 的一组指定值；

(4)代入通解，得到满足初始条件的特解.

9.2　一阶微分方程

9.2.1　可分离变量的微分方程

下列形式的一阶微分方程称为可分离变量的微分方程

$$p_1(x)q_2(y)\mathrm{d}x+p_2(x)q_1(y)\mathrm{d}y=0. \tag{9.1}$$

也就是说，若一阶微分方程可以按 $\mathrm{d}x,\mathrm{d}y$ 合并为两项，两个微分的系数都可以分解为两个因子的乘积，并且，每个因子要么只包含变量 x，要么只包含变量 y，则这种微分方程就是可分离变量的微分方程.

在该微分方程的两边同时除以 $p_2(x)q_2(y)$，可将它转化为下列形式：

$$\frac{p_1(x)}{p_2(x)}\mathrm{d}x+\frac{q_1(y)}{q_2(y)}\mathrm{d}y=0. \tag{9.2}$$

这种形式的微分方程称为变量已分离的微分方程. 其特点是变量 x 的微分 $\mathrm{d}x$ 的系数只与 x 有关，变量 y 的微分 $\mathrm{d}y$ 的系数只与 y 有关.

这类微分方程可以通过直接积分得到其通解. 事实上，在变量已分离的微分方程的两边同时积分，有

$$\int\frac{p_1(x)}{p_2(x)}\mathrm{d}x+\int\frac{q_1(y)}{q_2(y)}\mathrm{d}y=c.$$

不难验证，由这个方程确定的隐函数是原微分方程的通解.

例 2　求微分方程 $\dfrac{\mathrm{d}y}{\mathrm{d}x}=xy(1-y)$ 的通解.

解　该微分方程可以变形为

$$\frac{\mathrm{d}y}{y(1-y)} = x\mathrm{d}x,$$

所以,原微分方程是一个可分离变量的微分方程.两边同时积分,得

$$\int \frac{1}{y(1-y)}\mathrm{d}y = \int x\mathrm{d}x,$$

$$\int\left[\frac{1}{y} + \frac{1}{1-y}\right]\mathrm{d}y = \int x\mathrm{d}x,$$

$$\ln\frac{y}{1-y} = \frac{x^2}{2} + c_0, \frac{y}{1-y} = ce^{\frac{x^2}{2}},$$

其中,$c = \mathrm{e}^{c_0}$.于是,该微分方程的通解为

$$y = \frac{1}{1 + c\mathrm{e}^{-\frac{x^2}{2}}}.$$

9.2.2 齐次微分方程

齐次微分方程

形如

$$\frac{\mathrm{d}y}{\mathrm{d}x} = f\left(\frac{y}{x}\right) \tag{9.3}$$

的一阶微分方程称为**齐次微分方程**,简称为**齐次方程**.

求解齐次方程的常用方法是变量替换法.通过变量替换将其化为可分离变量的微分方程,然后再求解.令

$$u = \frac{y}{x} \text{ 或 } y = xu, \tag{9.4}$$

其中 u 是新的未知函数 $u = u(x)$,对 $y = xu$ 求关于 x 的导数有

$$\frac{\mathrm{d}y}{\mathrm{d}x} = u + x\frac{\mathrm{d}u}{\mathrm{d}x}$$

代入方程(9.3)中就得可分离变量的微分方程

$$u + x\frac{\mathrm{d}u}{\mathrm{d}x} = f(u)$$

分离变量并积分得

$$\int \frac{1}{f(u) - u}\mathrm{d}u = \int \frac{1}{x}\mathrm{d}x + C, \tag{9.5}$$

求出式(9.5)中的原函数后将 $u = \frac{y}{x}$ 回代,即得原方程(9.3)的通解.

例 3 求微分方程 $\frac{\mathrm{d}y}{\mathrm{d}x} = \frac{x^2 + y^2}{xy}$ 的通解.

解 原方程可变为

$$\frac{\mathrm{d}y}{\mathrm{d}x}=\frac{1+\left(\frac{y}{x}\right)^2}{\frac{y}{x}}=\frac{x}{y}+\frac{y}{x},$$

这是一个齐次方程. 令 $u=\frac{y}{x}$，则方程变为

$$u+x\frac{\mathrm{d}u}{\mathrm{d}x}=\frac{1}{u}+u,$$

化简并分离变量得

$$u\mathrm{d}u=\frac{1}{x}\mathrm{d}x$$

两边积分得

$$\frac{u^2}{2}=\ln|x|+\frac{C}{2}\quad(C\text{ 为任意常数}),$$

即

$$u^2=2\ln|x|+C\quad(C\text{ 为任意常数}),$$

将 $u=\frac{y}{x}$ 回代即得原方程的通解为

$$y^2=x^2(\ln|x|+C)\quad(C\text{ 为任意常数}).$$

例 4　求微分方程 $\frac{\mathrm{d}y}{\mathrm{d}x}=\frac{y}{x}+\tan\frac{y}{x}$ 满足 $y(1)=\frac{\pi}{2}$ 的特解.

解　令 $u=\frac{y}{x}$，则方程变为

$$u+x\frac{\mathrm{d}u}{\mathrm{d}x}=u+\tan u,$$

化简并分离变量得

$$\frac{\cos u}{\sin u}\mathrm{d}u=\frac{1}{x}\mathrm{d}x$$

两边积分得

$$\ln|\sin u|=\ln|x|+\ln C\quad(C\text{ 为任意常数}),$$

即

$$\sin u=Cx\quad(C\text{ 为任意常数}).$$

将 $u=\frac{y}{x}$ 回代即得原方程的通解为

$$\sin\frac{y}{x}=Cx\quad(C\text{ 为任意常数})\text{ 或 }y=x\arcsin(Cx)\quad(C\text{ 为任意常数}).$$

由 $y(1)=\frac{\pi}{2}$ 得 $C=1$. 于是，所求特解为

$$\sin\frac{y}{x}=x \text{ 或 } y=x\arcsin x.$$

9.2.3 一阶线性微分方程

下列形式的微分方程称为一阶非齐次线性微分方程：

$$y'+p(x)y=q(x). \tag{9.6}$$

称微分方程

$$y'+p(x)y=0 \tag{9.7}$$

为对应的齐次线性微分方程.

下面分两步求出一阶非齐次线性微分方程的通解公式.

(1)求对应齐次线性微分方程的通解；

(2)在对应齐次线性微分方程的通解的基础上，用所谓的“常数变易法”求出非齐次微分方程的通解.

齐次线性微分方程是可分离变量微分方程. 分离变量，有

$$\frac{\mathrm{d}y}{y}=-p(x)\mathrm{d}x,$$

两边同时积分，

$$\int\frac{\mathrm{d}y}{y}=-\int p(x)\mathrm{d}x, \ln y=-\int p(x)\mathrm{d}x+\ln c,$$

所以，齐次线性微分方程的通解为

$$y=ce^{-\int p(x)\mathrm{d}x}.$$

“常数变易法”是通过对应齐次微分方程的通解，求非齐次线性微分方程解的一种常用方法. 其方法是假设非齐次线性微分方程的通解也具有上述的形式，只是视其中的常数 c 是自变量 x 的函数. 即假设

$$y=u(x)e^{-\int p(x)\mathrm{d}x}$$

是一阶非齐次线性微分方程的通解. 然后将其代入原微分方程，确定函数 $u(x)$，从而求出它的通解.

根据假设，有

$$y'=u'(x)e^{-\int p(x)\mathrm{d}x}-u(x)p(x)e^{-\int p(x)\mathrm{d}x},$$

代入方程，得

$$u'(x)e^{-\int p(x)\mathrm{d}x}-u(x)p(x)e^{-\int p(x)\mathrm{d}x}+p(x)u(x)e^{-\int p(x)\mathrm{d}x}=q(x),$$

整理得

$$u'(x)=q(x)e^{\int p(x)\mathrm{d}x},$$

于是，有

$$u(x)=\int q(x)\mathrm{e}^{\int p(x)\mathrm{d}x}\mathrm{d}x+c.$$

这样,原微分方程的通解公式为

$$y=\mathrm{e}^{-\int p(x)\mathrm{d}x}\left[\int q(x)\mathrm{e}^{\int p(x)\mathrm{d}x}\mathrm{d}x+c\right].\tag{9.8}$$

由此可以看出,一阶线性非齐次微分方程的通解由两项组成.一项是 $c\mathrm{e}^{-\int p(x)\mathrm{d}x}$,它是对应齐次微分方程的通解;另一项是 $\mathrm{e}^{-\int p(x)\mathrm{d}x}\int q(x)\mathrm{e}^{\int p(x)\mathrm{d}x}\mathrm{d}x$.不难验证,它是非齐次线性微分方程的一个特解.

在解一阶非齐次线性微分方程时,可以直接套用公式(9.8),也可以利用公式的推导过程来求解.

例 5　求微分方程 $(x+1)\dfrac{\mathrm{d}y}{\mathrm{d}x}-2y=(x+1)^4$ 的通解.

解　变为一阶线性

$$\frac{\mathrm{d}y}{\mathrm{d}x}-\frac{2y}{x+1}=(x+1)^3.$$

法一　常数变易法　这是一个非齐次线性微分方程,对应的齐次线性微分方程为

$$\frac{\mathrm{d}y}{\mathrm{d}x}-\frac{2y}{x+1}=0,$$

分离变量得 $\dfrac{1}{y}\mathrm{d}y=\dfrac{2}{x+1}\mathrm{d}x$,两边积分得 $\ln y=2\ln(x+1)+\ln C$,即 $y=C(x+1)^2$.

用常数变易法,令

$$y=C(x)(x+1)^2,$$

则 $\dfrac{\mathrm{d}y}{\mathrm{d}x}=C'(x)(x+1)^2+2C(x)(x+1)$,代入原方程得 $C'(x)=(x+1)$,两端积分得 $C(x)=\dfrac{1}{2}(x+1)^2+C$,将其代入 $y=C(x)(x+1)^2$,即得原方程的通解为

$$y=(x+1)^2\left[\frac{1}{2}(x+1)^2+C\right].$$

法二　公式法　由所给方程知 $p(x)=-\dfrac{2}{x+1}$,$q(x)=(x+1)^3$,将其代入通解公式(9.8)得

$$\begin{aligned}y&=\mathrm{e}^{\int\frac{2}{x+1}\mathrm{d}x}\left[\int(x+1)^3\mathrm{e}^{-\int\frac{2}{x+1}\mathrm{d}x}\mathrm{d}x+C\right]\\&=(x+1)^2\left[\frac{1}{2}(x+1)^2+C\right].\end{aligned}$$

例 6 求微分方程 $(y^2-6x)y'+2y=0$ 的通解.

解 显然,该微分方程不是关于 y 的线性微分方程.然而,若将 x 看成因变量,y 看成自变量.则该微分方程变形为

$$2y\frac{\mathrm{d}x}{\mathrm{d}y}+y^2-6x=0,$$

整理后得到

$$\frac{\mathrm{d}x}{\mathrm{d}y}-\frac{3x}{y}=-\frac{y}{2}.$$

这是一个关于 x 的线性微分方程.运用公式(9.8)解之.

$$p(y)=-\frac{3}{y},\quad q(y)=-\frac{y}{2},$$

$$\int p(y)\mathrm{d}y=-3\int\frac{1}{y}\mathrm{d}y=-3\ln y,$$

$$\mathrm{e}^{-\int p(y)\mathrm{d}y}=\mathrm{e}^{3\ln y}=y^3,\quad \mathrm{e}^{\int p(y)\mathrm{d}y}=\mathrm{e}^{-3\ln y}=y^{-3},$$

$$\int q(y)\mathrm{e}^{\int p(y)\mathrm{d}y}\mathrm{d}y=-\frac{1}{2}\int y\cdot y^{-3}\mathrm{d}y=\frac{1}{2}y^{-1},$$

代入公式通解,有

$$\begin{aligned}x&=\mathrm{e}^{-\int p(y)\mathrm{d}y}\left[\int q(y)\mathrm{e}^{\int p(y)\mathrm{d}y}\mathrm{d}y+c\right]\\&=y^3\left(\frac{1}{2}y^{-1}+\frac{1}{2}c\right)=\frac{1}{2}cy^3+\frac{1}{2}y^2,\end{aligned}$$

所以,该微分方程的通解为

$$2x-y^2-cy^3=0.$$

9.3 二阶常系数线性微分方程

9.3.1 二阶常系数线性微分方程

下列形式的微分方程称为**二阶常系数非齐次线性微分方程**:

$$ay''+by'+cy=f(x),\tag{9.9}$$

而称微分方程

$$ay''+by'+cy=0\tag{9.10}$$

为**二阶常系数齐次线性微分方程**.

下面首先介绍齐次方程解的性质,然后再借助这些性质去构造它的通解的结构,最后利用齐次方程的通解去构造非齐次方程的解.

定理 1　设 $u_1(x),u_2(x)$ 是二阶常系数齐次微分方程的解，k_1,k_2 是任意常数，则 $k_1u_1(x)+k_2u_2(x)$ 也是它的解.

该定理常表述为常系数齐次线性微分方程解的线性组合仍然是它的解.

定理 2　设 $u_1(x),u_2(x)$ 是常系数齐次线性微分方程的两个线性无关的特解，则它们的线性组合 $c_1u_1(x)+c_2u_2(x)$ 是它的通解，其中，c_1,c_2 是任意常数.

本定理称为常系数齐次线性微分方程解的结构定理.

因此，求常系数线性齐次微分方程的通解的关键是求它的两个线性无关的特解.

从常系数齐次线性微分方程左边的表达式可知，若函数 $f(x)$ 是该微分方程的解，则 $f(x)$ 与它的一、二阶导数的某个线性组合应等于零. 因此，$f(x)$ 与它的一、二阶导数应该是同类型的函数. 由导数基本公式可知，指数型函数 e^{rx} 具有这种性质. 因此，可以按下列方法寻找它的特解：假设它具有指数型函数 e^{rx} 的解，代回原微分方程，用待定系数法确定 r 的值. 确定了 r 的值，就求出了原方程的特解.

设 $y=e^{rx}$ 是常系数齐次线性微分方程的解. 将其代入，有

$$\begin{aligned}a(e^{rx})''+b(e^{rx})'+c(e^{rx})&=ar^2e^{rx}+bre^{rx}+ce^{rx}\\&=e^{rx}(ar^2+br+c)=0.\end{aligned}$$

注意　对任意的 $x\in\mathbf{R}$，$e^{rx}\neq 0$. 所以，欲使 $y=e^{rx}$ 是方程的解，则 r 必须是一元二次方程 $ar^2+br+c=0$ 的根.

定理 3　$y=e^{rx}$ 是常系数齐次线性微分方程的解的充分必要条件是 r 是一元二次方程 $ar^2+br+c=0$ 的根.

定义 5　称上述代数方程是常系数齐次线性微分方程的特征方程，其根称为常系数齐次线性微分方程的特征根或特征值.

这样，求常系数线性微分方程的特解以转化为求它的特征方程的根.

由于一元二次方程的根可能会是有两个不等的实根、有两个相等的实重根、有一对互为共轭复根. 因此，常系数齐次线性微分方程的通解也有下列三种形式：

(1)有两个不等的实特征根，此时，$c_1e^{r_1x}+c_2e^{r_2x}$ 是其通解；

(2)有两个相等的实重特征，由于两个重特征根给出的对应指数函数是同一个函数. 因此，需要去再找一个与 $y=e^{r_1x}$ 线性无关的特解. 此时容易验证，$y=xe^{r_1x}$ 也是它的一个特解. 因此，该微分方程的通解是

$$c_1e^{r_1x}+c_2xe^{r_1x}=e^{r_1x}(c_1+c_2x).$$

(3)有两个共轭复特征根，设 $r_1=\alpha+i\beta,r_2=\alpha-i\beta$. 虽然 e^{r_1x},e^{r_2x} 是它的解，且它们线性无关，但是，这两个函数中含有复数，而在高等数学中，一般都仅在实数范围内讨论. 因此，希望将这两个函数转化为仅含实数的函数. 为此，根据欧拉公式，

$$e^{r_1x}=e^{(\alpha+i\beta)x}=e^{\alpha x}(\cos\beta x+i\sin\beta x),$$

$$e^{r_2 x}=e^{(\alpha-i\beta)x}=e^{\alpha x}(\cos\beta x-i\sin\beta x).$$

令

$$y_1=\frac{e^{(\alpha+i\beta)x}+e^{(\alpha-i\beta)x}}{2}=e^{\alpha x}\cos\beta x,$$

$$y_2=\frac{e^{(\alpha+i\beta)x}-e^{(\alpha-i\beta)x}}{2i}=e^{\alpha x}\sin\beta x,$$

则 y_1,y_2 是常系数齐次线性微分方程的两个解的线性组合,由解的结构定理,它们也是原微分方程的特解. 显然, y_1,y_2 线性无关. 所以当常系数齐次线性微分方程有一对共轭复特征根时,它的通解为

$$c_1y_1+c_2y_2.$$

总结上述讨论,得到下列定理.

定理 4 设常系数齐次线性微分方程的特征根是 r_1,r_2;c_1,c_2 为任意常数.

(1)若 $r_1,r_2\in\mathbf{R}$ 且 $r_1\neq r_2$, 则该方程的通解是

$$c_1e^{r_1x}+c_2e^{r_2x};$$

(2)若 $r_1,r_2\in\mathbf{R}$ 且 $r_1=r_2=r_0$, 则该方程的通解是

$$(c_1+c_2x)e^{r_0x};$$

(3)若 $r_1=\alpha+i\beta,r_2=\alpha-i\beta$, 则该方程的通解是

$$e^{\alpha x}(c_1\cos\beta x+c_2\sin\beta x).$$

例 7 求微分方程 $y''+2y'+y=0$ 满足初始条件 $y|_{x=0}=2,y'|_{x=0}=0$ 的特解.

解 该微分方程的特征方程是

$$r^2+2r+1=0,$$

它的特征根是

$$r_1=r_2=-1.$$

它们是二重特征根. 所以,该微分方程的通解是

$$y=e^{-x}(c_1+c_2x),$$

$$y'=e^{-x}(c_2-c_1-c_2x).$$

将初始条件代入通解表达式,有

$$2=c_1,\quad 1=c_2-c_1,$$

得 $c_1=2,c_2=-1$. 所以,所求特解为

$$y=e^{-x}(2-x).$$

例 8 求微分方程 $y''-6y'+8y=0$ 的通解.

解 该微分方程的特征方程是

$$r^2-6r+8=0,$$

它的特征根是

$$r_1 = 3 + 2\mathrm{i},\ r_2 = 3 - 2\mathrm{i}.$$

所以，它的通解为

$$y = \mathrm{e}^{3x}(c_1\cos 2x + c_2\sin 2x).$$

9.3.2　二阶常系数非齐次线性微分方程的通解结构

二阶常系数非齐次线性微分方程的通解和与它对应的齐次方程的通解的联系非常密切. 下面介绍此类微分方程解的性质. 这些性质可以用来构造它的通解.

定理 5　设 $u_1(x)$，$u_2(x)$ 是常系数线性非齐次微分方程的解，$u_0(x)$ 是二阶常系数线性齐次微分方程的解，则

(1) $u_1(x) + u_0(x)$ 是常系数线性非齐次微分方程的解；

(2) $u_1(x) - u_2(x)$ 是常系数线性齐次微分方程.

根据上述定理，可以很容易得到常系数线性非齐次微分方程的通解表达式.

定理 6　设 $u(x)$ 是常系数线性非齐次微分方程的一个特解，$u_0(x)$ 是对应齐次方程的通解，则 $u_1(x) + u_0(x)$ 是常系数线性非齐次微分方程的通解.

本定理常称为常系数线性非齐次微分方程解的结构定理.

本定理给出了求常系数线性非齐次微分方程的通解的基本步骤：

(1)求常系数线性非齐次微分方程所对应的齐次微分方程的通解；

(2)求出常系数线性非齐次微分方程的一个特解；

(3)将它们加起来即得常系数线性非齐次微分方程的通解.

常系数齐次线性微分方程的通解求法，在 9.2 节已经介绍. 因此，现在求常系数非齐次线性微分方程的解的关键是求它的一个特解.

定理 7　设 $u_1(x)$，$u_2(x)$ 分别是下列非齐次方程的通解：

$$ay'' + by' + cy = f_1(x),$$

$$ay'' + by' + cy = f_2(x),$$

则 $u_1(x) + u_2(x)$ 是下列常系数线性非齐次微分方程通解：

$$ay'' + by' + cy = f_1(x) + f_2(x).$$

求常系数非齐次线性微分方程的特解没有一般方法，通常需要根据非齐次项 $f(x)$ 的不同类型，采用不同的方法. 下面针对几类常见类型的非齐次项，介绍对应特解的求法. 其中，$P_m(x)$，$Q_m(x)$ 始终表示 m 次多项式.

$f(x) = \mathrm{e}^{\lambda x}P_m(x)$ 型

注意到常系数非齐次线性微分方程的左边是未知函数及它的导数的线性组合；以及指数函数与多项式之积的各阶导数仍然是指数函数与多项式之积. 因此，可以认为它有指数函数与多项式之积这种函数类型的特解. 为此，用待定系数法的方法，假设它有一个形如 $\mathrm{e}^{\lambda x}Q(x)$ 的特解，代入原微分方程，确定 $Q(x)$ 的各项系

数，从而求出它的一个特解，具体作法如下所述.

设 $u(x)=e^{\lambda x}Q(x)$ 是常系数线性非齐次微分方程的一个特解，其中，$Q(x)$ 是待定多项式. 求导数得

$$u'(x)=e^{\lambda x}[\lambda Q(x)+Q'(x)],$$
$$u''(x)=e^{\lambda x}[\lambda^2 Q(x)+2\lambda Q'(x)+Q''(x)],$$

代入原方程，有

$$\begin{aligned}au''(x)+bu'(x)+cu(x)&=ae^{\lambda x}[\lambda^2 Q(x)+2\lambda Q'(x)+Q(x)]\\&\quad+be^{\lambda x}[\lambda Q(x)+Q'(x)]+ce^{\lambda x}Q(x)\\&\equiv e^{\lambda x}P_m(x),\end{aligned}$$

消去 $e^{\lambda x}$，并加以整理，得到

$$Q''(x)+(2a\lambda+b)Q'(x)+(a\lambda^2+b\lambda+c)Q(x)\equiv P_m(x).$$

注意到 $P_m(x)$ 是已知多项式，故可利用该恒等式来决定 $Q(x)$ 的系数.

用待定系数法确定 $Q(x)$ 的关键是确定 $Q(x)$ 的次数. 因为 $P_m(x)$ 是 m 次多项式，故左边的代数和应是 m 次多项式. 注意到多项式求一次导数，其次数要降低一次，即 $Q(x)$，$Q'(x)$，$Q''(x)$ 的次数依次减一. 因此，根据该恒等式中 $Q(x)$，$Q'(x)$ 和 $Q''(x)$ 的系数，依 λ 的不同取值，$Q(x)$ 的次数有下列三种可能.

(1) λ 不是对应齐次方程的特征根. 此时，$a\lambda^2+b\lambda+c\neq 0$，故可设 $Q(x)=Q_m(x)$，一个 m 次多项式.

(2) λ 是对应齐次方程的单特征根，此时，$a\lambda^2+b\lambda+c=0$，但是，$2a\lambda+b\neq 0$. 此时，$P_m(x)$ 的最高次项含于 $Q'(x)$ 中，即 $Q'(x)$ 应是 m 次多项式. 为了方便，设 $Q(x)=xQ_m(x)$.

(3) λ 是对应齐次方程的重特征根，此时，$a\lambda^2+b\lambda+c=0$，并且 $2a\lambda+b=0$. 此时，$P_m(x)$ 的最高次项含于 $Q''(x)$ 中，即 $Q''(x)$ 应是 m 次多项式. 为了方便，设 $Q(x)=x^2Q_m(x)$.

综上所述，可以设常系数非齐次线性微分方程有一个形如

$$u(x)=x^iQ_m(x)e^{\lambda x}$$

的特解，其中，根据 λ 不是特征方程的特征根、是特征方程的单特征根、是特征方程的重特征根，i 依次取 0，1，2.

最后，设

$$Q_m(x)=b_0x^m+b_1x^{m-1}+\cdots+b_{m-1}x+b_m,$$

代入原方程，用待定系数法确定 $b_0,b_1,\cdots,b_m$ 的值，即可求出常系数线性非齐次微分方程的一个特解.

例 9 求微分方程 $y''-2y'-3y=e^{-x}$ 的一个特解.

解 该方程是非齐次项为 $f(x)=e^{\lambda x}P_m(x)$ 的二阶常系数非齐次线性微分方程. 其中，$\lambda=-1$，$P_m(x)\equiv 1$ 是零次多项式. 对应齐次方程是

$$y''-2y'-3y=0.$$

它的特征方程是

$$r^2-2r-3=(r-3)(r+1)=0,$$

特征根是 $r_1=3, r_2=-1$.

$\lambda=-1=r_2$ 是该方程的单特征根. 因此,设

$$Q_0(x)=a.$$

设待解方程有一个下列形式的特解:

$$u(x)=xQ_0(x)\mathrm{e}^{-x}=ax\mathrm{e}^{-x},$$

对 $u(x)$ 求导数,得

$$u'(x)=a\mathrm{e}^{-x}+ax\mathrm{e}^{-x}(-1)=a\mathrm{e}^{-x}(1-x),$$
$$u''(x)=-a\mathrm{e}^{-x}(1-x)-a\mathrm{e}^{-x}=-a\mathrm{e}^{-x}(2-x),$$

代入待解方程,有

$$u''(x)-2u'(x)-3u(x)=-a\mathrm{e}^{-x}(2-x)-2a\mathrm{e}^{-x}(1-x)-3ax\mathrm{e}^{-x}\equiv\mathrm{e}^{-x},$$

消去 e^{-x} 并加以整理,得

$$-4a=1,\quad a=-\frac{1}{4},$$

所以,求出原方程的一个特解

$$u(x)=-\frac{1}{4}x\mathrm{e}^{-x}.$$

例 10　求微分方程 $y''+4y=x\cos x$ 的通解.

解　该方程是非齐次项为 $f(x)=\mathrm{e}^{\lambda x}[P_m(x)\cos\omega x+P_l(x)\sin\omega x]$ 的二阶常系数非齐次线性微分方程. 其中, $\lambda=0, \omega=1, P_m(x)\equiv x, P_l(x)\equiv 0$. 对应的齐次方程是

$$y''+4y=0.$$

它的特征方程是

$$r^2+4=0,$$

特征根是 $r=2\mathrm{i}, r=-2\mathrm{i}$. 所以,它的齐次方程的通解为

$$u_0(x)=\mathrm{e}^{0x}(c_1\cos 2x+c_2\sin 2x)=c_1\cos 2x+c_2\sin 2x.$$

因为 $\lambda+\mathrm{i}\omega=0+\mathrm{i}$ 不是该方程的特征根. 因此,设原方程有一个下列形式的特解:

$$u(x)=\mathrm{e}^{0x}[R_1(x)\cos x+S_1(x)\sin x]$$
$$=(b_0x+b_1)\cos x+(c_0x+c_1)\sin x,$$

对 $u(x)$ 求导数,得

$$u'(x)=-(b_0x+b_1)\sin x+b_0\cos x+(c_0x+c_1)\cos x+c_0\sin x$$
$$=(c_0x+c_1+b_0)\cos x+(-b_0x-b_1+c_0)\sin x,$$
$$u''(x)=-(c_0x+c_1+b_0)\sin x+c_0\cos x+(-b_0x-b_1+c_0)\cos x-b_0\sin x$$

$$= (-b_0x - b_1 + 2c_0)\cos x + (-c_0x - c_1 - 2b_0)\sin x,$$

代入原微分方程,有

$$\begin{aligned} u''(x) + 4u(x) &= (-b_0x - b_1 + 2c_0)\cos x + (-c_0x - c_1 - 2b_0)\sin x \\ &\quad + (b_0x + b_1)\cos x + (c_0x + c_1)\sin x \\ &= (3b_0x + 3b_1 + 2c_0)\cos x + (3c_0x + 3c_1 - 2b_0)\sin x \\ &\equiv x\cos x. \end{aligned}$$

比较对应项的系数,有

$$\begin{cases} 3b_0 = 1, \\ 3b_1 + 2c_0 = 0, \\ 3c_0 = 0, \\ 3c_1 - 2b_0 = 0, \end{cases} \quad \begin{cases} b_0 = \dfrac{1}{3}, \\ b_1 = 0, \\ c_0 = 0, \\ c_1 = \dfrac{2}{9}. \end{cases}$$

所以,原微分方程有一个特解

$$u(x) = \frac{1}{3}x\cos x + \frac{2}{9}\sin x.$$

这样,原微分方程的通解为

$$\begin{aligned} y &= u_0(x) + u(x) \\ &= c_1\cos 2x + c_2\sin 2x + \frac{1}{3}x\cos x + \frac{2}{9}\sin x. \end{aligned}$$

9.4 差分方程简介

9.4.1 时间序列

假设有时间的函数 $f(t)$,在一系列离散时刻点上,观察到它的相应函数值,则称这些观察值为一个时间序列.

不失一般性,对时间序列按观察时间的先后顺序重新编号,可以将时间序列简记为 $\{y_t\}$,$t = 1,\cdots,n,\cdots$. 因此,时间序列也可以看成是定义在自然数集上的函数.

若时间序列 y_t 除了受 t 的影响外,还受到某个随机因素的影响,则称该时间序列为随机型时间序列;否则,就称为确定型时间序列.

习惯上,随机型时间序列简称为时间序列;而确定型时间序列简称为序列、数列等.

9.4.2 差分的概念

定义 6 设有时间序列 $\{y_t\}$, 称

$$\Delta y_t = y_{t+1} - y_t$$

为该时间序列的一阶差分.

定理 8　设有时间序列 y_t, z_t, c 为常数，则

(1) $\Delta c = 0$；

(2) $\Delta(cy_t) = c\Delta y_t$；

(3) $\Delta(y_t + z_t) = \Delta(y_t + z_t)$；

(4) $\Delta y_t z_t = z_{t+1}\Delta y_t + y_t \Delta z_t = y_{t+1}\Delta z_t + z_t \Delta y_t$.

注意到时间序列的一阶差分仍然是时间序列，它的差分 Δy_t 仍然是一个时间序列. 可以对这个差分再进行差分运算，即有

$$\Delta(\Delta y_t) = \Delta y_{t+1} - \Delta y_t$$

称这个差分为原时间序列 y_t 的二阶差分，记为 $\Delta^2 y_t$. 类似地，可以定义时间序列 y_t 的三阶差分、四阶差分等：

$$\Delta^3 y_t = \Delta(\Delta^2 y_t), \Delta^4 y_t = \Delta(\Delta^3 y_t), \cdots.$$

二阶以上的差分都称为高阶差分.

高阶差分可以用原时间序列表示. 例如，

$$\Delta^2 y_t = \Delta y_{t+1} - \Delta y_t = (y_{t+2} - y_{t+1}) - (y_{t+1} - y_t) = y_{t+2} - 2y_{t+1} + y_t,$$

$$\begin{aligned}\Delta^3 y_t &= \Delta^2 y_{t+1} - \Delta^2 y_t = (y_{t+3} - 2y_{t+2} + y_{t+1}) - (y_{t+2} - 2y_{t+1} + y_t) \\ &= y_{t+3} - 3y_{t+2} + 3y_{t+1} - y_t.\end{aligned}$$

* **定理 9**　设有时间序列 y_t，则

$$\Delta^n y_t = \sum_{i=0}^{n} (-1)^i C_n^i y_{t+n-i},$$

其中，C_n^i 是在 n 个元素中取 i 个元素的组合数.

证明　略.

从定理可以看出，时间序列 y_t 的一阶差分可以用 y_t 的两个相邻的值表示；二阶差分可以用 y_t 的三个相邻的值表示；…；n 阶差分可以用 y_t 的 $n+1$ 个相邻的值表示.

9.4.3　差分方程的一般概念

因为差分对于离散变量相当于导数对于连续变量. 那么，与微分方程相对应的概念就是所谓的差分方程. 因此，此处的许多概念与微分方程中相应概念类似.

定义 7　含有未知时间序列 y_t 差分的等式称为**差分方程**. 它的一般形式是

$$F(t, y_t, \Delta y_t, \cdots, \Delta^n y_t) = 0.$$

由于 y_t 的高阶差分可以用 y_t 的相邻值表示，这样，可以得到差分方程的另一种形式的定义.

定义 8　含有未知时间序列 y_t 的相邻值的等式称为**差分方程**. 它的一般形式是

$$F(t, y_t, y_{t+1}, \cdots, y_{t+n}) = 0.$$

在实际应用中，这种定义形式的差分方程更为常见.

定义 9　差分方程所含的未知时间序列 y_t 的差分的最高阶数，或者方程所含的 y_t 的相邻值的最大个数称为该差分方程的**阶数**.

若有一个时间序列 u_t 代入到差分方程，使之成为恒等式，则称该时间序列是这个差分方程的解. 与微分方程类似，差分方程的解通常不止一个. 因此，有如下定义.

定义 10　设有 n 阶差分方程

$$F(t, y_t, \cdots, y_{t+n}) = 0,$$

若有时间序列 u_t，使得

$$F(t, u_t, \cdots, u_{t+n}) \equiv 0,$$

则称 u_t 是这个差分方程的**解**；若这个解含有 n 个独立的任意常数，则称它是该差分方程的通解；否则称为**特解**.

与微分方程类似，为了确定通解中任意常数的具体值，需要知道一些附加条件. 对于 n 阶差分方程，常见确定任意常数的条件是

$$y_0 = u_0^*, y_1 = u_1^*, \cdots, y_{n-1} = u_{n-1}^*,$$

其中，u_i^* $(i = 0, 1, \cdots, n-1)$ 是已知常数. 这种形式的确定常数的条件称为**初始条件**. 求满足给定初始条件的差分方程解的问题称为差分方程的**初值问题**.

在经济学研究中，通常假设所研究的经济变量是连续变量，以便于利用微积分和微分方程等数学工具来进行研究. 然而，在实际经济活动中，不可能对经济变量进行连续观察，各种经济变量的观察值只能是该经济变量在一定时期(周、月、年)的取值. 也就是说，大多数实际可观察的经济变量都可以认为是离散变量. 因此，对一个实际经济系统进行实证研究时，经常用差分近似微分，用差分方程代替微分方程来建立该经济系统的数学模型. 此时，变量的下标 t 表示时间，带下标的变量表示这些变量在时刻 t 的取值.

对于一般的差分方程，求其通解非常困难，没有一般方法. 下面几节仅介绍在经济和管理科学研究中最常见的几类差分方程.

9.4.4　常系数线性齐次差分方程的解

n 阶常系数齐次线性差分方程的一般形式如下：

$$a_0 y_{t+n} + a_1 y_{t+n-1} + \cdots + a_n y_t = 0.$$

本节首先介绍此类差分方程解的基本性质，然后，根据这些性质，给出求此类差分方程通解的方法，最后，用例题说明这些方法.

定理 10　设 u_t^1, u_t^2 是方程 $a_0 y_{t+n} + a_1 y_{t+n-1} + \cdots + a_n y_t = 0$ 的解，k_1, k_2 是任意常数，则

$$k_1 u_t^1 + k_2 u_t^2$$

也是它的解.

证明　由条件知，有

$$a_0u_{t+n}^1+a_1u_{t+n-1}^1+\cdots+a_nu_t^1\equiv 0, a_0u_{t+n}^2+a_1u_{t+n-1}^2+\cdots+a_nu_t^2\equiv 0,$$

将 $k_1u_t^1+k_2u_t^2$ 代入方程，有

$$a_0(u_{t+n}^1+u_{t+n}^2)+a_1(u_{t+n-1}^1+u_{t+n-1}^2)+\cdots+a_n(u_t^1+u_t^2)$$
$$=(a_0u_{t+n}^1+a_1u_{t+n-1}^1+\cdots+a_nu_t^1)+(a_0u_{t+n}^2+a_1u_{t+n-1}^2+\cdots+a_n+u_t^2)$$
$$\equiv 0+0=0.$$

与常系数线性齐次微分方程类似，由此可以立即得到常系数齐次线性差分方程通解结构.

定理 11　设 $u_t^1,u_t^2,\cdots,u_t^n$ 是 $a_0y_{t+n}+a_1y_{t+n-1}+\cdots+a_ny_t=0$ 的 n 个线性无关的解，则它的通解可以表示为

$$c_1u_t^1+c_2u_t^2+\cdots+c_nu_t^n,$$

其中，$c_1,c_2,\cdots,c_n$ 是任意常数.

从本定理可以看到，求 n 阶常系数齐次线性差分方程通解的关键是求它的 n 个独立特解. 下面先看一个一阶常系数线性齐次差分方程求解的例子，从中可以得到求一般 n 阶常系数线性齐次差分方程特解的启发.

例 11　求下列一阶常系数齐次线性差分方程满足初始条件 $y_0=c$ 的特解.

$$y_{t+1}-2y_t=0.$$

解　将方程变形为

$$y_{t+1}=2y_t.$$

由于 $y_0=c$，于是，有

$$y_1=2y_0=2c,$$
$$y_2=2y_1=2\cdot 2c=2^2c,$$
$$y_3=2y_2=2\cdot 2^2c=2^3c.$$

从这些式子可以看出 y_t 的一些变化规律，进而猜测该方程可能有下列形式的解：

$$y_t=c2^t.$$

现在用数学归纳法来证明这个时间序列确实是该方程所求的特解. 当 $t=1$，2,3 时，如上所述，$y_t=c2^t$ 满足该方程. 设在 t 时，y_t 满足该方程. 则当 $t+1$ 时，有

$$y_{t+1}=2y_t=c2\cdot 2^t=c2^{t+1},$$

并且，

$$y_0=c2^0=c$$

满足初始条件. 所以，$y_t=c2^t$ 是该方程所求的特解.

一般地，一阶常系数齐次线性差分方程

$$y_{t+1}-ay_t=0$$

的通解是

$$y_t=ca^t,$$

其满足初始条件 $y_{t\,t=0}=y_0$ 的特解是

$$y_t=y_0a^t.$$

下面讨论非齐次差分方程与对应齐次差分方程的解之间的关系，从中可以得到求非齐次差分方程通解的方法.

定理 12 设 u_t^1 是非齐次差分方程的解，u_t^0 是对应齐次差分方程的解. 则 $u_t^1+u_t^0$ 是非齐次差分方程的解.

证明 根据条件，有

$$a_0u_{t+n}^1+a_1u_{t+n-1}^1+\cdots+a_nu_t^1\equiv v_t.$$

$$a_0u_{t+n}^0+a_1u_{t+n-1}^0+\cdots+a_nu_t^0\equiv 0,$$

将 $u_t^1+u_t^0$ 代入非齐次差分方程，有

$$\begin{aligned}&a_0(u_{t+n}^1+u_{t+n}^0)+a_1(u_{t+n-1}^1+u_{t+n-1}^0)+\cdots+a_n(u_t^1+u_t^0)\\&=(a_0u_{t+n}^1+a_1u_{t+n-1}^1+\cdots+a_nu_t^1)+(a_0u_{t+n}^0+a_1u_{t+n-1}^0+\cdots+a_nu_t^0)\\&\equiv v_t+0=v_t.\end{aligned}$$

定理 13 设 u_t^1,u_t^2 是非齐次差分方程的解，则 $u_t^1-u_t^2$ 是对应齐次差分方程的解.

证明 根据条件，有

$$a_0u_{t+n}^1+a_1u_{t+n-1}^1+\cdots+a_nu_t^1\equiv v_t,$$

$$a_0u_{t+n}^2+a_1u_{t+n-1}^2+\cdots+a_nu_t^2\equiv v_t,$$

将 $u_t^1-u_t^2$ 代入对应齐次差分方程，有

$$\begin{aligned}&a_0(u_{t+n}^1-u_{t+n}^2)+a_1(u_{t+n-1}^1-u_{t+n-1}^2)+\cdots+a_n(u_t^1-u_t^2)\\&=(a_0u_{t+n}^1+a_1u_{t+n-1}^1+\cdots+a_nu_t^1)-(a_0u_{t+n}^2+a_1u_{t+n-1}^2+\cdots+a_nu_t^2)\\&\equiv v_t-v_t=0.\end{aligned}$$

根据上述两个定理，读者可以自己证明以下定理.

定理 14 设 u_t^0 是非齐次差分方程的一个特解，u_t^* 是对应差分齐次方程的解. 则 $u_t^0+u_t^*$ 是非齐次差分方程的通解.

定理常称为常系数线性非齐次差分方程解的结构定理.

根据上述定理，常系数线性非齐次差分方程的通解由它的一个特解加上对应齐次方程的通解组成. 因此，解常系数非齐次线性差分方程的通解通常分两部分. 一部分是求对应齐次差分方程的通解；另一部分是求它自己的一个特解. 上节已介绍了常系数线性齐次差分方程通解的解法. 非齐次差分方程特解的求法与常系数非齐次线性微分方程的特解的求法类似.

习 题 9

1. 指出下列微分方程的阶：

(1) $\dfrac{dy}{dx}=y^2(x^2+1)$；　　(2) $(x^2+y^2)dy+2xydx=0$；

(3) $(y')^2+y+y^2=x^4$；　(4) $y''y'+x^3y''=y$.

2. 指出下列各题中的函数是否为所给方程的解，若是解，是否是通解？

(1) $(x+y)\mathrm{d}x+x\mathrm{d}y=0, y=\dfrac{1-x^2}{2x}$；

(2) $y''+y=0, y=3\sin x-4\cos x$；

(3) $y''=x^2+y^2, y=\dfrac{1}{x}$；

(4) $y''-3y'+2y=0, y=C_1\mathrm{e}^x+C_2\mathrm{e}^{2x}$.

3. 求下列微分方程的通解：

(1) $x\sec y\mathrm{d}x+(x+1)\mathrm{d}y=0$；　(2) $\dfrac{\mathrm{d}y}{\mathrm{d}x}=2^{x-y}$；

(3) $y'=y\ln y$；　(4) $\tan y\mathrm{d}x-\cot x\mathrm{d}y=0$.

4. 求下列微分方程满足给定初始条件的解：

(1) $y^2\mathrm{d}x+(x+1)\mathrm{d}y=0, y(0)=1$；

(2) $y'=y(y-1), y(0)=1$；

(3) $\dfrac{x}{1+y}\mathrm{d}x-\dfrac{y}{1+x}\mathrm{d}y=0, y(0)=1$；

(4) $\sin y\cos x\mathrm{d}y=\cos y\sin x\mathrm{d}x, y(0)=\dfrac{\pi}{4}$；

(5) $(y^2+xy^2)\mathrm{d}x-(x^2+yx^2)\mathrm{d}y=0, y(1)=-1$.

5. 求下列微分方程的解：

(1) $x^2y\mathrm{d}x-(x^3+y^3)\mathrm{d}y=0$；　(2) $\left(x+y\cos\dfrac{y}{x}\right)\mathrm{d}x-x\cos\dfrac{y}{x}\mathrm{d}y=0$；

(3) $xy'-y=x\tan\dfrac{y}{x}$；　(4) $xy'-y=(x+y)\ln\dfrac{x+y}{x}$.

6. 求下列微分方程满足所给初始条件的特解：

(1) $y'=\dfrac{x}{y}+\dfrac{y}{x}, y(1)=2$；　(2) $(x^2+y^2)\dfrac{\mathrm{d}y}{\mathrm{d}x}=2xy, y(0)=1$；

(3) $xy'=\sqrt{x^2-y^2}+y, y(1)=1$；　(4) $x(\ln x-\ln y)y'=y, y(1)=1$.

7. 求下列微分方程的通解：

(1) $\cos^2x\dfrac{\mathrm{d}y}{\mathrm{d}x}+y=\tan x$；　(2) $xy'-y=\dfrac{x}{\ln x}$；

(3) $x^2y'-y=x^2\mathrm{e}^{x-\frac{1}{x}}$；　(4) $xy'+y=\sin x$.

8. 求下列微分方程满足所给初始条件的特解：

(1) $\dfrac{\mathrm{d}y}{\mathrm{d}x}-y\tan x=\sec x, y(0)=0$；　(2) $\dfrac{\mathrm{d}y}{\mathrm{d}x}+\dfrac{2-3x^2}{x^3}y=1, y(1)=0$；

(3) $y'-\dfrac{1}{x-2}y=2(x-2)^2, y(1)=-2$；　(4) $\dfrac{\mathrm{d}I}{\mathrm{d}t}-6I=-10\sin 2t, I(0)=\dfrac{1}{2}$.

9. 解下列微分方程：

(1) $2xy\mathrm{d}x+(x^2-y^2)\mathrm{d}y=0$；　(2) $2x(1+\sqrt{x^2-y})\mathrm{d}x-\sqrt{x^2-y}\mathrm{d}y=0$；

(3) $\mathrm{e}^{-y}\mathrm{d}x-(2y+x\mathrm{e}^{-y})\mathrm{d}y=0$；　(4) $(1+y^2\sin 2x)\mathrm{d}x-y\cos 2x\mathrm{d}y=0$；

(5) $\frac{y}{x}\mathrm{d}x+(y^3+\ln x)\mathrm{d}y=0$； (6) $x\mathrm{d}x+y\mathrm{d}y+\frac{x\mathrm{d}y-y\mathrm{d}x}{x^2+y^2}=0$；

(7) $(x\cos y+\cos x)y'-y\sin x+\sin y=0$.

10. 求下列微分方程的通解：

(1) $y''=\frac{1}{x}y'$； (2) $y''=y'+x$；

(3) $yy''-(y')^2-y^2y'=0$； (4) $y^3y''-1=0$.

11. 求下列微分方程满足所给初值条件的特解：

(1) $y''-a(y')^2=0, y(0)=0, y'(0)=-1(a\neq 0)$；

(2) $y''+(y')^2=1, y(0)=0, y'(0)=0$；

(3) $(1+x^2)y''=2xy', y(0)=1, y'(0)=3$.

12. 求下列各微分方程的通解：

(1) $y''+9y'+20y=0$； (2) $y'''-y=0$；

(3) $y''-7y'+12y=5$； (4) $2y''+y'-y=2\mathrm{e}^x$；

(5) $y''+a^2y=\mathrm{e}^x$； (6) $2y''+5y'=5x^2-2x-1$；

(7) $y''+3y'+2y=3x\mathrm{e}^{-x}$； (8) $y''-2y'+5y=\mathrm{e}^x\sin 2x$；

(9) $y''+y=\mathrm{e}^x+\cos x$； (10) $y''+y=(2x^2-3)+4\sin x$.

13. 求下列各微分方程满足已给定初始条件的特解：

(1) $y''+2y'+y=\mathrm{e}^{-x}, y(0)=0, y'(0)=0$；

(2) $y''-3y'+2y=\mathrm{e}^{3x}, y(0)=1, y'(0)=0$；

(3) $y''+y=-\sin 2x, y(\pi)=1, y'(\pi)=1$；

(4) $y'''+3y''+3y'+y=1, y(0)=y'(0)=y''(0)=0$.

14. 求下列差分方程的通解或满足给定初始条件的特解：

(1) $2y_{t+1}+y_t=t+3$；

(2) $y_{t+1}+y_t=2^t, y_0=\frac{4}{3}$.

(3) $y_{t+2}-7y_{t+1}+10y_t=0$；

(4) $y_{t+2}+4y_{t+1}+4y_t=0, y_0=2, y_1=2$

选 做 题 9

1. 求下列微分方程的通解：

(1) $x^2y''+xy'-y=0$； (2) $x^2y''-4xy'+6y=x$；

(3) $x^2y''-xy'+2y=x\ln x$； (4) $x^3y'''+2xy'-2y=x^2\ln x+3x$.

2. 求下列微分方程的通解：

(1) $y'=2\left(\frac{y-2}{x+y-1}\right)^2$； (2) $y'=\frac{y-x-2}{x+y+4}$；

(3) $(3y-7x+7)\mathrm{d}x+(7y-3x+3)\mathrm{d}y=0$； (4) $\frac{\mathrm{d}y}{\mathrm{d}x}=\frac{1}{x+y-1}$.

3. 设函数 $f(x)$ 二阶可微，且满足下面的方程，求 $f(x)$ 的表达式：

(1) $f(x)=\int_0^{2x} f\left(\frac{t}{2}\right)\mathrm{d}t+\ln 2$；

(2) $f(x)=\cos 2x+\int_0^x f(t)\sin t\mathrm{d}t$；

(3) $f(x)=\mathrm{e}^x-\int_0^x (x-t)f(t)\mathrm{d}t$.

习题与选做题参考答案

习　题　1

1. (1) $[-2,-1)\cup(-1,1)\cup(1,2]$；(2) $[0,1)$；(3) $(1,2)\cup(2,+\infty)$；(4) $(-\infty,0)\cup(0,3]$.

2. -1；1；-1；x^2-x-1.

3. -1；1；$1+\ln 2$.

4. (1)在 $(-\infty,+\infty)$ 上单调增加；

(2)在 $(-\infty,0)$ 上单调减少；在 $(0,+\infty)$ 上单调增加；

(3)在 $(0,+\infty)$ 上单调减少.

5. (1)奇函数；(2)非奇非偶；(3)偶函数；(4)偶函数；(5)偶函数；(6)奇函数；(7)奇函数；(8)偶函数；(9)奇函数；(10)偶函数；

6. 略.

7. (1)是，$T=\pi$；(2)不是；(3)是，$T=2\pi$；(4)是，$T=\dfrac{\pi}{2}$.

8. (1) 在$(-\infty,0)$ 和$(2,+\infty)$ 内有界，在 $(0,1)$ 内无界. (2) 在$(1,10)$ 内有界，在 $(0,1)$ 和 $(10,+\infty)$ 内无界. (3)无界. (4)无界.

9. $x^2+\dfrac{1}{x^2}$；$x+\dfrac{1}{x}+\dfrac{x}{x^2+1}$.

10. $\dfrac{x+1}{x-1}$.

11. $-2\cos^2 x-4\cos x-1$.

12. (1) $y=\sin^2 x, x\in(-\infty,+\infty)$；

(2) $y=\ln^4\dfrac{x}{2}, x\in(0,+\infty)$；(3) $y=e^{\sin x}, x\in(-\infty,+\infty)$.

13. (1) $y=e^u, u=\dfrac{1}{x}$；(2) $y=\tan u, u=e^v, v=x^2$；

(3) $y=\ln u, u=\sin v, v=\sqrt{x}$.

14. (1) $y=\log_2(x+1), x\in(-1,+\infty)$；

(2) $y=1-\sqrt{1-x^2}, x\in[0,1]$；(3) $y=\dfrac{2(x+1)}{x-1}, x\in(-\infty,1)\cup(1,+\infty)$；

(4) $y=e^{x-1}-2, x\in(-\infty,+\infty)$.

15. $[-1,1]$.

16. $V=\pi h\left(r^2-\dfrac{h^2}{4}\right), h\in(0,2r)$.

17. $y = 10^7 + \frac{2 \times 10^6}{x} + 100x$.

18. 利润 $L(x) = (p-k)x - a, x \in [0, m]$.

19. 15.

20. $x = \frac{5}{2}(800 - p), R(x) = -0.4x^2 + 800x$.

选做题 1

1. (A).

2. 偶函数,非周期,无界函数.

3~8. 略.

习 题 2

1. (1)1;(2)1;(3)发散;(4)1;(5)0;(6)0;(7)发散;(8)0.

2. 略.

3. (1) $\frac{1}{3}$; (2)3;(3) $\frac{\sqrt{6}}{2}$; (4) $\frac{1}{2}$; (5) $\frac{1}{2}$; (6) $\frac{4}{3}$; (7)0;(8)4;(9)1;(10) $\frac{1}{6}$.

4. (1)F;(2)F;(3)F;(4)T;(5)T;(6)F;(7)F;(8)F.

5. 略.

6. (1) $x \to 0$ 时,为无穷小量; $x \to -\infty$ 或者 $x \to 1^-$ 时,为无穷大量.

(2) $x \to 0$ 或者 $x \to \frac{1}{k\pi}, k = \pm 1, \pm 2, \cdots$ 时,为无穷小量.

(3) $x \to +\infty$ 时,为无穷小量; $x \to 3^+$ 时,为无穷大量.

(4) $x \to 0$ 时,为无穷小量; $x \to \frac{k\pi}{2}, k = \pm 1, \pm 2, \cdots$ 时,为无穷大量.

(5) $x \to 1^+$ 时,为无穷小量; $x \to 1^-$ 时,为无穷大量.

(6) $x \to \pm\sqrt{2}$ 时,为无穷小量; $x \to 1$ 时,为无穷大量.

7. (1)-5;(2)2;(3) 2^8; (4) ∞; (5)0;(6)0;(7)当 $a > 1$ 时,0;当 $a < 1$ 时,1.

8. (1) $a = 1, b = -1$; (2) $a = -\frac{15}{16}, b = -\frac{1}{4}$; (3) $a = 1, b = -\frac{1}{2}$.

9. (1)1;(2) $\frac{3}{2}$; (3)1;(4) ∞; (5)2;(6) $\frac{1}{2}$; (7) $\frac{1}{4}$; (8) $-\frac{1}{2}$; (9)2;(10) $\cos a$.

10. (1) e^{-3}; (2) e^2; (3)1;(4) $e^{\frac{2}{3}}$; (5) e^{-2}; (6) e^{-1}.

11. (1) $\frac{1}{3}$; (2) $-\frac{3}{2}$; (3) e^2; (4) $-\sqrt{3}$; (5) e^2; (6) $\frac{3}{4}$; (7)0;(8) $\frac{1}{2}$.

12. 略.

13. (1) $x = -1$ 是无穷间断点;(2) $x = 0$ 是可去间断点, $x = k\pi$ $(k = \pm 1, \pm 2, \cdots)$ 是无穷间断点;(3) $x = 1$ 是跳跃间断点;(4) $x = 1$ 是无穷间断点.

14.(1)连续区间为 $(-\infty,+\infty)$；(2)连续区间为 $(-1,0)\cup(0,\frac{1}{2})\cup(\frac{1}{2},1)$；(3)连续区间为 $(-\infty,+\infty)$.

15. $a=-\frac{3}{2},b=2$.

16.略.

17.略.

选 做 题 2

1.略.

2.3.

3.略.

4. $x=1$ 为跳跃间断点，其余点处连续.

5.在定义域内连续.

6. $x=-1$ 为跳跃间断点，其余点处连续.

7.略.

8.略.

习 题 3

1.(1) $\frac{1}{2\sqrt{x}}$；(2) $-\frac{1}{(x+1)^2}$；(3) $-\sin x$；(4)3.

2.(1) $-f'(x_0)$；(2) $2f'(x_0)$ (3) $2f'(x_0)$ (4) $(a-b)f'(x_0)$.

3.切线方程为 $4x-y-2=0$，法线方程为 $x+4y-9=0$.

4.(1)不连续，不可导；(2)连续，不可导；(3)不连续，不可导；(4)连续，可导，$f'(0)=3$.

5. $a=b=\frac{\mathrm{e}}{2}$.

6.略.

7.(1) $\frac{1}{\sqrt{x}}+\frac{1}{x^2}$；(2) $21x^{\frac{5}{2}}+10x^{\frac{3}{2}}+2$；(3) $\tan x+x\sec^2 x$；(4) $x\cos x$；

(5) $\frac{-2}{x(1+\ln x)^2}$；(6) $\frac{1-x\ln 10}{10^x}$；(7) $2x\sin x\cdot\ln x+x^2\cos x\cdot\ln x+x\sin x$；

(8) $\frac{(1+x^2)\operatorname{arccot}x+1}{(1+x^2)\mathrm{e}^x}$；(9) $-\frac{6x^2}{\sqrt{\pi}}$.

8.(1) $12x(2x^2-1)^2$；(2) $9\cos(3x+2)$；(3) $-\frac{1}{2\sqrt{x(1-x)}}$；

(4) $2\sin(4x-2)$；(5) $\cos x\cdot\mathrm{e}^{\sin x}$；(6) $\frac{x}{\sqrt{(1-x^2)^3}}$；(7) $\frac{1}{x\ln x}$；

(8) $\frac{2x-\cos x}{x^2-\sin x}$；(9) $\frac{2x}{1+(x^2+1)^2}$；(10) $\frac{1}{\mathrm{e}^x+1}$；

(11) $\dfrac{\sin 2x \cdot \sin x^2 - 2x\sin^2 x \cdot \cos x^2}{(\sin x^2)^2}$；(12) $\dfrac{2\arcsin\dfrac{x}{2}}{\sqrt{4-x^2}}$；

(13) $\dfrac{e^{\arctan\sqrt{x}}}{2\sqrt{x}(1+x)}$；(14) $-\dfrac{\sin x\cos x}{1+\sin^2 x}$.

9. (1) $\left(1+\dfrac{1}{x}\right)^x\left[\ln\left(1+\dfrac{1}{x}\right)-\dfrac{1}{1+x}\right]$；(2) $\dfrac{\sqrt[x]{x}}{x^2}(1-\ln x)$；

(3) $\dfrac{x^2}{1-x}\sqrt[3]{\dfrac{3-x}{(3+x)^2}}\left(\dfrac{2-x}{x(1-x)}+\dfrac{x-9}{3(9-x^2)}\right)$.

10. (1) $2x\cdot f'(x^2)$；(2) $2f(x)\cdot f'(x)$；(3) $f'(1)-f'(0)$.

11. (1) $\dfrac{ay-x^2}{y^2-ax}$；(2) $\dfrac{y\sin xy+1}{-x\sin xy}$；(3) $-\dfrac{2x\sin 2x+xye^{xy}+y}{x^2e^{xy}+x\ln x}$；(4) $\dfrac{x+y}{x-y}$.

12. (1) $4e^{2x-1}$；(2) $2x(3+2x^2)e^{x^2}$；(3) $\dfrac{6x^2-2}{(x^2+1)^3}$；(4) $\dfrac{-x}{(1+x^2)^{\frac{3}{2}}}$.

13. (1) $(-1)^n\cdot\dfrac{2n!}{(1+x)^{n+1}}$；(2) $(n+x)e^x$；(3) $2^{n-1}\sin\left[2x+(n-1)\dfrac{\pi}{2}\right]$；

(4) $\dfrac{(-1)^{n-1}(n-1)!}{(1+x)^n}$.

14. (1) $\dfrac{1-x^2}{(1+x^2)^2}dx$；(2) $\dfrac{e^{\arctan x}}{1+x^2}dx$；(3) $-\dfrac{x}{\sqrt{1-x^2}}dx$；(4) $\dfrac{2x}{x^2-1}dx$.

15. (1) $\dfrac{2}{2-\cos y}dx$；(2) $\dfrac{y}{e^y-x}dx$；(3) $\dfrac{\sqrt{1-y^2}\,dx}{1+2y\sqrt{1-y^2}}$；(4) $\dfrac{4x^3y\,dx}{2y^2+1}$.

16. (1) 0.60062 (2) −0.8747；(3) 1.007.

选 做 题 3

1. $-f'(0)$.
2. $f_-(1)=2, f_+(1)=\infty$，故 $f(x)$ 在 $x=1$ 处不可导.
3. $x-2y+2=0$.
4. $a=-1, b=-1$.
5. $f_+(0)=1, f_-(0)=-1$.
6. e.
7. $\dfrac{2a}{3(1-y^2)}$.
8. $(-1)^n e^{-x}[x^2-2(n-1)x+(n-1)(n-2)]$.

习 题 4

1～8. 略.

9. (1) $-\sin a$；(2) 2；(3) ∞；(4) $\ln\dfrac{a}{b}$；(5) 2；(6) ∞；(7) $\dfrac{1}{2}$；(8) 1；(9) 1；(10) 1；(11) e^a；(12) 0.

10. (1) $(-\infty,-1)$, $(\frac{1}{3},+\infty)$ 增区间，$\left[-1,\frac{1}{3}\right]$ 减区间.

(2) $(0,2)$ 减区间，$[2,+\infty)$ 增区间.

(3) $\left(-\infty,-\frac{1}{2}\right)$, $\left(0,\frac{1}{2}\right)$ 减区间，$\left(-\frac{1}{2},0\right)$, $\left(\frac{1}{2},+\infty\right)$ 增区间.

(4) $(-\infty,0)$ 增区间，$[0,+\infty)$ 减区间.

11. 略.

12. (1)极大值 $f(0)=6$；极小值 $f(1)=5$；(2)极小值 $f(0)=0$；

(3)极小值 $f(0)=0$，极大值 $f(2)=4e^{-2}$；

(4)极大值 $f(-2)=-4$；极小值 $f(0)=0$.

13. (1)最小值 $f(1)=5$，最大值 $f(-1)=13$；

(2)最大值 $f(1)=0$，最小值 $f(e^{-\frac{1}{2}})=-\frac{1}{2e}$；

(3)最小值 $f(1)=2$，最大值 $f\left(\frac{1}{2}\right)=f(2)=\frac{5}{2}$.

14. 10.

15. $x=45$, $L(45)=800$.

16. $x=250$.

17. (1) $(-\infty,1)$ 凸区间，$(1,+\infty)$ 凹区间，$(1,-20)$ 拐点；

(2) $(-\infty,1)$ 凸区间，$(1,+\infty)$ 凹区间，$(1,0)$ 拐点；

(3) $(-\infty,2)$ 凸区间，$(2,+\infty)$ 凹区间，$\left(2,\frac{2}{e^2}\right)$ 拐点.

18. $a=2$, $f\left(\frac{\pi}{3}\right)=\sqrt{3}$ 为极大值.

19. (1)垂直渐近线 $x=-1$，水平渐近线 $y=0$；

(2)斜渐近线 $y=\frac{x}{2}+\frac{\pi}{2}$, $y=\frac{x}{2}-\frac{\pi}{2}$.

20. 略.

21. (1) $e^{-x}(2x-x^2)$, $2-x$；(2) $\frac{e^x}{x}\left(1-\frac{1}{x}\right)$, $x-1$.

22. (1) $104-0.8Q$； (2)64； (3) $\frac{3}{8}$.

选做题 4

1. $-\frac{1}{2}$.

2. $\frac{1}{12}$.

3. $-\frac{1}{2}$.

4. 构造辅助函数 $f(x)=x\ln\frac{1+x}{1-x}+\cos x-1-\frac{x^2}{2}$，$-1<x<1$，利用导数判断单调性.

5. (1)构造 $F(x)=f(x)-x$，应用罗尔定理；

(2)构造 $G(x)=e^x[f'(x)-1]$，应用罗尔定理.

6. (2)对 $f(x)$ 在$[0,a]$上应用拉格朗日中值定理.

7. $b=3$.

8. $y=y(x)$ 在点 $(1,1)$ 附近是凸的.

9. 2条，$y=1$，$x=1$.

10. (1) $L'(Q)=-\frac{Q}{500}+40$；(2)20；(3)40.

习 题 5

1. (1) $\int\frac{dx}{x^2\sqrt{x}}=\frac{-2}{3}x^{\frac{-3}{2}}+C$；

(2) $\int x(\sqrt{x}+1)dx=\frac{2}{5}x^{\frac{5}{2}}+\frac{x^2}{2}+C$；

(3) $\int(2^x+x^3)dx=\frac{2^x}{\ln 2}+\frac{x^4}{4}+C$；

(4) $\int 3^x e^x dx=\frac{3^x e^x}{\ln 3+1}+C$；

(5) $\int\frac{3x^4+3x^2+1}{x^2+1}dx=x^3+\arctan x+C$；

(6) $\int\frac{x^2}{x^2+1}dx=x-\arctan x+C$；

(7) $\int\left(\frac{x}{2}-\frac{1}{x}+\frac{1}{x^3}\right)dx=\frac{x^2}{4}-\ln|x|-\frac{1}{2}x^{-2}+C$；

(8) $\int\left(\frac{5}{\cos^2 x}-\frac{3}{\sqrt{1-x^2}}\right)dx=5\tan x-3\arcsin x+C$；

(9) $\int\frac{1}{x^2(1+x^2)}dx=-\frac{1}{x}-\arctan x+C$；

(10) $\int\frac{dx}{1+\cos 2x}=\frac{1}{2}\tan x+C$.

2. $f(x)=x^3+x^2+x+1$.

3. $\int\frac{dx}{f(x)}=-\frac{1}{3}(1-x^2)^{\frac{3}{2}}+C$.

4. $C(x)=x^2+10x+20$.

5. (1) $\int e^{3x}dx=\frac{1}{3}e^{3x}+C$；

(2) $\int(3+2x)^3dx=\frac{1}{8}(3+2x)^4+C$；

(3) $\int\frac{x^2}{x^3+1}dx=\frac{1}{3}\ln|x^3+1|+C$；

(4) $\int \frac{\mathrm{d}x}{3-2x}=-\frac{1}{2}\ln|3-2x|+C$;

(5) $\int \frac{(1+\ln x)^2}{x}\mathrm{d}x=\frac{1}{3}(1+\ln x)^3+C$;

(6) $\int \frac{\mathrm{d}x}{\sqrt[3]{5-3x}}=-\frac{1}{2}(5-3x)^{\frac{2}{3}}+C$;

(7) $\int \frac{\cos\sqrt{t}}{\sqrt{t}}\mathrm{d}t=2\sin\sqrt{t}+C$;

(8) $\int \tan^7 x\sec^2 x\mathrm{d}x=\frac{1}{8}\tan^8 x+C$;

(9) $\int \frac{x+1}{\sqrt{x+1}}\mathrm{d}x=\frac{2}{3}(x+1)^{\frac{3}{2}}+C$;

(10) $\int \frac{2x+1}{x^2+x+3}\mathrm{d}x=\ln|x^2+x+3|+C$;

(11) $\int \frac{\mathrm{e}^x}{\mathrm{e}^x-1}\mathrm{d}x=\ln|\mathrm{e}^x-1|+C$;

(12) $\int \frac{\mathrm{d}x}{9-x^2}=\frac{1}{6}\ln\left|\frac{3+x}{3-x}\right|+C$;

(13) $\int \frac{\mathrm{d}x}{4+x^2}=\frac{1}{2}\arctan\frac{x}{2}+C$;

(14) $\int \frac{\mathrm{d}x}{x^2+2x+5}=\frac{1}{2}\arctan\frac{x+1}{2}+C$;

(15) $\int \tan\sqrt{1+x^2}\frac{x}{\sqrt{1+x^2}}\mathrm{d}x=-\ln\left|\cos\sqrt{1+x^2}\right|+C$;

(16) $\int \frac{\mathrm{d}x}{\sin x\cos x}=\ln|\tan x|+C$;

(17) $\int \frac{\mathrm{d}x}{1-3x}=-\frac{1}{3}\ln|1-3x|+C$;

(18) $\int \frac{1}{\sqrt{3-2x-x^2}}\mathrm{d}x=\arcsin\frac{x+1}{2}+C$;

(19) $\int \frac{1}{\mathrm{e}^x+\mathrm{e}^{-x}}\mathrm{d}x=\arctan\mathrm{e}^x+C$;

(20) $\int x\cos x^2\mathrm{d}x=\frac{1}{2}\sin x^2+C$;

(21) $\int \frac{x}{\sqrt{2-3x^2}}\mathrm{d}x=-\frac{1}{3}\sqrt{2-3x^2}+C$;

(22) $\int \frac{3x^3}{1-x^4}\mathrm{d}x=-\frac{3}{4}\ln|1-x^4|+C$;

(23) $\int \frac{\sin x}{\cos^3 x}\mathrm{d}x=\frac{1}{2}\sec^2 x+C$;

(24) $\int \frac{\mathrm{d}x}{2x^2-1}=\frac{1}{2\sqrt{2}}\ln\left|\frac{\sqrt{2}x-1}{\sqrt{2}x+1}\right|+C$;

(25) $\int \cos^3 x\mathrm{d}x=\sin x-\frac{\sin^3 x}{3}+C$;

(26) $\int \frac{dx}{(x+1)(x-2)} = \frac{1}{3}\ln\left|\frac{x-2}{x+1}\right| + C$;

(27) $\int \frac{10^{\arccos x}}{\sqrt{1-x^2}}dx = \frac{10^{\arccos x}}{\ln 10} + C$;

(28) $\int \frac{(1+\ln x)dx}{(x\ln x)^2} = -\frac{1}{x\ln x} + C$.

6. (1) $\int \frac{dx}{1+\sqrt{1-x^2}} = \arcsin x - \frac{1-\sqrt{1-x^2}}{x} + C$;

(2) $\int \frac{\sqrt{x^2-9}}{x}dx = \sqrt{x^2-9} - 3\arccos\frac{3}{|x|} + C$;

(3) $\int \frac{dx}{\sqrt{x}+3} = 2\sqrt{x} - 6\ln(\sqrt{x}+3) + C$;

(4) $\int \frac{dx}{(x^2+a^2)^{\frac{3}{2}}} = \frac{1}{a^2}\frac{x}{\sqrt{x^2+a^2}} + C$;

(5) $\int \frac{dx}{\sqrt{(x^2+1)^3}} = \frac{x}{\sqrt{x^2+1}} + C$;

(6) $\int \frac{dx}{x+\sqrt{x}} = 2\ln(\sqrt{x}+1) + C$.

7. (1) $\int x^2 e^x dx = e^x(x^2-2x+2) + C$;

(2) $\int (2x-1)\cos x dx = (2x-1)\sin x + 2\cos x + C$;

(3) $\int x\sin 2x dx = -\frac{1}{2}x\cos 2x + \frac{1}{4}\sin 2x + C$;

(4) $\int x\cos\frac{x}{2}dx = 2x\sin\frac{x}{2} + 4\cos\frac{x}{2} + C$;

(5) $\int \ln^2 x dx = x\ln^2 x - 2x\ln x + 2x + C$;

(6) $\int x^5\ln x dx = x^6\left(\frac{1}{6}\ln x - \frac{1}{36}\right) + C$;

(7) $\int x\sin^2\frac{x}{2}dx = \frac{1}{2}\left(\frac{x^2}{2} - x\sin x - \cos x\right) + C$;

(8) $\int (1-x)\sin x dx = (x-1)\cos x - \sin x + C$;

(9) $\int x^2 e^{-x} dx = -(x^2+2x+2)e^{-x} + C$;

(10) $\int \frac{x}{\cos^2 x}dx = x\tan x + \ln|\cos x| + C$.

8. (1) $\int \frac{x+1}{x^2-6x+5}dx = \frac{1}{2}(3\ln|x-5| - \ln|x-1|) + C$;

(2) $\int \frac{(\sqrt{x})^2+1}{\sqrt{x}+1}dx = \frac{2}{3}\sqrt{x^3} - x + 2\sqrt{x} - 4\ln(\sqrt{x}+1) + C$;

(3) $\int \frac{dx}{x^2+x} = \ln\left|\frac{x}{x+1}\right| + C$;

(4) $\int \frac{2x+1}{x^2+2x+5}dx = \ln|x^2+2x+5| - \frac{1}{2}\arctan\frac{x-1}{2} + C$;

(5) $\int \frac{x^3+1}{x^2-1}dx = \frac{x^2}{2} + \ln|x-1| + C$;

(6) $\int \frac{x}{4x^2-x^4}dx = -\frac{1}{4x} + \frac{1}{16}\ln\left|\frac{2+x}{2-x}\right| + C$;

(7) $\int \frac{dx}{\sqrt{x}(1+\sqrt[3]{x})} = 6[\sqrt[6]{x} - \arctan\sqrt[6]{x}] + C$;

(8) $\int \frac{8}{x(x^2-1)}dx = -8\ln|x| + 4\ln|x+1| + 4\ln|x-1| + C$.

9. $f(x) = 2xe^{2x}(1+x)$.

10. $f(x) = -2e^{-2x}$.

选做题 5

1. (1) $\int \frac{\arcsin\sqrt{x}+\ln x}{\sqrt{x}}dx = \sqrt{x}(2\arcsin\sqrt{x} + \ln x - 2) - 2\sqrt{1-x} + C$;

(2) $\int \frac{\ln x}{(1+x)^2}dx = \ln x\left(1 - \frac{1}{1+x}\right) - \ln(1+x) + C$;

(3) $\int \frac{\sqrt{x}\ln(1+x)}{x}dx = 2(\sqrt{x} - \arctan\sqrt{x}) + C$;

(4) $\int \sqrt{1-e^x}dx = 2\sqrt{1-e^x} + \ln\left|\frac{\sqrt{1-e^x}-1}{\sqrt{1-e^x}+1}\right| + C$;

(5) $\int \ln(x+\sqrt{1+x^2})dx = x\ln(x+\sqrt{1+x^2}) - \sqrt{1+x^2} + C$;

(6) $\int x\arctan\sqrt{x}dx = \frac{1}{2}\left(x^2\arctan\sqrt{x} - \frac{1}{3}x^{\frac{3}{2}} + 5x - \arctan 5x\right) + C$.

2. $I_{n,m} = \int x^m (\ln x)^n dx = \frac{1}{m+1}x^{m+1}(\ln x)^n - \frac{n}{m+1}I_{n,m-1}$.

3. $\int \tan^5 x dx = \frac{\tan^4 x}{4} - \frac{\tan^2 x}{2} - \ln|\cos x| + C$.

4. $\int xf''(x)dx = e^x\left(1 - \frac{2}{x}\right) + C$.

习　题　6

1. (1)$>$; (2)$<$; (3)$<$; (4)$<$.

2. $\frac{\pi}{3} < \int_0^{\pi} \frac{1}{2+\cos^3 x}dx < \pi$.

3. (1) $\int_0^x \sin t dt + x\sin x$; (2) $2x\sqrt{x^4+1} - e^x\sqrt{e^{2x}+1}$.

4. (1) 0; (2) 1.

5. (1) $\frac{23}{6}$；(2) $1-\frac{\pi}{4}$；(3) $2-\frac{\pi}{2}$；(4) 5.

6. (1) -1；(2) $\frac{\pi}{8}-\frac{1}{4}$；(3) $\frac{1}{4}\ln 2$；(4) $\ln 4$；(5) $\frac{\pi}{8}$；(6) $-\frac{5}{6}$；

(7) $2-2\ln 3+2\ln 2$；(8) $2-\ln 2+\ln 3$；(9) $-\frac{\sqrt{2}}{2}-\ln(\sqrt{2}-1)$；

(10) $\sqrt{10}-\sqrt{2}$.

7. (1) $e-2$；(2) $\frac{3}{4}e^4+\frac{1}{4}$；(3) $\frac{\pi}{4}-\frac{1}{2}\ln 2$；(4) 2.

8. 略.

9. -1.

10. $\frac{5}{6}$.

11. 2.

12. (1) $\frac{27}{2}$；(2) $\frac{3}{2}-\ln 2$；(3) $b-a$；(4) $\frac{2}{3}$.

13. 1.

14. $\left(\frac{3}{2},e^{\frac{3}{2}}\right)$

15. (1) $V_x=\frac{128}{7}\pi, V_y=\frac{64}{5}\pi$；(2) $V_x=\frac{3}{10}\pi, V_y=\frac{3}{10}\pi$.

16. (1) $A=(1,1)$，切线方程为 $y=2x-1$；(2) $V_x=\frac{\pi}{30}$.

17. $C(x)=x^3-2x^2+7x+50, \Delta C=46$.

18. 最大利润为 $666\frac{1}{3}$.

19. (1)发散；(2)收敛于 $-\frac{1}{2}$；(3)收敛于 π；(4) $\alpha<-1$ 时，收敛于 $-\frac{1}{1+\alpha}$；$\alpha\geqslant-1$ 时，发散；(5)收敛于 2；(6)发散；(7)发散；(8) $\alpha>-1$ 时，收敛于 $\frac{1}{1+\alpha}a^{1+\alpha}$；$\alpha\leqslant-1$ 时，发散.

20. (1) 9；(2) $\frac{8}{15}$；(3) $\frac{1}{2}\Gamma\left(n+\frac{1}{2}\right)\left(n>-\frac{1}{2}\right)$.

选 做 题 6

1. (1) $f(x)=e^x$；(2) $(0,0)$.

2. 2.

3～6. 略.

7. (1) $p=-\frac{4}{5}, q=3$；(2) $S=\frac{225}{32}$.

8. $V_x=\frac{\pi^2}{4}$.

9. $a=-\frac{5}{3}, b=2, c=0$.

10. 收敛于 ln2.

习 题 7

1. (1) $\frac{1}{3}-\frac{1}{3^2}+\frac{1}{3^3}-\frac{1}{3^4}+\frac{1}{3^5}-\cdots$; (2) $\frac{1!}{1^1}+\frac{2!}{2^2}+\frac{3!}{3^3}+\frac{4!}{4^4}+\frac{5!}{5^5}+\cdots$;

(3) $-x+\frac{1}{3!}x^3-\frac{1}{5!}x^5+\frac{1}{7!}x^7-\frac{1}{9!}x^9+\cdots$;

(4) $\frac{2}{1}+\frac{2\cdot 4}{1\cdot 3}+\frac{2\cdot 4\cdot 6}{1\cdot 3\cdot 5}+\frac{2\cdot 4\cdot 6\cdot 8}{1\cdot 3\cdot 5\cdot 7}+\frac{2\cdot 4\cdot 6\cdot 8\cdot 10}{1\cdot 3\cdot 5\cdot 7\cdot 9}+\cdots$.

2. (1) $u_n=\left(-\frac{1}{3}\right)^{n-1}$; (2) $u_n=(-1)^{n-1}\frac{n+1}{n}$;

(3) $u_n=(-1)^{n-1}\frac{a^{n+1}}{2n+1}$; (4) $u_n=n^{(-1)^{n+1}}$.

3. $u_1=S_1=\frac{2}{3}, u_2=S_2-S_1=\frac{2}{15}, u_n=S_n-S_{n-1}=\frac{2}{4n^2-1}$.

4. (1)提示:由 $u_n=\frac{1}{n(n+1)}=\frac{1}{n}+\frac{1}{n+1}$, 得 $S_n=1-\frac{1}{n+1}$, 从而 $\lim\limits_{n\to\infty}S_n=1$, 故级数收敛,且其和 $S=1$.

(2)提示:由 $u_n=\frac{1}{2}\left(\frac{1}{2n-1}-\frac{1}{2n+1}\right)$, 得 $S_n=\frac{1}{2}\left(1-\frac{1}{2n+1}\right)$ 从而 $\lim\limits_{n\to\infty}S_n=\frac{1}{2}$, 故级数收敛,且其和 $S=\frac{1}{2}$.

(3)提示:由 $u_n=\frac{1}{n!}-\frac{1}{(n+1)!}$, 得 $S_n=1-\frac{1}{(n+1)!}$, 从而 $\lim\limits_{n\to\infty}S_n=1$, 故级数收敛,且其和 $S=1$.

(4)提示:由 $u_n=1-\frac{1}{\sqrt{n+1}}$, 得 $S_n=1-\frac{1}{\sqrt{n+1}}$, 从而 $\lim\limits_{n\to\infty}S_n=1$, 故级数收敛,且其和 $S=1$.

5. (1)收敛;(2)发散;(3)发散;(4)发散;(5)收敛;(6)收敛;(7)收敛.

6. (1)发散;(2)收敛;(3)收敛;(4)发散;(5)收敛;(6)收敛;(7)发散;(8)收敛;(9)发散;(10)发散;(11)收敛;(12)收敛.

7. (1)收敛;(2)收敛;(3)收敛;(4)收敛;(5)发散;(6)发散;(7)收敛;(8)发散;(9)收敛;(10)收敛.

8. (1)发散;(2)收敛;(3)收敛;(4)收敛.

9. (1)发散;(2)条件收敛;(3)发散;(4)条件收敛;(5)绝对收敛;(6)绝对收敛;(7)条件收敛;(8)绝对收敛;(9)条件收敛;(10)条件收敛.

10. (1) $\left(-\frac{1}{5},\frac{1}{5}\right]$; (2) $(-\infty,+\infty)$; (3) $\{0\}$; (4) $[-1,1)$;

(5) $(-\sqrt{3},\sqrt{3})$; (6) $[2,4]$; (7) $(-1,1]$; (8) $(-\infty,+\infty)$;

(9) $\left[-\frac{1}{3},\frac{1}{3}\right]$；(10) $\left(-\frac{1}{5},\frac{1}{5}\right)$；(11) $\left[-\frac{4}{3},-\frac{2}{3}\right)$；(12) $\left(-\frac{4}{3},\frac{2}{3}\right)$.

11. (1)收敛域 $[-1,1)$，和函数 $S(x)=-\ln(1-x)$，$-1\leqslant x<1$；

(2)收敛域为 $(-1,1)$，和函数 $S(x)=\frac{1+x}{(1-x)^2}$，$-1<x<1$；

(3)收敛域为 $(-1,1)$，和函数 $S(x)=\frac{2x}{(1-x)^3}$，$-1<x<1$；

(4)收敛域为 $(-\infty,+\infty)$，和函数 $S(x)=(1+2x^2)e^{x^2}$，$x\in(-\infty,+\infty)$.

12. (1) $f(x)=a^x=\sum_{n=0}^{\infty}\frac{(\ln a)^n}{n!}x^n, x\in(-\infty,+\infty)$；

(2) $f(x)=\sin\frac{x}{2}=\sum_{n=0}^{\infty}(-1)^n\frac{x^{2n+1}}{2^{2n+1}(2n+1)!}, x\in(-\infty,+\infty)$；

(3) $f(x)=\sin^2 x=\frac{1}{2}-\frac{1}{2}\sum_{n=0}^{\infty}\frac{(-1)^n 2^{2n}}{(2n)!}\cdot x^{2n}, x\in(-\infty,+\infty)$；

(4) $f(x)=e^{-x^2}=\sum_{n=0}^{\infty}\frac{(-x^2)^n}{n!}=\sum_{n=0}^{\infty}(-1)^n\frac{x^{2n}}{n!}, x\in(-\infty,+\infty)$；

(5) $f(x)=1+\sum_{n=1}^{\infty}\frac{1\cdot 3\cdot 5\cdots(2n-1)}{2^n n!}x^{2n}, x\in(-1,1)$；

(6) $f(x)=x^3e^{-x}=\sum_{n=0}^{\infty}(-1)^n\frac{x^{n+3}}{n!}, x\in(-\infty,+\infty)$；

(7) $f(x)=\frac{1}{3-x}=\sum_{n=0}^{\infty}\frac{x^n}{3^{n+1}}, x\in(-3,3)$；

(8) $f(x)=\frac{x}{x^2-2x-3}=\frac{1}{4}\left[\sum_{n=0}^{\infty}(-1)^n x^n-\sum_{n=0}^{\infty}\frac{x^n}{3^n}\right], x\in(-1,1)$.

选 做 题 7

1. (1)D；(2)D；(3)C；(4)A；(5)D；(6)B.

2. (1) $(1,5]$；(2)C；(3) $\frac{1}{e}$.

3. (1)收敛区间为 $(-1,1)$，和函数

$$f(x)=2\arctan x-\ln(1+x^2)+\frac{x^2}{1+x^2},\quad x\in(-1,1).$$

(2) $S(x)=\begin{cases}\frac{1}{2x}\ln\frac{1+x}{1-x}-\frac{1}{1-x^2}, & |x|<1,\\ 0, & x=0.\end{cases}$

(3)收敛域 $[-1,1]$，$S(x)=2x^2\arctan x-x\ln(1+x^2)$，$x\in[-1,1]$.

(4)3980(万元).

(5) $S_1=\frac{1}{2}$，$S_2=1-\ln 2$.

(6)收敛域为 $[-1,1]$，和函数为 $S(x)=x\arctan x$，$x\in[-1,1]$.

(7)收敛域为 $(-1,1)$，和函数为

$$S(x)=\begin{cases}\dfrac{1+x^2}{(1-x^2)^2}+\dfrac{1}{x}\ln\dfrac{1+x}{1-x}, & x\in(-1,0)\cup(0,1);\\ 3, & x=0.\end{cases}$$

4. (1) $f(x)=\dfrac{x}{2+x-x^2}=\dfrac{1}{3}\sum\limits_{x=0}^{\infty}\left[(-1)^{n+1}+\dfrac{1}{2^n}\right]x^n, x\in(-1,1)$.

(2) $f(x)=\dfrac{\pi}{4}-2\sum\limits_{n=0}^{\infty}\dfrac{(-1)^n4^n}{2n+1}x^{2n-1}, x\in\left(-\dfrac{1}{2},\dfrac{1}{2}\right)$；$\sum\limits_{n=0}^{\infty}\dfrac{(-1)^n}{2n+1}=\dfrac{\pi}{4}$.

(3) $f(x)=\dfrac{1}{x^2-3x-4}=\sum\limits_{n=0}^{\infty}\left[-\dfrac{1}{3^{n+1}}+\dfrac{(-1)^n}{2^{n+1}}\right](x-1)^n$；收敛区间为 $(-1,3)$.

(4)1.

习　题　8

1. (1) $\{(x,y,z)\mid x>0,y>0,z>0\}$；(2) $\{(x,y)\mid -x<y<x\}$；

(3) $\{(x,y,z)\mid r^2\leqslant x^2+y^2+z^2\leqslant R^2\}$；

(4) $\{(x,y)\mid x\geqslant 0,y\geqslant -\sqrt{x}\}$；

(5) $\{(x,y)\mid x^2+y^2\leqslant 1\}$.

2. $t^2f(x,y)$.

3. $(x+y)^{xy}+(xy)^{2x}$.

4. (1) $\Delta_x z=(2x-y)\Delta x+(\Delta x)^2, \Delta_y z=(1-x)\Delta y$,

$\Delta z=(2x-y)\Delta x+(1-x)\Delta y-\Delta x\Delta y+(\Delta x)^2$；

(2) $\Delta_x z=0.21$；$\Delta_y z=0.1$；$\Delta z=0.32$.

5. 1；$1+2\ln 2$.

6. $1-\dfrac{1}{\sqrt{5}}$.

7. 1.

8. -1, 0.

9. $\dfrac{3}{2}$.

10. (1) $\dfrac{\partial z}{\partial x}=\dfrac{2}{y\sin\dfrac{2x}{y}}, \dfrac{\partial z}{\partial y}=\dfrac{-2x}{y^2\sin\dfrac{2x}{y}}$；

(2) $\dfrac{\partial z}{\partial x}=\dfrac{y}{2\sqrt{x(1-xy^2)}}, \dfrac{\partial z}{\partial y}=\sqrt{\dfrac{x}{1-xy^2}}$；

(3) $\dfrac{\partial z}{\partial x}=\dfrac{y}{x^2}\sin\dfrac{x}{y}\sin\dfrac{y}{x}+\dfrac{1}{y}\cos\dfrac{y}{x}\cos\dfrac{x}{y}$,

$\dfrac{\partial z}{\partial y}=-\dfrac{x}{y^2}\cos\dfrac{x}{y}\cos\dfrac{y}{x}-\dfrac{1}{x}\sin\dfrac{x}{y}\sin\dfrac{y}{x}$；

(4) $\dfrac{\partial z}{\partial x}=-\dfrac{y}{x^2}3^{\frac{y}{x}}\ln 3, \dfrac{\partial z}{\partial y}=\dfrac{1}{x}3^{\frac{y}{x}}\ln 3$；

(5) $\frac{\partial z}{\partial x}=ye^{\sin\pi xy}(1+\pi xy\cos\pi xy)$，$\frac{\partial z}{\partial y}=xe^{\sin\pi xy}(1+\pi xy\cos\pi xy)$；

(6) $\frac{\partial z}{\partial x}=\frac{1}{x+\ln y},\frac{\partial z}{\partial y}=\frac{1}{y(x+\ln y)}$；

(7) $\frac{\partial z}{\partial x}=\frac{1}{2\sqrt{x}}\sin\frac{y}{x}-\frac{y}{x\sqrt{x}}\cos\frac{y}{x},\frac{\partial z}{\partial y}=\frac{1}{\sqrt{x}}\cos\frac{y}{x}$.

11. (1) $dz=\left(ye^{xy}+\frac{1}{x+y}\right)dx+\left(xe^{xy}+\frac{1}{x+y}\right)dy$；

(2) $dz=\frac{dx}{1+x^2}+\frac{dy}{1+y^2}$；

(3) $dz=(xdy+ydx)\cos(xy)$；

(4) $dz=\frac{4xy(xdy-ydx)}{(x^2-y^2)^2}$；

(5) $dz=\left(2e^{-y}-\frac{\sqrt{3}}{2\sqrt{x}}\right)dx-2xe^{-y}dy$；

(6) $du=e^{x(x^2+y^2+z^2)}[(3x^2+y^2+z^2)dx+2xydy+2xzdz]$；

(7) $du=x^{xy}[y(1+\ln x)dx+x\ln xdy]$；

(8) $du=\frac{3dx-2dy+dz}{3x-2y+z}$；

(9) $du=\frac{2(x-y)(dx-dy)}{1+(x-y)^4}$.

12. (1) $dz=-4(dx+dy)$；(2) $dz=2dx-dy$.

13. $dz=-0.2,\Delta z\approx-0.20404$.

14. (1) $\frac{\partial z}{\partial x}=3x^2\sin y\cos y(\cos y-\sin y)$，

$\frac{\partial z}{\partial y}=x^3(\sin^3 y+\cos^3 y)-2x^3\sin y\cos y(\sin y+\cos y)$；

(2) $\frac{\partial z}{\partial x}=\frac{2x}{y^2}\ln(3x-2y)+\frac{3x^2}{(3x-2y)y^2}$，

$\frac{\partial z}{\partial y}=-\frac{2x^2}{y^3}\ln(3x-2y)-\frac{2x^2}{(2x-2y)y^2}$.

(3) $\frac{\partial z}{\partial u}=\frac{2(u-2v)(u+3v)}{(u+2u)^2},\frac{\partial z}{\partial v}=\frac{(2v-u)(9u+2v)}{(v+2u)^2}$.

(4) $\frac{\partial z}{\partial x}=2\,(2x+y)^{2x+y}[\ln(2x+y)+1]$.

$\frac{\partial z}{\partial y}=(2x+y)^{2x+y}[\ln(2x+)+1]$.

15、16. 略

17. $\frac{\partial z}{\partial r}=\frac{\partial F}{\partial x}\cos\theta+\frac{\partial F}{\partial y}\sin\theta,\frac{\partial z}{\partial \theta}=\frac{\partial F}{\partial y}r\cos\theta-\frac{\partial F}{\partial x}r\sin\theta$.

18. (1) $\frac{dz}{dt}=-e^t-e^{-t}$；

(2) $\frac{dz}{dt}=e^{\sin t-2t^4}(\cos t-6t^2)$；

(3) $\frac{dz}{dt}=\frac{3-12t^2}{\sqrt{1-(3t-4t^3)^2}}$;

(4) $\frac{dz}{dt}=\frac{e^x(1+x)}{1+x^2e^{2x}}$;

(5) $\frac{dz}{dt}=(3-\frac{4}{t^3}-\frac{1}{2\sqrt{t}})\sec^2(3t+\frac{2}{t^2}-\sqrt{t})$.

19. -1.

20. 2.

21. $\frac{\partial z}{\partial x}=\frac{-y}{x^2+y^2},\frac{dz}{dx}=\frac{1}{1+x^2}$.

22. $\frac{\partial z}{\partial x}=3x^{y-1},\frac{dz}{dx}=x^y\left[\varphi'(x)\ln x+\frac{y}{x}\right]$.

23. (1) $\frac{dy}{dx}=-\frac{b^2x}{a^2y}$; (2) $\frac{dy}{dx}=\frac{y[\cos(xy)-e^{xy}-2x]}{x[x+e^{xy}-\cos(xy)]}$;

(3) $\frac{dy}{dx}=\frac{x+y}{x-y}$; (4) $\frac{\partial z}{\partial x}=\frac{yz-\sqrt{xyz}}{\sqrt{xyz}-xy},\frac{\partial z}{\partial y}=\frac{xz-2\sqrt{xyz}}{\sqrt{xyz}-xy}$;

(5) $\frac{\partial z}{\partial x}=\frac{yz}{e^z-xy},\frac{\partial z}{\partial y}=\frac{xz}{e^z-xy}$; (6) $\frac{\partial z}{\partial x}=\frac{azy-x}{z-axy},\frac{\partial z}{\partial y}=\frac{axz-y}{z-axy}$;

(7) $\frac{\partial z}{\partial x}=\frac{z}{x+z},\frac{\partial z}{\partial y}=\frac{z^2}{y(x+z)}$.

24. $dz=-\frac{2xz^2-2xyz^2+z}{2x^2z-2x^2yz+x}dx-\frac{2xyz^2+z}{2xyz-2xy^2z+y}dy$.

25. $\frac{dy}{dx}=-\frac{x(6z+1)}{2y(3z+1)},\frac{dz}{dx}=\frac{x}{3z+1}$.

26. (1) $\frac{\partial^2 z}{\partial x^2}=-a^2\sin(ax+by),\frac{\partial^2 z}{\partial x\partial y}=-ab\sin(ax+by),\frac{\partial^2 z}{\partial y^2}=-b^2\sin(ax+by)$;

(2) $\frac{\partial^2 z}{\partial x^2}=\frac{xy^3}{\sqrt{(1-x^2y^2)^3}},\frac{\partial^2 z}{\partial x\partial y}=\frac{1}{\sqrt{(1-x^2y^2)^3}},\frac{\partial^2 z}{\partial y^2}=\frac{x^3y}{\sqrt{(1-x^2y^2)^3}}$;

(3) $\frac{\partial^2 x}{\partial x^2}=2y(2y-1)x^{2y-2},\frac{\partial^2 z}{\partial x\partial y}=2x^{(2y-1)}(1+2y\ln x),\frac{\partial^2 z}{\partial y^2}=4x^{2y}\ln^2 x$;

(4) $\frac{\partial^2 x}{\partial x^2}=\frac{\ln y(\ln y-1)}{x^2}y^{\ln x},\frac{\partial^2 z}{\partial x\partial y}=\frac{\ln x\ln y+1}{xy}y^{\ln x},\frac{\partial^2 z}{\partial y^2}=\frac{\ln x(\ln x-1)}{y^2}y^{\ln x}$;

(5) $\frac{\partial^2 z}{\partial x^2}=\frac{\partial^2 z}{\partial x\partial y}=\frac{\partial^2 z}{\partial y^2}=0$.

28. 2,2,0.

29. (1)极大值：$f(2,-1)=8$；(2)极大值；

(3)极小值：$f\left(\frac{1}{2},-1\right)=-\frac{e}{2}$.

30. (1)极大值：$z\left(\frac{1}{2},\frac{1}{2}\right)=\frac{1}{4}$；

(2)极小值：$z\left(\frac{ab^2}{a^2+b^2},\frac{a^2b}{a^2+b^2}\right)=\frac{a^2b^2}{a^2+b^2}$；

(3)极小值：$u(3,3,3)=9$.

31. 当长、宽为 $\frac{2a}{\sqrt{3}}$，高为 $\frac{a}{\sqrt{3}}$ 时，内接长方体体积最大.

32. (1) $x=0.75, y=1.25$；(2) $x=0, y=1.5$.

33. $x=1500, y=8125$.

34. (1) $\frac{1}{e}$；(2) $\ln\frac{4}{3}$；(3) $(e-1)^2$.

35. (1) $\int_0^1 dx\int_{x-1}^{1-x} f(x,y)dy=\int_{-1}^0 dy\int_0^{y+1} f(x,y)dx+\int_0^1 dy\int_0^{1-y} f(x,y)dx$；

(2) $\int_1^3 dx\int_x^{3x} f(x,y)dy=\int_1^3 dy\int_1^y f(x,y)dx+\int_3^9 dy\int_{y/3}^3 f(x,y)dx$；

(3) $\int_0^1 dx\int_{x/2}^{2x} f(x,y)dy+\int_1^2 dx\int_{x/2}^{2/x} f(x,y)dy$

$=\int_0^1 dy\int_{y/2}^{2y} f(x,y)dx+\int_1^2 dy\int_{y/2}^{2/y} f(x,y)dx$；

(4) $\int_3^5 dx\int_{(3x+1)/2}^{(3x+4)/2} f(x,y)dy=\int_5^{13/2} dy\int_3^{(2y-1)/3} f(x,y)dx+$

$\int_{13/2}^8 dy\int_{(2y-4)/3}^{(2y-1)/3} f(x,y)dx+\int_8^{19/2} dy\int_{(2y-4)/3}^5 f(x,y)dx$.

36. (1) $\int_0^1 dx\int_{x^2}^x f(x,y)dy$； (2) $\int_0^1 dy\int_{e^y}^e f(x,y)dx$；

(3) $\int_0^1 dy\int_{-\sqrt{1-y^2}}^{\sqrt{1-y^2}} f(x,y)dx$； (4) $\int_0^1 dy\int_{\sqrt{y}}^{3-2y} f(x,y)dx$；

(5) $\int_{-1}^0 dy\int_{-\sqrt{1-y^2}}^{\sqrt{1-y^2}} f(x,y)dx+\int_0^1 dy\int_{-\sqrt{1-y}}^{\sqrt{1-y}} f(x,y)dx$；

(6) $\int_0^a dy\int_{y^2/2a}^{a-\sqrt{a^2-y^2}} f(x,y)dx+\int_0^a dy\int_{a+\sqrt{a^2-y^2}}^{2a} f(x,y)dx+\int_a^{2a} dy\int_{y^2/2a}^{2a} f(x,y)dx$.

37. (1)76/3；(2)9；(3)$4\ln2-\frac{3}{2}$；(4)$14a^4$.

38. (1) $\int_0^{\pi/2} d\theta\int_0^{2R\sin\theta} f(r\cos\theta, r\sin\theta)rdr$；(2) $\int_0^{\frac{\pi}{2}} d\theta\int_0^R f(r^2)rdr$；

(3) $\int_0^R rdr\int_0^{\arctan R} f(\tan\theta)d\theta$.

39. (1) $\frac{\pi}{4}(2\ln^2-1)$；(2) $\frac{R^3}{3}\left(\frac{\pi}{2}-\frac{2}{3}\right)$；(3) $\frac{3\pi^2}{64}$；(4).

40. $\frac{88}{105}$.

选 做 题 8

1. 略.

2. $du=\left(f'_x+f'_z\frac{x+1}{z+1}e^{x-z}\right)dx+\left(f'_y-f'_z\frac{y+1}{z+1}e^{y-z}\right)dy$.

3. 略.

4. 极小值 $z(0,-2)=1$，极大值 $z\left(0,\frac{16}{7}\right)=-\frac{8}{7}$.

5. $\frac{\mathrm{e}}{2}-1$.

6. $\frac{1}{2}$.

7. $-\frac{2}{5}$.

8. $\frac{\pi^2}{16}-\frac{1}{2}$.

9. 略.

10. $\pi-2$.

11. $\frac{1}{2}$.

习 题 9

1. (1)1；(2)1；(3)1；(4)2.

2. (1)是解，但不是通解；(2)是解，但不是通解；(3)不是解；(4)是解，是通解.

3. (1) $x-\ln(x+1)+\sin y=C$；(2) $2^y-2^x+C=0$；

(3) $\ln y=Ce^x$；(4) $\sin y=\frac{C}{\cos x}$.

4. (1) $\frac{1}{y}=\ln(x+1)+1$；(2) $y=1$；

(3) $3y^2+2y^3=3x^2+2x^3+5$；(4) $\cos y=\frac{\sqrt{2}}{2}\cos x$.

(5) $-\frac{1}{y}+\ln|y|=-\frac{1}{x}+\ln|x|+2$；

5. (1) $\frac{x^3}{3y^3}-\ln\left|\frac{y}{x}\right|=\ln|x|+C$；(2) $\sin\frac{y}{x}=\ln|x|+C$；

(3) $\sin\frac{y}{x}=Cx$；(4) $y=x\mathrm{e}^{cx}-x$.

6. (1) $y^2=2x^2\ln|x|+4x^2$；(2) $y=y^2-x^2$；

(3) $y=x\sin\left(\frac{\pi}{2}+\ln x\right)$；(4) $\left(\ln\frac{y}{x}\right)^2=-2\ln x$.

7. (1) $y=\tan x-1+C\mathrm{e}^{-\tan x}$；(2) $y=x(\ln|\ln x|+C)$；

(3) $y=1+C\mathrm{e}^{-\frac{1}{x}}$；(4) $y=\frac{1}{x}(C-\cos x)$.

8. (1) $y=\frac{x}{\cos x}$；(2) $y=\frac{x^3}{2}-\frac{1}{2}x^3\mathrm{e}^{\frac{1}{x^2}-1}$；

(3) $y=(x-2)^3+(x-2)$；(4) $y=\frac{3}{2}\sin 2t+\frac{1}{2}\cos 2t$.

9. (1) $3yx^2-y^2=C$; (2) $x^2+\frac{2}{3}(x^2-y)^{\frac{3}{2}}=C$;

(3) $xe^{-y}-y^2=C$; (4) $2x-y^2\cos 2x=C$;

(5) $y\ln+\frac{1}{4}y^4=C$; (6) $\frac{x^{m+1}}{m+1}+\frac{y^{n+1}}{n+1}+x^2y^2+\ln|xy|=C$;

(7) $x^2+y^2-2\arctan\frac{x}{y}=C$; (8) $x\sin y+y\cos x=C$.

10. (1) $y=\frac{1}{2}C_1x^2+C_2$; (2) $y=C_1e^x-\frac{1}{2}x^2-x+C_2$;

(3) $\ln\frac{y}{C_1+y}=C_1x+C_2$; (4) $C_1y^2-1=(C_1x+C_2)^2$.

11. (1) $y=-\frac{1}{\alpha}\ln(ax+1)$; (2) $y=\ln\operatorname{ch}x$; (3) $y=x^3+3x+1$.

12. (1) $y=C_1e^{-4x}+C_2e^{-5x}$;

(2) $y=C_1e^x+e^{-\frac{1}{2}x}\left(C_1\cos\frac{\sqrt{3}}{2}x+C_3\sin\frac{\sqrt{3}}{2}x\right)$;

(3) $y=C_1e^{3x}+C_2e^{4x}+\frac{5}{12}$;

(4) $y=C_1e^{\frac{1}{2}x}+C_2e^{-x}+e^x$;

(5) $y=C_1\cos ax+C_2\sin ax+\frac{e^x}{1+a^2}$;

(6) $y=C_1+C_2e^{-\frac{5}{2}x}+\frac{1}{3}x^3-\frac{3}{5}x^2+\frac{7}{25}x$;

(7) $y=C_1e^{-x}+C_2e^{-2x}+(\frac{3}{2}x^2-3x)e^{-x}$;

(8) $y=e^x(C_1\cos 2x+C_2\sin 2x)-\frac{1}{4}xe^x\cos 2x$;

(9) $y=C_1\cos x+C_2\sin x+\frac{e^x}{2}+\frac{x}{2}\sin x$;

(10) $y=C_1\cos x+C_2\sin x+2x^2-7-2x\cos x$.

13. (1) $y=\frac{1}{2}x^2e^{-x}$; (2) $y=\frac{5}{2}e^x-2e^{2x}+\frac{1}{2}e^{3x}$;

(3) $y=-\cos x-\frac{1}{3}\sin x+\frac{1}{3}\sin 2x$; (4) $y=1-(1+x+\frac{1}{2}x^2)e^{-x}$.

14. (1) $y_t=C\left(-\frac{1}{2}\right)^t+\frac{7}{9}+\frac{t}{3}$; (2) $y_t=(-1)^t+\frac{2^t}{3}$;

(3) $y_t=C_12^t+C_25^t$; (4) $y_t=(2-3t)(-2)^t$.

选做题 9

1. (1) $y=C_1x+\frac{C_2}{x}$; (2) $y=C_1x^2+C_2x^3+\frac{1}{2}x$;

(3) $y=x(C_1\cos\ln x+C_2\sin\ln x)+x\ln x$;

(4) $y=C_1x+x(C_1\cos\ln x+C_2\sin\ln x)+\frac{1}{2}x^2(\ln x-2)+3x\ln x$.

2. (1) $y = x\sec x$;　　(2) $y = \frac{1}{2}x^3(1 - e^{1/x^2} - 1)$;

(3) $y = x^3 - 6x^2 + 13x - 10$;　　(4) $I = \frac{1}{2}(\cos 2t + 3\sin 2t)$.

3. (1) $f(x) = e^{2x}\ln 2$;

(2) $f(x) = e^{-\cos x} + 4(\cos x - 1)$;

(3) $f(x) = \frac{1}{2}(\sin x + \cos x + e^x)$.